电子信息科学与工程类专业规划教材

工程电磁场

何小祥　丁卫平　刘建霞　编著

電子工業出版社
Publishing House of Electronics Industry
北京 • BEIJING

内 容 简 介

根据电子信息与电气类专业宽口径教学的要求，本书主要介绍了电磁场的基本规律、基本理论和基本分析方法。本书共 8 章，包括：数学基础、静态电磁场、静态场的求解方法、时变电磁场、平面波、导行电磁波以及电磁波辐射和电磁兼容问题。本书力求物理概念清晰，贴近工程应用背景，相关例题和习题尽量来源于实际工程应用，有助于增加学生的学习兴趣。

本书可作为普通高等院校通信工程、电子信息工程、电子科学与技术、自动化等专业的本科生教材，也可供研究生及从事“电磁场与电磁波”方向的工程技术人员参考。

图书在版编目（CIP）数据

工程电磁场/何小祥，丁卫平，刘建霞编著. —北京：电子工业出版社，2011.7
电子信息科学与工程类专业规划教材
ISBN 978-7-121-14106-5

Ⅰ. ①工… Ⅱ. ①何… ②丁… ③刘… Ⅲ. ①电磁场—高等学校—教材 Ⅳ. ①O441.4

中国版本图书馆 CIP 数据核字（2011）第 139225 号

责任编辑：凌　毅　　　特约编辑：张　莉
印　　刷：北京虎彩文化传播有限公司
装　　订：北京虎彩文化传播有限公司
出版发行：电子工业出版社
　　　　　北京市海淀区万寿路 173 信箱　邮编　100036
开　　本：787×1 092　1/16　印张：18　字数：460 千字
版　　次：2011 年 7 月第 1 版
印　　次：2023 年 1 月第10次印刷
定　　价：35.00 元

凡所购买电子工业出版社图书有缺损问题，请向购买书店调换。若书店售缺，请与本社发行部联系，联系及邮购电话：(010)88254888，88258888。

质量投诉请发邮件至 zlts@phei.com.cn，盗版侵权举报请发邮件至 dbqq@phei.com.cn。

本书咨询联系方式：(010)88254528，lingyi@phei.com.cn。

前　言

电磁场是电子信息与电气学科相关专业本科生一门非常重要的专业基础课程，它涉及的内容是电子信息与电气类专业本科生应该具备的知识结构中的重要组成部分，同时也是后续众多专业课程的基础。

本书共 8 章，第 1 章是数学基础，主要复习本课程所需要的基本数学理论和工具；第 2 章介绍静态电磁场，包括静电场、恒定磁场及恒定电场的相关内容；第 3 章介绍静态场的求解方法，涵盖了分离变量法、镜像法及数值方法；第 4 章主要介绍时变电磁场的基本知识；第 5～8 章主要讲述平面波、导行电磁波及电磁波辐射和电磁兼容问题。

根据电子信息与电气类专业宽口径教学的要求，本书循序渐进地、全面系统地介绍了电磁场的基本理论。在此基础上，还增加了计算电磁学、脉冲电磁场、天线罩及目标特性与雷达隐身等内容的介绍，以拓展学生的知识面，且方便与后续专业课程衔接。书中相关例题和习题尽量来源于实际工程应用，有助于增加学生的学习兴趣。

本书的**参考学时为 72 学时**，如果是 64 学时或 45 学时，则可以根据需要删减目录中加注星号“*”的章节，而 7.5 节和第 8 章则可以根据需要全部略去不讲。删除部分内容后，基本不会影响本书内容的连贯性。

本书第 2、5、6 章由南京航空航天大学的何小祥撰写；第 1、3、4 章由解放军理工大学的丁卫平执笔；第 7、8 章由太原理工大学的刘建霞撰写，何小祥统稿全书。感谢南京航空航天大学的顾长青教授对全书提出的修改意见和审稿工作。

研究生张志春和杨如意等同学参与了部分章节的编辑工作，在此表示感谢。

本书免费提供电子课件，读者可以登录电子工业出版社华信教育资源网（www.hxedu.com.cn）下载。

由于作者学识水平有限和时间仓促，书中难免存在疏漏或错误，衷心欢迎广大读者及同行批评指正。

作　者

2011 年 6 月

前言

主要符号和单位

符　号	名　称	单位符号	单位名称
$\boldsymbol{A}$	矢量磁位	Wb/m	韦伯/米
$\boldsymbol{B}$	磁通密度	T	特斯拉
C	电容	F	法拉
c	光速	m/s	米/秒
$\boldsymbol{D}$	电位移	C/m^2	库仑/米^2
d	距离	m	米
$\boldsymbol{E}$	电场强度	V/m	伏/米
e	电动势	V	伏
$\boldsymbol{e}_x, \boldsymbol{e}_y, \boldsymbol{e}_z$	直角坐标系单位矢量		
$\boldsymbol{e}_\rho, \boldsymbol{e}_\phi, \boldsymbol{e}_z$	圆柱坐标系单位矢量		
$\boldsymbol{e}_r, \boldsymbol{e}_\theta, \boldsymbol{e}_\phi$	球坐标系单位矢量		
$\boldsymbol{F}$	力	N	牛顿
f	频率	Hz	赫兹
f_c	截止频率	Hz	赫兹
G	电导	S	西门子
	天线增益		
$\boldsymbol{H}$	磁场强度	A/m	安培/米
I,i	电流	A	安培
$\boldsymbol{J}$	电流体密度	A/m^2	安培/米^2
$\boldsymbol{J}_S$	电流面密度	A/m	安培/米
$I\mathrm{d}\boldsymbol{l}$	线电流元	A·m	安培·米
k	波数	rad/m	弧度/米
$\boldsymbol{k}$	波矢	rad/m	弧度/米
k_c	截止波数	rad/m	弧度/米
L	电感	H	亨利
$\boldsymbol{M}$	磁化强度	A/m	安培/米
M	互感	H	亨利
n	折射率		
$\boldsymbol{P}$	电极化强度	C/m^2	库仑/米^2
P	功率	W	瓦特
$\boldsymbol{p}$	电偶极矩	C·m	库仑·米
Q,q	电荷	C	库仑
R	电阻	Ω	欧姆
	距离	m	米
$\boldsymbol{r}$	矢径	m	米
$\boldsymbol{S}$	坡印廷矢量	W/m^2	瓦/米^2
$\boldsymbol{S}_{av}$	平均坡印廷矢量	W/m^2	瓦/米^2
S	面积	m^2	米^2
T	周期	s	秒
t	时间	s	秒

续表

符　号	名　称	单位符号	单位名称
U,u	电压	V	伏
V	体积	m^3	米^3
v_g	群速度	m/s	米/秒
v_s	信号速度	m/s	米/秒
v_p	相速度	m/s	米/秒
v_e	能流速度	m/s	米/秒
W_e	电场能量	J	焦耳
W_m	磁场能量	J	焦耳
w_e	电场能量密度	J/m^3	焦耳/米^3
w_m	磁场能量密度	J/m^3	焦耳/米^3
X	电抗	Ω	欧姆
Y	导纳	S	西门子
Z	阻抗	Ω	欧姆
α	衰减常数	Np/m	奈培/米
β	相移常数	rad/m	弧度/米
Γ	反射系数		
γ	传播系数		
δ	趋肤深度	m	米
ε	介电常数	F/m	法/米
ε_0	真空介电常数	F/m	法/米
ε_r	相对介电常数		
ε_c	复介电常数	F/m	法/米
η	特征阻抗	Ω	欧姆
η_0	真空特征阻抗	Ω	欧姆
λ	波长	m	米
λ_c	截止波长	m	米
λ_g	波导波长	m	米
μ	磁导率	H/m	亨/米
μ_0	真空磁导率	H/m	亨/米
μ_r	相对磁导率		
ρ_V	电荷体密度	C/m^3	库仑/米^3
ρ_S	电荷面密度	C/m^2	库仑/米^2
ρ_l	电荷线密度	C/m	库仑/米
σ	电导率	S/m	西门子/米
τ	透射系数		
φ	电位	V	伏
ϕ	方位角度	Rad	弧度
Φ	电通量	C	库仑
	磁通量	Wb	韦伯
Ψ	磁链	Wb	韦伯
ω	角频率	Rad/s	弧度/秒

目　录

第1章 数学基础

电磁场理论的基本任务是研究电磁场场量（主要是电场和磁场）在空间的分布规律和随时间改变的变化规律。在分析研究的过程中，经常会遇到对矢量进行分解、合成、微分、积分及其他运算。因此，熟练掌握矢量分析的基本理论和基本运算[1]是非常必要的。

本章介绍研究电磁场理论的重要数学基础。主要内容包括矢量分析和在电磁场理论中将要出现的一些特殊函数，最后引出规范电磁场理论研究主线的亥姆霍兹定理。

1.1 矢量函数

1.1.1 标量与矢量

物理学中所遇到的物理量，一般分为两类。一类只有大小，在取定其单位后可以用一个数来表示，例如长度、质量、时间、能量等，这类物理量称为标量；另一类物理量不仅有大小之分，而且有方向之别，例如位移、力、速度、电场强度、磁场强度等，这类物理量称为矢量。

特别要强调的是矢量的两个要素，即大小和方向。我们说两个矢量相等，包括两层含义：第一是指它们的大小相等；第二是指它们的方向相同。

在正式出版物中，通常用加粗字母表示矢量，一般字体的字母表示标量。在平常书写时，我们很难将加粗和一般字体加以区分。所以，在平常书写时，通常在表示矢量的字母上方加箭头。

1.1.2 矢量的表示方法

在学习矢量代数运算和微积分运算之前，首先介绍如何用解析形式表示一些特定矢量。

在空间任一点沿三条坐标曲线的切线方向所取的单位矢量，为该坐标系的坐标单位矢量。坐标单位矢量的模为 1，方向为坐标变量正的增加方向。

对于直角坐标系，它的三个坐标单位矢量可以用$\boldsymbol{e}_x$、$\boldsymbol{e}_y$、$\boldsymbol{e}_z$表示，并且满足：$\boldsymbol{e}_x\times\boldsymbol{e}_y=\boldsymbol{e}_z$；对于圆柱坐标系，坐标单位矢量表示为$\boldsymbol{e}_\rho$、$\boldsymbol{e}_\phi$、$\boldsymbol{e}_z$，满足：$\boldsymbol{e}_\rho\times\boldsymbol{e}_\phi=\boldsymbol{e}_z$；对于球坐标系，坐标单位矢量表示为$\boldsymbol{e}_r$、$\boldsymbol{e}_\theta$、$\boldsymbol{e}_\phi$，满足：$\boldsymbol{e}_r\times\boldsymbol{e}_\theta=\boldsymbol{e}_\phi$。

直角坐标系中的坐标单位矢量均为常矢量，其大小和方向不随空间位置的变化而改变。圆柱和球坐标系中的坐标单位矢量，除了圆柱坐标系中的$\boldsymbol{e}_z$之外，其他均为变矢量，随着空间位置的变化，虽然这些坐标单位矢量的大小不变，但方向却发生了改变。

如果给定某矢量$\boldsymbol{A}$沿坐标单位矢量方向的三个分量，则该矢量即被确定。

直角坐标系中：
$$\boldsymbol{A}=\boldsymbol{e}_xA_x+\boldsymbol{e}_yA_y+\boldsymbol{e}_zA_z \tag{1.1.1}$$

圆柱坐标系中：
$$\boldsymbol{A}=\boldsymbol{e}_\rho A_\rho+\boldsymbol{e}_\phi A_\phi+\boldsymbol{e}_zA_z \tag{1.1.2}$$

球坐标系中：
$$\boldsymbol{A}=\boldsymbol{e}_rA_r+\boldsymbol{e}_\theta A_\theta+\boldsymbol{e}_\phi A_\phi \tag{1.1.3}$$

在直角坐标系中，$A=|\boldsymbol{A}|=\sqrt{A_x^2+A_y^2+A_z^2}$ 表示矢量 $\boldsymbol{A}$ 的模或大小。由于矢量在各坐标轴的分量即为矢量在该坐标轴的投影，所以，如果已知矢量 $\boldsymbol{A}$ 的大小和与直角坐标系各坐标轴的夹角 α、β、γ，则矢量 $\boldsymbol{A}$ 被确定。

$$A_x=\boldsymbol{A}\cdot\boldsymbol{e}_x=A\cos\alpha$$
$$A_y=\boldsymbol{A}\cdot\boldsymbol{e}_y=A\cos\beta$$
$$A_z=\boldsymbol{A}\cdot\boldsymbol{e}_z=A\cos\gamma$$
$$\boldsymbol{A}=A(\boldsymbol{e}_x\cos\alpha+\boldsymbol{e}_y\cos\beta+\boldsymbol{e}_z\cos\gamma) \tag{1.1.4}$$

其中，α、β、γ 称为矢量 $\boldsymbol{A}$ 的方向角，$\cos\alpha$、$\cos\beta$、$\cos\gamma$ 称为矢量 $\boldsymbol{A}$ 的方向余弦，满足关系式：$\sqrt{\cos^2\alpha+\cos^2\beta+\cos^2\gamma}=1$。

模等于 1 的矢量称为单位矢量。$\boldsymbol{e}_A$ 表示与 $\boldsymbol{A}$ 同方向的单位矢量。

$$\boldsymbol{A}=|\boldsymbol{A}|\boldsymbol{e}_A$$
$$\boldsymbol{e}_A=\boldsymbol{e}_x\cos\alpha+\boldsymbol{e}_y\cos\beta+\boldsymbol{e}_z\cos\gamma \tag{1.1.5}$$

在直角坐标系中，以坐标原点为起点，引向空间任一点 $M(x,y,z)$ 的矢量，称为矢径 $\boldsymbol{r}$。

$$\boldsymbol{r}=\boldsymbol{e}_x x+\boldsymbol{e}_y y+\boldsymbol{e}_z z \tag{1.1.6}$$
$$|\boldsymbol{r}|=r=\sqrt{x^2+y^2+z^2}$$

单位矢径

$$\boldsymbol{e}_r=\frac{\boldsymbol{r}}{r}=\boldsymbol{e}_x\cos\alpha+\boldsymbol{e}_y\cos\beta+\boldsymbol{e}_z\cos\gamma \tag{1.1.7}$$

空间任一点对应于一个矢径 $\boldsymbol{r}$，反之，每一个矢径对应着空间一点，所以矢径 $\boldsymbol{r}$ 又称为位置矢量。点 $M(x,y,z)$ 可以表示为 $M(\boldsymbol{r})$。

图 1.1.1 中，起点为 $P(x',y',z')$、终点为 $Q(x,y,z)$ 的空间任一矢量，称为距离矢量 $\boldsymbol{R}$。

$$\boldsymbol{R}=\boldsymbol{r}-\boldsymbol{r}'=\boldsymbol{e}_x(x-x')+\boldsymbol{e}_y(y-y')+\boldsymbol{e}_z(z-z') \tag{1.1.8}$$

模 $R=\sqrt{(x-x')^2+(y-y')^2+(z-z')^2}$

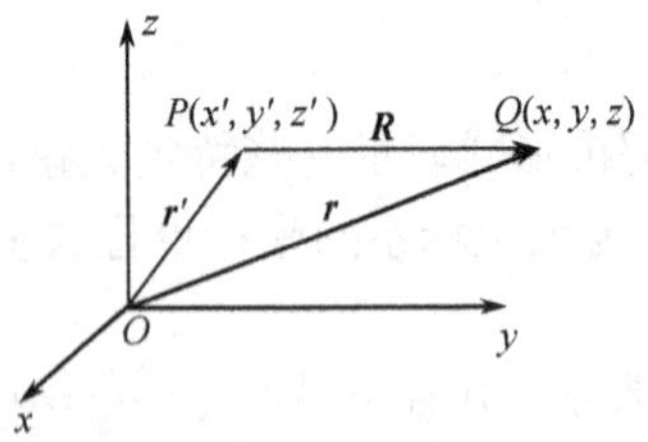

图 1.1.1　距离矢量

在电磁场理论中经常用带撇的坐标变量表示源区，不带撇的坐标变量表示场区。所以，距离矢量 $\boldsymbol{R}$ 称为从源点到场点的距离矢量。如图 1.1.1 所示。

空间任一长度元矢量称为线元矢量，在直角坐标系中表示为

$$\mathrm{d}\boldsymbol{l}=\boldsymbol{e}_x\mathrm{d}x+\boldsymbol{e}_y\mathrm{d}y+\boldsymbol{e}_z\mathrm{d}z \tag{1.1.9}$$

模 $\mathrm{d}l=\sqrt{(\mathrm{d}x)^2+(\mathrm{d}y)^2+(\mathrm{d}z)^2}$

1.1.3　矢量的基本代数运算

1. 矢量的加减运算

矢量 $\boldsymbol{A}$ 加矢量 $\boldsymbol{B}$，其和 $\boldsymbol{S}=\boldsymbol{A}+\boldsymbol{B}$ 仍然为矢量。矢量的加法运算满足平行四边形或三角形法则。

如图 1.1.2 所示，通过平移，使得矢量 $\boldsymbol{A}$、$\boldsymbol{B}$ 的起点相重合，其和 $\boldsymbol{S}$ 是以 $\boldsymbol{A}$、$\boldsymbol{B}$ 为邻边的平行四边形的对角线矢量。这就是矢量定义中的平行四边形法则。

如图 1.1.3 所示，使得 $\boldsymbol{B}$ 的起点与 $\boldsymbol{A}$ 的终点相重合，其和 $\boldsymbol{S}$ 的起点为 $\boldsymbol{A}$ 的起点，$\boldsymbol{S}$ 的终点为 $\boldsymbol{B}$ 的终点。这就是矢量定义中的三角形法则。

矢量的减法运算可以看成是加法运算的变形，利用关系式 $\boldsymbol{A}-\boldsymbol{B}=\boldsymbol{A}+(-\boldsymbol{B})$，可以将减法运算转化为加法运算。如图 1.1.4 所示，通过平移，使得矢量 $\boldsymbol{A}$、$\boldsymbol{B}$ 的起点相重合，则由 $\boldsymbol{B}$ 的终点指向 $\boldsymbol{A}$ 的终点的矢量就是 $\boldsymbol{A}-\boldsymbol{B}$。

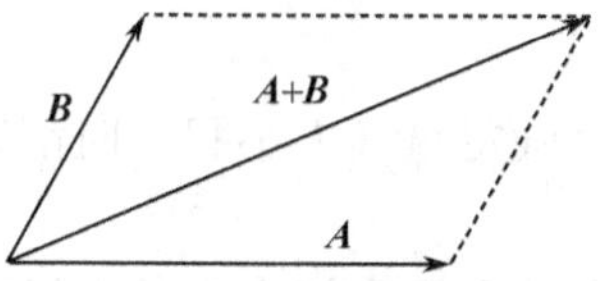

图 1.1.2　平行四边形法则

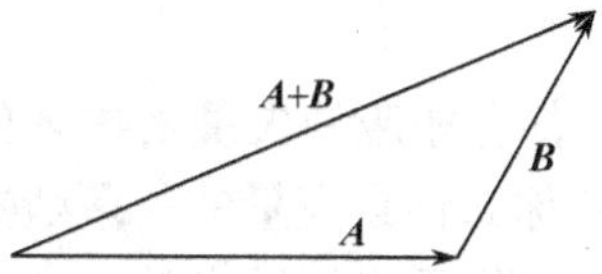

图 1.1.3　三角形法则

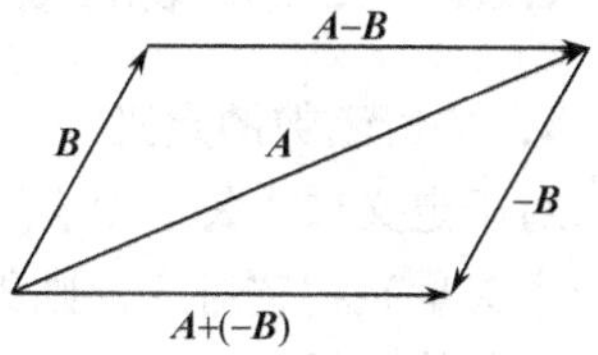

图 1.1.4　矢量求差

2. 矢量的乘法运算

矢量代数中包含三种乘法运算：标乘、点乘和叉乘。

（1）**标乘**：矢量 $\boldsymbol{A}$ 与标量 u 之间的乘积称为矢量的标乘。若 $\boldsymbol{A}=\boldsymbol{e}_xA_1+\boldsymbol{e}_yA_2+\boldsymbol{e}_zA_3$，则

$$u\boldsymbol{A}\equiv\boldsymbol{A}u=\boldsymbol{e}_xuA_1+\boldsymbol{e}_yuA_2+\boldsymbol{e}_zuA_3 \tag{1.1.10}$$

（2）**点乘**：两矢量 $\boldsymbol{A}$ 和 $\boldsymbol{B}$ 的模与它们之间夹角余弦的乘积，称为矢量 $\boldsymbol{A}$ 和 $\boldsymbol{B}$ 的点乘，也称标积、点积、数量积或内积。点乘满足交换率。

$$\boldsymbol{A}\cdot\boldsymbol{B}=\boldsymbol{B}\cdot\boldsymbol{A}=AB\cos(\boldsymbol{A},\boldsymbol{B}) \tag{1.1.11}$$

在直角坐标系中：$\boldsymbol{A}=\boldsymbol{e}_xA_x+\boldsymbol{e}_yA_y+\boldsymbol{e}_zA_z$，$\boldsymbol{B}=\boldsymbol{e}_xB_x+\boldsymbol{e}_yB_y+\boldsymbol{e}_zB_z$，则

$$\boldsymbol{A}\cdot\boldsymbol{B}=A_xB_x+A_yB_y+A_zB_z \tag{1.1.12}$$

两矢量点乘的结果是标量。若 $(\boldsymbol{A},\boldsymbol{B})=90^\circ$，则 $\boldsymbol{A}\cdot\boldsymbol{B}=0$，常用此式判断两矢量是否正交。

（3）**叉乘**：矢量 $\boldsymbol{A}$ 叉乘矢量 $\boldsymbol{B}$ 的结果仍然是矢量，又称为矢量积、叉积或外积。

矢量 $\boldsymbol{A}$ 叉乘 $\boldsymbol{B}$ 的结果是一矢量，模等于 $\boldsymbol{A}$、$\boldsymbol{B}$ 的模的乘积再乘上它们之间夹角的正弦；方向由右手螺旋法则确定。

$$|\boldsymbol{A}\times\boldsymbol{B}|=AB\sin(\boldsymbol{A},\boldsymbol{B}) \tag{1.1.13}$$

在直角坐标系中，用行列式形式可表示为

$$\boldsymbol{A}\times\boldsymbol{B}=\begin{vmatrix}\boldsymbol{e}_x & \boldsymbol{e}_y & \boldsymbol{e}_z\\ A_x & A_y & A_z\\ B_x & B_y & B_z\end{vmatrix} \tag{1.1.14}$$

由上式可以看出，叉乘不满足交换率。

$\boldsymbol{A}\times\boldsymbol{B}=-\boldsymbol{B}\times\boldsymbol{A}$

若 $(\boldsymbol{A},\boldsymbol{B})=0^\circ$，则 $\boldsymbol{A}\times\boldsymbol{B}=0$，常用此式判断两矢量是否平行。

3. 混合积与三重矢积

混合积的定义式为

$$[\boldsymbol{ABC}]=\boldsymbol{A}\cdot(\boldsymbol{B}\times\boldsymbol{C}) \tag{1.1.15}$$

混合积运算满足轮换性质，即

$$[\boldsymbol{ABC}]=[\boldsymbol{BCA}]=[\boldsymbol{CAB}]=\begin{vmatrix}A_x & A_y & A_z\\ B_x & B_y & B_z\\ C_x & C_y & C_z\end{vmatrix} \tag{1.1.16}$$

若混合积为 0，则三矢量共面。

三重矢积的定义式为 $\boldsymbol{A}\times(\boldsymbol{B}\times\boldsymbol{C})$，除了按叉乘运算进行展开，还有另外一个有用的关系式

$$\boldsymbol{A}\times(\boldsymbol{B}\times\boldsymbol{C})=\boldsymbol{B}(\boldsymbol{A}\cdot\boldsymbol{C})-\boldsymbol{C}(\boldsymbol{A}\cdot\boldsymbol{B}) \tag{1.1.17}$$

1.1.4 矢量函数的微分与积分

1．矢量函数的定义

对于定义域中每一个自变量，都有相应的矢量函数 $\boldsymbol{A}$ 的某个确定量（大小和方向都确定的一个矢量）和它对应，则矢量 $\boldsymbol{A}$ 称为该自变量的矢量函数。

例如静电场中，对于自由空间中位于坐标原点的点电荷，在其周围空间产生的电场可以表示为

$$\boldsymbol{E}(\boldsymbol{r})=\frac{q}{4\pi\varepsilon_0}\frac{\boldsymbol{r}}{|\boldsymbol{r}|^3}=\frac{q}{4\pi\varepsilon_0}\frac{\boldsymbol{e}_x x+\boldsymbol{e}_y y+\boldsymbol{e}_z z}{\left(x^2+y^2+z^2\right)^{\frac{3}{2}}} \tag{1.1.18}$$

其中，矢径 $\boldsymbol{r}$ 或坐标变量 (x,y,z) 是矢量函数 $\boldsymbol{E}$ 的自变量。或者说，电场强度 $\boldsymbol{E}$ 是空间位置的矢量函数。

2．矢量函数的微分

与标量函数一样，在矢量函数中也常常会遇到求导数和微分的问题。对矢量函数求导数，即是求矢量函数对时间和空间等参数的变化率。矢量函数求导数的运算法则，与标量函数求导相类似。

（1）定义：对于矢量函数 $\boldsymbol{F}(u)$，有

$$\frac{\mathrm{d}\boldsymbol{F}(u)}{\mathrm{d}u}=\lim_{\Delta u\to 0}\frac{\Delta\boldsymbol{F}}{\Delta u}=\lim_{\Delta u\to 0}\frac{\boldsymbol{F}(u+\Delta u)-\boldsymbol{F}(u)}{\Delta u} \tag{1.1.19}$$

由上式可以看出，常矢量的导数为 0，变矢量的一阶导数仍然为矢量。

（2）对于标量函数 $f(u)$ 与矢量函数 $\boldsymbol{F}(u)$ 的乘积 $f\boldsymbol{F}$，有

$$\begin{aligned}\frac{\mathrm{d}(f\boldsymbol{F})}{\mathrm{d}u}&=\lim_{\Delta u\to 0}\frac{(f+\Delta f)(\boldsymbol{F}+\Delta\boldsymbol{F})-f\boldsymbol{F}}{\Delta u}\\&=f\lim_{\Delta u\to 0}\frac{\Delta\boldsymbol{F}}{\Delta u}+\boldsymbol{F}\lim_{\Delta u\to 0}\frac{\Delta f}{\Delta u}+\lim_{\Delta u\to 0}\frac{\Delta\boldsymbol{F}}{\Delta u}\Delta f\end{aligned} \tag{1.1.20}$$

当 $\Delta u\to 0$ 时，上式右端第三项趋于 0，所以

$$\frac{\mathrm{d}(f\boldsymbol{F})}{\mathrm{d}u}=f\frac{\mathrm{d}\boldsymbol{F}}{\mathrm{d}u}+\boldsymbol{F}\frac{\mathrm{d}f}{\mathrm{d}u} \tag{1.1.21}$$

（3）对于多变量函数 $\boldsymbol{F}(u_1,u_2,u_3,\cdots)$ 和 $f(u_1,u_2,u_3,\cdots)$ 求偏导数，有

$$\frac{\partial(f\boldsymbol{F})}{\partial u_i}=f\frac{\partial\boldsymbol{F}}{\partial u_i}+\boldsymbol{F}\frac{\partial f}{\partial u_i}\quad (i=1,2,\cdots) \tag{1.1.22}$$

$$\frac{\partial^2\boldsymbol{F}}{\partial u_i\partial u_j}=\frac{\partial^2\boldsymbol{F}}{\partial u_j\partial u_i}\quad (i\neq j) \tag{1.1.23}$$

（4）对于矢量函数 $\boldsymbol{E}(x,y,z)=\boldsymbol{e}_x E_x(x,y,z)+\boldsymbol{e}_y E_y(x,y,z)+\boldsymbol{e}_z E_z(x,y,z)$，有

$$\frac{\partial\boldsymbol{E}}{\partial x}=\boldsymbol{e}_x\frac{\partial E_x}{\partial x}+\boldsymbol{e}_y\frac{\partial E_y}{\partial x}+\boldsymbol{e}_z\frac{\partial E_z}{\partial x} \tag{1.1.24}$$

（5）在圆柱坐标系和球坐标系中，由于一些坐标单位矢量不是常矢量，而是坐标变量的函数，在求导数时要特别注意，不能随意将坐标单位矢量提到微分符号之外。

例如，对于矢量函数 $\boldsymbol{E}(\rho,\phi,z)=\boldsymbol{e}_\rho E_\rho+\boldsymbol{e}_\phi E_\phi+\boldsymbol{e}_z E_z$，有

$$\frac{\partial \boldsymbol{E}}{\partial \rho}\neq \boldsymbol{e}_\rho\frac{\partial E_\rho}{\partial \rho}+\boldsymbol{e}_\phi\frac{\partial E_\phi}{\partial \rho}+\boldsymbol{e}_z\frac{\partial E_z}{\partial \rho}$$

由于直角坐标系的坐标单位矢量均为常矢量，与坐标变量无关，所以，一般采用将圆柱坐标系和球坐标系中的坐标单位矢量化成直角坐标系的坐标单位矢量形式，这样，可以将直角坐标系的坐标单位矢量提到微分符号之外。

（6）由于各种坐标系中的坐标单位矢量均不随时间变化，矢量函数对时间 t 求偏导数时，可以将它们作为常矢量提到偏微分符号之外。

例如，在球坐标系中，有

$$\begin{aligned}\frac{\partial \boldsymbol{E}}{\partial t}&=\frac{\partial}{\partial t}\left(\boldsymbol{e}_r E_r+\boldsymbol{e}_\theta E_\theta+\boldsymbol{e}_\phi E_\phi\right)\\&=\boldsymbol{e}_r\frac{\partial E_r}{\partial t}+\boldsymbol{e}_\theta\frac{\partial E_\theta}{\partial t}+\boldsymbol{e}_\phi\frac{\partial E_\phi}{\partial t}\end{aligned}\qquad(1.1.25)$$

3．矢量函数的积分

积分和微分互为逆运算。一般标量函数积分的运算法则对矢量函数同样适用。

$$\int \boldsymbol{A}(t)\mathrm{d}t=\boldsymbol{B}(t)+\boldsymbol{C}\qquad(1.1.26)$$

但是，在圆柱坐标系和球坐标系中，对矢量函数求积分时，仍需注意：有些坐标单位矢量不是常矢量，不能随意将坐标单位矢量提到积分运算符号之外。在一般情况下，坐标单位矢量可能是积分变量的函数。

例如，在球坐标系中

$$\int_0^{2\pi}\boldsymbol{e}_r\mathrm{d}\phi\neq \boldsymbol{e}_r\int_0^{2\pi}\mathrm{d}\phi=\boldsymbol{e}_r 2\pi$$

与矢量函数的求导运算一样，由于直角坐标系的坐标单位矢量均为常矢量，与坐标变量无关，所以，一般采用将圆柱坐标系和球坐标系中的坐标单位矢量化成直角坐标系的坐标单位矢量形式，这样，可以将直角坐标系的坐标单位矢量提到积分符号之外。

$$\begin{aligned}\int_0^{2\pi}\boldsymbol{e}_\rho\mathrm{d}\phi&=\int_0^{2\pi}(\boldsymbol{e}_x\cos\phi+\boldsymbol{e}_y\sin\phi)\mathrm{d}\phi\\&=\boldsymbol{e}_x\int_0^{2\pi}\cos\phi\mathrm{d}\phi+\boldsymbol{e}_y\int_0^{2\pi}\sin\phi\mathrm{d}\phi=0\end{aligned}$$

例 1-1　求 $\boldsymbol{A}=a\boldsymbol{e}_\rho$ 在 0→2π 区间对 ϕ 的定积分，其中 a 为常数。

解：
$$\begin{aligned}\int_0^{2\pi}\boldsymbol{A}\mathrm{d}\phi&=\int_0^{2\pi}a\boldsymbol{e}_\rho\mathrm{d}\phi\\&=\int_0^{2\pi}a(\boldsymbol{e}_x\cos\phi+\boldsymbol{e}_y\sin\phi)\mathrm{d}\phi\\&=\boldsymbol{e}_x a\sin\phi\Big|_0^{2\pi}-\boldsymbol{e}_y a\cos\phi\Big|_0^{2\pi}=0\end{aligned}$$

例 1-2　求 $\boldsymbol{A}=r_0\boldsymbol{e}_r$ 在 $r=r_0$ 球面上的面积分。

解： $\int_S \boldsymbol{A}\mathrm{d}S=\int_0^{2\pi}\int_0^{\pi}r_0\boldsymbol{e}_r r_0^2\sin\theta\mathrm{d}\theta\mathrm{d}\phi$

将 $\boldsymbol{e}_r=\boldsymbol{e}_x\sin\theta\cos\phi+\boldsymbol{e}_y\sin\theta\sin\phi+\boldsymbol{e}_z\cos\theta$ 代入上式，即有

$$\int_S A\mathrm{d}S = \boldsymbol{e}_x \int_0^{2\pi}\int_0^{\pi} r_0^3 \sin^2\theta\cos\phi\mathrm{d}\theta\mathrm{d}\phi + \boldsymbol{e}_y \int_0^{2\pi}\int_0^{\pi} r_0^3 \sin^2\theta\sin\phi\mathrm{d}\theta\mathrm{d}\phi + \boldsymbol{e}_z \int_0^{2\pi}\int_0^{\pi} r_0^3 \sin\theta\cos\theta\mathrm{d}\theta\mathrm{d}\phi = 0$$

1.2 标量场的梯度

学习矢量分析的主要目的在于研究标量场和矢量场的性质，也就是各个标量或矢量的空间位置函数的特点，表现为梯度、散度和旋度等运算。

假设有一个标量 u，它是空间位置的函数，可以将其写成 $u = u(x,y,z)$，这样的场称为标量场，如房间里的温度场等。为了考察标量场在空间的分布和规律，引入等值面（等值线）、方向导数和梯度的概念。

1.2.1 标量场的等值面和等值线

对于一个标量函数 $u = u(x,y,z) = u(\boldsymbol{r})$，若令

$$u(x,y,z) = C \quad （C\text{为任意常数}） \tag{1.2.1}$$

该方程为曲面方程，称为给定标量函数的等值面方程。取不同的 C 值，就有不同的等值面，在同一等值面上尽管坐标（x，y，z）取值不同，但函数值是相同的。如等温面、等电位面等。

根据标量场的定义，空间每一点上只对应于一个场函数的确定值。因此，充满整个标量场所在空间的许许多多等值面互不相交。或者说，场中的一个点只能在一个等值面上。

对于二维标量函数 $V = V(x,y)$，则

$$V(x,y) = C \quad （C\text{为任意常数}） \tag{1.2.2}$$

称为等值线方程。同样，同一标量场的等值线也是互不相交的，如等高线、等位线等。

1.2.2 方向导数

标量场的等值面和等值线，给出的是物理量在场中总的分布情况。要想知道标量函数在场中各点附近沿每一方向的变化情况，还需引入方向导数的概念。

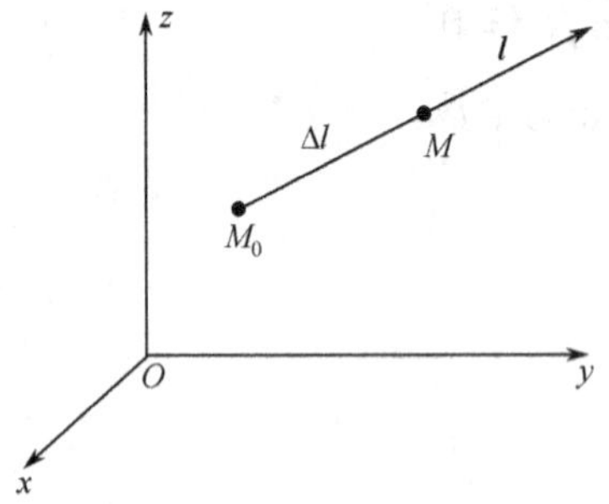

图 1.2.1 方向导数的定义

我们知道，函数 $u = u(x,y,z)$ 的偏导数 $\frac{\partial u}{\partial x}$、$\frac{\partial u}{\partial y}$、$\frac{\partial u}{\partial z}$，表示该函数沿坐标轴方向的变化率，这些变化率是函数沿特殊方向的方向导数。但在实际问题中往往需要知道函数沿任意确定方向的变化率，以及沿什么方向函数的变化率最大。例如要预报某地的风向和风力，必须知道气压在该处沿某些方向的变化率。因此引入标量函数在空间某一点沿某一给定方向方向导数的概念。

函数 $u = u(x,y,z)$ 在给定点 M_0（见图 1.2.1）上沿某一方向对距离的变化率为

$$\left.\frac{\partial u}{\partial l}\right|_{M_0}=\lim_{\Delta l\to 0}\frac{u(M)-u(M_0)}{\Delta l} \tag{1.2.3}$$

首先假定函数$u=u(x,y,z)$在M_0点可微，如图 1.2.2 所示，根据高等数学中多元函数的全增量和全微分关系

$$\begin{aligned}\Delta u&=u(M)-u(M_0)\\&=u(x+\Delta x,y+\Delta y,z+\Delta z)-u(x,y,z)\\&=\frac{\partial u}{\partial x}\Delta x+\frac{\partial u}{\partial y}\Delta y+\frac{\partial u}{\partial z}\Delta z+O(\Delta l)\end{aligned} \tag{1.2.4}$$

因为$\Delta x=\Delta l\cos\alpha,\Delta y=\Delta l\cos\beta,\Delta z=\Delta l\cos\gamma$，所以

$$\begin{aligned}\left.\frac{\partial u}{\partial l}\right|_{M_0}&=\lim_{\Delta l\to 0}\frac{u(M)-u(M_0)}{\Delta l}\\&=\left.\frac{\partial u}{\partial x}\right|_{M_0}\cos\alpha+\left.\frac{\partial u}{\partial y}\right|_{M_0}\cos\beta+\left.\frac{\partial u}{\partial z}\right|_{M_0}\cos\gamma\end{aligned} \tag{1.2.5}$$

对空间任意点，有

$$\frac{\partial u}{\partial l}=\frac{\partial u}{\partial x}\cos\alpha+\frac{\partial u}{\partial y}\cos\beta+\frac{\partial u}{\partial z}\cos\gamma \tag{1.2.6}$$

若$\frac{\partial u}{\partial l}>0$，则$u(M)>u(M_0)$，说明沿$\boldsymbol{l}$方向函数$u$是增加的；

若$\frac{\partial u}{\partial l}<0$，则$u(M)<u(M_0)$，说明沿$\boldsymbol{l}$方向函数$u$是减小的；

若$\frac{\partial u}{\partial l}=0$，则$u(M)=u(M_0)$，说明沿$\boldsymbol{l}$方向函数$u$是不变的。

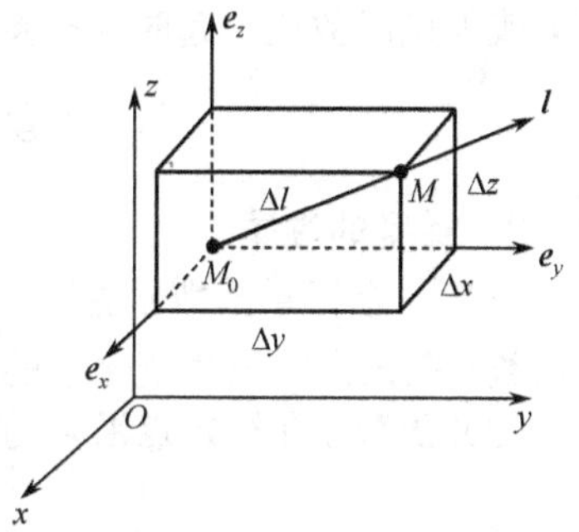

图 1.2.2　直角坐标中方向导数的计算

1.2.3　梯度

方向导数是函数$u=u(x,y,z)$在给定点、沿某一方向对距离的变化率。然而，从空间一点出发有无穷多个方向，函数u沿其中哪个方向变化率最大，这个最大变化率又是多少，这就是下面要研究的标量场的梯度问题。

1．梯度（gradient）的定义

下面给出三个表达式。

方向导数：
$$\frac{\partial u}{\partial l}=\frac{\partial u}{\partial x}\cos\alpha+\frac{\partial u}{\partial y}\cos\beta+\frac{\partial u}{\partial z}\cos\gamma \tag{1.2.7}$$

方向单位矢量：
$$\boldsymbol{e}_l=\boldsymbol{e}_x\cos\alpha+\boldsymbol{e}_y\cos\beta+\boldsymbol{e}_z\cos\gamma \tag{1.2.8}$$

定义：
$$\boldsymbol{G}=\boldsymbol{e}_x\frac{\partial u}{\partial x}+\boldsymbol{e}_y\frac{\partial u}{\partial y}+\boldsymbol{e}_z\frac{\partial u}{\partial z} \tag{1.2.9}$$

比较上面三式，可以看出三个表达式之间存在如下关系

$$\frac{\partial u}{\partial l}=\boldsymbol{G}\cdot\boldsymbol{e}_l=|\boldsymbol{G}|\cos(\boldsymbol{G},\boldsymbol{e}_l) \tag{1.2.10}$$

如图 1.2.3 所示，$\boldsymbol{e}_l$ 是从给定点引出的沿任一方向的单位矢量，而定义的矢量 $\boldsymbol{G}$ 只与函数 u 有关而与 $\boldsymbol{e}_l$ 无关。当选择 $\boldsymbol{e}_l$ 的方向与 $\boldsymbol{G}$ 一致时，方向导数 $\dfrac{\partial u}{\partial l}$ 取得最大值，$\left.\dfrac{\partial u}{\partial l}\right|_{\max}=|\boldsymbol{G}|$。

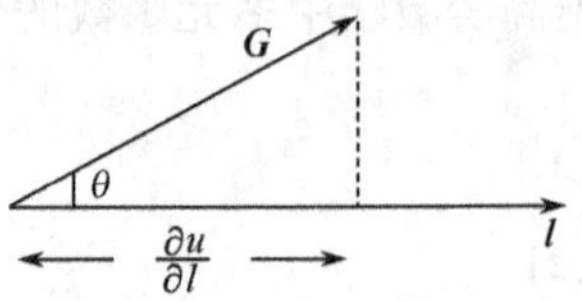

图 1.2.3　梯度的定义

因此 $\boldsymbol{G}$ 具有这样的性质：① $\boldsymbol{G}$ 的方向就是方向导数最大的方向；② $\boldsymbol{G}$ 的模就等于这个最大的方向导数值。

$\boldsymbol{G}$ 称为函数 $u(x,y,z)$ 在给定点的梯度，记作：$\text{grad}u=\boldsymbol{G}$。

在直角坐标系中，有

$$\text{grad}u=\boldsymbol{e}_x\frac{\partial u}{\partial x}+\boldsymbol{e}_y\frac{\partial u}{\partial y}+\boldsymbol{e}_z\frac{\partial u}{\partial z} \tag{1.2.11}$$

为了表示方便，我们引入一个哈密顿（Hamilton）算子

$$\nabla=\boldsymbol{e}_x\frac{\partial}{\partial x}+\boldsymbol{e}_y\frac{\partial}{\partial y}+\boldsymbol{e}_z\frac{\partial}{\partial z} \tag{1.2.12}$$

算子 ∇，既是一个微分算子，又可以看成一个矢量，所以称为矢性微分算子。它只有与标量或矢量函数在一起时才有意义。

$$\text{grad}u=\nabla u=\boldsymbol{e}_x\frac{\partial u}{\partial x}+\boldsymbol{e}_y\frac{\partial u}{\partial y}+\boldsymbol{e}_z\frac{\partial u}{\partial z} \tag{1.2.13}$$

2．梯度的性质

（1）一个标量函数 u 的梯度为一个矢量函数，其方向为函数 u 变化率最大的方向，模等于函数 u 在该点的最大变化率的数值，梯度总是指向 u 增大的方向。

（2）函数 u 在给定点沿 $\boldsymbol{e}_l$ 方向的方向导数等于 u 的梯度在 $\boldsymbol{e}_l$ 方向上的投影。

$$\frac{\partial u}{\partial l}=(\nabla u)\cdot\boldsymbol{e}_l \tag{1.2.14}$$

（3）标量场中任一点的梯度的方向为过该点等值面的法线方向。

在高等数学中，我们知道一个曲面 $u(x,y,z)=C$ 在面上任一点的法线矢量和 ∇u 方向一致，所以，单位法矢为 $\boldsymbol{e}_n=\dfrac{\nabla u}{|\nabla u|}$。

（4）梯度的线积分与积分路径无关。即

$$\int_{aP_1b}(\nabla u)\cdot\mathrm{d}\boldsymbol{l}=\int_{aP_2b}(\nabla u)\cdot\mathrm{d}\boldsymbol{l}=u(b)-u(a)$$

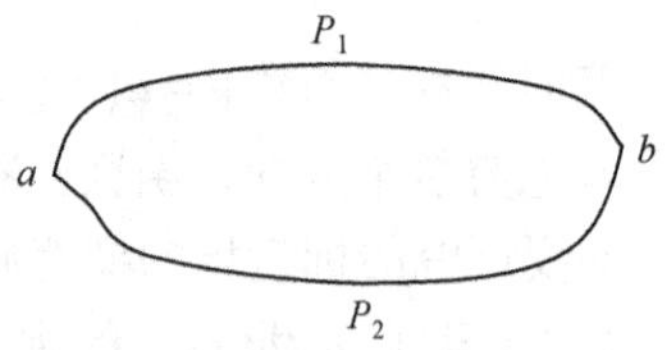

图 1.2.4　任意两条积分路径

证明：如图 1.2.4 所示，任取两条积分路径 aP_1b 和 aP_2b，有

$$\int_{aP_1b}(\nabla u)\cdot\mathrm{d}\boldsymbol{l}=\int_{aP_1b}(\nabla u)\cdot\boldsymbol{e}_n\mathrm{d}l=\int_{aP_1b}\frac{\partial u}{\partial l}\mathrm{d}l=\int_a^b\mathrm{d}u=u(b)-u(a)$$

同样

$$\int_{aP_2b}(\nabla u)\cdot\mathrm{d}\boldsymbol{l}=u(b)-u(a)$$

所以

$$\int_{aP_1b}(\nabla u)\cdot\mathrm{d}\boldsymbol{l}=\int_{aP_2b}(\nabla u)\cdot\mathrm{d}\boldsymbol{l}=u(b)-u(a)$$

问题得证。

推论：标量函数的梯度沿任意闭合路径的线积分恒等于 0，即

$$\oint_l(\nabla u)\cdot\mathrm{d}\boldsymbol{l}=0$$

3．梯度的基本运算公式

梯度的运算法则与一般函数求导数的法则类似。

（1）$\nabla C = 0$（C 为常数）

（2）$\nabla (Cu) = C\nabla u$ （C 为常数）

（3）$\nabla (u \pm v) = \nabla u \pm \nabla v$

（4）$\nabla (uv) = u\nabla v + v\nabla u$

（5）$\nabla \left(\dfrac{u}{v} \right) = \dfrac{1}{v^2}(v\nabla u - u\nabla v)$

（6）$\nabla f(u) = f'(u)\nabla u$

4．梯度在圆柱坐标系和球坐标系中的计算式

通过坐标变换或引入广义正交曲线坐标系的概念，可以得出圆柱坐标系和球坐标系中标量函数梯度的计算公式。

圆柱坐标系中的梯度计算式为

$$\nabla u = \boldsymbol{e}_\rho \frac{\partial u}{\partial \rho} + \boldsymbol{e}_\phi \frac{1}{\rho} \cdot \frac{\partial u}{\partial \phi} + \boldsymbol{e}_z \frac{\partial u}{\partial z} \tag{1.2.15}$$

球坐标系中的梯度计算式为

$$\nabla u = \boldsymbol{e}_r \frac{\partial u}{\partial r} + \boldsymbol{e}_\theta \frac{1}{r} \cdot \frac{\partial u}{\partial \theta} + \boldsymbol{e}_\phi \frac{1}{r\sin\theta} \cdot \frac{\partial u}{\partial \phi} \tag{1.2.16}$$

例 1-3 R 表示空间点（x，y，z）和点（x'，y'，z'）之间的距离，证明 $\nabla\left(\dfrac{1}{R}\right) = -\nabla'\left(\dfrac{1}{R}\right)$。符号 ∇' 表示对 x'，y'，z' 的微分，即：$\nabla' = \boldsymbol{e}_x \dfrac{\partial}{\partial x'} + \boldsymbol{e}_y \dfrac{\partial}{\partial y'} + \boldsymbol{e}_z \dfrac{\partial}{\partial z'}$。

证明：

$$\begin{aligned}
\nabla\left(\frac{1}{R}\right) &= \nabla\left[(x-x')^2 + (y-y')^2 + (z-z')^2\right]^{-1/2} \\
&= \boldsymbol{e}_x \frac{\partial}{\partial x}\left[(x-x')^2 + (y-y')^2 + (z-z')^2\right]^{-1/2} + \\
&\quad \boldsymbol{e}_y \frac{\partial}{\partial y}\left[(x-x')^2 + (y-y')^2 + (z-z')^2\right]^{-1/2} + \\
&\quad \boldsymbol{e}_z \frac{\partial}{\partial z}\left[(x-x')^2 + (y-y')^2 + (z-z')^2\right]^{-1/2} \\
&= \frac{-\left[\boldsymbol{e}_x(x-x') + \boldsymbol{e}_y(y-y') + \boldsymbol{e}_z(z-z')\right]}{\left[(x-x')^2 + (y-y')^2 + (z-z')^2\right]^{3/2}}
\end{aligned}$$

所以

$$\nabla\left(\frac{1}{R}\right) = -\frac{\boldsymbol{R}}{R^3} = -\frac{\boldsymbol{e}_R}{R^2}$$

$$\nabla'\left(\frac{1}{R}\right)=\nabla'\left[(x-x')^2+(y-y')^2+(z-z')^2\right]^{-1/2}$$

$$=e_x\frac{\partial}{\partial x'}\left[(x-x')^2+(y-y')^2+(z-z')^2\right]^{-1/2}+$$

$$e_y\frac{\partial}{\partial y'}\left[(x-x')^2+(y-y')^2+(z-z')^2\right]^{-1/2}+$$

$$e_z\frac{\partial}{\partial z'}\left[(x-x')^2+(y-y')^2+(z-z')^2\right]^{-1/2}$$

$$=\frac{\left[e_x(x-x')+e_y(y-y')+e_z(z-z')\right]}{\left[(x-x')^2+(y-y')^2+(z-z')^2\right]^{3/2}}$$

所以

$$\nabla'\left(\frac{1}{R}\right)=\frac{\boldsymbol{R}}{R^3}=\frac{e_R}{R^2}$$

比较发现

$$\nabla\left(\frac{1}{R}\right)=-\nabla'\left(\frac{1}{R}\right) \tag{1.2.17}$$

例 1-4 求一个二维标量场 $u=y^2-x$ 的等值线方程和梯度 ∇u 。

解： 等值线方程为： $y^2-x=C$（C 为任意常数）

梯度：$\nabla u=e_x\dfrac{\partial u}{\partial x}+e_y\dfrac{\partial u}{\partial y}+e_z\dfrac{\partial u}{\partial z}=-e_x+e_y2y$

例 1-5 求函数 $u=\sqrt{x^2+y^2+z^2}$ 在点 $M(1,0,1)$ 沿 $\boldsymbol{l}=e_x+e_y2+e_z2$ 方向的方向导数。

解： $\dfrac{\partial u}{\partial x}=\dfrac{x}{\sqrt{x^2+y^2+z^2}}$

$\dfrac{\partial u}{\partial y}=\dfrac{y}{\sqrt{x^2+y^2+z^2}}$

$\dfrac{\partial u}{\partial z}=\dfrac{z}{\sqrt{x^2+y^2+z^2}}$

在点 M(1，0，1)，$\dfrac{\partial u}{\partial x}=\dfrac{1}{\sqrt{2}}$，$\dfrac{\partial u}{\partial y}=0$，$\dfrac{\partial u}{\partial z}=\dfrac{1}{\sqrt{2}}$，则

$$e_l=\frac{\boldsymbol{l}}{|\boldsymbol{l}|}=\frac{1}{\sqrt{1^2+2^2+2^2}}(e_x+e_y2+e_z2)=e_x\frac{1}{3}+e_y\frac{2}{3}+e_z\frac{2}{3}$$

所以 $\cos\alpha=\dfrac{1}{3},\cos\beta=\dfrac{2}{3},\cos\gamma=\dfrac{2}{3}$。因此有

$$\left.\frac{\partial u}{\partial l}\right|_{M_0}=\left.\frac{\partial u}{\partial x}\right|_{M_0}\cos\alpha+\left.\frac{\partial u}{\partial y}\right|_{M_0}\cos\beta+\left.\frac{\partial u}{\partial z}\right|_{M_0}\cos\gamma$$

$$=\frac{1}{\sqrt{2}}\times\frac{1}{3}+\frac{1}{\sqrt{2}}\times\frac{2}{3}=\frac{1}{\sqrt{2}}$$

1.3 矢量场的通量与散度

矢量场的散度，反映的是矢量场中场与通量源之间的关系，所以，在提出散度概念之前，必须首先引入矢量线和通量的概念。

1.3.1 矢量场的矢量线（力线）

1. 定义

矢量场中的一些曲线，曲线上每一点的切线方向代表该点矢量场的方向，该点矢量场的强度由附近矢量线的密度来确定。

同一矢量场中每一点均有唯一的一条矢量线通过，矢量线互不相交。如图 1.3.1 所示，假设点 M 有两条矢量线通过，则点 M 在矢量场中的矢量有两个方向 $\boldsymbol{F}_1$ 和 $\boldsymbol{F}_2$，这与矢量线定义中的切线方向代表该点矢量场方向矛盾，所以说，同一矢量场中每一点均有唯一的一条矢量线通过。

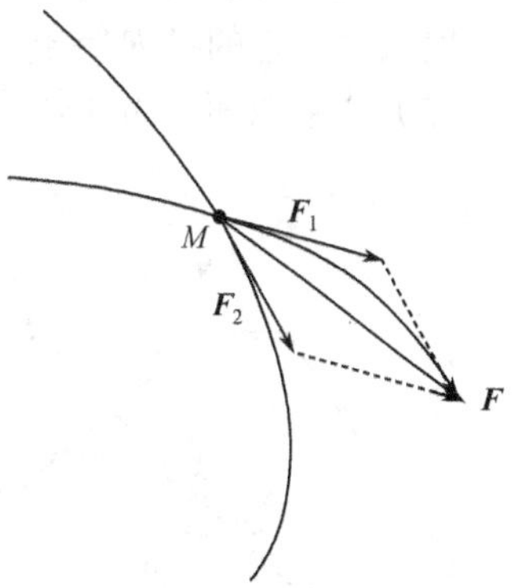

图 1.3.1 证明矢量线互不相交示意图

矢量场可以用矢量线形象地描述出来，如电力线和磁力线就是描述电场强度和磁场强度的矢量线。

2. 矢量线方程

根据矢量线的定义，可以很容易地得到矢量线方程。矢量线上任一点的切向长度元矢量 $\mathrm{d}\boldsymbol{l}$ 与该点的矢量场 $\boldsymbol{F}$ 的方向平行，即

$$\boldsymbol{F}\times \mathrm{d}\boldsymbol{l}=0 \tag{1.3.1}$$

前面已经学过，空间任一长度元矢量可以表示为

$$\mathrm{d}\boldsymbol{l}=\boldsymbol{e}_x\mathrm{d}x+\boldsymbol{e}_y\mathrm{d}y+\boldsymbol{e}_z\mathrm{d}z \tag{1.3.2}$$

所以

$$\boldsymbol{F}=\boldsymbol{e}_xF_x+\boldsymbol{e}_yF_y+\boldsymbol{e}_zF_z \tag{1.3.3}$$

由 $\boldsymbol{F}\times \mathrm{d}\boldsymbol{l}=0$，在直角坐标系中进行展开得

$$\boldsymbol{F}\times \mathrm{d}\boldsymbol{l}=\begin{vmatrix}\boldsymbol{e}_x & \boldsymbol{e}_y & \boldsymbol{e}_z\\ F_x & F_y & F_z\\ \mathrm{d}x & \mathrm{d}y & \mathrm{d}z\end{vmatrix}=\boldsymbol{e}_x(F_y\mathrm{d}z-F_z\mathrm{d}y)+\boldsymbol{e}_y(F_z\mathrm{d}x-F_x\mathrm{d}z)+\boldsymbol{e}_z(F_x\mathrm{d}y-F_y\mathrm{d}x)=0$$

所以 $F_y\mathrm{d}z=F_z\mathrm{d}y, F_z\mathrm{d}x=F_x\mathrm{d}z, F_x\mathrm{d}y=F_y\mathrm{d}x$。因此得

$$\frac{F_x}{\mathrm{d}x}=\frac{F_y}{\mathrm{d}y}=\frac{F_z}{\mathrm{d}z} \tag{1.3.4}$$

上式即为 $\boldsymbol{F}$ 的矢量线微分方程，通过求解该微分方程可以得出通解，绘出矢量线。

1.3.2 矢量场的通量

1. 定义

矢量 $\boldsymbol{F}$ 在场中某一曲面 S 上的面积分，称为该矢量场通过此曲面的通量（见图 1.3.2），即

$$\psi=\int_S\boldsymbol{F}\cdot\mathrm{d}\boldsymbol{S}=\int_S\boldsymbol{F}\cdot\boldsymbol{e}_\mathrm{n}\mathrm{d}S=\int_S F_\mathrm{n}\mathrm{d}S=\int_S F\cos\theta\mathrm{d}S \tag{1.3.5}$$

矢量场的通量可以理解为流体的流量。例如流体在某范围内流动时，流体的速度 $\boldsymbol{v}$ 确定了一个速度矢量场，$\boldsymbol{v}$ 穿过某面积的通量，表示单位时间内穿过此面积的流体体积，即为穿过此面积的流量。

$$\psi = \int_S \boldsymbol{v} \cdot \mathrm{d}\boldsymbol{S}$$

2．通量的特性

（1）通量的正负与面积元法线单位矢量方向的选取有关。通过面积元矢量 $\mathrm{d}\boldsymbol{S}$ 的通量元

$$\mathrm{d}\psi = \boldsymbol{F} \cdot \boldsymbol{e}_\mathrm{n} \mathrm{d}S = F\cos\theta \mathrm{d}S$$

上式中，面元法矢可以取两个相反的方向，得到的通量元为一正一负。在电磁场理论中，一般规定：由凹面指向凸面为正方向。

（2）通量可以定性地认为是穿过曲面 S 的矢量线总数。所以被积函数 $\boldsymbol{F}$ 可以理解为通量面密度矢量，它的模 F 等于在某点与 $\boldsymbol{F}$ 垂直的单位面积上穿过的矢量线的数目。

（3）如果曲面 S 为闭合曲面，则通过闭合曲面 S 的总通量为

$$\psi = \oint_S \boldsymbol{F} \cdot \mathrm{d}\boldsymbol{S} = \oint_S \boldsymbol{F} \cdot \boldsymbol{e}_\mathrm{n} \mathrm{d}S \qquad (1.3.6)$$

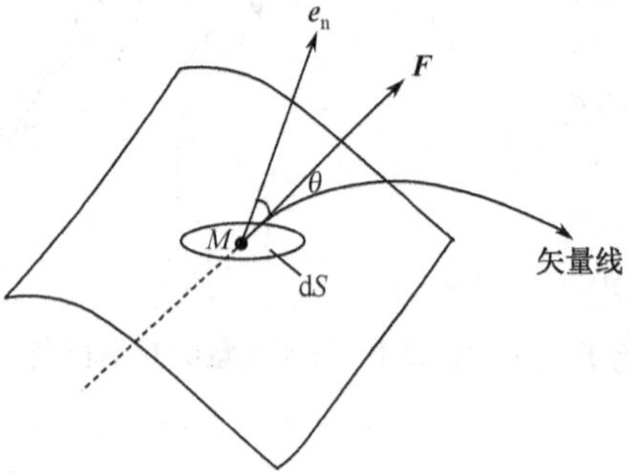

图 1.3.2　矢量场的通量

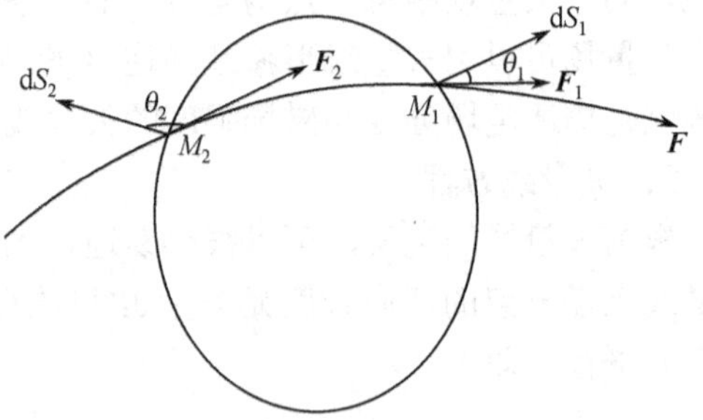

图 1.3.3　通过闭合曲面的通量

对于闭合曲面，在电磁场理论中，一般规定面积元的单位法线矢量 $\boldsymbol{e}_\mathrm{n}$ 由面内指向面外，如图 1.3.3 所示。

对于 M_1 点，$\theta_1 < 90°$，$\mathrm{d}\psi > 0$；

对于 M_2 点，$\theta_2 > 90°$，$\mathrm{d}\psi < 0$。

所以，由闭合曲面 S 内穿出的通量为正，由闭合曲面 S 外穿入的通量为负。对整个闭合曲面 S：

① 当 $\psi > 0$ 时，穿出 S 的通量线多于穿入 S 的通量线，此时 S 内必有发出通量线的源；

② 当 $\psi < 0$ 时，穿入 S 的通量线多于穿出 S 的通量线，此时 S 内必有吸收通量线的沟，称为负源；

③ 当 $\psi = 0$ 时，穿出 S 的通量线等于穿入 S 的通量线，此时 S 内正源和负源的代数和为 0，或者没有源。

（4）通量可以迭加：如果一闭合曲面 S 上任一点的矢量场为 $\boldsymbol{F} = \boldsymbol{F}_1 + \boldsymbol{F}_2 + \cdots + \boldsymbol{F}_n = \sum_{i=1}^{n} \boldsymbol{F}_i$，则通过 S 面的矢量场 $\boldsymbol{F}$ 的通量为

$$\psi = \oint_S \boldsymbol{F} \cdot \mathrm{d}\boldsymbol{S} = \oint_S \left(\sum_{i=1}^{n} \boldsymbol{F}_i \right) \cdot \mathrm{d}\boldsymbol{S} = \sum_{i=1}^{n} \oint_S \boldsymbol{F}_i \cdot \mathrm{d}\boldsymbol{S} = \sum_{i=1}^{n} \psi_i \qquad (1.3.7)$$

1.3.3 散度

矢量场 $\boldsymbol{F}$ 通过闭合曲面 S 的通量，反映曲面所包围区域内场与通量源的关系。而要了解场中某一点上场与源的关系，就需要引入矢量场散度的概念。所以散度与通过闭合曲面通量的关系是局部和整体的关系。

1．散度（divergence）定义

设有矢量场 $\boldsymbol{F}$，在场中任一点 M 作一包围该点的任意闭合面 S，并使 S 所限定的体积 ΔV 以任意方式趋于 0。如果极限 $\lim\limits_{\Delta V\to 0}\dfrac{\oint_S \boldsymbol{F}\cdot \mathrm{d}\boldsymbol{S}}{\Delta V}$ 存在，则称此极限为矢量场 $\boldsymbol{F}$ 在 M 点的散度。即

$$\mathrm{div}\boldsymbol{F}=\lim_{\Delta V\to 0}\frac{\oint_S \boldsymbol{F}\cdot \mathrm{d}\boldsymbol{S}}{\Delta V} \tag{1.3.8}$$

散度的定义与坐标系的选取无关，在空间任一点 M 上：

若 $\mathrm{div}\boldsymbol{F}>0$，则该点有发出通量线的正源；

若 $\mathrm{div}\boldsymbol{F}<0$，则该点有吸收通量线的负源；

若 $\mathrm{div}\boldsymbol{F}=0$，则该点无源。

若在某一区域内的所有点上，矢量场的散度都等于 0，则称该区域内的矢量场为无源场。

2．散度在直角坐标系中的表示式

利用散度的定义式，可以推导其在直角坐标系中的表示式。对于矢量

$$\boldsymbol{F}=\boldsymbol{e}_x F_x+\boldsymbol{e}_y F_y+\boldsymbol{e}_z F_z$$

$$\mathrm{div}\boldsymbol{F}=\frac{\partial F_x}{\partial x}+\frac{\partial F_y}{\partial y}+\frac{\partial F_z}{\partial z}=\nabla\cdot\boldsymbol{F} \tag{1.3.9}$$

即矢量场 $\boldsymbol{F}$ 的散度为它在直角坐标系中三个分量分别对各自坐标变量的偏导数之和。一个矢量函数的散度为标量函数。

3．散度的基本公式

（1）$\nabla\cdot\boldsymbol{C}=0$（$\boldsymbol{C}$ 为常矢量）

（2）$\nabla\cdot(C\boldsymbol{F})=C\nabla\cdot\boldsymbol{F}$（$C$ 为常数）

（3）$\nabla\cdot(\boldsymbol{F}\pm\boldsymbol{G})=\nabla\cdot\boldsymbol{F}\pm\nabla\cdot\boldsymbol{G}$

（4）$\nabla\cdot(u\boldsymbol{F})=u\nabla\cdot\boldsymbol{F}+\boldsymbol{F}\cdot\nabla u$

（5）$\nabla\cdot(\boldsymbol{F}\times\boldsymbol{G})=\boldsymbol{G}\cdot\nabla\times\boldsymbol{F}-\boldsymbol{F}\cdot\nabla\times\boldsymbol{G}$

4．散度在圆柱坐标系和球坐标系中的计算式

对于圆柱坐标系中的矢量 $\boldsymbol{F}=\boldsymbol{e}_\rho F_\rho+\boldsymbol{e}_\phi F_\phi+\boldsymbol{e}_z F_z$，其散度计算式为

$$\nabla\cdot\boldsymbol{F}=\frac{1}{\rho}\cdot\frac{\partial}{\partial\rho}(\rho F_\rho)+\frac{1}{\rho}\cdot\frac{\partial F_\phi}{\partial\phi}+\frac{\partial F_z}{\partial z} \tag{1.3.10}$$

对于球坐标系中的矢量 $\boldsymbol{F}=\boldsymbol{e}_r F_r+\boldsymbol{e}_\theta F_\theta+\boldsymbol{e}_\phi F_\phi$，其散度计算式为

$$\nabla\cdot\boldsymbol{F}=\frac{1}{r^2\sin\theta}\left[\frac{\partial}{\partial r}(r^2\sin\theta F_r)+\frac{\partial}{\partial\theta}(r\sin\theta F_\theta)+\frac{\partial}{\partial\phi}(rF_\phi)\right] \tag{1.3.11}$$

1.3.4 高斯散度定理

定理：任何一个矢量 $\boldsymbol{F}$ 穿出任意闭合曲面 S 的通量，总可以表示为 $\boldsymbol{F}$ 的散度在该面所围体积 V 的积分。即

$$\oint_S \boldsymbol{F}\cdot \mathrm{d}\boldsymbol{S} = \int_V \nabla\cdot \boldsymbol{F}\mathrm{d}V \tag{1.3.12}$$

高斯散度定理在高等数学中又称为奥-高公式。该定理适用于被封闭曲面 S 包围的任何体积 V。其中 $\mathrm{d}\boldsymbol{S}$ 的方向总是取其外法线方向，即垂直于表面 $\mathrm{d}S$ 而从体积内指向体积外的方向。

例 1-6 位置矢量（矢径）$\boldsymbol{r}$ 是一个矢量场，计算穿过一个球心在坐标原点、半径为 a 的球面的 $\boldsymbol{r}$ 的通量；计算 $\nabla\cdot\boldsymbol{r}$。

解：因为在 $r=a$ 的球面上，$\boldsymbol{r}$ 的大小处处相同，且处处与球面元垂直（即与面元法矢同向），所以

$$\psi = \oint_S \boldsymbol{r}\cdot \mathrm{d}\boldsymbol{S} = \oint_S r\mathrm{d}S = \oint_S a\mathrm{d}S = a\cdot 4\pi a^2 = 4\pi a^3$$

因为 $\boldsymbol{r} = \boldsymbol{e}_x x + \boldsymbol{e}_y y + \boldsymbol{e}_z z$，所以

$$\nabla\cdot\boldsymbol{r} = \frac{\partial x}{\partial x} + \frac{\partial y}{\partial y} + \frac{\partial z}{\partial z} = 3$$

例 1-7 已知 $\boldsymbol{A} = \boldsymbol{e}_x x^2 + \boldsymbol{e}_y xy + \boldsymbol{e}_z yz$，以每边为单位长度的立方体为例验证高斯散度定理。此立方体位于直角坐标系的第一象限内，其中一个顶点在坐标原点上，如图 1.3.4 所示。

解：首先计算六个面上的面积分。

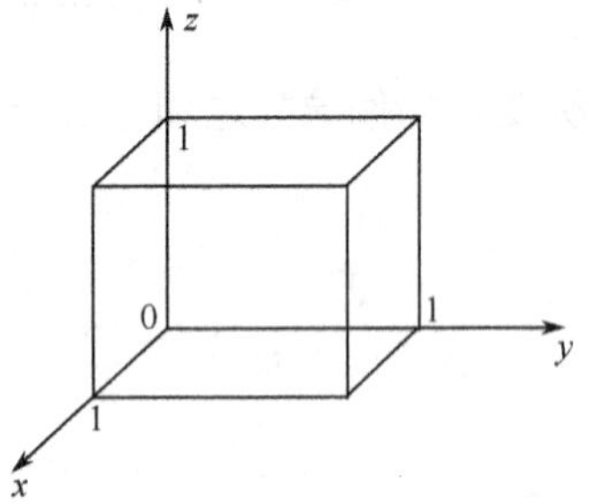

图 1.3.4 例 1-7 用图

（1）前面，$x=1$，$\mathrm{d}\boldsymbol{S} = \boldsymbol{e}_x \mathrm{d}y\mathrm{d}z$，所以

$$\int_{前面} \boldsymbol{A}\cdot \mathrm{d}\boldsymbol{S} = \int x^2 \mathrm{d}y\mathrm{d}z = \int_0^1\int_0^1 \mathrm{d}y\mathrm{d}z = 1$$

（2）后面，$x=0$，$\mathrm{d}\boldsymbol{S} = -\boldsymbol{e}_x \mathrm{d}y\mathrm{d}z$，所以

$$\int_{后面} \boldsymbol{A}\cdot \mathrm{d}\boldsymbol{S} = -\int x^2 \mathrm{d}y\mathrm{d}z = 0$$

（3）左面，$y=0$，$\mathrm{d}\boldsymbol{S} = -\boldsymbol{e}_y \mathrm{d}x\mathrm{d}z$，所以

$$\int_{左面} \boldsymbol{A}\cdot \mathrm{d}\boldsymbol{S} = -\int xy\mathrm{d}x\mathrm{d}z = 0$$

（4）右面，$y=1$，$\mathrm{d}\boldsymbol{S} = \boldsymbol{e}_y \mathrm{d}x\mathrm{d}z$，所以

$$\int_{右面} \boldsymbol{A}\cdot \mathrm{d}\boldsymbol{S} = \int xy\mathrm{d}x\mathrm{d}z = \int_0^1\int_0^1 x\mathrm{d}x\mathrm{d}z = \frac{1}{2}$$

（5）顶面，$z=1$，$\mathrm{d}\boldsymbol{S} = \boldsymbol{e}_z \mathrm{d}x\mathrm{d}y$，所以

$$\int_{顶面} \boldsymbol{A}\cdot \mathrm{d}\boldsymbol{S} = \int yz\mathrm{d}x\mathrm{d}y = \int_0^1\int_0^1 y\mathrm{d}x\mathrm{d}y = \frac{1}{2}$$

（6）底面，$z=0$，$\mathrm{d}\boldsymbol{S} = -\boldsymbol{e}_z \mathrm{d}x\mathrm{d}y$，所以

$$\int_{底面} \boldsymbol{A}\cdot \mathrm{d}\boldsymbol{S} = -\int yz\mathrm{d}x\mathrm{d}y = 0$$

所以 $\oint_S \boldsymbol{A}\cdot \mathrm{d}\boldsymbol{S} = 1+0+0+\frac{1}{2}+\frac{1}{2}+0 = 2$。

因为 $\nabla\cdot\boldsymbol{A} = \frac{\partial}{\partial x}(x^2) + \frac{\partial}{\partial y}(xy) + \frac{\partial}{\partial z}(yz) = 3x+y$，所以

$$\int_V \nabla\cdot \boldsymbol{A}\mathrm{d}V=\int_0^1\int_0^1\int_0^1(3x+y)\mathrm{d}x\mathrm{d}y\mathrm{d}z=2$$

$$\oint_S \boldsymbol{A}\cdot\mathrm{d}\boldsymbol{S}=\int_V \nabla\cdot\boldsymbol{A}\mathrm{d}V$$

矢量的闭合曲面积分等于矢量散度的体积分。

1.4 矢量场的环量与旋度

矢量场中的源，一般分为散度源和旋度源两种。在 1.3 节中，我们已经利用通量和散度描述了场与源之间的关系。如果矢量场的散度大于 0，则场中存在发出通量线的源，我们将这种源称为散度源（或称通量源）。下面要介绍另外一种形式的源——旋度源（或称旋涡源）的场与源之间的关系。首先引入环量的概念。

1.4.1 矢量的环量

在矢量场 $\boldsymbol{F}$ 中，从一点开始沿着某一指定的曲线 l 到另一点，$\boldsymbol{F}$ 沿曲线 l 的线积分表示为：$\int_l \boldsymbol{F}\cdot\mathrm{d}\boldsymbol{l}=\int_l F\cos\theta\mathrm{d}l$，其中 θ 是 $\boldsymbol{F}$ 与线元矢量 $\mathrm{d}\boldsymbol{l}$ 的夹角。如果路径 l 为闭合曲线，此时的线积分变为：$\oint_l \boldsymbol{F}\cdot\mathrm{d}\boldsymbol{l}=\oint_l F\cos\theta\mathrm{d}l$，称为矢量场 $\boldsymbol{F}$ 的环量。如图 1.4.1 所示。

环量的定义：矢量 $\boldsymbol{F}$ 沿某一闭合曲线（闭合路径）的线积分，称为该矢量沿此闭合曲线的环量。即

$$\Gamma=\oint_l \boldsymbol{F}\cdot\mathrm{d}\boldsymbol{l}=\oint_l F\cos\theta\mathrm{d}l \tag{1.4.1}$$

环量是一个标量，它的大小和正负不仅与矢量场 $\boldsymbol{F}$ 的分布有关，而且与所选取的积分路径有关。所以，有必要对闭合回路作出正向规定：沿回路走一圈时，回路所围面积始终在我们的左方，则为回路的正向。

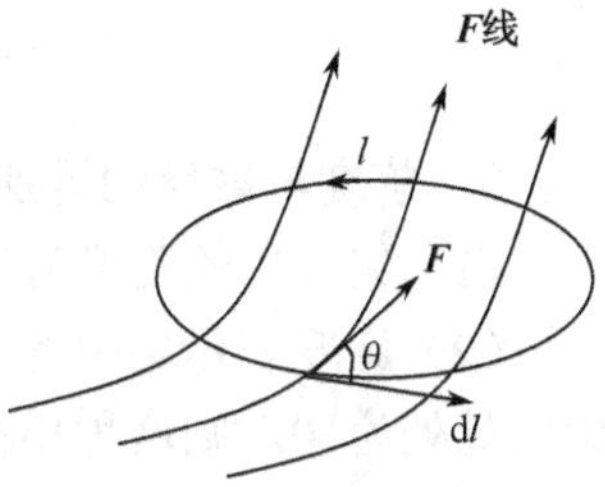

图 1.4.1 矢量的环量

下面还是以流体为例，流体的速度 $\boldsymbol{v}$ 可能有两种情况：一是环流 $\oint_l \boldsymbol{v}\cdot\mathrm{d}\boldsymbol{l}=0$，说明沿闭合路径 l 没有旋涡流动；另一种是 $\oint_l \boldsymbol{v}\cdot\mathrm{d}\boldsymbol{l}\neq 0$，说明流体沿闭合路径 l 作旋涡流动。

如果某一矢量场的环量不等于 0，则必有产生这种场的旋涡源。例如在电磁场中，磁场强度矢量沿围绕电流的闭合路径的环量不等于 0，由恒定磁场中的安培环路定律：$\oint_l \boldsymbol{H}\cdot\mathrm{d}\boldsymbol{l}=\sum I$，电流就是产生磁场的的旋涡源。如果在一个矢量场中沿任何闭合路径的环量恒等于 0，则在这个场中不可能有旋涡源，这种类型的场称为保守场或无旋场，例如静电场和重力场等。

1.4.2 矢量的旋度

与通量和散度的关系一样，环量与旋度（rotation）的关系也是整体与局部的关系。旋度表示的是矢量场中每点上的场与旋涡源之间的关系。

1．旋度的定义

在矢量场 $\boldsymbol{F}$ 中点 M 处，任取一个单位矢量 $\boldsymbol{e}_{\mathrm{n}}$，再过 M 点作一微小面积元 ΔS，在 M 点上 ΔS 与 $\boldsymbol{e}_{\mathrm{n}}$ 垂直，周界 l 的环绕方向与 $\boldsymbol{e}_{\mathrm{n}}$ 构成右手螺旋关系，当保持 $\boldsymbol{e}_{\mathrm{n}}$ 不变而使 $\Delta S\to 0$（即

缩至 M 点），如下极限：$\lim\limits_{\Delta S\to 0}\dfrac{\oint_l \boldsymbol{F}\cdot \mathrm{d}\boldsymbol{l}}{\Delta S}$，称为在点 M 处，矢量场 $\boldsymbol{F}$ 沿 $\boldsymbol{e}_\mathrm{n}$ 方向上的环量面密度（单位面积的环量）。它是一个标量，显然，环量面密度与 M 点的坐标和 $\boldsymbol{e}_\mathrm{n}$ 的方向有关，因为过 M 点可以作无穷多个 $\boldsymbol{e}_\mathrm{n}$，对应就有无穷多个 ΔS，尽管 ΔS 的大小可取成一样，但环量 $\oint_l \boldsymbol{F}\cdot \mathrm{d}\boldsymbol{l}$ 是不同的。

根据上面矢量 $\boldsymbol{F}$ 沿 $\boldsymbol{e}_\mathrm{n}$ 方向上环量面密度的定义，我们可以认为，存在一个矢量 $\boldsymbol{A}$，它在 $\boldsymbol{e}_\mathrm{n}$ 方向上的分量为 $\lim\limits_{\Delta S\to 0}\dfrac{\oint_l \boldsymbol{F}\cdot \mathrm{d}\boldsymbol{l}}{\Delta S}$，即 $\boldsymbol{A}\cdot\boldsymbol{e}_\mathrm{n}=\lim\limits_{\Delta S\to 0}\dfrac{\oint_l \boldsymbol{F}\cdot \mathrm{d}\boldsymbol{l}}{\Delta S}$，如图 1.4.2 所示。将 $\boldsymbol{A}$ 定义为矢量 $\boldsymbol{F}$ 在 M 点的旋度。

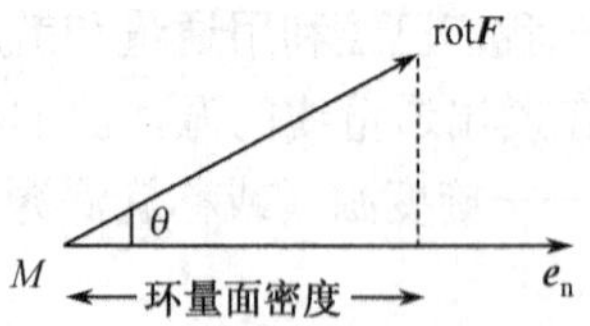

图 1.4.2 旋度的定义

$$\boldsymbol{A}=\mathrm{rot}\boldsymbol{F}\quad 或\quad \boldsymbol{A}=\mathrm{curl}\boldsymbol{F}$$

$$(\mathrm{rot}\boldsymbol{F})\cdot\boldsymbol{e}_\mathrm{n}=\lim_{\Delta S\to 0}\frac{\oint_l \boldsymbol{F}\cdot \mathrm{d}\boldsymbol{l}}{\Delta S}\tag{1.4.2}$$

矢量场的旋度是一个矢量，其大小等于各个方向上环量面密度的最大值，其方向为当面积的取向使得环量面密度呈最大时该面积的法线方向。旋度只与该点的 $\boldsymbol{F}$ 有关，而与该点引出的 $\boldsymbol{e}_\mathrm{n}$ 无关。

2．旋度在直角坐标系中的表示式

对于 $\boldsymbol{F}=\boldsymbol{e}_xF_x+\boldsymbol{e}_yF_y+\boldsymbol{e}_zF_z$，有

$$\begin{aligned}\mathrm{rot}\boldsymbol{F}=\nabla\times\boldsymbol{F}&=\begin{vmatrix}\boldsymbol{e}_x & \boldsymbol{e}_y & \boldsymbol{e}_z\\ \dfrac{\partial}{\partial x} & \dfrac{\partial}{\partial y} & \dfrac{\partial}{\partial z}\\ F_x & F_y & F_z\end{vmatrix}\\ &=\boldsymbol{e}_x\left(\frac{\partial F_z}{\partial y}-\frac{\partial F_y}{\partial z}\right)+\boldsymbol{e}_y\left(\frac{\partial F_x}{\partial z}-\frac{\partial F_z}{\partial x}\right)+\boldsymbol{e}_z\left(\frac{\partial F_y}{\partial x}-\frac{\partial F_x}{\partial y}\right)\end{aligned}\tag{1.4.3}$$

3．旋度与散度的区别

（1）矢量场的旋度为矢量函数；矢量场的散度为标量函数。

（2）旋度表示场中各点的场与旋涡源的关系。如果在矢量场所存在的全部空间内，场的旋度处处为 0，则这种场不可能有旋涡源，因而称它为无旋场或保守场；散度表示场中各点的场与通量源的关系。如果在矢量场所存在的全部空间内，场的散度处处为 0，则这种场不可能有通量源，因而称它为管形场（无头无尾）或无源场。静电场是无旋场，磁场是管形场。

（3）旋度描述的是场分量沿着与它垂直方向上的变化规律；散度描述的是场分量沿着各自方向上的变化规律。

4．旋度的基本运算公式

（1）$\nabla\times\boldsymbol{C}=0$（$\boldsymbol{C}$ 为常矢量）

（2）$\nabla\times(C\boldsymbol{F})=C\nabla\times\boldsymbol{F}$（$C$ 为常数）

（3）$\nabla\times(\boldsymbol{F}\pm\boldsymbol{G})=\nabla\times\boldsymbol{F}\pm\nabla\times\boldsymbol{G}$

（4）$\nabla\times(u\boldsymbol{F})=u\nabla\times\boldsymbol{F}+\nabla u\times\boldsymbol{F}$

（5）$\nabla\times(\boldsymbol{F}\times\boldsymbol{G})=(\boldsymbol{G}\cdot\nabla)\boldsymbol{F}-(\boldsymbol{F}\cdot\nabla)\boldsymbol{G}-\boldsymbol{G}(\nabla\cdot\boldsymbol{F})+\boldsymbol{F}(\nabla\cdot\boldsymbol{G})$

5．旋度在圆柱坐标系和球坐标系中的计算式

对于圆柱坐标系中的矢量 $\boldsymbol{F}=\boldsymbol{e}_\rho F_\rho+\boldsymbol{e}_\phi F_\phi+\boldsymbol{e}_z F_z$，其旋度计算式为

$$\nabla\times\boldsymbol{F}=\frac{1}{\rho}\begin{vmatrix}\boldsymbol{e}_\rho & \rho\boldsymbol{e}_\phi & \boldsymbol{e}_z\\ \dfrac{\partial}{\partial\rho} & \dfrac{\partial}{\partial\phi} & \dfrac{\partial}{\partial z}\\ F_\rho & \rho F_\phi & F_z\end{vmatrix} \tag{1.4.4}$$

对于球坐标系中的矢量 $\boldsymbol{F}=\boldsymbol{e}_r F_r+\boldsymbol{e}_\theta F_\theta+\boldsymbol{e}_\phi F_\phi$，其旋度计算式为

$$\nabla\times\boldsymbol{F}=\frac{1}{r^2\sin\theta}\begin{vmatrix}\boldsymbol{e}_r & r\boldsymbol{e}_\theta & r\sin\theta\boldsymbol{e}_\phi\\ \dfrac{\partial}{\partial r} & \dfrac{\partial}{\partial\theta} & \dfrac{\partial}{\partial\phi}\\ F_r & rF_\theta & r\sin\theta F_\phi\end{vmatrix} \tag{1.4.5}$$

1.4.3 斯托克斯定理

定理：矢量 $\boldsymbol{F}$ 的旋度 $\nabla\times\boldsymbol{F}$ 在任意曲面 S 上的通量，等于 $\boldsymbol{F}$ 沿该曲面周界 l 的环量。即

$$\int_S(\nabla\times\boldsymbol{F})\cdot\mathrm{d}\boldsymbol{S}=\oint_l\boldsymbol{F}\cdot\mathrm{d}\boldsymbol{l} \tag{1.4.6}$$

斯托克斯定理将一矢量旋度的面积分变换为该矢量的线积分，或者作相反的变换。与高斯散度定理一样，斯托克斯定理在矢量分析中也是一个重要的恒等式，在电磁场理论中常用它来推导其他的定理和关系式，例如微分和积分形式表示式的转换。

例 1-8 矢量场 $\boldsymbol{F}=-\boldsymbol{e}_x y+\boldsymbol{e}_y x$，求 $\boldsymbol{F}$ 沿闭合曲线 l 的环量，并验证斯托克斯定理。l 的参量方程是：$x=a\cos^3\theta$，$y=a\sin^3\theta$，为一条星形线。

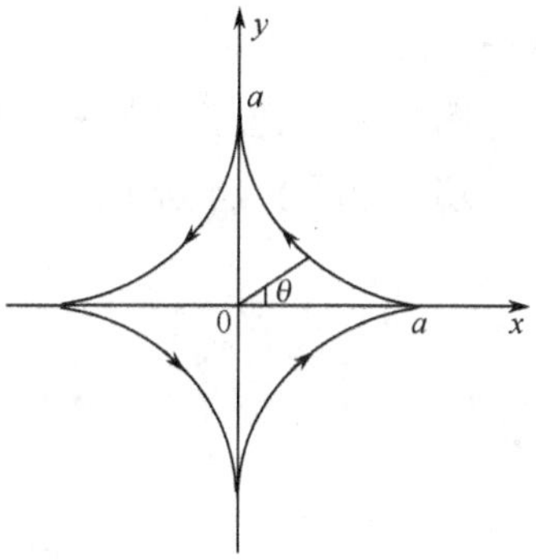

图 1.4.3 例 1-8 图

解：由闭合曲线 l 的参量方程，在直角坐标系下画出示意图如图 1.4.3 所示。

（1）$\Gamma=\oint_l\boldsymbol{F}\cdot\mathrm{d}\boldsymbol{l}=\oint_l(-\boldsymbol{e}_x y+\boldsymbol{e}_y x)\cdot(\boldsymbol{e}_x\mathrm{d}x+\boldsymbol{e}_y\mathrm{d}y)$

$=\oint_l(-y\mathrm{d}x+x\mathrm{d}y)$

由闭合曲线 l 的参量方程得

$$\mathrm{d}x=\mathrm{d}(a\cos^3\theta)=-3a\cos^2\theta\sin\theta\,\mathrm{d}\theta$$

$$\mathrm{d}y=\mathrm{d}(a\sin^3\theta)=3a\sin^2\theta\cos\theta\,\mathrm{d}\theta$$

沿曲线 l 一周即为参变量 θ 从 0 变到 2π（弧度）。所以有

$$\Gamma=\oint_l\boldsymbol{F}\cdot\mathrm{d}\boldsymbol{l}=\int_0^{2\pi}\left(3a^2\cos^2\theta\sin^4\theta+3a^2\sin^2\theta\cos^4\theta\right)\mathrm{d}\theta=\frac{3}{4}\pi a^2$$

（2）计算 $\int_S(\nabla\times\boldsymbol{F})\cdot\mathrm{d}S$。

$$\nabla\times\boldsymbol{F}=\begin{vmatrix}\boldsymbol{e}_x & \boldsymbol{e}_y & \boldsymbol{e}_z\\ \dfrac{\partial}{\partial x} & \dfrac{\partial}{\partial y} & \dfrac{\partial}{\partial z}\\ -y & x & 0\end{vmatrix}=\boldsymbol{e}_z 2$$

所以 $$\int_S(\nabla\times\boldsymbol{F})\cdot d\boldsymbol{S}=\int_S(\boldsymbol{e}_z 2)\cdot(\boldsymbol{e}_z dxdy)=2\int_S dxdy$$

（$\int_S dxdy$ 为星形线所围的面积）

由闭合曲线 l 的参量方程可得：$x^{\frac{2}{3}}+y^{\frac{2}{3}}=a^{\frac{2}{3}}$，所以

$$\int_S(\nabla\times\boldsymbol{F})\cdot d\boldsymbol{S}=2\int_S dxdy=2\times4\int_0^a dx\int_0^{\left(a^{\frac{2}{3}}-x^{\frac{2}{3}}\right)^{\frac{3}{2}}}dy=8\int_0^a\left(a^{\frac{2}{3}}-x^{\frac{2}{3}}\right)^{\frac{3}{2}}dx$$

再用参量方程代换积分元

$$\left(a^{\frac{2}{3}}-x^{\frac{2}{3}}\right)^{\frac{3}{2}}=a\left(1-\cos^2\theta\right)^{\frac{3}{2}}$$

$$dx=d\left(a\cos^3\theta\right)=-3a\cos^2\theta\sin\theta d\theta$$

当 $x=0$ 时，$\theta=\dfrac{\pi}{2}$；当 $x=a$ 时，$\theta=0$。所以

$$\int_S(\nabla\times\boldsymbol{F})\cdot d\boldsymbol{S}=-8\int_{\frac{\pi}{2}}^{0}3a^2\left(1-\cos^2\theta\right)^{\frac{3}{2}}\cos^2\theta\sin\theta\,d\,x$$

$$=24a^2\int_0^{\frac{\pi}{2}}\sin^4\theta\left(1-\sin^2\theta\right)\ d\theta=\frac{3}{4}\pi a^2$$

即 $$\int_S(\nabla\times\boldsymbol{F})\cdot d\boldsymbol{S}=\oint_l\boldsymbol{F}\cdot d\boldsymbol{l}=\frac{3}{4}\pi a^2$$

验证完毕。

例 1-9 求位置矢量 $\boldsymbol{r}$ 沿折线 l 的环量。其中 l 由 $0\leqslant x\leqslant a$、$0\leqslant y\leqslant b$、$z=0$ 组成。

解：如图 1.4.4 所示。

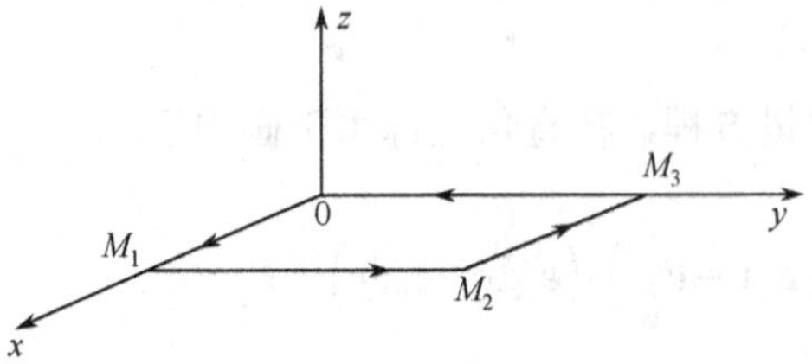

图 1.4.4 例 1-9 图

因为 $\boldsymbol{r}=\boldsymbol{e}_x x+\boldsymbol{e}_y y+\boldsymbol{e}_z z$，$d\boldsymbol{l}=\boldsymbol{e}_x\,dx+\boldsymbol{e}_y\,dy+\boldsymbol{e}_z\,dz$，所以

$$\Gamma=\int_{0M_1}\boldsymbol{r}\cdot d\boldsymbol{l}+\int_{M_1M_2}\boldsymbol{r}\cdot d\boldsymbol{l}+\int_{M_2M_3}\boldsymbol{r}\cdot d\boldsymbol{l}+\int_{M_30}\boldsymbol{r}\cdot d\boldsymbol{l}$$

$$\int_{0M_1}\boldsymbol{r}\cdot d\boldsymbol{l}=\int_{0M_1}xdx+ydy+zdz=\int_{0M_1}xdx=\int_0^a xdx=\frac{a^2}{2}$$

$$\int_{M_1M_2}\boldsymbol{r}\cdot d\boldsymbol{l}=\int_{M_1M_2}xdx+ydy+zdz=\int_{M_1M_2}ydy=\int_0^b ydy=\frac{b^2}{2}$$

$$\int_{M_2M_3}\boldsymbol{r}\cdot d\boldsymbol{l}=\int_{M_2M_3}xdx+ydy+zdz=\int_{M_2M_3}xdx=\int_a^0 xdx=-\frac{a^2}{2}$$

$$\int_{M_30}\boldsymbol{r}\cdot d\boldsymbol{l}=\int_{M_30}xdx+ydy+zdz=\int_{M_30}ydy=\int_b^0 ydy=-\frac{b^2}{2}$$

所以 $\Gamma=0$。

1.5 哈密顿算子与矢量恒等式

通过前面几节的学习，我们已经知道，场函数包括标量函数和矢量函数。梯度是针对标量函数进行的运算，标量函数的梯度为矢量函数。而矢量函数可以作散度和旋度运算，一个矢量函数的散度为标量函数，一个矢量函数的旋度仍然为矢量函数。下面我们要学习矢量恒等式与格林定理。格林定理又称为格林恒等式，从本质上是属于矢量恒等式中的一类。矢量函数的恒等式有很多，我们只介绍其中一些在电磁场理论中经常用到的恒等式。

1.5.1 哈密顿算子及其一阶微分恒等式

在直角坐标系中，哈密顿算子的表示式为

$$\nabla = \boldsymbol{e}_x \frac{\partial}{\partial x} + \boldsymbol{e}_y \frac{\partial}{\partial y} + \boldsymbol{e}_z \frac{\partial}{\partial z} \tag{1.5.1}$$

它既是一个微分算子，又可以看成一个矢量，所以称之为矢性微分算子，具有矢量和微分的双重性质。同时要注意，单独的一个哈密顿算子本身没有什么意义，只有当它作用在标量或矢量函数上时才有意义。

算子∇与标量函数u相乘，∇u，得到此标量函数的梯度；

算子∇与矢量函数$\boldsymbol{F}$的标积，$\nabla \cdot \boldsymbol{F}$，得到此矢量函数的散度；

算子∇与矢量函数$\boldsymbol{F}$的矢积，$\nabla \times \boldsymbol{F}$，得到此矢量函数的旋度。

在矢量恒等式中，有时要用到运算式$\boldsymbol{A} \cdot \nabla$

$$\begin{aligned}\boldsymbol{A} \cdot \nabla &= (\boldsymbol{e}_x A_x + \boldsymbol{e}_y A_y + \boldsymbol{e}_z A_z) \cdot \left(\boldsymbol{e}_x \frac{\partial}{\partial x} + \boldsymbol{e}_y \frac{\partial}{\partial y} + \boldsymbol{e}_z \frac{\partial}{\partial z} \right) \\ &= A_x \frac{\partial}{\partial x} + A_y \frac{\partial}{\partial y} + A_z \frac{\partial}{\partial z}\end{aligned} \tag{1.5.2}$$

它仍然为一个算子，是一个标量微分算子，$\boldsymbol{A} \cdot \nabla \neq \nabla \cdot \boldsymbol{A}$。

由一阶哈密顿算子∇构成的恒等式有很多，详见附录A，下面来证明其中一个

$$\nabla \cdot (\boldsymbol{A} \times \boldsymbol{B}) = \boldsymbol{B} \cdot (\nabla \times \boldsymbol{A}) - \boldsymbol{A} \cdot (\nabla \times \boldsymbol{B}) \tag{1.5.3}$$

证明：∇运算实际上为微分运算，如标量函数中$(fg)' = f'g + fg'$，其中上标表示一阶导数。

根据∇的微分性质，并按乘积的微分法则，有：

$\nabla \cdot (\boldsymbol{A} \times \boldsymbol{B}) = \nabla \cdot (\boldsymbol{A}_\text{c} \times \boldsymbol{B}) + \nabla \cdot (\boldsymbol{A} \times \boldsymbol{B}_\text{c})$ （c 为常数符号，表示将相应的矢量看成常矢量）

为了去掉常数符号 c，必须将假设的常矢量提到∇的前面。

利用轮换恒等式：$\boldsymbol{a} \cdot (\boldsymbol{b} \times \boldsymbol{c}) = \boldsymbol{c} \cdot (\boldsymbol{a} \times \boldsymbol{b}) = \boldsymbol{b} \cdot (\boldsymbol{c} \times \boldsymbol{a})$

根据∇的矢量性质，有

$$\nabla \cdot (\boldsymbol{A}_\text{c} \times \boldsymbol{B}) = -\nabla \cdot (\boldsymbol{B} \times \boldsymbol{A}_\text{c}) = -\boldsymbol{A}_\text{c} \cdot (\nabla \times \boldsymbol{B})$$

$$\nabla \cdot (\boldsymbol{A} \times \boldsymbol{B}_\text{c}) = \boldsymbol{B}_\text{c} \cdot (\nabla \times \boldsymbol{A})$$

所以$\nabla \cdot (\boldsymbol{A} \times \boldsymbol{B}) = \boldsymbol{B}_\text{c} \cdot (\nabla \times \boldsymbol{A}) - \boldsymbol{A}_\text{c} \cdot (\nabla \times \boldsymbol{B})$。将假设的常矢量还原，有

$$\nabla \cdot (\boldsymbol{A} \times \boldsymbol{B}) = \boldsymbol{B} \cdot (\nabla \times \boldsymbol{A}) - \boldsymbol{A} \cdot (\nabla \times \boldsymbol{B})$$

1.5.2 哈密顿及其二阶微分恒等式

在微分运算中，我们学习过二阶偏导数，同样，两个一阶哈密顿算子∇可以构成多种二阶哈密顿微分算子。下面介绍比较常用的几种。

（1）
$$\nabla\times\nabla u\equiv 0 \tag{1.5.4}$$

证明： $\nabla u=\boldsymbol{e}_x\dfrac{\partial u}{\partial x}+\boldsymbol{e}_y\dfrac{\partial u}{\partial y}+\boldsymbol{e}_z\dfrac{\partial u}{\partial z}$，所以

$$\nabla\times\nabla u=\begin{vmatrix}\boldsymbol{e}_x & \boldsymbol{e}_y & \boldsymbol{e}_z\\ \dfrac{\partial}{\partial x} & \dfrac{\partial}{\partial y} & \dfrac{\partial}{\partial z}\\ \dfrac{\partial u}{\partial x} & \dfrac{\partial u}{\partial y} & \dfrac{\partial u}{\partial z}\end{vmatrix}=\boldsymbol{e}_x\left(\frac{\partial^2 u}{\partial y\partial z}-\frac{\partial^2 u}{\partial z\partial y}\right)+\boldsymbol{e}_y\left(\frac{\partial^2 u}{\partial z\partial x}-\frac{\partial^2 u}{\partial x\partial z}\right)+\boldsymbol{e}_z\left(\frac{\partial^2 u}{\partial x\partial y}-\frac{\partial^2 u}{\partial y\partial x}\right)=0$$

结论： ① 标量函数梯度的旋度恒等于 0。

② 如果一个矢量函数的旋度等于 0，则这个矢量函数可以用一个标量函数的梯度来表示。如果$\nabla\times\boldsymbol{A}\equiv 0$，则$\boldsymbol{A}=-\nabla\varphi$。此处梯度前面的负号是为了与静电场中电位和电场强度的关系相统一。

（2）
$$\nabla\cdot(\nabla\times\boldsymbol{F})\equiv 0 \tag{1.5.5}$$

证明： 因为$\nabla\times\boldsymbol{F}=\boldsymbol{e}_x\left(\dfrac{\partial F_z}{\partial y}-\dfrac{\partial F_y}{\partial z}\right)+\boldsymbol{e}_y\left(\dfrac{\partial F_x}{\partial z}-\dfrac{\partial F_z}{\partial x}\right)+\boldsymbol{e}_z\left(\dfrac{\partial F_y}{\partial x}-\dfrac{\partial F_x}{\partial y}\right)$

所以
$$\nabla\cdot(\nabla\times\boldsymbol{F})=\frac{\partial}{\partial x}\left(\frac{\partial F_z}{\partial y}-\frac{\partial F_y}{\partial z}\right)+\frac{\partial}{\partial y}\left(\frac{\partial F_x}{\partial z}-\frac{\partial F_z}{\partial x}\right)+\frac{\partial}{\partial z}\left(\frac{\partial F_y}{\partial x}-\frac{\partial F_x}{\partial y}\right)=0$$

结论： ① 矢量函数旋度的散度恒等于 0。

② 如果一个矢量函数的散度等于 0，则这个矢量函数可以用另外一个矢量函数的旋度来表示。如果$\nabla\cdot\boldsymbol{A}\equiv 0$，则$\boldsymbol{A}=\nabla\times\boldsymbol{B}$。

（3）
$$\nabla\cdot\nabla u=\nabla^2 u \tag{1.5.6}$$

证明： $\nabla\cdot\nabla u=\left(\boldsymbol{e}_x\dfrac{\partial}{\partial x}+\boldsymbol{e}_y\dfrac{\partial}{\partial y}+\boldsymbol{e}_z\dfrac{\partial}{\partial z}\right)\cdot\left(\boldsymbol{e}_x\dfrac{\partial u}{\partial x}+\boldsymbol{e}_y\dfrac{\partial u}{\partial y}+\boldsymbol{e}_z\dfrac{\partial u}{\partial z}\right)$

$$=\frac{\partial^2 u}{\partial x^2}+\frac{\partial^2 u}{\partial y^2}+\frac{\partial^2 u}{\partial z^2}\triangleq\nabla^2 u$$

∇^2称为拉普拉斯算子，当∇^2作用在标量函数上时，称为标性拉普拉斯算子；当∇^2作用在矢量函数上时，称为矢性拉普拉斯算子。两者是本质上不同的两种二阶微分算子。

（4）
$$\nabla^2\boldsymbol{F}=\nabla(\nabla\cdot\boldsymbol{F})-\nabla\times(\nabla\times\boldsymbol{F}) \tag{1.5.7}$$

$\nabla^2\boldsymbol{F}=\boldsymbol{e}_x\nabla^2 F_x+\boldsymbol{e}_y\nabla^2 F_y+\boldsymbol{e}_z\nabla^2 F_z$为矢量场的拉普拉斯运算。

证明： $\nabla\times\boldsymbol{F}=\boldsymbol{e}_x\left(\dfrac{\partial F_z}{\partial y}-\dfrac{\partial F_y}{\partial z}\right)+\boldsymbol{e}_y\left(\dfrac{\partial F_x}{\partial z}-\dfrac{\partial F_z}{\partial x}\right)+\boldsymbol{e}_z\left(\dfrac{\partial F_y}{\partial x}-\dfrac{\partial F_x}{\partial y}\right)$

所以
$$\nabla\times(\nabla\times\boldsymbol{F})=\boldsymbol{e}_x\left[\frac{\partial}{\partial y}\left(\frac{\partial F_y}{\partial x}-\frac{\partial F_x}{\partial y}\right)-\frac{\partial}{\partial z}\left(\frac{\partial F_x}{\partial z}-\frac{\partial F_z}{\partial x}\right)\right]+$$

$$\boldsymbol{e}_y\left[\frac{\partial}{\partial z}\left(\frac{\partial F_z}{\partial y}-\frac{\partial F_y}{\partial z}\right)-\frac{\partial}{\partial x}\left(\frac{\partial F_y}{\partial x}-\frac{\partial F_x}{\partial y}\right)\right]+\boldsymbol{e}_z\left[\frac{\partial}{\partial x}\left(\frac{\partial F_x}{\partial z}-\frac{\partial F_z}{\partial x}\right)-\frac{\partial}{\partial y}\left(\frac{\partial F_z}{\partial y}-\frac{\partial F_y}{\partial z}\right)\right]$$

上式右边第一项展开为

$$\frac{\partial^2 F_y}{\partial y\partial x}-\frac{\partial^2 F_x}{\partial y^2}-\frac{\partial^2 F_x}{\partial z^2}+\frac{\partial^2 F_z}{\partial z\partial x}=\left(\frac{\partial^2 F_x}{\partial x^2}+\frac{\partial^2 F_y}{\partial y\partial x}+\frac{\partial^2 F_z}{\partial z\partial x}\right)-\left(\frac{\partial^2 F_x}{\partial x^2}+\frac{\partial^2 F_x}{\partial y^2}+\frac{\partial^2 F_x}{\partial z^2}\right)$$

$$=\frac{\partial}{\partial x}(\nabla\cdot\boldsymbol{F})-\nabla^2 F_x$$

同理，第二项和第三项分别为

$$\frac{\partial}{\partial y}(\nabla\cdot\boldsymbol{F})-\nabla^2 F_y$$

$$\frac{\partial}{\partial z}(\nabla\cdot\boldsymbol{F})-\nabla^2 F_z$$

所以

$$\nabla\times(\nabla\times\boldsymbol{F})=\left[\boldsymbol{e}_x\frac{\partial}{\partial x}(\nabla\cdot\boldsymbol{F})+\boldsymbol{e}_y\frac{\partial}{\partial y}(\nabla\cdot\boldsymbol{F})+\boldsymbol{e}_z\frac{\partial}{\partial z}(\nabla\cdot\boldsymbol{F})\right]-\left[\boldsymbol{e}_x\nabla^2 F_x+\boldsymbol{e}_y\nabla^2 F_y+\boldsymbol{e}_z\nabla^2 F_z\right]$$

$$=\nabla(\nabla\cdot\boldsymbol{F})-\nabla^2\boldsymbol{F}$$

由此得 $\nabla^2\boldsymbol{F}=\nabla(\nabla\cdot\boldsymbol{F})-\nabla\times(\nabla\times\boldsymbol{F})$ 。

1.5.3 格林定理

格林定理又称为格林恒等式，是英国数学家乔治•格林于 1828 年提出来的原始的数学定理。然而，从矢量分析的角度看，可以从高斯散度定理简洁明快地推导出格林恒等式。

若令高斯散度定理

$$\int_V \nabla\cdot\boldsymbol{A}\mathrm{d}V=\oint_S \boldsymbol{A}\cdot\mathrm{d}\boldsymbol{S}$$

中的矢量函数

$\boldsymbol{A}=\phi\nabla\psi$ （ϕ、ψ 都是二阶偏导数连续的标量函数）

根据散度运算常用公式：$\nabla\cdot(u\boldsymbol{F})=u\nabla\cdot\boldsymbol{F}+\boldsymbol{F}\cdot\nabla u$ ，所以

$$\nabla\cdot\boldsymbol{A}=\nabla\cdot(\phi\nabla\psi)=\phi\nabla^2\psi+\nabla\psi\cdot\nabla\phi$$

将上式代入高斯散度定理，得

$$\int_V\left(\phi\nabla^2\psi+\nabla\psi\cdot\nabla\phi\right)\mathrm{d}V=\oint_S\phi\nabla\psi\cdot\mathrm{d}\boldsymbol{S} \tag{1.5.8}$$

而

$$\oint_S\phi\nabla\psi\cdot\mathrm{d}\boldsymbol{S}=\oint_S\phi\nabla\psi\cdot\boldsymbol{e}_\mathrm{n}\,\mathrm{d}S=\oint_S\phi\frac{\partial\psi}{\partial n}\mathrm{d}S$$

$$\int_V\left(\phi\nabla^2\psi+\nabla\psi\cdot\nabla\phi\right)\mathrm{d}V=\oint_S\phi\frac{\partial\psi}{\partial n}\mathrm{d}S \tag{1.5.9}$$

上式就是格林第一恒等式或称格林第一定理。将上式中的ϕ 和ψ 对调，得

$$\int_V\left(\psi\nabla^2\phi+\nabla\phi\cdot\nabla\psi\right)\mathrm{d}V=\oint_S\psi\frac{\partial\phi}{\partial n}\mathrm{d}S$$

将上式与式（1.5.9）相减，得

$$\int_V\left(\psi\nabla^2\phi-\phi\nabla^2\psi\right)\mathrm{d}V=\oint_S\left(\psi\frac{\partial\phi}{\partial n}-\phi\frac{\partial\psi}{\partial n}\right)\mathrm{d}S \tag{1.5.10}$$

上式就是格林第二恒等式或称格林第二定理。格林恒等式是证明电磁场理论中某些重要定理的强有力的数学工具。

1.5.4 无旋场与无散场

在场论中有几类特殊的场具有重要意义，它们分别是无旋场、无散场和调和场。下面对这几类场的特性分别进行讨论。

1. 无旋场

无旋场又称为保守场或位场。

定义：如果在某场域中，矢量场 $\boldsymbol{A}$ 的旋度恒为零，即

$$\nabla\times\boldsymbol{A}=0$$

则称 $\boldsymbol{A}$ 为该区域中的无旋场。

由斯托克斯定理，$\int_S(\nabla\times\boldsymbol{A})\cdot\mathrm{d}\boldsymbol{S}=\oint_l\boldsymbol{A}\cdot\mathrm{d}\boldsymbol{l}=0$，所以：如果 $\boldsymbol{A}$ 是无旋场，则 $\boldsymbol{A}$ 在场中沿任一闭合回路的线积分（环量）为 0。由无旋场的这一性质可以得到一个推论，这就是：一个无旋的矢量场，在场域中的线积分值与积分路径无关，而仅仅由积分的起点和终点坐标完全确定。

2. 无散场

无散场又称为管形场或无源场。

定义：如果在某场域中，矢量场 $\boldsymbol{B}$ 的散度恒为零，即

$$\nabla\cdot\boldsymbol{B}=0$$

则称 $\boldsymbol{B}$ 为该区域中的无散场。

由高斯散度定理，$\int_V\nabla\cdot\boldsymbol{B}\mathrm{d}V=\oint_S\boldsymbol{B}\cdot\mathrm{d}\boldsymbol{S}=0$，所以：如果 $\boldsymbol{B}$ 是无源场，则 $\boldsymbol{B}$ 在场中对任一闭合曲面的面积分（通量）为 0。

3. 调和场

一般来说，对一个有具体物理意义的矢量场，总可以在全空间中找到其散度不为零或旋度不为零或散度和旋度均不为零的区域，即总是存在产生矢量场的某种源。但是，在空间的某个局部区域中，存在该矢量场的散度和旋度都等于零的情况。

定义：如果在某场域中，矢量场 $\boldsymbol{A}$ 的散度和旋度都等于零，即

$$\nabla\times\boldsymbol{A}=0,\quad\nabla\cdot\boldsymbol{A}=0$$

则称 $\boldsymbol{A}$ 为该区域中的调和场。

由于调和场是无旋场，所以在该区域中可以引入一个标量函数 φ，使得

$$\boldsymbol{A}=-\nabla\varphi$$

同时，调和场又是无散场，所以有

$$\nabla\cdot\boldsymbol{A}=-\nabla\cdot\nabla\varphi=0$$

在直角坐标系中，得

$$\nabla^2\varphi=\frac{\partial^2\varphi}{\partial x^2}+\frac{\partial^2\varphi}{\partial y^2}+\frac{\partial^2\varphi}{\partial z^2}=0$$

上式在数学中称为拉普拉斯（Laplace）方程，Laplace 方程的解称为调和函数。这就是将散度和旋度同时为零的矢量场称为调和场的由来。

*1.6 柱贝塞尔函数与勒让德多项式

在电磁场理论中，特别是在利用分离变量法求解拉普拉斯方程等电磁场方程时，通过引入数学物理方法中的特殊函数[2]可以简化求解过程，同时使得解析解表达式更为简练，便于找寻解的规律和分析问题的本质。

本节介绍柱贝塞尔函数与勒让德多项式的基本概念和基本表达形式。

1.6.1 柱贝塞尔函数

在圆柱坐标系中对拉普拉斯方程进行分离变量法求解，经常会遇到如下形式的方程

$$\frac{\mathrm{d}^2R(x)}{\mathrm{d}x^2}+\frac{1}{x}\frac{\mathrm{d}R(x)}{\mathrm{d}x}+\left(1-\frac{n^2}{x^2}\right)R(x)=0 \tag{1.6.1}$$

称为柱贝塞尔方程，简称为贝塞尔方程。因为上述方程为二阶微分方程，存在两个线性无关解。贝塞尔方程的两个解可以用两个无穷级数表示

$$\mathrm{J}_n(x)=\sum_{m=0}^{\infty}\frac{(-1)^m\left(\dfrac{x}{2}\right)^{n+2m}}{m!(n+m)!} \tag{1.6.2}$$

$$\begin{aligned}\mathrm{N}_n(x)=&\frac{2}{\pi}\mathrm{J}_n(x)\left(\gamma+\ln\frac{x}{2}\right)-\frac{1}{\pi}\sum_{m=0}^{n-1}\frac{(n-m-1)!}{m!}\left(\frac{x}{2}\right)^{2m-n}+\\&\frac{1}{\pi}\sum_{m=0}^{\infty}(-1)^{m+1}\frac{1}{m!(n+m)!}\left(\frac{x}{2}\right)^{n+2m}\left(1+\frac{1}{2}+\cdots+\frac{1}{m}+1+\frac{1}{2}+\cdots+\frac{1}{n+m}\right)\end{aligned} \tag{1.6.3}$$

其中$\gamma\approx0.5772$，为欧拉常数。$\mathrm{J}_n(x)$称为n阶第一类贝塞尔函数；$\mathrm{N}_n(x)$称为n阶第二类贝塞尔函数（又称为柱诺依曼函数）。附录D中表D.1列出了$\mathrm{J}_n(x)$几个实根，$\mathrm{J}_n(x)$和$\mathrm{N}_n(x)$都有无穷个实根。贝塞尔函数是工程数学中重要的特殊函数，在物理学和工程上有着重要用途。对任意自变量和各种阶数贝塞尔函数的值，可以通过专门的贝塞尔函数表或贝塞尔函数曲线直接得到。

附录D中图D.1和图D.2分别表示几个低阶数的$\mathrm{J}_n(x)$和$\mathrm{N}_n(x)$的图形。可以看出$\mathrm{J}_n(x)$和$\mathrm{N}_n(x)$的值都正负交替地变化，且有$|\mathrm{J}_n(x)|<1$。当$x=0$时，除$\mathrm{J}_0(0)=1$外，所有$\mathrm{J}_n(0)=0$。而所有阶次的$\mathrm{N}_n(0)\to\infty$，所以，包含$x=0$的区域的解中都不应包含$\mathrm{N}_n(x)$。

1.6.2 勒让德多项式

在球坐标系下对拉普拉斯方程分离变量，得到勒让德方程

$$\frac{1}{\sin\theta}\frac{\mathrm{d}}{\mathrm{d}\theta}\left(\sin\theta\frac{\mathrm{d}\Theta}{\mathrm{d}\theta}\right)+n(n+1)\Theta=0 \qquad (n=0,1,2,\cdots) \tag{1.6.4}$$

如果引入中间变量$x=\cos\theta$，并把Θ看成是x的函数，则得到勒让德方程的另一种等价的写法

$$\frac{\mathrm{d}}{\mathrm{d}x}\left[\left(1-x^2\right)\frac{\mathrm{d}\Theta}{\mathrm{d}x}\right]+n(n+1)\Theta=0 \tag{1.6.5}$$

注意：式中的x并不是直角坐标变量，而是$\cos\theta$的简写。

勒让德方程是二阶常微分方程，因此有两个线性无关的解，分别记作$\mathrm{P}_n(x)$和$\mathrm{Q}_n(x)$。所以，勒让德方程的通解

$$\Theta(x) = A\mathrm{P}_n(x) + B\mathrm{Q}_n(x) \tag{1.6.6}$$

其中，A、B为任意常数；$\mathrm{P}_n(x)$称为第一类勒让德函数，又称为n阶勒让德多项式；$\mathrm{Q}_n(x)$称为第二类勒让德函数。

如果场域Ω含x轴上的点，则Θ的解应摒弃Q_n序列，而只保留P_n序列，因为第二类勒让德函数$\mathrm{Q}_n(x)$在$x=\pm1$(即$\theta=0°$ 或180°)处发散。

1.7 亥姆霍兹定理

在前面讨论散度和旋度的时候得出结论：一个矢量场$\boldsymbol{F}$的散度$\nabla\cdot\boldsymbol{F}$，唯一地确定场中任一点的通量源；一个矢量场$\boldsymbol{F}$的旋度$\nabla\times\boldsymbol{F}$，唯一地确定场中任一点的旋涡源。由此，我们设想，如果仅仅知道矢量场$\boldsymbol{F}$的散度，或仅仅知道矢量场$\boldsymbol{F}$的旋度，或知道矢量场$\boldsymbol{F}$的散度和旋度，能否唯一地确定这个矢量场呢？由此引出了亥姆霍兹（Helmholtz）定理，这其实是一个偏微分方程的定解问题。

亥姆霍兹定理：在空间有限区域V内的任一矢量场$\boldsymbol{F}$，由它的散度、旋度和边界条件唯一地确定。边界条件指限定体积V的闭合面S上的矢量场分布。对于无界区域，假定矢量场的散度和旋度在无穷远处均为0。

也就是说，在空间有限区域V内的任一矢量场$\boldsymbol{F}$，如果已知它的散度、旋度和边界条件，则这个矢量场就唯一地被确定，而且这个矢量场可以表示成两部分之和，即

$$\boldsymbol{F} = \boldsymbol{F}_1 + \boldsymbol{F}_2 \text{（无旋场+无源场）}$$

$\boldsymbol{F}_1$和$\boldsymbol{F}_2$满足：$\begin{cases}\nabla\times\boldsymbol{F}_1 = 0\\ \nabla\cdot\boldsymbol{F}_1 = g\end{cases}$，$\begin{cases}\nabla\cdot\boldsymbol{F}_2 = 0\\ \nabla\times\boldsymbol{F}_2 = \boldsymbol{G}\end{cases}$。

令$\boldsymbol{F}_1 = -\nabla\varphi$，$\boldsymbol{F}_2 = \nabla\times\boldsymbol{A}$，所以有

$$\boldsymbol{F} = -\nabla\varphi + \nabla\times\boldsymbol{A}$$

当已知一个矢量场的散度和旋度时，则矢量场可由上式唯一地确定。

亥姆霍兹定理的意义非常重要，它规定了我们研究电磁场理论的一条主线。无论是静态电磁场还是时变电磁场问题，都需要研究电磁场场量的散度、旋度和边界条件。电磁场场量的散度和旋度构成了电磁场的基本方程。

例 1-10 已知矢量函数$\boldsymbol{F} = \boldsymbol{e}_x(3y - c_1z) + \boldsymbol{e}_y(c_2x - 2z) - \boldsymbol{e}_z(c_3y + z)$

（1）如果$\boldsymbol{F}$是无旋的，确定常数c_1、c_2和c_3；

（2）确定其负梯度等于$\boldsymbol{F}$的标量函数φ。

解：（1）对于无旋的$\boldsymbol{F}$，$\nabla\times\boldsymbol{F} = 0$，即

$$\nabla\times\boldsymbol{F} = \begin{vmatrix} \boldsymbol{e}_x & \boldsymbol{e}_y & \boldsymbol{e}_z \\ \dfrac{\partial}{\partial x} & \dfrac{\partial}{\partial y} & \dfrac{\partial}{\partial z} \\ 3y - c_1z & c_2x - 2z & -(c_3y + z) \end{vmatrix}$$

$$= \boldsymbol{e}_x(-c_3 + 2) - \boldsymbol{e}_y c_1 + \boldsymbol{e}_z(c_2 - 3) = 0$$

所以$c_1 = 0, c_2 = 3, c_3 = 2$。

（2）由 $\boldsymbol{F}=-\nabla\varphi=-\boldsymbol{e}_x\dfrac{\partial\varphi}{\partial x}-\boldsymbol{e}_y\dfrac{\partial\varphi}{\partial y}-\boldsymbol{e}_z\dfrac{\partial\varphi}{\partial z}=\boldsymbol{e}_x 3y+\boldsymbol{e}_y(3x-2z)-\boldsymbol{e}_z(2y+z)$ 得

$$\begin{cases}\dfrac{\partial\varphi}{\partial x}=-3y\\ \dfrac{\partial\varphi}{\partial y}=-3x+2z\\ \dfrac{\partial\varphi}{\partial z}=2y+z\end{cases}$$

对第一式进行关于 x 的部分积分，得

$$\varphi=-3xy+f_1(y,z)\quad（f_1(y,z)\text{ 是关于 } y \text{ 和 } z \text{ 的待定函数}）$$

同样，对第二式和第三式，有

$$\varphi=-3xy+2yz+f_2(x,z)$$

$$\varphi=2yz+\frac{z^2}{2}+f_3(x,y)$$

观察以上三式，便可知道所求的标量函数具有下述形式：

$$\varphi=-3xy+2yz+\frac{z^2}{2}+c\qquad（c\text{ 为任意常数}）$$

常数 c 可以根据实际情况下的边界条件来确定。

例 1-11 证明：如果仅仅已知一个矢量场 $\boldsymbol{F}$ 的散度，不能唯一地确定这个矢量场。

证明：设 $\nabla\cdot\boldsymbol{F}=u$。因为 $\nabla\cdot(\nabla\times\boldsymbol{A})\equiv 0$，所以

$$\nabla\cdot(\boldsymbol{F}+\nabla\times\boldsymbol{A})=u$$

因此，$\boldsymbol{F}$ 和 $\boldsymbol{F}+\nabla\times\boldsymbol{A}$ 都是 $\nabla\cdot\boldsymbol{F}=u$ 的解，而 $\boldsymbol{A}$ 可以为任意矢量，即 $\nabla\cdot\boldsymbol{F}=u$ 不能唯一地确定矢量场 $\boldsymbol{F}$。

例 1-12 证明：如果仅仅已知一个矢量场 $\boldsymbol{F}$ 的旋度，不能唯一地确定这个矢量场。

证明：假设 $\nabla\times\boldsymbol{F}=\boldsymbol{A}$。因为 $\nabla\times\nabla u\equiv 0$，所以

$$\nabla\times(\boldsymbol{F}+\nabla u)=\boldsymbol{A}$$

因此，$\boldsymbol{F}$ 和 $\boldsymbol{F}+\nabla u$ 都是 $\nabla\times\boldsymbol{F}=\boldsymbol{A}$ 的解，而 u 可以为任意标量矢量，即 $\nabla\times\boldsymbol{F}=\boldsymbol{A}$ 不能唯一地确定矢量场 $\boldsymbol{F}$。

习　题　1

1.1　分别给出两矢量 $\boldsymbol{A}=\boldsymbol{e}_x x_a+\boldsymbol{e}_y y_a+\boldsymbol{e}_z z_a$ 和 $\boldsymbol{B}=\boldsymbol{e}_x x_b+\boldsymbol{e}_y y_b+\boldsymbol{e}_z z_b$ 的相互平行的条件和相互垂直的条件。

1.2　已知三个矢量为 $\boldsymbol{A}=3\boldsymbol{e}_x+2\boldsymbol{e}_y-\boldsymbol{e}_z$，$\boldsymbol{B}=3\boldsymbol{e}_x-4\boldsymbol{e}_y-5\boldsymbol{e}_z$，$\boldsymbol{C}=\boldsymbol{e}_x-\boldsymbol{e}_y+\boldsymbol{e}_z$，求以下各量：

（1）$\boldsymbol{A}\pm\boldsymbol{B}$，$\boldsymbol{B}\pm\boldsymbol{C}$，$\boldsymbol{A}\pm\boldsymbol{C}$

（2）$\boldsymbol{A}\cdot\boldsymbol{B}$，$\boldsymbol{B}\cdot\boldsymbol{C}$，$\boldsymbol{A}\cdot\boldsymbol{C}$

（3）$\boldsymbol{A}\times\boldsymbol{B}$，$\boldsymbol{B}\times\boldsymbol{C}$，$\boldsymbol{A}\times\boldsymbol{C}$

1.3　证明直角坐标系中的坐标单位矢量 $\boldsymbol{e}_x$ 与球坐标系中的单位矢量 $\boldsymbol{e}_r$、$\boldsymbol{e}_\theta$、$\boldsymbol{e}_\phi$ 的关系是：$\boldsymbol{e}_x=\boldsymbol{e}_r\sin\theta\cos\phi+\boldsymbol{e}_\theta\cos\theta\cos\phi-\boldsymbol{e}_\phi\sin\phi$。

1.4　在直角坐标系中，试求点 $A(1,2,3)$ 指向点 $B(-3,6,4)$ 的单位矢量和两点间的距离。

1.5　在球坐标系中，试求点 $M\left(6,\dfrac{2\pi}{3},\dfrac{2\pi}{3}\right)$ 与点 $N\left(4,\dfrac{\pi}{3},0\right)$ 之间的距离。

1.6　已知两个矢量 $\boldsymbol{A}=-\boldsymbol{e}_x+\boldsymbol{e}_y+\boldsymbol{e}_z$，$\boldsymbol{B}=\boldsymbol{e}_x-\boldsymbol{e}_y+\boldsymbol{e}_z$，求矢量 $\boldsymbol{A}$ 和 $\boldsymbol{B}$ 之间的夹角。

1.7　已知 $\boldsymbol{A}=12\boldsymbol{e}_x+9\boldsymbol{e}_y+\boldsymbol{e}_z$，$\boldsymbol{B}=a\boldsymbol{e}_x+b\boldsymbol{e}_y$，若 $\boldsymbol{B}$ 垂直 $\boldsymbol{A}$ 且 $\boldsymbol{B}$ 的模为 1，试确定 a、b。

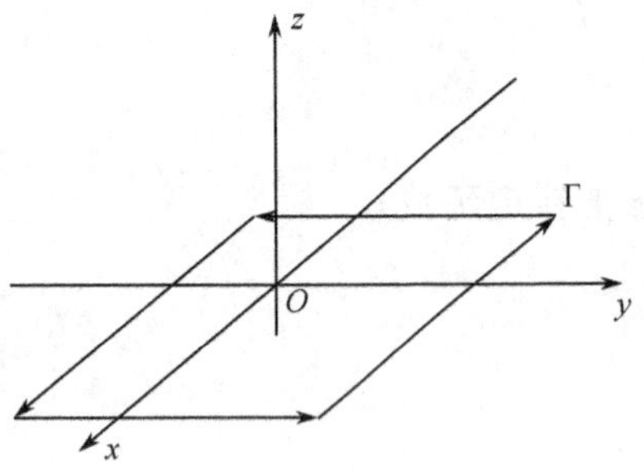

图 1.1　题 1.12 图

1.8　假定如下两矢量 $\boldsymbol{A}=\boldsymbol{e}_x-2\boldsymbol{e}_y+\boldsymbol{e}_z$，$\boldsymbol{B}=3\boldsymbol{e}_x+5\boldsymbol{e}_y-5\boldsymbol{e}_z$，问平行于和垂直于 $\boldsymbol{A}$、$\boldsymbol{B}$ 的矢量各等于多少？

1.9　求下列矢量中两两之间的夹角：

$\boldsymbol{A}=4\boldsymbol{e}_x-2\boldsymbol{e}_y+2\boldsymbol{e}_z$，$\boldsymbol{B}=\boldsymbol{e}_x-\boldsymbol{e}_y+\boldsymbol{e}_z$，$\boldsymbol{C}=\boldsymbol{e}_x+3\boldsymbol{e}_y+\sqrt{6}\boldsymbol{e}_z$

1.10　设 $\boldsymbol{F}=-\boldsymbol{e}_x\sin\theta+\boldsymbol{e}_y 6\cos\theta-\boldsymbol{e}_z 8$，求积分：

$$\boldsymbol{S}=\frac{1}{2}\int_0^{2\pi}\left(\boldsymbol{F}\times\frac{\mathrm{d}\boldsymbol{F}}{\mathrm{d}\theta}\right)\mathrm{d}\theta$$

1.11　矢量 $\boldsymbol{F}=t^2x\boldsymbol{e}_x+2ty\boldsymbol{e}_y+z\boldsymbol{e}_z a$，求 $\int_0^1\boldsymbol{F}\,\mathrm{d}t$。

1.12　对上题的 $\boldsymbol{F}$，设 Γ 如图 1.1 所示，求 $\oint_\Gamma\boldsymbol{F}\cdot\mathrm{d}\boldsymbol{l}$。

1.13　矢量 $\boldsymbol{A}$ 的分量是 $A_x=y\dfrac{\partial f}{\partial z}-z\dfrac{\partial f}{\partial y},A_y=z\dfrac{\partial f}{\partial x}-x\dfrac{\partial f}{\partial z},A_z=x\dfrac{\partial f}{\partial y}-y\dfrac{\partial f}{\partial x}$，其中 f 是 x,y,z 的函数，还有 $\boldsymbol{r}=\boldsymbol{e}_x x+\boldsymbol{e}_y y+\boldsymbol{e}_z z$，证明：

$$\boldsymbol{A}=\boldsymbol{r}\times\nabla f,\ \boldsymbol{A}\cdot\boldsymbol{r}=0,\quad \boldsymbol{A}\cdot\nabla f=0$$

1.14　证明球坐标系中 $\dfrac{\partial\boldsymbol{e}_\phi}{\partial\phi}=-\boldsymbol{e}_\theta\cos\theta-\boldsymbol{e}_r\sin\theta$。

1.15　设 $\boldsymbol{r}=\boldsymbol{e}_x x+\boldsymbol{e}_y y+\boldsymbol{e}_z z$，$r=|\boldsymbol{r}|$，$n$ 为正整数，试求：$\nabla r,\nabla r^n,\nabla f(r)$。

1.16　求函数 $\psi=x^2yz$ 的梯度及 ψ 在点 M（2,3,1）沿一个指定方向的方向导数，此方向上的单位矢量 $\boldsymbol{e}_l=\boldsymbol{e}_x\dfrac{3}{\sqrt{50}}+\boldsymbol{e}_y\dfrac{4}{\sqrt{50}}+\boldsymbol{e}_z\dfrac{5}{\sqrt{50}}$。

1.17　求下列各函数的梯度：

（1）$f=ax^2y+by^3z$

（2）$f=a\rho^2\sin\phi+b\rho z\cos^2\phi$

（3）$f=\dfrac{a}{r}+br\sin\theta\cos\phi$

1.18　已知 $\boldsymbol{r}=\boldsymbol{e}_x x+\boldsymbol{e}_y y+\boldsymbol{e}_z z$，$\boldsymbol{e}_r=\dfrac{\boldsymbol{r}}{r}$，试求：$\nabla\cdot\boldsymbol{r},\nabla\cdot\boldsymbol{e}_r,\nabla\cdot(\boldsymbol{C}r)$，$\boldsymbol{C}$ 为常矢。

1.19　求 $\nabla\cdot\boldsymbol{A}$ 在给定点的值：

（1）$\boldsymbol{A}=\boldsymbol{e}_x x^2+\boldsymbol{e}_y y^2+\boldsymbol{e}_z z^2$ 在点 M（1，0，−1）；

（2）$\boldsymbol{A}=\boldsymbol{e}_x 4x-\boldsymbol{e}_y 2xy+\boldsymbol{e}_z z^2$ 在点 M（1，1，3）；

（3）$\boldsymbol{A}=xyz\boldsymbol{r}$ 在点 M（1，3，2），式中的 $\boldsymbol{r}=\boldsymbol{e}_x+\boldsymbol{e}_y+\boldsymbol{e}_z$。

1.20　在球坐标系中，设矢量场 $\boldsymbol{F}=f(r)\boldsymbol{r}$，试证明：当 $\nabla\cdot\boldsymbol{F}=0$ 时，$f(r)=\dfrac{C}{r^3}$，C 为任意常数。

1.21　证明恒等式$\nabla\cdot(u\boldsymbol{F})=u(\nabla\cdot\boldsymbol{F})+\boldsymbol{F}\cdot\nabla u$，式中 u 为标量函数，$\boldsymbol{F}$ 为矢量函数。

1.22　用矢量$\boldsymbol{A}=x\boldsymbol{e}_x+y\boldsymbol{e}_y+z\boldsymbol{e}_z=r\boldsymbol{e}_r$对图 1.2 所示的长方体验证高斯散度定理。

$$\int_S \boldsymbol{A}\cdot\mathrm{d}\boldsymbol{S}=\int_V \nabla\cdot\boldsymbol{A}\mathrm{d}V$$

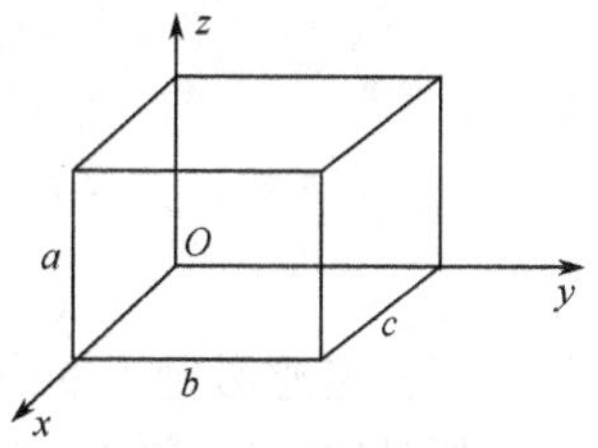

图 1.2　题 1.22 图

1.23　求下列矢量的旋度：

（1）$\boldsymbol{A}=x^2y\boldsymbol{e}_x+y^2z\boldsymbol{e}_y+z^2x\boldsymbol{e}_z$

（2）$\boldsymbol{A}=\boldsymbol{e}_xP(x)+\boldsymbol{e}_yQ(y)+\boldsymbol{e}_zR(z)$

1.24　应用斯托克斯定理证明：$\oint_l f\,\mathrm{d}\boldsymbol{l}=-\int_S \nabla f\times\mathrm{d}\boldsymbol{S}$。

（提示：令$\boldsymbol{A}=\boldsymbol{C}f$，其中 $\boldsymbol{C}$ 是任意的恒定单位矢量）

1.25　设$\boldsymbol{r}=\boldsymbol{e}_xx+\boldsymbol{e}_yy+\boldsymbol{e}_zz$，$r=|\boldsymbol{r}|$，$\boldsymbol{C}$ 为常矢，求：

（1）$\nabla\times\boldsymbol{r}$　（2）$\nabla\times\left[f(r)\boldsymbol{r}\right]$　（3）$\nabla\times\left[f(r)\boldsymbol{C}\right]$　（4）$\nabla\cdot\left[\boldsymbol{r}\times f(r)\boldsymbol{C}\right]$

1.26　证明恒等式$\nabla\times(u\boldsymbol{F})=u\nabla\times\boldsymbol{F}+\nabla u\times\boldsymbol{F}$，式中 u 为标量函数，$\boldsymbol{F}$ 为矢量函数。

1.27　求矢量场$\boldsymbol{A}=xyz(\boldsymbol{e}_x+\boldsymbol{e}_y+\boldsymbol{e}_z)$在点 M（1，2，3）的旋度。

1.28　求矢量$\boldsymbol{A}=\boldsymbol{e}_xx+\boldsymbol{e}_yx^2-\boldsymbol{e}_zy^2z$沿 xOy 平面上的一个边长为 2 的正方形回路的线积分，此正方形的两个边分别与 x 轴和 y 轴相重合。再求$\nabla\times\boldsymbol{A}$对此回路所包围的表面积的积分，验证斯托克斯定理。

1.29　试用斯托克斯定理证明矢量场∇f沿任意闭合路径的线积分恒等于零，即

$$\oint_l \nabla f\cdot\mathrm{d}\boldsymbol{l}\equiv 0$$

第 2 章 静态电磁场

对于特定源激励下的电磁场往往是空间和时间的四维矢量函数，对这种复杂的电磁问题进行分析是比较困难的。当场源（电荷或电流）的坐标、幅度、相位以及方向都相对于观察者静止不变，所激发的电场、磁场不随时间变化，称为静态电磁场。静止电荷产生静电场，在导电媒质中恒定运动的电荷产生恒定电场，恒定电流产生恒定磁场。这三种静态场都是可以相互独立存在的。在第 1 章内容的基础上，本书首先对静态电磁场进行介绍。

本章静态电磁场包括静电场、恒定电场以及恒定磁场三部分内容，从库仑定律、安培定律出发获得三种静态场的基本方程，并对媒质特性、边界条件、位函数、基本电路元件以及能量和力分别进行介绍。

2.1 静 电 场

2.1.1 电荷及电荷密度

由大学物理知道，产生电场的源是电荷，而空间位置固定、电量不随时间变化的电荷产生的电场，称为静电场。自然界中存在两种电荷：正电荷和负电荷。带电体所带电量的多少称为电荷量，单位是库仑（C），它与物质的质量、体积一样，是物质的一种基本属性。迄今为止，能检测到的最小电荷量是 $e = 1.602\times10^{-19}$ C。物质中质子带正电，其电荷量为 e；电子带负电，其电荷量为 $-e$。任何带电体的电荷量都只能是一个基本电荷量的整数倍，也就是说，严格来讲带电体上的电荷是以离散的方式分布的。

在研究宏观电磁现象时，人们所关心的研究对象（如天线、电路、飞机及宇宙飞船等）的尺寸远远大于单个电子的尺寸，所以上述研究对象上往往聚集了大量的电荷，它们所产生的场是带电体上大量微观带电粒子的总体效应。因此，在实际电场分析中可以忽略电荷的微观离散效应而认为电荷是以一定形式连续分布在带电体上，并用电荷密度来描述这种分布。

1. 电荷体密度

一般情况下，电荷连续分布于体积 V' 内，可用电荷体密度 $\rho(\boldsymbol{r}')$ 描述其分布，其中 $\boldsymbol{r}'$ 表示该源点的位置矢量。设体积元 $\Delta V'$ 内的电荷量为 Δq，若 $\Delta q/\Delta V'$ 存在，则该体积内任一点处的电荷体密度为

$$\rho(\boldsymbol{r}') = \lim_{\Delta V'\to 0}\frac{\Delta q}{\Delta V'} = \frac{\mathrm{d}q}{\mathrm{d}V'} \tag{2.1.1}$$

式中，$\Delta V' \to 0$ 应该理解为宏观意义上的无穷小，若理解为一般数学上的无穷小，则 $\Delta V'$ 内将只包含少量的离散带电粒子，问题成为一个微观意义下的电荷分布问题，宏观意义上的电荷密度的概念将不再适用。电荷体密度的单位为 $\mathrm{C/m^3}$。根据微积分的关系，利用电荷体密度 $\rho(\boldsymbol{r}')$ 求出体积 V' 内的总电荷量为

$$q = \int_{V'} \rho(\boldsymbol{r}')\mathrm{d}V' \tag{2.1.2}$$

2. 电荷面密度

在某些特殊场合，电荷密度的空间分布在某一个方向非常薄，这时候认为电荷分布在一个没有厚度的曲面上，形成电荷面密度分布，从而可以大大简化分析过程。电荷面密度用 $\rho_S(\boldsymbol{r}')$ 描述，设面积元 $\Delta S'$ 上的电荷量为 Δq，则该曲面上一点处的电荷面密度为

$$\rho_S(\boldsymbol{r}') = \lim_{\Delta S' \to 0} \frac{\Delta q}{\Delta S'} = \frac{\mathrm{d}q}{\mathrm{d}S'} \tag{2.1.3}$$

电荷面密度的单位为 $\mathrm{C/m^2}$。同样面积 S' 上总电荷量也可由电荷面密度积分获得

$$q = \int_{S'} \rho_S(\boldsymbol{r}')\mathrm{d}S' \tag{2.1.4}$$

3. 电荷线密度

如果电荷连续分布于横截面积可以忽略的细线 l' 上，可用电荷线密度 $\rho_l(\boldsymbol{r}')$ 描述其分布。设长度元 $\Delta l'$ 上的电荷量为 Δq，则该细线上任一点处的电荷线密度为

$$\rho_l(\boldsymbol{r}') = \lim_{\Delta l' \to 0} \frac{\Delta q}{\Delta l'} = \frac{\mathrm{d}q}{\mathrm{d}l'} \tag{2.1.5}$$

电荷线密度的单位为 $\mathrm{C/m}$。细线 l' 上的总电荷量为

$$q = \int_{l'} \rho_l(\boldsymbol{r}')\mathrm{d}l' \tag{2.1.6}$$

4. 点电荷

更进一步，如果电荷分布在一个非常小的空间内，我们可以将电荷源所占体积忽略不计，认为电荷分布在一个几何点上。实际应用中，当带电体的尺寸远小于观察点至带电体的距离时，带电体的形状及其中的电荷分布已无关紧要，就可将带电体抽象为一个几何点模型，称为点电荷。点电荷的概念可以在一些电场分析中大大简化分析和计算难度，又不会带来较大的误差。

设电荷 q 分布于半径为 a，球心在 r' 处的小球体 $\Delta V'$ 内。当 a 趋于 0（即 $\Delta V \to 0$）时，电荷体密度趋于无穷大，但对整个空间而言，电荷的总电量仍为 q。点电荷的这种密度分布可用数学上的 $\delta(\boldsymbol{r},\boldsymbol{r}')$ 函数来描述。

$$\rho(\boldsymbol{r}) = q\delta(\boldsymbol{r}-\boldsymbol{r}') \tag{2.1.7}$$

式中

$$\delta(\boldsymbol{r}-\boldsymbol{r}') = \begin{cases} 0, & \boldsymbol{r} \neq \boldsymbol{r}' \\ \infty, & \boldsymbol{r} = \boldsymbol{r}' \end{cases}$$

且

$$\int_{V'} \delta(\boldsymbol{r}-\boldsymbol{r}')\mathrm{d}V' = \begin{cases} 0, & \text{不包含} \boldsymbol{r} = \boldsymbol{r}' \\ 1, & \text{包含} \boldsymbol{r} = \boldsymbol{r}' \end{cases}$$

应该指出，在这里用 δ 函数作为点电荷密度分布的一种表示形式，是在较远观察点处对电荷源的一种数学近似描述，当观察点距离源很近时，点电荷的模型往往不再适用。点电荷的概念在电磁理论中占有很重要的地位。

2.1.2 库仑定律与电场强度

1. 库仑定律

1785 年法国科学家库仑以“点电荷”模型为基础通过著名的“扭秤实验”总结出自由空间内两个电荷间的作用力为

$$F_{12}=e_R\frac{q_1q_2}{4\pi\varepsilon_0R^2}=\frac{q_1q_2}{4\pi\varepsilon_0R^3}R \tag{2.1.8}$$

这就是著名的库仑定律。式中，F_{12} 表示点电荷 q_1 对点电荷 q_2 的作用力，e_R 表示由 q_1 指向 q_2 的单位矢量，而距离矢量 $R=e_RR=r_2-r_1$，如图 2.1.1 所示。$\varepsilon_0\approx\frac{1}{36\pi}\times10^{-9}\text{F/m}\approx8.85\times10^{-12}\text{F/m}$，称为真空（或自由空间）介电常数。$F_{12}$ 的单位是 N（牛顿）。由于使用了点电荷的模型，库仑定律的适用条件是两个带电体尺寸远小于二者的距离。

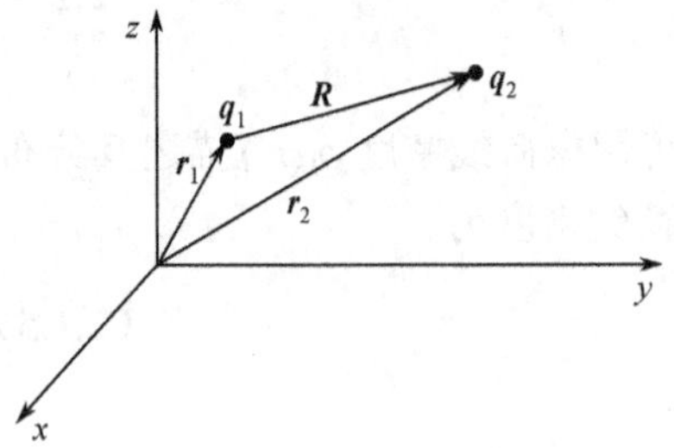

图 2.1.1　点电荷作用力示意图

库仑定律说明了两个点电荷之间存在力的作用，而电荷之间的作用力是通过电荷周围的一种特殊物质-电场传递的。实验表明，任何电荷都在自己周围空间产生电场，而电场对于处在其中的任何其他电荷都有作用力。

2．点电荷的电场强度

为了定量研究电荷所产生的静电场，以点电荷 q_1 为激励源，取另一个电荷量比 q_1 小得多的试验电荷 q_2，将两个电荷放置于空间内一定距离处，如图 2.1.1 所示，由于 $q_2\to0$，q_2 本身所产生的电场可忽略不计。根据库仑定律，q_2 受到的作用力为

$$F=\frac{q_1q_2}{4\pi\varepsilon_0}\frac{r_2-r_1}{|r_2-r_1|^3} \tag{2.1.9}$$

可见，此作用力 F 与试验电荷 q_2 的比值仅与产生电场的源 q_1 以及试验电荷所在点的位置有关，故可以用它来描述电场。因此，电场强度矢量的定义为

$$E=\lim_{q_2\to0}\frac{F}{q_2} \tag{2.1.10}$$

从而自由空间内，r_1 处点电荷 q 在 r_2 处所产生的电场强度矢量为

$$E(r_2)=\frac{q}{4\pi\varepsilon_0R^3}R=\frac{q}{4\pi\varepsilon_0}\frac{r_2-r_1}{|r_2-r_1|^3} \tag{2.1.11}$$

可见，电场强度 E 是一个矢量函数。点电荷的电场强度的大小等于单位正电荷在该点所受电场力的大小，其方向与正电荷在该点所受电场力方向一致。电场强度的单位是 V/m（伏/米）。

从式（2.1.11）可以看出：

① 电场强度大小表示单位正电荷在该点所受的电场力，电场强度的方向与单位正电荷的受力方向一致；

② 电场强度是空间坐标的函数，所以是一种场；

③ E 是矢量，所以静电场是矢量场，既有大小，又有方向；

④ E 大小与电荷量 q 成正比，因而电场关于源满足叠加原理；

⑤ 产生电场的源是电荷，是一个标量函数；

⑥ 由于点电荷模型要求带电体尺寸远小于观察点到源点的距离，所以上述公式对点电荷的近距离场分析不适用。

3．多电荷的电场强度

对于由 N 个点电荷产生的电场，根据式（2.1.11）中电场强度与点电荷量的正比关系，可

利用叠加原理得到场点 $\boldsymbol{r}$ 处的电场强度等于各个点电荷单独产生的电场强度的矢量和，即

$$\boldsymbol{E}(\boldsymbol{r})=\frac{1}{4\pi\varepsilon_0}\sum_{i=1}^{N}\frac{q_i}{\left|\boldsymbol{r}-\boldsymbol{r}_i'\right|^3}(\boldsymbol{r}-\boldsymbol{r}_i') \tag{2.1.12}$$

当两个等值异号的点电荷相距很小距离 d 所组成的电荷系统称为电偶极子，这是电磁场中非常重要的一个概念。其产生的静电场就可以通过式（2.1.12）矢量叠加获得。其中定义电偶极矩矢量 $\boldsymbol{p}=q\boldsymbol{d}$，方向由负电荷指向正电荷。

4．分布电荷激励的静电场

对于电荷分别以体密度、面密度和线密度连续分布的带电体，将带电体分割成很多小带电单元，当带电单元所占空间足够小时，每个带电单元可近似看作一点电荷，然后利用式（2.1.12）计算其电场强度。

以体电荷密度为例，若电荷按体密度 $\rho(\boldsymbol{r}')$ 分布在体积 V' 内，则离散的小体积 $\Delta V_i'$ 所带电荷量 $\Delta q_i=\rho(\boldsymbol{r}')\Delta V_i'$。根据式（2.1.12），场点 $\boldsymbol{r}$ 电场强度为

$$\boldsymbol{E}(\boldsymbol{r})=\frac{1}{4\pi\varepsilon_0}\lim_{\substack{\Delta V_i'\to 0\\ N\to\infty}}\sum_{i=1}^{N}\frac{\rho(\boldsymbol{r}')\Delta V_i'}{\left|\boldsymbol{r}-\boldsymbol{r}_i'\right|^3}(\boldsymbol{r}-\boldsymbol{r}_i')$$

根据体积分定义，上式右端实际上定义了一个体积分，故可写为

$$\boldsymbol{E}(\boldsymbol{r})=\frac{1}{4\pi\varepsilon_0}\int_{V'}\frac{\boldsymbol{r}-\boldsymbol{r}'}{\left|\boldsymbol{r}-\boldsymbol{r}'\right|^3}\rho(\boldsymbol{r}')\mathrm{d}V' \tag{2.1.13a}$$

同样可以导出电荷分别按面电荷密度 $\rho_S(\boldsymbol{r}')$ 和线电荷密度 $\rho_l(\boldsymbol{r}')$ 连续分布时，场点 $\boldsymbol{r}$ 处的电场强度计算公式

$$\boldsymbol{E}(\boldsymbol{r})=\frac{1}{4\pi\varepsilon_0}\int_{S'}\frac{\boldsymbol{r}-\boldsymbol{r}'}{\left|\boldsymbol{r}-\boldsymbol{r}'\right|^3}\rho_S(\boldsymbol{r}')\mathrm{d}S' \tag{2.1.13b}$$

$$\boldsymbol{E}(\boldsymbol{r})=\frac{1}{4\pi\varepsilon_0}\int_{l'}\frac{\boldsymbol{r}-\boldsymbol{r}'}{\left|\boldsymbol{r}-\boldsymbol{r}\right|'^3}\rho_l(\boldsymbol{r}')\mathrm{d}l' \tag{2.1.13c}$$

原则上，若已知空间电荷密度分布，通过式（2.1.13）完全可以求出自由空间内的场分布，然而实际情况中，电荷密度分布比较复杂，采用上述方法求解，积分处理比较困难，一般只能求解部分简单电荷分布下的静电场问题。

2.1.3 电介质的极化

前面介绍的电场强度积分表达式（2.1.13）适用于真空或自由空间的情况。当所关心的区域存在其他物质时，由于静电场与物质之间存在相互作用，表达式将不再适用，需要进一步推广。对于某些物质中电子和原子核结合得相当紧密，电子被原子核紧紧地束缚住，没有自由电子和自由离子，把这种分子所带的电荷称为束缚电荷，相应的物质叫电介质。在外电场的作用下，电介质中束缚电荷只能做微小位移，称为电介质的极化现象。本节将简要讨论电介质的极化特性。

根据电介质中束缚电荷的分布特征，把电介质的分子分为无极分子和有极分子两类。无极分子的正、负电荷分布往往比较对称，中心重合，因此对外产生的合成电场为零，不显示电特性。有极分子的正、负电荷分布至少在某个方向上不对称，从而电荷中心不重合，可以等效为相距很近的正电荷中心与负电荷中心组成的电偶极子。单个有极分子能够对外产生电

场，但在无外加电场作用下，电介质中的有极分子在做杂乱无章的热运动，从宏观上看物质对外产生的合成电场也为零，与无极分子一样对外不显示电特性。

在外电场的作用下，根据库仑定律，无极分子中的正电荷沿电场方向移动，负电荷逆电场方向移动，导致正负电荷中心不再重合，形成许多排列方向与外加电场大体一致的电偶极子，因而它们对外产生的电场不再为 0。对于有极分子，它的每个分子在外电场的作用下要产生转动，最终使每个有极分子的排列方向也大体与外加电场方向一致，它们对外产生的电场同样不再为 0。图 2.1.2 是以水分子为例，描述了有极分子在外场作用下发生位移的极化现象。水分子由带两个负电荷的氧离子和两个各带一个正电荷的氢离子构成。在外加电场作用下，氧离子逆电场方向移动，而氢离子顺电场方向移动，从而使得水分子成为有序排列的偶极子模型。外加电场越大，电偶极子排列越整齐。

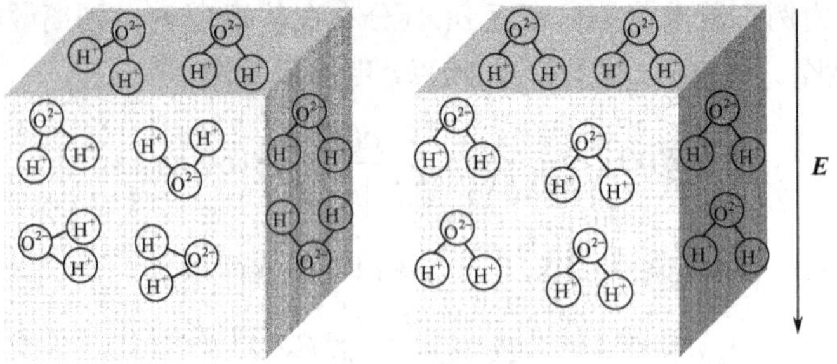

图 2.1.2　水分子在电场激励下的极化现象

这些电偶极子的有向排列产生的电场与外加电场叠加，从而改变了空间内总的电场分布。也就是说，电介质对电场的影响可归结为极化电荷产生的附加电场的影响，因此，电介质内的总电场强度 $\boldsymbol{E}$ 可视为自由电荷产生的外电场 $\boldsymbol{E}_0$ 与极化电荷产生的附加电场 $\boldsymbol{E}'$ 的叠加，即

$$\boldsymbol{E} = \boldsymbol{E}_0 + \boldsymbol{E}'$$

为了分析计算极化电荷产生的附加电场 $\boldsymbol{E}'$，需进一步了解电介质的极化特性。研究表明，不同电介质的极化程度是不一样的，从而引入电极化强度的概念来描述电介质的极化程度。将单位体积中的电偶极矩的矢量和称为电极化强度，表示为

$$\boldsymbol{P} = \lim_{\Delta V' \to 0} \frac{\sum\limits_i \boldsymbol{p}_i}{\Delta V'}$$

式中，$\boldsymbol{p}_i = q_i \boldsymbol{d}_i$ 为体积 $\Delta V'$ 中第 i 个分子的电偶极矩。这样，电介质的极化现象可以采用电极化强度 $\boldsymbol{P}$ 这个宏观矢量函数表示。若电介质的某区域内各点的 $\boldsymbol{P}$ 相同，则称该区域是均匀极化的，否则就是非均匀极化的。

对于线性各向同性的简单电介质，其电极化强度 $\boldsymbol{P}$ 与电介质中的合成电场强度 $\boldsymbol{E}$ 成正比，表示为

$$\boldsymbol{P}(\boldsymbol{r}) = \chi_e \varepsilon_0 \boldsymbol{E}(\boldsymbol{r}) \tag{2.1.14}$$

式中，χ_e 称为电介质的电极化率，是一个无量纲的正实数。

另外，应用极化体电荷密度 ρ_P 和极化面电荷密度 ρ_{SP} 表征介质的特性也是比较方便的，而且极化电荷密度与电极化强度之间满足如下关系[3]

$$\rho_P = -\nabla \cdot \boldsymbol{P} \tag{2.1.15a}$$

$$\rho_{SP} = \boldsymbol{P} \cdot \boldsymbol{e}_n \tag{2.1.15b}$$

因此电介质中的电偶极子产生的场可看成极化体电荷和极化面电荷产生的电场强度的和，即

$$\boldsymbol{E}(\boldsymbol{r})=\frac{1}{4\pi\varepsilon_0}\int_{V'}\frac{\boldsymbol{r}-\boldsymbol{r}'}{|\boldsymbol{r}-\boldsymbol{r}'|^3}\rho_{\mathrm{P}}(\boldsymbol{r}')\mathrm{d}V'+\frac{1}{4\pi\varepsilon_0}\oint_{S'}\frac{\boldsymbol{r}-\boldsymbol{r}'}{|\boldsymbol{r}-\boldsymbol{r}'|^3}\rho_{\mathrm{SP}}(\boldsymbol{r}')\mathrm{d}S' \tag{2.1.16}$$

2.1.4 静电场基本方程

亥姆霍兹定理指出，任一矢量场的特性可由它的散度、旋度描述。因此，要了解静电场，需先讨论它的散度和旋度。

1. 静电场的旋度

在不包含任何其他电介质的自由空间，利用$\nabla\left(\frac{1}{R}\right)=-\frac{\boldsymbol{R}}{R^3}$，体电荷分布激励下的静电场表达式（2.1.13a）可写为

$$\boldsymbol{E}(\boldsymbol{r})=-\frac{1}{4\pi\varepsilon_0}\int_{V'}\rho(\boldsymbol{r}')\nabla\left(\frac{1}{R}\right)\mathrm{d}V' \tag{2.1.17}$$

方程两边同时取旋度得

$$\nabla\times\boldsymbol{E}(\boldsymbol{r})=\nabla\times\left[-\frac{1}{4\pi\varepsilon_0}\int_{V'}\rho(\boldsymbol{r}')\nabla\left(\frac{1}{R}\right)\mathrm{d}V'\right] \tag{2.1.18}$$

在式（2.1.18）中，旋度算子$\nabla\times$是对场点坐标$\boldsymbol{r}$运算，与源点坐标$\boldsymbol{r}'$无关，所以表达式可写为如下形式

$$\nabla\times\boldsymbol{E}(\boldsymbol{r})=-\frac{1}{4\pi\varepsilon_0}\int_{V'}\rho(\boldsymbol{r}')\nabla\times\nabla\frac{1}{R}\mathrm{d}V'$$

上式右边的$\frac{1}{R}$是一个连续标量函数，而任何一个标量函数的梯度再求旋度恒等于 0，故上式右边恒为 0，则得

$$\nabla\times\boldsymbol{E}=0 \tag{2.1.19}$$

此结果表明，自由空间的静电场是无旋场。可以证明，区域包含电介质的情况下，静电场的旋度同样等于零。

2. 自由空间内静电场的散度

同样在不包含任何其他电介质的自由空间，对式（2.1.17）两边取散度，由于散度算子∇是对场点坐标$\boldsymbol{r}$运算，与源点坐标$\boldsymbol{r}'$无关，所以散度符号可以移到积分号内，并且由拉普拉斯算子$\nabla^2\varphi=\nabla\cdot\nabla\varphi$得

$$\nabla\cdot\boldsymbol{E}(\boldsymbol{r})=-\frac{1}{4\pi\varepsilon_0}\int_{V'}\rho(\boldsymbol{r}')\nabla^2\left(\frac{1}{R}\right)\mathrm{d}V'$$

利用关系式$\nabla^2\left(\frac{1}{R}\right)=-4\pi\delta(\boldsymbol{r}-\boldsymbol{r}')$，上式变为

$$\nabla\cdot\boldsymbol{E}(\boldsymbol{r})=\frac{1}{\varepsilon_0}\int_{V'}\rho(\boldsymbol{r}')\delta(\boldsymbol{r}-\boldsymbol{r}')\mathrm{d}V' \tag{2.1.20}$$

再利用δ函数的挑选性，有

$$\int_{V'}\rho(\boldsymbol{r}')\delta(\boldsymbol{r}-\boldsymbol{r}')\mathrm{d}V'=\begin{cases}0, & \boldsymbol{r}'\neq\boldsymbol{r}\\ \rho(\boldsymbol{r}), & \boldsymbol{r}'=\boldsymbol{r}\end{cases}$$

则由式（2.1.20）得

$$\nabla\cdot\boldsymbol{E}(\boldsymbol{r})=\begin{cases}0, & \boldsymbol{r}'\notin V\\ \dfrac{1}{\varepsilon_0}\rho(\boldsymbol{r}), & \boldsymbol{r}'\in V\end{cases}$$

因已假设电荷分布在区域 V 内，故可将上式写为

$$\nabla\cdot\boldsymbol{E}=\frac{\rho}{\varepsilon_0} \tag{2.1.21}$$

这就是高斯定律的微分形式，它表明空间任意一点电磁场的散度与该处的电荷密度有关，静电场是一个有散场，静电荷是静电场的通量源。高斯定律是静电场的基本定理。

3. 电位移矢量和电介质中的高斯定律

在关心区域存在电介质中时，区域内会激励起二次场，使得总场分布发生变化，所以式（2.1.21）在此将不再适用。由于二次场的源可以由电介质内的极化电荷体密度和极化电荷面密度表示，所以电介质内的电场可视为自由电荷和极化电荷在真空中产生的电场的叠加，即 $\boldsymbol{E}=\boldsymbol{E}_0+\boldsymbol{E}'$，对于包含介质的区域，式（2.1.21）中的 ρ 用总电荷密度 $\rho_{\mathrm{t}}=\rho+\rho_{\mathrm{P}}$，则将真空中的高斯定律推广到电介质中，有

$$\nabla\cdot\boldsymbol{E}(\boldsymbol{r})=\frac{\rho+\rho_{\mathrm{P}}}{\varepsilon_0} \tag{2.1.22}$$

将式（2.1.15a）代入式（2.1.22）中，得

$$\nabla\cdot\left[\varepsilon_0\boldsymbol{E}(\boldsymbol{r})\right]=\rho-\nabla\cdot\boldsymbol{P} \tag{2.1.23}$$

将方程右边极化强度的散度项移到方程的左边并合并得

$$\nabla\cdot\left[\varepsilon_0\boldsymbol{E}(\boldsymbol{r})+\boldsymbol{P}(\boldsymbol{r})\right]=\rho \tag{2.1.24}$$

可见，矢量 $\left[\varepsilon_0\boldsymbol{E}(\boldsymbol{r})+\boldsymbol{P}(\boldsymbol{r})\right]$ 的散度仅与自由电荷体密度 ρ 有关。把这一矢量称为电位移矢量，表示为

$$\boldsymbol{D}(\boldsymbol{r})=\varepsilon_0 E(\boldsymbol{r})+\boldsymbol{P}(\boldsymbol{r}) \tag{2.1.25}$$

这样，式（2.1.24）变为

$$\nabla\cdot\boldsymbol{D}(\boldsymbol{r})=\rho \tag{2.1.26}$$

这就是电介质中高斯定律的微分形式。它表明电介质内任一点的电位移矢量的散度等于该点的自由电荷体密度，即 $\boldsymbol{D}$ 的通量源是自由电荷。电位移线从正的自由电荷出发而终止于负的自由电荷，与极化电荷没有关系；而电场强度力线从正电荷出发，终止于负电荷，并不区分极化电荷还是自由电荷；电极化强度线从负极化电荷出发，终止于正的极化电荷，而与自由电荷无关。图 2.1.3 给出了两块带电平板间加载一块介质后电场强度 $\boldsymbol{E}(\boldsymbol{r})$、电位移矢量 $\boldsymbol{D}(\boldsymbol{r})$ 以及电极化强度矢量 $\boldsymbol{P}(\boldsymbol{r})$ 的力线，以示区别。

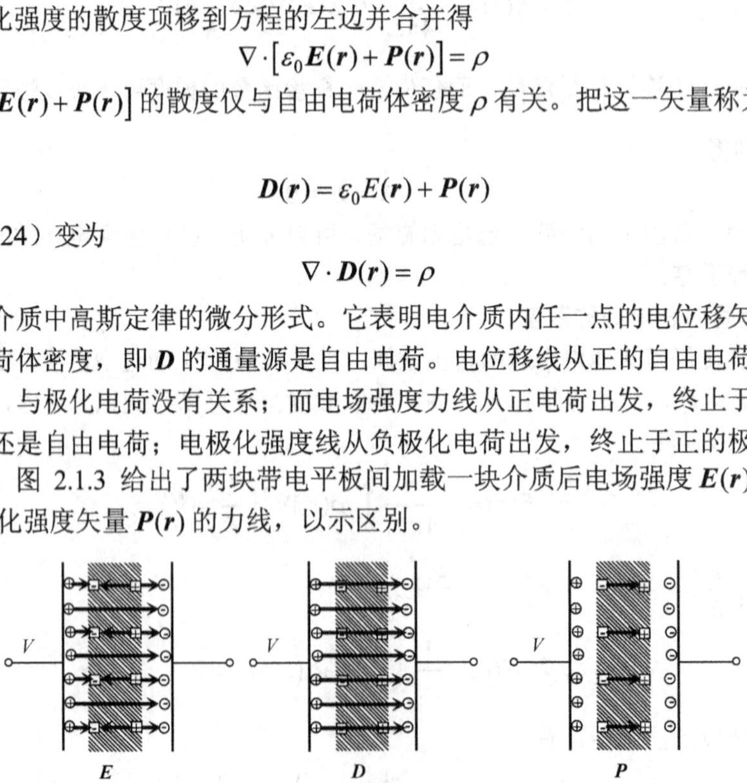

图 2.1.3　***E,D,P*** 力线示意图

4．基本方程的积分形式

将式（2.1.19）两边关于任意曲面 S 积分，并利用斯托克斯定理 $\int_S \nabla\times\boldsymbol{E}\cdot\mathrm{d}\boldsymbol{S}=\oint_l \boldsymbol{E}\cdot\mathrm{d}\boldsymbol{l}$，得

$$\oint_l \boldsymbol{E}\cdot\mathrm{d}\boldsymbol{l}=0 \tag{2.1.27}$$

上式表明，静电场 $\boldsymbol{E}$ 沿任意闭合路径 l 的积分恒等于 0。所以将单位正电荷沿静电场中任一闭合路径移动一周，电场力不做功，静电场是一个保守场。

同样，对式（2.1.26）两边取体积分并应用散度定理 $\oint_S \boldsymbol{A}\cdot\mathrm{d}\boldsymbol{S}=\int_V \nabla\cdot\boldsymbol{A}\mathrm{d}V$，得

$$\oint_S \boldsymbol{D}\cdot\mathrm{d}\boldsymbol{S}=\int_V \rho\mathrm{d}V \tag{2.1.28}$$

或

$$\oint_S \boldsymbol{D}\cdot\mathrm{d}\boldsymbol{S}=q \tag{2.1.29}$$

这就是电介质中高斯定律的积分形式。它表明电位移矢量穿过任一闭合面的电通量等于该闭合面包围的自由电荷代数和。由此式还可以看出，电位移矢量 $\boldsymbol{D}$ 的单位是 $\mathrm{C/m^2}$（库仑/米^2），由于电位移矢量的面积分称为电通量，所以电位移矢量又叫电通密度。如果电荷分布具有一定的对称性，则事先判断出电位移矢量也具有一定的对称性，可利用高斯定律的积分形式很方便地计算电位移矢量和电场强度。

需要指出的是，静电场的基本方程有如上积分与微分两种形式，微分方程表示的是空间某一点上的场值特性，只能适用于场和源在该点为连续函数的情况，而积分形式表示的是某一个区间内的场值特性，既适用于场和源在空间为连续函数的情况，也适用于场和源在空间不连续的情况。

5．静电场的本构关系与介电常数

对于所有电介质，式（2.1.25）都是成立的。若是线性、各向同性的简单电介质，将表达式 $\boldsymbol{P}(\boldsymbol{r})=\chi_\mathrm{e}\varepsilon_0\boldsymbol{E}(\boldsymbol{r})$ 代入式（2.1.25）中，得

$$\begin{aligned}\boldsymbol{D}(\boldsymbol{r})&=\varepsilon_0\boldsymbol{E}(\boldsymbol{r})+\chi_\mathrm{e}\varepsilon_0\boldsymbol{E}(\boldsymbol{r})=(1+\chi_\mathrm{e})\varepsilon_0\boldsymbol{E}(\boldsymbol{r})\\&=\varepsilon_\mathrm{r}\varepsilon_0\boldsymbol{E}(\boldsymbol{r})=\varepsilon\boldsymbol{E}(\boldsymbol{r})\end{aligned} \tag{2.1.30}$$

式中，$\varepsilon_\mathrm{r}\varepsilon_0=\varepsilon$ 称为电介质的介电常数，单位为 $\mathrm{F/m}$（法/米）。$\varepsilon_\mathrm{r}=1+\chi_\mathrm{e}$，称为电介质的相对介电常数，无量纲，式（2.1.30）称为电位移和电场强度的本构关系。此关系方程表明，在线性各向同性电介质中，$\boldsymbol{D}$ 和 $\boldsymbol{E}$ 的方向相同，大小成正比。工程中常用相对介电常数表示电介质的极化特性，附录 B 给出了部分电介质的相对介电常数近似值。

顺便指出，前面所说的都是简单电介质，实际电介质可以根据其性质不同进行如下分类：

（1）均匀电介质是指其介电常数 ε 处处相等，不是空间坐标的函数；非均匀电介质则指 ε 是空间坐标的函数。

（2）线性电介质是指 ε 与 E 的大小无关；反之，则是非线性电介质。

（3）色散电介质是指电介质特性是时间或空间导数的函数，否则是非色散电介质。

（4）稳定介质指介质特性不是时间的函数。

（5）各向同性电介质，是指 ε 与 $\boldsymbol{E}$ 的方向无关，ε 是标量，$\boldsymbol{D}$ 和 $\boldsymbol{E}$ 的方向相同。另有一类电介质称为各向异性电介质，在这类电介质中，$\boldsymbol{D}$ 和 $\boldsymbol{E}$ 的方向不同，介电常数 ε 是一个张量，表示为 $\bar{\bar{\varepsilon}}$。这时，$\boldsymbol{D}$ 和 $\boldsymbol{E}$ 的关系可写为如下形式

$$\boldsymbol{D}=\overline{\overline{\varepsilon}}\cdot\boldsymbol{E},\qquad \begin{bmatrix}D_x\\D_y\\D_z\end{bmatrix}=\begin{bmatrix}\varepsilon_{xx}&\varepsilon_{xy}&\varepsilon_{xz}\\\varepsilon_{yx}&\varepsilon_{yy}&\varepsilon_{yz}\\\varepsilon_{zx}&\varepsilon_{zy}&\varepsilon_{zz}\end{bmatrix}\begin{bmatrix}E_x\\E_y\\E_z\end{bmatrix}$$

本书第 5 章将简要讨论电磁波在各向异性媒质中传播的相关特性。

例 2-1 半径为a、介电常数为ε的球形电介质内的极化强度为$\boldsymbol{P}=\boldsymbol{e}_r\dfrac{k}{r}$，其中的$k$为常数。（1）计算极化电荷体密度和面密度；（2）计算电介质球内自由电荷体密度；（3）根据高斯定律求介质球内外的电场强度。

解：（1）电介质球内的极化电荷体密度为

$$\rho_{\mathrm{P}}=-\nabla\cdot\boldsymbol{P}=-\frac{1}{r^2}\frac{\mathrm{d}}{\mathrm{d}r}\left(r^2p_r\right)=-\frac{1}{r^2}\frac{\mathrm{d}}{\mathrm{d}r}\left(r^2\frac{k}{r}\right)=-\frac{k}{r^2}$$

在$r=a$处的极化电荷面密度为

$$\rho_{\mathrm{SP}}=\boldsymbol{P}\cdot\boldsymbol{e}_{\mathrm{n}}=\boldsymbol{e}_r\frac{k}{r}\cdot\boldsymbol{e}_r\bigg|_{r=a}=\frac{k}{a}$$

（2）因为$\boldsymbol{D}=\varepsilon_0\boldsymbol{E}+\boldsymbol{P}$，故

$$\nabla\cdot\boldsymbol{D}=\nabla\cdot(\varepsilon_0\boldsymbol{E}+\boldsymbol{P})=\varepsilon_0\nabla\cdot\boldsymbol{E}+\nabla\cdot\boldsymbol{P}=\varepsilon_0\nabla\cdot\frac{\boldsymbol{D}}{\varepsilon}+\nabla\cdot\boldsymbol{P}$$

即

$$\left(1-\frac{\varepsilon_0}{\varepsilon}\right)\nabla\cdot\boldsymbol{D}=\nabla\cdot\boldsymbol{P}$$

而$\nabla\cdot\boldsymbol{D}=\rho$，故电介质球内的自由电荷体密度为

$$\rho=\nabla\cdot\boldsymbol{D}=\frac{\varepsilon}{\varepsilon-\varepsilon_0}\nabla\cdot\boldsymbol{P}=-\frac{\varepsilon}{\varepsilon-\varepsilon_0}\frac{k}{r^2}$$

（3）应用高斯公式积分表达式$\oint_S\boldsymbol{D}\cdot\mathrm{d}\boldsymbol{S}=q$求解电位移矢量，当电荷密度和电场具有一定的对称性时，电位移在所选择的闭合面上大小恒定，方向要么一致要么垂直，则积分过程非常简单，从而可以对某一些特定的具有对称性的场分布问题进行求解。

对于本例中的自由电荷体密度分布情况，电位移矢量具有明显的对称性，可以事先判断出电位移矢量的方向必然在r的方向上，而且在特定半径的球面上，电位移的大小恒定。

① 当场点到电荷球心的距离$r<a$，取半径为r的同心球面，应用高斯定理得

$$\oint_S\boldsymbol{D}\cdot\mathrm{d}\boldsymbol{S}=4\pi r^2D_r=\int_{V'}\rho\,\mathrm{d}V'=\int_0^r\int_0^{\pi}\int_0^{2\pi}\frac{\varepsilon}{\varepsilon-\varepsilon_0}\frac{-k}{r^2}r^2\sin\theta\,\mathrm{d}r\,\mathrm{d}\theta\,\mathrm{d}\phi=\frac{-4\pi kr\varepsilon}{\varepsilon-\varepsilon_0}$$

所以

$$D_r=\frac{-\varepsilon k}{(\varepsilon-\varepsilon_0)r},\quad E_r=\frac{-k}{(\varepsilon-\varepsilon_0)r}$$

由于高斯公式中的自由电荷是指闭合面所包围的自由电荷，所以右端电荷密度体积分为在半径为r的球内积分。

② 场点半径$r>a$，取半径为r的球面，应用高斯定理得

$$4\pi r^2D_r=\frac{-k\varepsilon}{\varepsilon-\varepsilon_0}4\pi a,\quad D_r=\frac{-\varepsilon}{\varepsilon-\varepsilon_0}\frac{a}{r^2},\quad E_r=\frac{-\varepsilon_{\mathrm{r}}}{\varepsilon-\varepsilon_0}\frac{a}{r^2}$$

2.1.5 电位函数与泊松方程

1. 电位和电位差

由静电场的基本方程$\nabla\times\boldsymbol{E}=0$和矢量恒等式$\nabla\times\nabla u=0$可知，电场强度矢量$\boldsymbol{E}$可以表示为某个标量函数$\varphi$的梯度，即

$$\boldsymbol{E}(\boldsymbol{r})=-\nabla\varphi(\boldsymbol{r}) \tag{2.1.31}$$

式中，标量函数$\varphi(\boldsymbol{r})$称为静电场的电位函数，简称为电位，单位为V（伏特）。

对于点电荷的电场

$$\boldsymbol{E}(\boldsymbol{r})=\frac{q}{4\pi\varepsilon}\cdot\frac{\boldsymbol{r}-\boldsymbol{r}'}{|\boldsymbol{r}-\boldsymbol{r}'|^3}=-\nabla(\frac{q}{4\pi\varepsilon}\cdot\frac{\boldsymbol{r}-\boldsymbol{r}'}{|\boldsymbol{r}-\boldsymbol{r}'|}) \tag{2.1.32}$$

与式（2.1.31）比较，可得到点电荷q产生的电场的电位函数为

$$\varphi(\boldsymbol{r})=\frac{q}{4\pi\varepsilon|\boldsymbol{r}-\boldsymbol{r}'|}+C \tag{2.1.33}$$

式中，C为常数。

应用叠加原理，根据式（2.1.33）可得到点电荷系、线电荷、面电荷以及体电荷产生的电场的电位函数分别为

$$\varphi(\boldsymbol{r})=\frac{1}{4\pi\varepsilon}\sum_{i=1}^{N}\frac{q_i}{|\boldsymbol{r}-\boldsymbol{r}_i'|}+C \tag{2.1.34}$$

$$\varphi(\boldsymbol{r})=\frac{1}{4\pi\varepsilon}\int_{l'}\frac{\rho_l(\boldsymbol{r}')}{|\boldsymbol{r}-\boldsymbol{r}_i'|}\mathrm{d}l'+C \tag{2.1.35}$$

$$\varphi(\boldsymbol{r})=\frac{1}{4\pi\varepsilon}\int_{S'}\frac{\rho_s(\boldsymbol{r}')}{|\boldsymbol{r}-\boldsymbol{r}_i'|}\mathrm{d}S'+C \tag{2.1.36}$$

$$\varphi(\boldsymbol{r})=\frac{1}{4\pi\varepsilon}\int_{V'}\frac{\rho(\boldsymbol{r}')}{|\boldsymbol{r}-\boldsymbol{r}_i'|}\mathrm{d}V'+C \tag{2.1.37}$$

根据标量函数梯度的性质可知，$\boldsymbol{E}$线垂直于等位面，且总是指向电位下降最快的方向。

若已知电荷密度分布，则可利用式（2.1.34）～式（2.1.37）求得电位函数$\varphi(\boldsymbol{r})$，再利用$\boldsymbol{E}(\boldsymbol{r})=-\nabla\varphi(\boldsymbol{r})$求得电场强度$\boldsymbol{E}(\boldsymbol{r})$。这样做常常比利用电场积分表达式（2.1.13）直接求$\boldsymbol{E}(\boldsymbol{r})$要简单些。

在$\boldsymbol{E}(\boldsymbol{r})=-\nabla\varphi(\boldsymbol{r})$的两边点乘$\mathrm{d}\boldsymbol{l}$，得

$$\boldsymbol{E}(\boldsymbol{r})\cdot\mathrm{d}\boldsymbol{l}=-\nabla\varphi(\boldsymbol{r})\cdot\mathrm{d}\boldsymbol{l}=-\frac{\partial\varphi(\boldsymbol{r})}{\partial l}\mathrm{d}l=-\mathrm{d}\varphi(\boldsymbol{r})$$

对上式两边从点P到点Q沿任意路径进行积分，得

$$\int_P^Q\boldsymbol{E}(\boldsymbol{r})\cdot\mathrm{d}\boldsymbol{l}=-\int_P^Q\mathrm{d}\varphi(\boldsymbol{r})=\varphi(P)-\varphi(Q)$$

式中左边表示将单位正电荷从P点移动到Q点，电场力所做的功，而右端是P、Q点间的电位差。可见，点P、Q之间的电位差$\varphi(P)-\varphi(Q)$的物理意义是把一个单位正电荷从点P沿任意路径移动到点Q的过程中电场力所做的功。

为了使电场中每一点的电位具有确定的值，必须选定场中某一固定点作为电位参考点，即规定该固定点的电位为零。例如，若选定Q点为电位参考点，即规定$\varphi(Q)=0$，则P点的电位为

$$\varphi(P)=\int_P^Q \boldsymbol{E}\cdot \mathrm{d}\boldsymbol{l} \tag{2.1.38}$$

若场源电荷分布在有限区域，通常选定无限远处为电位参考点，此时

$$\varphi(P)=\int_P^\infty \boldsymbol{E}\cdot \mathrm{d}\boldsymbol{l} \tag{2.1.39}$$

所以，P 点的电位表示将单位正电荷从 P 点移动到无穷远处电场力所做的功。

2. 电位的微分方程

在均匀、线性和各向同性的电介质中，ε 是一个常数。将 $\boldsymbol{E}(\boldsymbol{r})=-\nabla\varphi(\boldsymbol{r})$ 代入 $\nabla\cdot\boldsymbol{D}(\boldsymbol{r})=\rho(\boldsymbol{r})$ 中，得

$$\nabla\cdot\boldsymbol{D}(\boldsymbol{r})=\nabla\cdot(\varepsilon\boldsymbol{E}(\boldsymbol{r}))=-\varepsilon\nabla\cdot\nabla\varphi(\boldsymbol{r})=\rho(\boldsymbol{r})$$

故

$$\nabla^2\varphi(\boldsymbol{r})=-\frac{\rho(\boldsymbol{r})}{\varepsilon} \tag{2.1.40}$$

即静电位满足标量泊松方程。若 $\boldsymbol{r}$ 处无自由电荷，即 $\rho=0$，则 $\varphi(\boldsymbol{r})$ 在 $\boldsymbol{r}$ 处满足拉普拉斯方程

$$\nabla^2\varphi(\boldsymbol{r})=0 \tag{2.1.41}$$

应用泊松方程或拉普拉斯方程可以对一些简单的电磁问题进行求解。如平板电容器中的场分布问题以及带电圆柱体和球的静电场分布问题都可以利用上述方程求解。

例 2-2 电偶极子是相距很小距离 d 的两个等值异号的点电荷组成的电荷系统，如图 2.1.4 所示，试求电偶极子的电位及电场强度。

解： 将坐标系原点 O 与偶极子中心重合，并使电偶极子的轴与坐标 z 轴重合，则空间任意一点 $P(r,\theta,\phi)$ 处的电位等于两个电荷的电位叠加。即

$$\varphi(\boldsymbol{r})=\frac{q}{4\pi\varepsilon_0}\left(\frac{1}{r_1}-\frac{1}{r_2}\right)=\frac{q}{4\pi\varepsilon_0}\frac{r_2-r_1}{r_1r_2}$$

式中

$$r_1=\sqrt{r^2+(d/2)^2-rd\cos\theta},\quad r_2=\sqrt{r^2+(d/2)^2+rd\cos\theta}$$

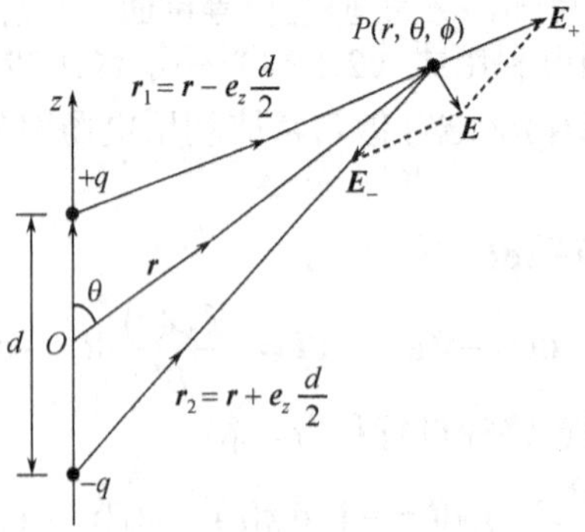

图 2.1.4 电偶极子

对远离电偶极子的场点，$r>>d$，则

$$r_1\approx r-\frac{d}{2}\cos\theta, r_2\approx r+\frac{d}{2}\cos\theta,$$
$$r_2-r_1\approx d\cos\theta, r_1r_2\approx r^2$$

故得

$$\varphi(\boldsymbol{r})=\frac{qd\cos\theta}{4\pi\varepsilon_0 r^2}=\frac{\boldsymbol{p}\cdot\boldsymbol{r}}{4\pi\varepsilon_0 r^3} \tag{2.1.42}$$

其中，矢量 $\boldsymbol{p}$ 就是前面提到的电偶极矩，$\boldsymbol{p}=q\boldsymbol{d}$。应用球坐标中的梯度公式，可得到电偶极子的远区电场强度

$$\begin{aligned}\boldsymbol{E}(\boldsymbol{r})&=-\nabla\varphi(\boldsymbol{r})=-\left(\boldsymbol{e}_r\frac{\partial\varphi}{\partial r}+\boldsymbol{e}_\theta\frac{1}{r}\frac{\partial\varphi}{\partial\theta}+\boldsymbol{e}_\phi\frac{1}{r\sin\theta}\frac{\partial\varphi}{\partial\phi}\right)\\&=\frac{p}{4\pi\varepsilon_0 r^3}(\boldsymbol{e}_r 2\cos\theta+\boldsymbol{e}_\theta\sin\theta)\end{aligned} \tag{2.1.43}$$

本例题也可以直接通过多电荷系统的电场表达式（2.1.12）求解，读者可以尝试求解或参考相关书籍[3]，并与本例题的求解方法进行对比会发现，本例题中通过位函数的求解方法大大简化了分析过程。

例 2-3 半径为 a 的带电导体球，已知球体电位为 U（无穷远处电位为零），试计算球外空间的电位函数。

解：球外空间的电位满足拉普拉斯方程，已知边界条件是 $r=a$，$\varphi=U$，$r\to\infty$，$\varphi=0$。因电位及其电场均具有对称性，即 $\varphi=\varphi(r)$，故拉普拉斯方程为

$$\nabla^2\varphi=\frac{1}{r^2}\frac{\mathrm{d}}{\mathrm{d}r}r^2\frac{\mathrm{d}\varphi}{\mathrm{d}r}=0$$

直接解此常微分方程得

$$\varphi=-\frac{C_1}{r}+C_2$$

由于 $r\to\infty$，$\varphi=0$，故 $C_2=0$，为了决定常数 C_1，利用边界条件 $r=a$，$\varphi=U$ 得

$$U=-\frac{C_1}{a},\quad C_1=-aU$$

因此

$$\varphi=\begin{cases}\dfrac{aU}{r}, & r\geqslant a\\ U, & r\leqslant a\end{cases}$$

众所周知，带电导体是一个等电位体，故上式中 $r\leqslant a$ 区域内电位处处等于 U。电场强度 $\boldsymbol{E}(\boldsymbol{r})$ 为

$$\boldsymbol{E}(\boldsymbol{r})=-\nabla\varphi(\boldsymbol{r})=-\boldsymbol{e}_r\frac{\partial\varphi}{\partial r}=\begin{cases}\boldsymbol{e}_r\dfrac{aU}{r^2}, & r>a\\ 0, & r<a\end{cases}$$

2.1.6 静电场的边界条件

在电场问题分析中，常常会碰到包含许多不同介质的计算区域，这些介质都会对电场分布产生影响，并且如 2.1.3 节中讲到的，这种影响可以采用极化电荷体密度和极化电荷面密度表示。2.1.5 节通过引入电位移矢量和相对介电常数的概念，代替了极化电荷体密度的影响。极化电荷面密度以及导体表面上感应的自由电荷的作用则可以通过本节将要讲到的边界条件替代，从而进一步简化问题分析。把电场矢量 $\boldsymbol{E}$、$\boldsymbol{D}$ 在不同介质分界面上各自满足的关系称为静电场的边界条件。

静电场的边界条件必须由静电场的基本方程导出。由于在不同介质分界面上，介质的介电常数ε发生突变，静电场某些分量也可能随之发生突变，使得基本方程的微分形式在这些不连续点处失去意义，无法对其进行分析。因此，本节中将需要根据基本方程的积分形式来导出相应的边界条件。另外，为了使得到的边界条件不受所采用的坐标系的限制，可将场矢量在分界面上分解为与分界面垂直的法向分量和平行于分界面的切向分量，并对法向分量和切向分量所满足的边界条件分别进行处理。

1. 电位移矢量 $\boldsymbol{D}$ 的边界条件

在如图 2.1.5 中的两种不同介质交界面上，取一个很小的圆柱面，由于圆柱底面半径很小，可以认为场在此底面S_1、S_2上是均匀的。高度Δh相对于S_1、S_2为无穷小，则应用高斯公式（2.1.28）在此圆柱面上进行积分，圆柱侧面的贡献可忽略不计，仅圆柱上下底面对积分有贡献。进一步假设分界面上存在的自由电荷面密度为ρ_S，则得

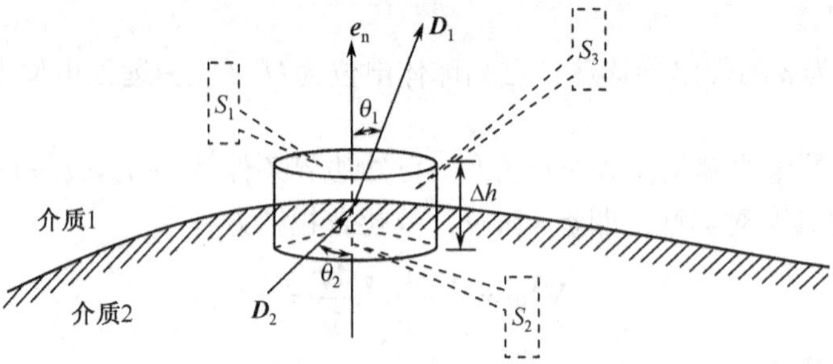

图 2.1.5　电位移矢量 $\boldsymbol{D}$ 的边界条件

$$\oint_S \boldsymbol{D}\cdot \mathrm{d}\boldsymbol{S} = \int_{S_1}\boldsymbol{D}\cdot \mathrm{d}\boldsymbol{S}+\int_{S_2}\boldsymbol{D}\cdot \mathrm{d}\boldsymbol{S}+\int_{S_3}\boldsymbol{D}\cdot \mathrm{d}\boldsymbol{S}$$
$$= \int_{S_1}\boldsymbol{D}\cdot \mathrm{d}\boldsymbol{S}+\int_{S_2}\boldsymbol{D}\cdot \mathrm{d}\boldsymbol{S} = \int_S \rho_S \mathrm{d}S \quad (S_1 = S_2 = S)$$

即

$$(\boldsymbol{D}_1 - \boldsymbol{D}_2)\cdot \boldsymbol{e}_\mathrm{n} S = \rho_S S$$

故

$$\boldsymbol{e}_\mathrm{n}\cdot(\boldsymbol{D}_1 - \boldsymbol{D}_2) = \rho_S \quad 或 \quad D_{1\mathrm{n}} - D_{2\mathrm{n}} = \rho_S \tag{2.1.44}$$

上式表明，电位移矢量的法向分量在介质分界面上是不连续的，其差值为交界面上的自由电荷面密度。

2. 电场强度 $\boldsymbol{E}$ 边界条件

将基本方程式（2.1.27）应用到如图 2.1.6 所示的矩形有向闭合路径$abcda$，同样假设线段ab和cd很小，切向电场在此路径上恒定。当$\Delta h \to 0$时，线段bc和da对积分$\oint_l \boldsymbol{E}\cdot \mathrm{d}\boldsymbol{l}$的贡献可以忽略，即

$$\oint_l \boldsymbol{E}\cdot \mathrm{d}\boldsymbol{l} \approx \int_a^b \boldsymbol{E}_1\cdot \mathrm{d}\boldsymbol{l} + \int_c^d \boldsymbol{E}_2\cdot \mathrm{d}\boldsymbol{l} = \int_{\Delta l}(\boldsymbol{E}_1 - \boldsymbol{E}_2)\cdot \boldsymbol{e}_\mathrm{t}\mathrm{d}l = 0$$

故得

$$\boldsymbol{e}_\mathrm{n}\times(\boldsymbol{E}_1 - \boldsymbol{E}_2) = 0 \qquad 或 \qquad E_{1\mathrm{t}} - E_{2\mathrm{t}} = 0 \tag{2.1.45}$$

表明电场强度$\boldsymbol{E}$的切向分量是连续的。

表达式（2.1.44）和式（2.1.45）即为法向电位移矢量和切向电场强度满足的边界条件。

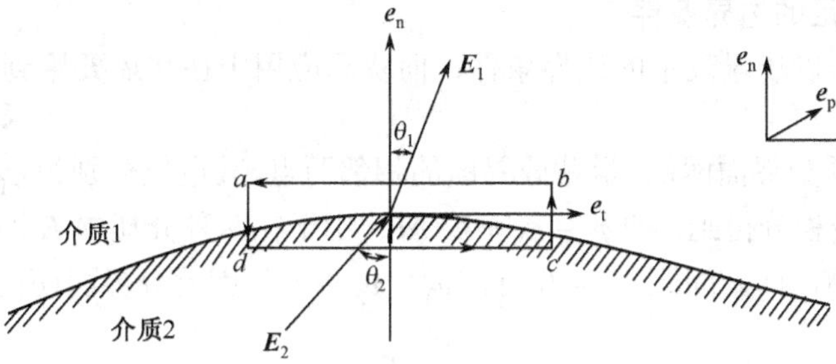

图 2.1.6　**E** 的边界条件

3．两种特殊情况下的边界条件

（1）理想导体表面上的边界条件

设介质 1 为理想介质，介质 2 为电导率无穷大的理想导体。由大学物理可知，理想导体内部不存在电场，因此 $\boldsymbol{E}_2 = 0$，理想导体所带的电荷只分布于导体表面。因此，理想导体表面上的边界条件简化为

$$\boldsymbol{e}_{\mathrm{n}} \times \boldsymbol{E}_1 = 0 \tag{2.1.46}$$

$$\boldsymbol{e}_{\mathrm{n}} \cdot \boldsymbol{D}_1 = \rho_S \tag{2.1.47}$$

对于电性能很好的所谓良导体（如银、铜、铝等金属）达到静电平衡后，导体表面同样可以采用式（2.1.46）和式（2.1.47）表示。

（2）理想介质表面上的边界条件

导电性能很差的绝缘体，如聚苯乙烯、陶瓷等。为了简化场问题的分析计算，通常将绝缘体视为理想介质。设材料 1 和材料 2 是两种介电常数不同的绝对不导电的理想介质，它们的分界面上不可能存在自由面电荷（即 $\rho_S = 0$）。因此，分界面上的边界条件为

$$\boldsymbol{e}_{\mathrm{n}} \times (\boldsymbol{E}_1 - \boldsymbol{E}_2) = 0 \quad 或 \quad E_{1\mathrm{t}} - E_{2\mathrm{t}} = 0 \tag{2.1.48}$$

$$\boldsymbol{e}_{\mathrm{n}} \cdot (\boldsymbol{D}_1 - \boldsymbol{D}_2) = 0 \quad 或 \quad D_{1\mathrm{n}} - D_{2\mathrm{n}} = 0 \tag{2.1.49}$$

需要指出的是，在理想介质表面，由于没有自由电荷面密度，所以法向电位移连续，但是由于存在束缚电荷面密度，所以法向电场并不连续，这与图 2.1.3 的电场强度与电位移矢量的力线示意图是一致的。利用 $E_{1\mathrm{t}} = E_{2\mathrm{t}}$ 和 $D_{1\mathrm{n}} = D_{2\mathrm{n}}$，即 $\varepsilon_1 E_{1\mathrm{n}} = \varepsilon_2 E_{2\mathrm{n}}$，得

$$\frac{E_{1\mathrm{t}}}{\varepsilon_1 E_{1\mathrm{n}}} = \frac{E_{2\mathrm{t}}}{\varepsilon_2 E_{2\mathrm{n}}}$$

即

$$\frac{\tan\theta_1}{\tan\theta_2} = \frac{\varepsilon_1}{\varepsilon_2} \tag{2.1.50}$$

其中，θ_1, θ_2 分别为电场矢量在上下介质内与分界面法向的夹角。可以看出，电场穿过理想介质交界面，其方向将发生改变，且角度改变的大小与两种介质的介电常数比值有关。

至此，把静电场的边界条件总结归纳如下：

① 在两种介质的分界面上，**E** 的切向分量是连续的。

② 在两种介质的分界面上，如果存在自由面电荷密度，使 **D** 的法向分量不连续，其不连续量由式（2.1.44）确定。若分界面上不存在自由面电荷密度，则 **D** 的法向分量是连续的，如式（2.1.49）所示。

4. 电位函数满足的边界条件

以上介绍的都是以场量表示的边界条件，而实际应用中往往还要用到位函数满足的边界条件形式。

设P_1和P_2是介质分界面两侧、紧贴分界面的相邻两点，其电位分别为φ_1和φ_2，电压$\varphi_1-\varphi_2$可以由电场强度的线积分得到，即$\varphi_2-\varphi_1=\boldsymbol{E}\cdot\Delta\boldsymbol{l}$。由于在两种介质中$\boldsymbol{E}$均为有限值，当$P_1$和$P_2$都无限贴近分界面，即其间距$\Delta l\to 0$时，$\varphi_1-\varphi_2\to 0$，因此分界面两侧的电位是相等的，即

$$\varphi_2=\varphi_1 \tag{2.1.51}$$

又$\boldsymbol{e}_{\rm n}\cdot(\boldsymbol{D}_1-\boldsymbol{D}_2)=\rho_S,\boldsymbol{D}=\varepsilon\boldsymbol{E}=-\varepsilon\nabla\varphi$，可导出

$$\varepsilon_1\frac{\partial\varphi_1}{\partial n}-\varepsilon_2\frac{\partial\varphi_2}{\partial n}=-\rho_S \tag{2.1.52}$$

若分界面上不存在自由面电荷，即$\rho_S=0$，则上式变为

$$\varepsilon_1\frac{\partial\varphi_1}{\partial n}=\varepsilon_2\frac{\partial\varphi_2}{\partial n} \tag{2.1.53}$$

若第二种介质为导体，因达到静电平衡后导体内部的电场为零，导体为等位体，故导体表面上，电位的边界条件为

$$\begin{cases}\varphi=C\\ \varepsilon\dfrac{\partial\varphi}{\partial n}=-\rho_S\end{cases} \tag{2.1.54}$$

以上涉及的边界条件往往又叫衔接条件，是在两种不同介质交界面上场所满足的条件。另外还包括场的其他一些常用边界条件。以位函数为例，包括第一类边界条件，即电位在边界上是常数，$\varphi=C$；第二类边界条件，电位的法向导数是常数$\dfrac{\partial\varphi}{\partial n}=C$；以及第三类边界条件$\varphi+\beta\dfrac{\partial\varphi}{\partial n}=C$，其中$\beta$也是常数。当然电位还满足参考点电位条件，一般情况下$\lim\limits_{r\to\infty}r\varphi=C$。

例 2-4 半径为a的带电导体球，已知球体表面均匀分布电荷面密度为ρ_S（无穷远处电位为零），试计算球外空间的电位函数和电场强度。

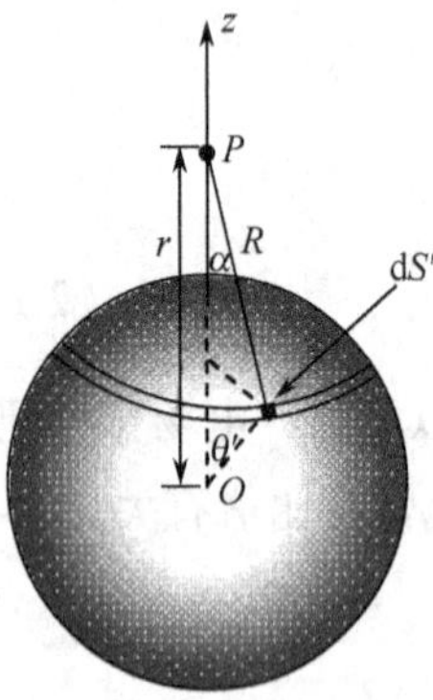

图 2.1.7 电场积分示意图

解：这个例题有多种求解方法。由于导体内部没有电场，整个球体是一个等位体，所以我们主要的任务是求解导体球外部的电位和场分布。

方法一：电场积分方程方法

采用球坐标系，如图 2.1.7 所示，场点P处的电场强度为

$$\boldsymbol{E}(\boldsymbol{r})=\frac{1}{4\pi\varepsilon_0}\int_0^{2\pi}\mathrm{d}\phi'\int_0^{\pi}\rho_S\frac{1}{R^2}\boldsymbol{e}_R a^2\sin\theta'\,\mathrm{d}\theta'$$

由于面元$\mathrm{d}S'$产生的电场与其ϕ相差$180°$的面元产生的电场大小相等，二者的合成场只有r方向。所以

$$E_r(r)=\frac{1}{4\pi\varepsilon_0}\int_0^{2\pi}\mathrm{d}\phi'\int_0^{\pi}\rho_S\frac{1}{R^2}a^2\sin\theta'\cos\alpha\,\mathrm{d}\theta'$$

又因为$\cos\alpha=\dfrac{r^2+R^2-a^2}{2Rr}$，$\cos\theta'=\dfrac{r^2+a^2-R^2}{2ar}$，$\sin\theta'\mathrm{d}\theta'=-d\cos\theta'=\dfrac{R\,\mathrm{d}R}{ar}$，$\theta'$的积分上下限0和$180°$对应于$\mathrm{d}R$的$R-a$和$R+a$，所以

$$E_r(r)=\frac{\rho_S a^2}{2\varepsilon_0}\int_{r-a}^{r+a}\frac{1}{R^2}\frac{r^2+R^2-a^2}{2Rr}\frac{R}{ar}\mathrm{d}R=\frac{\rho_S a^2}{4\varepsilon_0 ar^2}\int_{r-a}^{r+a}\frac{r^2+R^2-a^2}{R^2}\mathrm{d}R$$

$$=\frac{\rho_S a^2}{4\varepsilon_0 ar^2}\left(R-\frac{r^2-a^2}{R}\right)\Bigg|_{r-a}^{r+a}=\frac{\rho_S a^2}{\varepsilon_0 r^2}$$

$$\varphi=\int_r^{\infty}E_r(r)\mathrm{d}r=\int_r^{\infty}\frac{\rho_S a^2}{\varepsilon_0 r^2}\mathrm{d}r=\frac{\rho_S a^2}{r\varepsilon_0}$$

方法二：常微分方程方法

电位函数满足如下方程

$$\nabla^2\varphi=\frac{1}{r^2}\frac{\mathrm{d}}{\mathrm{d}r}r^2\frac{\mathrm{d}\varphi}{\mathrm{d}r}=0$$

所以电位函数的解为$\varphi=-\frac{C_1}{r}+C_2$。

利用边界条件：$-\varepsilon_0\frac{\partial\varphi}{\partial r}\Big|_S=\rho_S$，$\varphi|_{r\to\infty}=0$，得到

$$C_2=0,C_1=-\frac{a^2\rho_S}{\varepsilon_0}，\quad\varphi=\frac{a^2\rho_S}{r\varepsilon_0}$$

$$\boldsymbol{E}(\boldsymbol{r})=-\nabla\varphi=\boldsymbol{e}_r\frac{a^2\rho_S}{r^2\varepsilon_0}$$

方法三：高斯公式

采用球坐标系，可以判断出，电场方向为矢径方向，大小只与矢径有关，所以

$$\oint\boldsymbol{D}\cdot\mathrm{d}\boldsymbol{S}=q，\quad D_r 4\pi r^2=4\pi a^2\rho_S$$

$$E_r=\frac{a^2\rho_S}{\varepsilon_0 r^2}$$

$$\varphi=\int_r^{\infty}E_r\mathrm{d}r=\int_r^{\infty}\frac{\rho_S a^2}{\varepsilon_0 r^2}\mathrm{d}r=\frac{\rho_S a^2}{r\varepsilon_0}$$

方法四：位函数积分方法

$$\varphi(\boldsymbol{r})=-\frac{1}{4\pi\varepsilon_0}\int_0^{2\pi}\mathrm{d}\phi'\int_0^{\pi}\rho_S\frac{1}{R}a^2\sin\theta'\mathrm{d}\theta'$$

因为$\cos\theta'=\frac{r^2+a^2-R^2}{2ar}$，$\sin\theta'\mathrm{d}\theta'=-\mathrm{d}\cos\theta'=\frac{R\mathrm{d}R}{ar}$，所以

$$\varphi(\boldsymbol{r})=\frac{\rho_S a^2}{2\varepsilon_0}\int_{r-a}^{r+a}\frac{1}{R}\frac{R\mathrm{d}R}{ar}=\frac{\rho_S a^2}{r\varepsilon_0}$$

$$\boldsymbol{E}(\boldsymbol{r})=-\nabla\varphi=\boldsymbol{e}_r\frac{a^2\rho_S}{r^2\varepsilon_0}$$

虽然该题可以有四种求解方法，但是各个方法的难易程度差别很大。第一种和第四种方法涉及较为复杂的积分计算，尤其是第一种方法直接对场进行积分还涉及了一些矢量运算，第二种和第三种方法充分利用了电荷密度分布的球对称性，大大简化了分析过程。受此启发，对于直角坐标系下的平面电荷分布问题、圆柱坐标系下的圆柱以及同轴线中的电荷密度分布

问题以及球坐标系下的球电荷密度分布问题进行分析，应优先考虑采用其对称性，通过高斯公式或解常微分方程方法能够有效地简化分析过程。

例 2-5 两块无限大接地导体平板分别置于 $x=0$ 和 $x=a$ 处，在两板之间的 $x=b$ 处有一面密度为 ρ_S 的均匀电荷分布，如图 2.1.8 所示。求两导体平板之间的电位和电场强度。

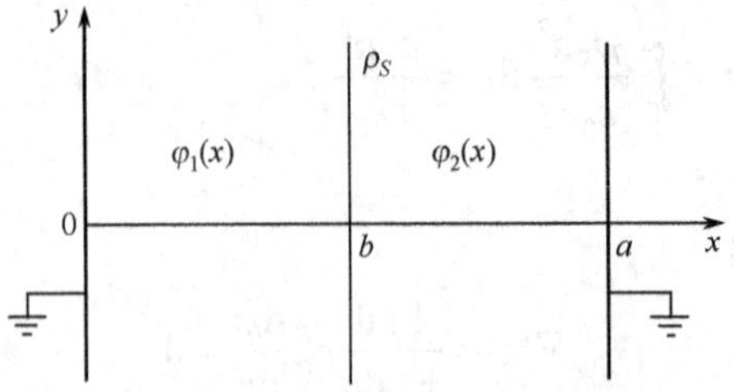

图 2.1.8 两块无限大平行板

解：在两块无限大接地导体平板之间，除 $x=b$ 处有均匀面电荷分布外，其余空间均无电荷分布，故电位函数满足一维拉普拉斯方程

$$\frac{\mathrm{d}^2\varphi_1(x)}{\mathrm{d}x^2}=0,\quad 0<x<b$$

$$\frac{\mathrm{d}^2\varphi_2(x)}{\mathrm{d}x^2}=0,\quad b<x<a$$

方程的解为

$$\varphi_1(x)=C_1x+D_1$$
$$\varphi_2(x)=C_2x+D_2$$

利用边界条件，得

$$\varphi_1(x)\big|_{x=0}=0\text{，}\quad \varphi_2(x)\big|_{x=a}=0\text{，}\quad \varphi_1(x)\big|_{x=b}=\varphi_2(x)\big|_{x=b}\text{，}\quad \left[\frac{\partial\varphi_2(x)}{\partial x}-\frac{\partial\varphi_1(x)}{\partial x}\right]_{x=b}=-\frac{\rho_S}{\varepsilon_0}$$

于是有

$$D_1=0,\quad C_2a+D_2=0$$

$$C_1b+D_1=C_2b+D_2,\quad C_2-C_1=-\frac{\rho_S}{\varepsilon_0}$$

由此解得

$$C_1=-\frac{\rho_S(b-a)}{\varepsilon_0 a},\quad D_1=0$$

$$C_2=-\frac{\rho_S b}{\varepsilon_0 a},\quad D_2=\frac{\rho_S b}{\varepsilon_0}$$

最后得

$$\varphi_1(x)=\frac{\rho_S(a-b)}{\varepsilon_0 a}x,\ 0\leqslant x\leqslant b$$

$$\varphi_2(x)=\frac{\rho_S b}{\varepsilon_0 a}(a-x),\ b\leqslant x\leqslant a$$

$$\boldsymbol{E}_1(x)=-\nabla\varphi_1(x)=-\boldsymbol{e}_x\frac{\mathrm{d}\varphi_1(x)}{\mathrm{d}x}=-\boldsymbol{e}_x\frac{\rho_S(a-b)}{\varepsilon_0 a}$$

$$\boldsymbol{E}_2(x) = -\nabla\varphi_2(x) = -\boldsymbol{e}_x\frac{\mathrm{d}\varphi_2(x)}{\mathrm{d}x} = \boldsymbol{e}_x\frac{\rho_S b}{\varepsilon_0 a}$$

2.1.7　静电场中的电容、能量与力

1．电容

电容是导体系统的一种基本属性，它是描述导体系统储存电荷能力的物理量。最简单的电容器就是如图 2.1.9 所示的两块导体（阴极和阳极）中间夹着一块绝缘介质构成的电子元件。我们定义两导体系统的电容为任意导体上的总电荷与两导体之间的电位差之比，即

$$C = \frac{q}{U} \tag{2.1.55}$$

电容的单位是 F（法拉）。电容的大小只是导体系统的物理尺度及周围电介质的特征参数的函数，与电荷量、电位差无关。

虽然电容的大小与其所带电荷多少及电压大小无关，但我们仍然可以通过式（2.1.55）求解电容的大小。如图 2.1.9 所示的平板电容器，上下平板面积为 S，距离为 d 填充介质为 ε，当 $S \gg d$ 时，可以忽略边缘电场的作用。

设上平板电压为 U，在板间将会产生一个方向向下的均匀电场，由

$$\int_Q^P \boldsymbol{E}\cdot\mathrm{d}\boldsymbol{l} = Ed = U$$

得

$$E_{\mathrm{d}} = \frac{U}{d}$$

在上极板上：$D_{\mathrm{n}} = \varepsilon\frac{U}{d} = \rho_S$

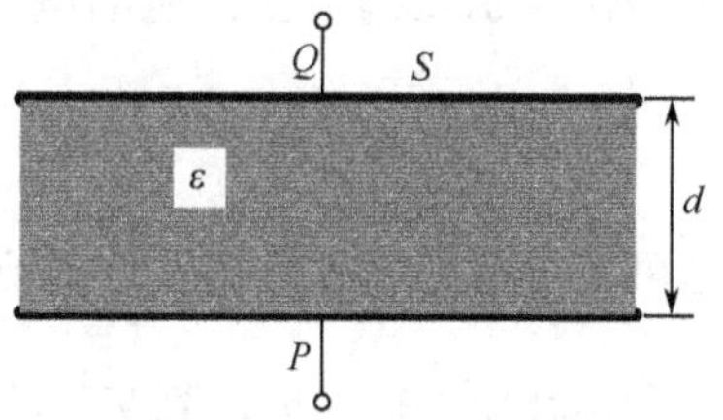

图 2.1.9　平板电容示意图

极板上电荷密度均匀分布，所以上极板上的电荷为 $q = S\rho_S = \varepsilon\frac{SU}{d}$。根据式（2.1.55）可以得到

$$C = \frac{q}{U} = \varepsilon\frac{S}{d}$$

该题中也可以先假设已知平板上电荷为 q，从而通过电场强度或电位移矢量求得电压，再利用式（2.1.55）求得电容大小，读者不妨试试。

在电子与电气工程中常用的传输线，例如平行板线、平行双线、同轴线都属于双导体系统。通常，这类传输线的纵向尺寸远大于横向尺寸。因而可作为平行平面电场（二维场）来研究，而传输线单位长度的电容成为重要的计算参数，其计算往往通过公式 $C = \frac{q}{U}$ 求解。计算步骤如下：

（1）根据导体的几何形状，选取合适的坐标系；
（2）假定导体上所带电荷为 q（或假定导体间电压为 U）；
（3）根据假定的电荷或假定电压求出 $\boldsymbol{E}$；
（4）求出导体间电压 U（或导体上所带电荷 q）；
（5）通过比值公式 $C = \frac{q}{U}$ 求出电容。

例 2-6 平行双线传输线的结构如图 2.1.10 所示，导体的半径为 a，两导线轴线距离为 D，且 $D >> a$，设周围介质为空气。试求传输线单位长度的电容。

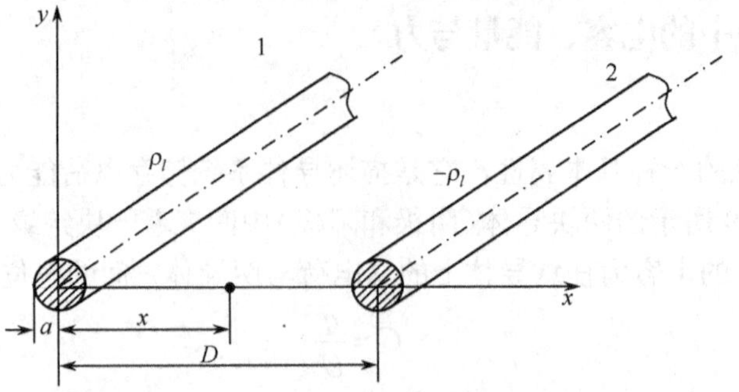

图 2.1.10 平行双线传输线

解：设两导线单位长度带电量分别为 $+\rho_l$ 和 $-\rho_l$。由于 $D >> a$，故可近似地认为电荷分别均匀分布在两导线的表面上。应用高斯定律先求得单根导线所产生的电场，由于本题单根导线的电荷分布以及电场分布具有一定的对称性，采用圆柱坐标系和高斯公式，可以得到导线 1 所在 $y=0$，$x \geqslant a$ 上产生的电场为

$$\boldsymbol{E} = \frac{\rho_l}{2\pi\varepsilon_0 r} \cdot \boldsymbol{e}_{\mathrm{n}}$$

同理可以得到导线 2 所产生的电场 $\boldsymbol{E} = \dfrac{\rho_l}{2\pi\varepsilon_0 (D-r)} \cdot \boldsymbol{e}_{\mathrm{n}}$

利用叠加定理，可得到两导线之间的平面上任意一点 P 的电场强度为

$$\boldsymbol{E}(x)=\boldsymbol{e}_x \frac{\rho_l}{2\pi\varepsilon_0}\left(\frac{1}{x}+\frac{1}{D-x}\right)$$

两导线间的电位差为

$$U = \int_1^2 \boldsymbol{E} \cdot \mathrm{d}\boldsymbol{l} = \int_a^{D-a} \boldsymbol{E}(x) \cdot \boldsymbol{e}_x \mathrm{d}x = \frac{\rho_l}{2\pi\varepsilon_0} \int_a^{D-a} \left(\frac{1}{x}+\frac{1}{D-x}\right) \mathrm{d}x$$

$$= \frac{\rho_l}{\pi\varepsilon_0} \ln \frac{D-a}{a}$$

故得平行双线传输线单位长度的电容为

$$C_l = \frac{\rho_l}{U} = \frac{\pi\varepsilon_0}{\ln[(D-a)/a]} \approx \frac{\pi\varepsilon_0}{\ln D/a} \tag{2.1.56}$$

例 2-7 同轴线的内导体半径为 a，外导体的内半径为 b，内外导体间填充介电常数为 ε 的均匀电介质，如图 2.1.11 所示。试求同轴线单位长度的电容。

解：设同轴线的内、外导体单位长度带电量分别为 ρ_l 和 $-\rho_l$，应用高斯定律求得内外导体间任意点电场强度为

$$\boldsymbol{E}(\rho)=\boldsymbol{e}_\rho \frac{\rho_l}{2\pi\varepsilon r}$$

内、外导体间的电压为

$$U = \int_a^b \boldsymbol{E}(r) \cdot \boldsymbol{e}_r \mathrm{d}r = \frac{\rho_l}{2\pi\varepsilon} \int_a^b \frac{1}{r} \mathrm{d}r = \frac{\rho_l}{2\pi\varepsilon} \ln \frac{a}{b}$$

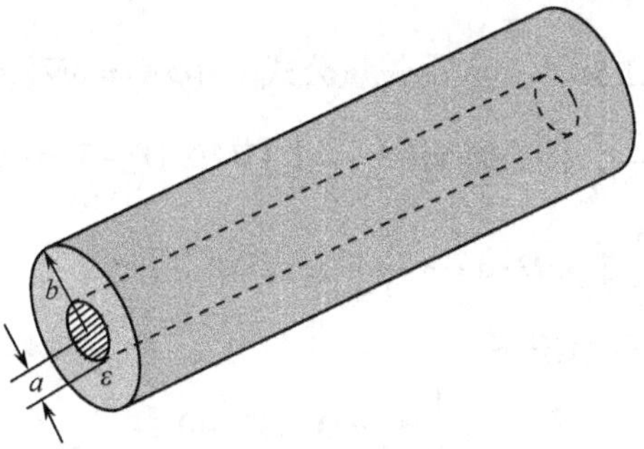

图 2.1.11　同轴线

同轴线单位长度的电容为

$$C_l = \frac{\rho_l}{U} = \frac{2\pi\varepsilon}{\ln(b/a)} \tag{2.1.57}$$

在电子线路中，电容器的用途非常多，主要包括：隔直、旁路（去耦）、耦合、频率调谐、储能等，电容的这些功能在通信、广播以及雷达等电路设计中有着非常广泛的应用[9]。电容器的种类可按照介质种类来分，例如空气介质电容器、云母电容器、纸介电容器、有机介质电容器、陶瓷电容器、电解电容器以及铁电体电容器和双电层电容器等。不同介质的电容器，在结构、成本、特性、用途方面都大不相同。在选择电容时，需要对其电容量、容量误差、损耗因数、等效串联电阻以及工作温度范围和漏电流大小等参数进行考虑。对于大电容（如 μF 以上量级）可通过电容器并联再整体封装获得。

当空间包括了多个导体时，导体上的电压大小不仅与自身导体上的电荷有关，也会与周围其他所有导体上的电荷有关，所以在研究这一类问题的时候，必须将电容的概念进一步推广，引入部分电容的概念。这种部分电容的概念在耦合带状线、屏蔽多芯电缆以及高频（微波）、高速电路设计以及大规模集成电路设计中必须加以充分考虑。

2．能量

静电场最基本的属性是对场中的静止电荷有力的作用，这表明静电场中有能量存在。电场能量来源于建立电荷系统的过程中外界提供的能量。

（1）静电场的能量

因为要讨论的是系统被充电并达到稳定后的电场能量，所以应与充电过程无关。可以证明[3]，系统的总能量为

$$W_e = \frac{1}{2}\int_{V'} \rho\varphi \mathrm{d}V' \tag{2.1.58}$$

电场能量的单位是 J（焦耳）。

如果电荷是以面密度 ρ_S 分布在曲面 S 上，则式（2.1.58）变为

$$W_e = \frac{1}{2}\int_{S'} \rho\varphi \mathrm{d}S' \tag{2.1.59}$$

注意，式（2.1.58）、式（2.1.59）中，φ 分别是电荷元 $\rho \mathrm{d}V'$、$\rho_S \mathrm{d}S'$ 所在点处的电位，积分遍及整个有电荷的区域。

对于多导体组成的带电系统，因为每个导体上的电位为常数，则式（2.1.59）变为

$$W_e = \frac{1}{2}\sum_{i=1}^{N}\varphi_i\left(\int_{S_i'}\rho_i \mathrm{d}S'\right) = \frac{1}{2}\sum_{i=1}^{N}\varphi_i q_i \tag{2.1.60}$$

（2）电场能量密度

将$\rho=\nabla\cdot\boldsymbol{D}$代入式（2.1.58）并应用矢量公式$\nabla\cdot(\varphi\boldsymbol{A})=\varphi\nabla\cdot\boldsymbol{A}+\boldsymbol{A}\cdot\nabla\varphi$得

$$W_{\mathrm{e}}=\frac{1}{2}\int_{V'}(\nabla\cdot\boldsymbol{D})\varphi\mathrm{d}V'=\frac{1}{2}\int_{V'}[\nabla\cdot(\varphi\boldsymbol{D})-\nabla\varphi\cdot\boldsymbol{D}]\mathrm{d}V'$$
$$=\frac{1}{2}\oint_{S'}\varphi\boldsymbol{D}\cdot\mathrm{d}\boldsymbol{S}'+\frac{1}{2}\int_{V'}\boldsymbol{E}\cdot\boldsymbol{D}\mathrm{d}V'$$

可以证明[3]，在空间足够大的情况下

$$\frac{1}{2}\oint_{S'}\varphi\boldsymbol{D}\cdot\mathrm{d}\boldsymbol{S}'\to 0$$

则得

$$W_{\mathrm{e}}=\frac{1}{2}\int_{V'}\boldsymbol{E}\cdot\boldsymbol{D}\mathrm{d}V' \tag{2.1.61}$$

对于线性各向同性介质，$\boldsymbol{D}=\varepsilon\boldsymbol{E}$，故上式可表示为

$$W_{\mathrm{e}}=\frac{1}{2}\int_{V'}\varepsilon\boldsymbol{E}\cdot\boldsymbol{E}\mathrm{d}V'=\frac{1}{2}\int_{V'}\varepsilon\boldsymbol{E}^2\mathrm{d}V' \tag{2.1.62}$$

所以可以定义电场能量密度为

$$w_{\mathrm{e}}=\frac{1}{2}\boldsymbol{D}\cdot\boldsymbol{E}=\frac{1}{2}\varepsilon\boldsymbol{E}^2 \tag{2.1.63}$$

需要指出的是，虽然电场强度关于电荷是线性的，满足叠加原理，但是其平方项表达式——能量密度关于电荷密度是不满足叠加原理的。

3. 静电力

由于能量与力之间有密切的关系，我们可以借助前面介绍的能量概念，通过虚位移法来计算静电力。虚位移的思想就是假设静电场中某个导体移动一个很小的距离$\mathrm{d}r_i$，考察系统能量的变化，根据能量守恒定律，电场所做的功$F_i\mathrm{d}r_i$加上系统能量的增加$\mathrm{d}W_{\mathrm{e}}$应该等于各带电体相连接的外部源所提供的能量

$$\mathrm{d}W_{\mathrm{S}}=F_i\mathrm{d}r_i+\mathrm{d}W_{\mathrm{e}} \tag{2.1.64}$$

从而求得该导体所受的力。根据系统与外界连接情况，将静电力分析分为以下两种情况讨论。

（1）孤立系统或恒电荷系统

此时外部没有提供能量，$\mathrm{d}W_{\mathrm{S}}=0$，系统内部能量守恒。当第$i$个带电导体发生虚位移时，则由式（2.1.64）得

$$F_i\mathrm{d}r_i=-\mathrm{d}W_{\mathrm{e}}\big|_{q=常量}$$

故得

$$F_i=-\frac{\partial W_{\mathrm{e}}}{\partial r_i}\bigg|_{q=常量} \tag{2.1.65}$$

式中的“−”号表明此时电场力做功是靠减少系统的电场能量来实现的，因为系统与外电源断开，没有提供能量。

一般情况下，孤立系统中，$F_i=-\nabla W_{\mathrm{e}}\big|_{q=常量}$，表明电场力的方向指向能量下降最快的方向。

（2）假设各带电导体的电位保持不变（恒电势系统）

假设所有导体都与外界电源相连，从而所有导体都保持恒定电位，当第 i 个导体发生微

小位移时，根据能量的公式，外部电压源供给的能量的增加量为

$$\mathrm{d}W_{\mathrm{S}} = \mathrm{d}\left(\sum_{i=1}^{N} q_i\varphi_i\right) = \sum_{i=1}^{N} \varphi_i \mathrm{d}q_i$$

可见，外部电压源向系统提供的能量只有一半是用于静电能量的增加，另一半则是用于电场力做功，即电场力做功等于静电能量的增量

$$F_i \mathrm{d}r_i = \mathrm{d}W_{\mathrm{e}}\Big|_{\varphi=\text{常量}}$$

故得

$$F_i = \frac{\partial W_{\mathrm{e}}}{\partial r_i}\Bigg|_{\varphi=\text{常量}} \tag{2.1.66}$$

同样，常电位系统中，电场力的一般表达式为 $F_i = \nabla W_{\mathrm{e}}\big|_{\varphi=\text{常量}}$，表明电场力的方向指向能量上升最快的方向。

以上两种情况得到的结果应该是相同的。因为事实上带电体并没有发生位移，电场分布当然也没有发生变化，由式（2.1.65）和式（2.1.66）求得的是所讨论的系统在当时状态下的电荷和电位所对应的静电力。

*2.1.8 静电场的应用与危害

1. 静电的应用

静电场是人类最早认识的一种场，也是目前应用很广泛的一种场[8]。

当带电粒子穿过两个平行板间的均匀静电场时，由于静电场对带电体具有力的作用，可以实现对带电粒子的偏转，从而控制带电粒子的运动轨迹。有很多电子设备如阴极射线示波器、回旋加速器、喷墨打印机等都是基于这种原理设计而成的。

阴极射线示波器（见图 2.1.12）通过阴极加热发射高速电子，在偏转区内，电子将根据水平偏转板以及垂直偏转板内静电场的大小发生偏转，最终打到银光屏上需要的位置。偏转板内静电场的大小由板间电压决定，而板间电压由画面信号控制，从而人们在屏幕上可以看到需要的画面。

喷墨打印机是静电场的另外一个应用。如图 2.1.13 所示，由喷嘴喷出非常细微且大小一致的墨滴，这些墨滴在穿过可控电源下方的平板时，获得相应的电荷。同样，获得电荷的大小与平板内静电场的大小有关，产生静电场的外加电压直接由需要打印的字符信息控制。当带有电荷的墨滴穿过第二个带电平板时发生偏移，由于第二个平板加载电压一定，墨滴偏移量的大小只与墨滴所带电荷大小有关。当需要打印空白处时，只要使得墨滴不带电，喷射出的墨滴将会落入纸张前的储墨器回收。

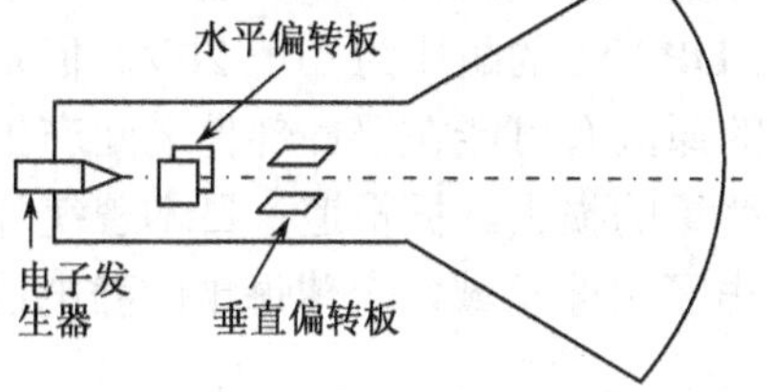

图 2.1.12 阴极射线示波器工作原理

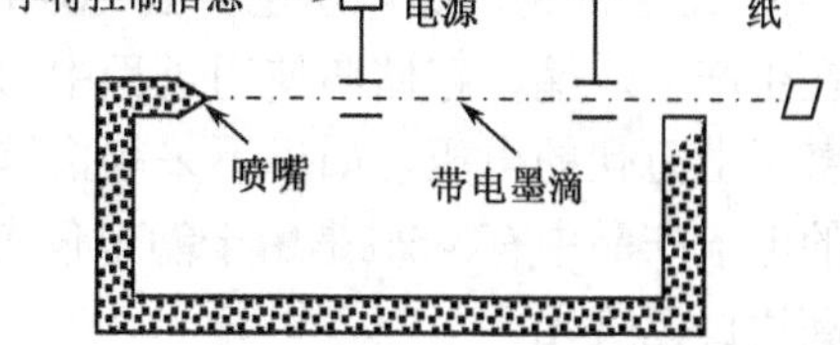

图 2.1.13 喷墨打印机工作原理

粉末静电喷涂是静电场的又一个典型应用。静电喷涂利用高压静电电晕电场原理，喷枪头上的金属导流杯接上高压负极，被涂工件接地形成正极，在喷枪和工件之间形成较强的静电场。当运载气体（压缩空气）将粉末涂料从供粉桶经输粉管送到喷枪的导流杯时，由于导流杯接上高压负极产生电晕放电，其周围产生密集的电荷，粉末带上负电荷，在静电力和压缩空气的作用下，粉末均匀的吸附在工件上，经加热，粉末熔融固化成均匀、平整、光滑的涂膜。静电喷涂技术在电冰箱、洗衣机、电风扇、煤气钢瓶、电器仪表外壳等工业产品应用上非常突出，成为当今重要的工艺技术。

高压静电在生物育种方面的研究也非常广泛[12, 13]，高压静电场处理作物种子，能有效地影响种子的萌发及其他生理指标的变化，甚至引发 DNA 致畸或致损效应，从而改良或培育出优越的新品种。感兴趣的读者可以参考相关文献。

2. 静电危害

静电原理已经得到广泛应用，但是静电也可能对人类产生很大的影响甚至会对我们的生活和生产带来危害[10]。

（1）静电起电

现实生活中，我们经常会遇到静电问题，并给我们的生活带来一些烦恼。要想了解静电的危害，首先必须了解静电产生原理和过程。静电产生，又叫静电起电，常见的原因是两种材料的接触与分离。在接触、分离过程中产生电荷的转移，形成静电积累。转移电荷的多少与材料的费米能级、接触面积、分离速度及相对湿度等因素有关。静电起电现象很多，例如当一个人在房间走动时，鞋底会与地面不断地接触分离产生静电，当电子元器件滑入或滑出包装盒时，器件与容器反复接触分离也会产生静电。人类通常认为的摩擦起电过程其实就是两个物体接触面上不同接触点不断地接触-分离的过程。对于金属导体，由于金属的导电性能强，摩擦本身的作用很小，只有最后分离的一瞬间对静电起电有作用。对于绝缘体，整个摩擦过程都对起电有作用，并且摩擦的类型、摩擦时间、摩擦速度及接触面积等都对起电电量有影响。

严格的材料起电分析是非常困难的，要分金属-金属、绝缘体-绝缘体、半导体-半导体及金属-绝缘体、金属-半导体、绝缘体-半导体等多种情况分别讨论。比较成熟的是金属-金属的接触起电理论。1932 年 Kullrath 通过将金属粉末从铜管中高速吹出时，这个对地绝缘的装置产生了 0.26MV 的静电高压。

（2）静电的危害

静电起电后，物体上积累了大量的静电荷，从而会在空间产生一个额外的强静电场，从而可能对周围物体产生危害。以电子技术领域为例，大规模集成电路（LSI）、超大规模集成电路（VLSI）、专用集成电路（ASIC）以及超高速集成电路（UHSIC）已经广泛应用于各个领域，并且集成度越来越高，但其抗过压能力却有所下降。如 CMOS 的耐击穿电压已降到 80～100V，VMOS 的耐击穿电压已降到 30V，而千兆位的 DRAM 的耐压为 10～20V。但是这些器件在生产、运输、存储和使用过程中由于强静电场的原因有可能在器件部件之间产生高达数千甚至上万伏的电压，如果不采取措施，将会产生严重的损失。据报道，日本曾统计，不合格的电子产品中有 45%是由于静电危害造成的。在电子工业领域，全球每年因静电造成的损失高达百亿美元。

2.2 恒定磁场

2.2.1 电流及电流密度

电流是由电荷做定向运动形成的。设在Δt时间内通过某一截面S的电荷量为Δq，当$\Delta t \to 0$时，如果$\dfrac{\Delta q}{\Delta t}$的极限存在，则通过该截面$S$上的电流定义为

$$I(t) = \lim_{\Delta t \to 0} \frac{\Delta q}{\Delta t} = \frac{\mathrm{d}q}{\mathrm{d}t} \tag{2.2.1}$$

电流与电荷量的多少以及电荷的运动速度有关，单位为A（安培）。若电荷的运动速度不随时间改变，则称该电流为恒定电流。

电流也是在空间分布的，所以在宏观电磁理论研究中，常用到体电流密度模型、面电流密度模型和线电流模型来表征电流的特性。

1．线电流

电荷在一个横截面积可以忽略的细线中做定向流动所形成的电流称为线电流，此时可以认为电流集中在细导线的轴线上面。长度元$\mathrm{d}\boldsymbol{l}$中流过电流I，将$I\mathrm{d}\boldsymbol{l}$称为电流元。线电流是电磁理论中的重要概念，数字电路中大量使用的数据线以及低频电路板上各种引线上的电流均可看作线电流，从而可以简化分析过程。

2．面电流密度矢量

如果电荷在一个厚度可以忽略的薄层内定向运动所形成的电流称为面电流，可用面电流密度矢量$\boldsymbol{J}_S$来描述其分布，如图2.2.1所示。定义$\boldsymbol{J}_S$为在与电流垂直方向上单位长度内的电流：

$$\boldsymbol{J}_S = \boldsymbol{e}_I \lim_{\Delta l \to 0} \frac{\Delta I}{\Delta l} = \boldsymbol{e}_I \frac{\mathrm{d}I}{\mathrm{d}l} \tag{2.2.2}$$

面电流密度的单位是A/m（安/米）。式中的$\boldsymbol{e}_I$为面电流方向单位矢量，可以由薄层面的单位外法向矢量$\boldsymbol{e}_\mathrm{n}$以及有向曲线$\mathrm{d}\boldsymbol{l}$表示$\boldsymbol{e}_I = (\boldsymbol{e}_\mathrm{n} \times \mathrm{d}\boldsymbol{l})$。若已知面电流密度矢量，则薄导体层上任意有向曲线$l$上的电流为

$$I = \int_l \boldsymbol{J}_S \cdot (\boldsymbol{e}_\mathrm{n} \times \mathrm{d}\boldsymbol{l}) \tag{2.2.3}$$

3．体电流密度矢量

一般情况下，电荷往往在某一体积内定向运动，它所形成的电流称为体电流。这时，在导体内某一截面上不同点处电流的大小和方向都不同。为了描述该截面上电流的分布，引入体电流密度矢量$\boldsymbol{J}$，其定义为：空间任一点$\boldsymbol{J}$的方向是该点上正电荷运动的方向，$\boldsymbol{J}$的大小等于在该点与$\boldsymbol{J}$垂直的单位面积上的电流，即

$$\boldsymbol{J} = \boldsymbol{e}_\mathrm{n} \lim_{\Delta S \to 0} \frac{\Delta I}{\Delta S} = \boldsymbol{e}_\mathrm{n} \frac{\mathrm{d}I}{\mathrm{d}S} \tag{2.2.4}$$

体电流密度矢量的单位是$\mathrm{A/m^2}$（安/米^2）。式（2.2.4）中的$\boldsymbol{e}_\mathrm{n}$为面积元$\Delta S$的单位法向矢量，也是电流密度$\boldsymbol{J}$的方向，如图2.2.2所示。若已知电流密度矢量$\boldsymbol{J}$，通过任意截面$S$的电流则为

$$I = \int_S \boldsymbol{J} \cdot \mathrm{d}\boldsymbol{S} \tag{2.2.5}$$

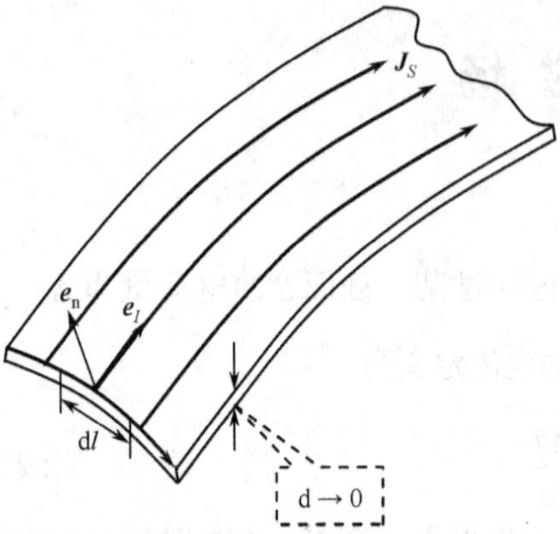

图 2.2.1　电流面密度矢量

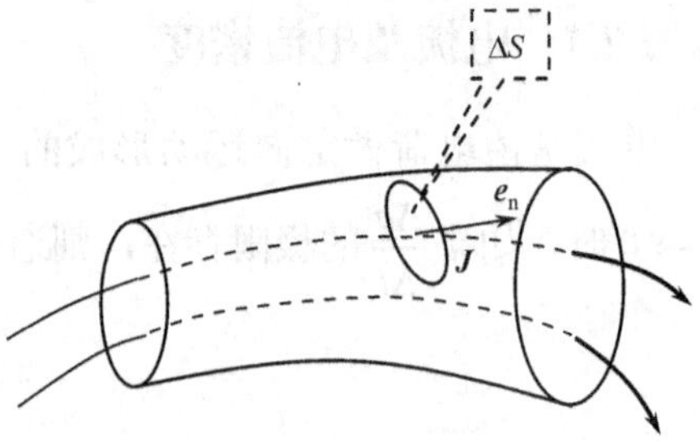

图 2.2.2　电流体密度矢量

4．电荷守恒定律

由于物质是守恒的，所以电荷也是守恒的，它既不能被创造，也不能被消失，只能从一个物体转移到另一个物体或者从物体的一部分转移到另一部分。也就是说，在一个孤立系统内，电荷与外界没有交换，正、负电荷的代数和在任何物理过程中始终保持不变，这就是电荷守恒定律。

电荷守恒定律可以通过数学形式描述，单位时间内从闭合面 S 上流出的电荷可以用该面上电流表示为 $\oint_S \boldsymbol{J} \cdot \mathrm{d}\boldsymbol{S}$，根据电荷守恒定律，它应等于闭合面 S 所限定的体积 V 内的电荷减少量。即

$$\oint_S \boldsymbol{J} \cdot \mathrm{d}\boldsymbol{S} = -\frac{\mathrm{d}q}{\mathrm{d}t} = -\frac{\mathrm{d}}{\mathrm{d}t}\int_V \rho \mathrm{d}V \tag{2.2.6}$$

上式是电流连续性方程的积分形式。

如果单位时间内体积 V 中流入的电荷等于流出的电荷，电荷运动在空间内保持动态平衡，电荷总量不随时间改变。因此称这种电流为恒定电流，其电流密度必然满足

$$\oint_S \boldsymbol{J} \cdot \mathrm{d}\boldsymbol{S} = 0 \tag{2.2.7}$$

上式表明：恒定电流中，通过任意闭合面的净电荷为零，极限情况，将闭合面收缩成一个点，则上式可以写成 $\sum I = 0$，此即电路分析中常用的基尔霍夫电流定律。

一般设定闭合面 S 所限定的体积 V 不随时间变化，则式（2.2.6）变为

$$\oint_S \boldsymbol{J} \cdot \mathrm{d}\boldsymbol{S} = -\int_V \frac{\mathrm{d}\rho}{\mathrm{d}t}\mathrm{d}V \tag{2.2.8}$$

应用散度定理，$\oint_S \boldsymbol{J} \cdot \mathrm{d}\boldsymbol{S} = \int_V \nabla \cdot \boldsymbol{J}\mathrm{d}V$，式（2.2.8）可写为

$$\int_V \left(\nabla \cdot \boldsymbol{J} + \frac{\mathrm{d}\rho}{\mathrm{d}t}\right)\mathrm{d}V = 0 \tag{2.2.9}$$

因闭合面 S 是任意取的，因此它所限定的体积 V 也是任意的。从式（2.2.9）得

$$\nabla \cdot \boldsymbol{J} + \frac{\mathrm{d}\rho}{\mathrm{d}t} = 0 \tag{2.2.10}$$

此式称为电流连续性方程的微分形式。对于恒定电流，有 $\nabla \cdot \boldsymbol{J} = 0$。

2.2.2 安培力定律与磁感应强度

1. 安培力定律

如图 2.2.3 所示的真空中存在两个静止的细导线回路 l_1 和 l_2，它们分别载有恒定电流 I_1 和 I_2。实验表明，两个线圈之间存在力的作用，而这个力除了 2.1 节讲到的库仑力外，还包括一种特殊的力的作用。1820 年，法国著名的物理学家安培从实验结果总结出回路 l_1 对回路 l_2 的这种作用力 $\boldsymbol{F}_{12}$ 为

$$\boldsymbol{F}_{12}=\frac{\mu_0}{4\pi}\oint_{l_2}\oint_{l_1}\frac{I_2\mathrm{d}\boldsymbol{l}_2\times(I_1\mathrm{d}\boldsymbol{l}_1\times\boldsymbol{e}_R)}{\boldsymbol{R}^2} \tag{2.2.11}$$

这就是安培力定律。式中，$\mu_0=4\pi\times10^{-7}\,\mathrm{H/m}$（亨/米）为真空磁导率；电流元 $I_1\mathrm{d}\boldsymbol{l}_1$ 的位置矢量为 $\boldsymbol{r}_1$，电流元 $I_2\mathrm{d}\boldsymbol{l}_2$ 的位置矢量为 $\boldsymbol{r}_2$；两电流元之间的距离为 R，表示为矢量

$$\boldsymbol{R}=\boldsymbol{e}_R R=\boldsymbol{r}_2-\boldsymbol{r}_1=\boldsymbol{e}_R\left|\boldsymbol{r}_2-\boldsymbol{r}_1\right|$$

可以证明，载流回路 l_2 对载流回路 l_1 的作用力 $\boldsymbol{F}_{21}=-\boldsymbol{F}_{12}$，即满足牛顿力学的第三定律。

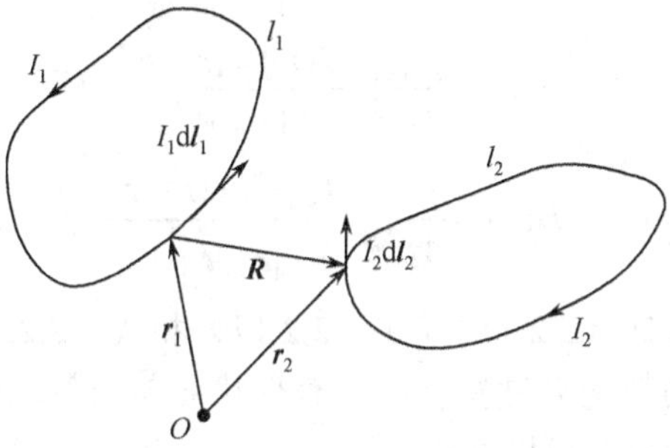

图 2.2.3　两个电流回路间的相互作用力

2. 磁感应强度

同样，如同静电场中电荷之间的相互作用力是通过电荷周围的静电场传递一样，两个闭合电流线圈之间的作用力也是通过其周围的场传递的，这个场叫磁场。按照宏观电磁场理论的观点，电流 I_1 在其周围产生磁场，这个磁场对 I_2 的作用力为 $\boldsymbol{F}_{12}$。根据这一观点，将式（2.2.11）改写为

$$\boldsymbol{F}_{12}=\int_{l_2}I_2\mathrm{d}\boldsymbol{l}_2\times\left[\frac{\mu_0}{4\pi}\oint_{l_1}\frac{I_1\mathrm{d}\boldsymbol{l}_1\times(\boldsymbol{r}_2-\boldsymbol{r}_1)}{\left|\boldsymbol{r}_2-\boldsymbol{r}_1\right|^3}\right] \tag{2.2.12}$$

假设实验电流源 $I_2\mathrm{d}\boldsymbol{l}_2$ 所产生的磁场相对于 $I_1\mathrm{d}\boldsymbol{l}_1$ 产生的磁场值为无穷小，则可将式中方括号内的积分函数视为电流 I_1 在电流元 $I_2\mathrm{d}\boldsymbol{l}_2$ 所在点产生的磁场，称为磁感应强度，表示为

$$\boldsymbol{B}_{12}=\frac{\mu_0}{4\pi}\oint_{l_1}\frac{I_1\mathrm{d}\boldsymbol{l}_1\times(\boldsymbol{r}_2-\boldsymbol{r}_1)}{\left|\boldsymbol{r}_2-\boldsymbol{r}_1\right|^3} \tag{2.2.13}$$

磁感应强度 $\boldsymbol{B}$ 的单位是 T（特斯拉），或 $\mathrm{Wb/m^2}$（韦伯/米^2）。它一个矢量场，与回路 l_1 的位置和形状以及电流的大小和方向有关。磁感应强度与电流方向以及矢径三者相互垂直，且满足右手螺旋关系。

对比式（2.2.12）和式（2.2.13）可以看出，闭合电流线圈 l_2 所受的力可写为如下简化形式

$$\boldsymbol{F}_{12}=\oint_{l_2}I_2\mathrm{d}\boldsymbol{l}_2\times\boldsymbol{B}_{12} \tag{2.2.14}$$

电流源 $I_2\mathrm{d}\boldsymbol{l}_2$ 所受的力 $\boldsymbol{F}_{12}$ 与电流源 $I_2\mathrm{d}\boldsymbol{l}_2$ 以及磁感应强度 $\boldsymbol{B}_{12}$ 的方向相互垂直，并满足右手螺旋关系。

将此定义应用到任意电流回路 l，回路上任一电流元 $I\mathrm{d}\boldsymbol{l}'$ 所在的点称为源点，其位置矢量用 $\boldsymbol{r}'$ 表示；需要计算磁感应强度 $\boldsymbol{B}$ 的点称为场点，其位置矢量用 $\boldsymbol{r}$ 表示，则得

$$\boldsymbol{B}(\boldsymbol{r})=\frac{\mu_0}{4\pi}\oint_l\frac{I\mathrm{d}\boldsymbol{l}'\times(\boldsymbol{r}-\boldsymbol{r}')}{\left|\boldsymbol{r}-\boldsymbol{r}'\right|^3} \tag{2.2.15}$$

回路 l 上的任一电流元 $I\mathrm{d}\boldsymbol{l}'$ 所产生的磁感应强度可表示为

$$\mathrm{d}\boldsymbol{B}(\boldsymbol{r})=\frac{\mu_0}{4\pi}\frac{I\mathrm{d}\boldsymbol{l}'\times(\boldsymbol{r}-\boldsymbol{r}')}{\left|\boldsymbol{r}-\boldsymbol{r}'\right|^3} \tag{2.2.16}$$

式（2.2.15）和式（2.2.16）分别称为积分形式和微分形式的毕奥-萨伐尔定律。它是毕奥-萨伐尔与 1820 年根据闭合回路的实验结果，通过理论分析总结出来的。

对于体电流密度为 $\boldsymbol{J}(\boldsymbol{r}')$ 的体分布电流和面电流密度为 $\boldsymbol{J}_S(\boldsymbol{r}')$ 的面分布电流，所产生的磁感应强度分别为

$$\boldsymbol{B}(\boldsymbol{r})=\frac{\mu_0}{4\pi}\int_{V'}\frac{\boldsymbol{J}(\boldsymbol{r}')\times(\boldsymbol{r}-\boldsymbol{r}')}{\left|\boldsymbol{r}-\boldsymbol{r}'\right|^3}\mathrm{d}V' \tag{2.2.17}$$

$$\boldsymbol{B}(\boldsymbol{r})=\frac{\mu_0}{4\pi}\int_{S'}\frac{\boldsymbol{J}_S(\boldsymbol{r}')\times(\boldsymbol{r}-\boldsymbol{r}')}{\left|\boldsymbol{r}-\boldsymbol{r}'\right|^3}\mathrm{d}S' \tag{2.2.18}$$

理论上，我们可以通过式（2.2.15）、式（2.2.17）和式（2.2.18）由已知电流分布计算磁感应强度，但是，由于它们都是矢量积分，只有形状简单的载流体才能利用这些公式得到解析结果。从以上磁感应强度公式可以看出：

① $\boldsymbol{B}(\boldsymbol{r})$ 表示单位线电流元所受的磁场力；

② $\boldsymbol{B}(\boldsymbol{r})$ 是坐标的函数，所以是一种场；

③ $\boldsymbol{B}(\boldsymbol{r})$ 是一种矢量场，既有大小又有方向；

④ 产生 $\boldsymbol{B}(\boldsymbol{r})$ 的源是电流，它是一个矢量函数；

⑤ 电流密度 $\boldsymbol{J}(\boldsymbol{r}')$、矢径 $\boldsymbol{R}(\boldsymbol{r},\boldsymbol{r}')$ 及磁感应强度 $\boldsymbol{B}(\boldsymbol{r})$ 满足右手螺旋关系。

例 2-8 如图 2.2.4 所示的线电流圆环，圆环的半径为 a，流过的电流为 I，计算电流圆环轴线上任意一点的磁感应强度。

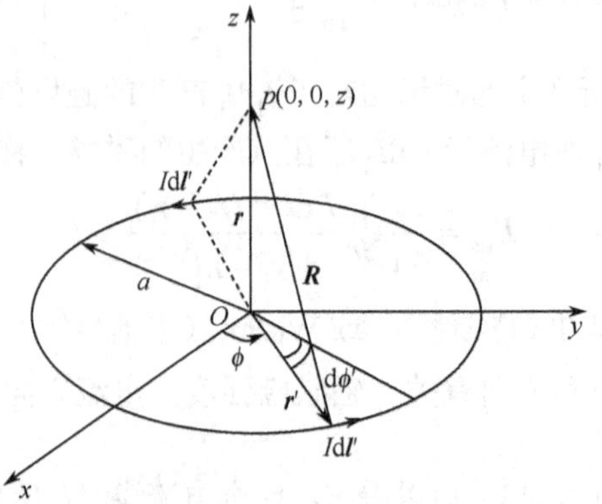

图 2.2.4 线电流圆环轴线上的磁感应强度 $\boldsymbol{B}$

解：为计算方便，采用圆柱坐标系，线电流圆环位于 xOy 平面上，则所求场点为 $P(0,0,z)$。圆环上的电流元为 $I\mathrm{d}\boldsymbol{l}'=\boldsymbol{e}_\phi Ia\mathrm{d}\phi'$，其位置矢量为 $\boldsymbol{r}'=\boldsymbol{e}_r a$，而场点 P 的位置矢量为 $\boldsymbol{r}=\boldsymbol{e}_z z$，故得

$$\boldsymbol{r}-\boldsymbol{r}'=\boldsymbol{e}_z z-\boldsymbol{e}_r a,\quad |\boldsymbol{r}-\boldsymbol{r}'|=\left(z^2+a^2\right)^{1/2}$$

$$\begin{aligned}I\mathrm{d}\boldsymbol{l}'\times(\boldsymbol{r}-\boldsymbol{r}')&=\boldsymbol{e}_\phi Ia\mathrm{d}\phi'\times(\boldsymbol{e}_z z-\boldsymbol{e}_r a)\\&=\boldsymbol{e}_r Iaz\mathrm{d}\phi'+\boldsymbol{e}_z Ia^2\mathrm{d}\phi'\end{aligned}$$

由于对称性，圆环上各对称点处的电流元在场点 P 产生的磁场强度的水平分量相互抵消，产生的磁场只有轴向分量。由式（2.2.15），得轴线上任一点 $P(0,0,z)$ 的轴向磁感应强度为

$$B_z(z)=\frac{\mu_0 Ia}{4\pi}\int_0^{2\pi}\frac{a}{(z^2+a^2)^{3/2}}\mathrm{d}\phi'=\frac{\mu_0 Ia^2}{2(z^2+a^2)^{3/2}}$$

当圆环半径 $a\to 0$ 时，此电流圆环就成为磁偶极子。与电偶极子的概念一样，磁偶极子也是电磁场中的一个重要概念。其中电流与圆环面积的乘积称为磁矩，磁矩的方向为圆环面的法向，即 $\boldsymbol{p}_\mathrm{m}=I\boldsymbol{S}=\boldsymbol{e}_\mathrm{n}I\pi a^2$。

2.2.3 磁介质的磁化

前面通过电偶极子的模型研究了物质的电极化现象，那是物质在静电场中表现出来的效应。本节介绍物质在恒定磁场中表现出来的效应即磁化现象，研究物质的磁效应时，将物质称为磁介质。我们知道，电子在自己的轨道上以恒定速度绕原子核运动，形成一个环形电流，它相当于一个磁偶极子，将其磁偶极矩称为轨道磁矩。另外，电子和原子核本身还要自旋，这种自旋形成的电流也相当于一个磁偶极子，将其磁偶极矩称为自旋磁矩。通常可以忽略原子的自旋，只考虑轨道磁矩的影响，由于这种电流限制在原子周围，所以称为束缚电流或磁化电流。束缚电流的磁偶极矩称为分子磁矩，表示为

$$\boldsymbol{p}_\mathrm{m}=I\Delta\boldsymbol{S}\tag{2.2.19}$$

式中，I 为分子电流；$\Delta\boldsymbol{S}=\boldsymbol{e}_\mathrm{n}\Delta S$ 为分子电流所围的面积元矢量，其方向与 I 流动的方向成右手螺旋关系。

不存在外加磁场时，磁介质中的各个分子磁矩的取向是杂乱无章的，其合成磁矩几乎为零，即 $\sum\boldsymbol{p}_\mathrm{m}\approx 0$，对外不显磁性。当有外磁场作用时，根据安培力定律，分子磁矩趋向于沿外加磁场的取向，其合成磁矩不为零，即 $\sum\boldsymbol{p}_\mathrm{m}\neq 0$，对外显示磁性，这就是磁介质的磁化。

与物质的电极化一样，磁介质与外加磁场也存在相互作用：外加磁场使磁介质中的分子磁矩沿外加磁场取向，磁介质被磁化；同时，被磁化的磁介质要产生附加磁场，从而使原来的磁场分布发生变化。

所以，磁介质中的磁感应强度 $\boldsymbol{B}$ 也可看作是在真空中传导电流产生的磁感应强度 $\boldsymbol{B}_0$ 和磁化电流产生的磁感应强度 $\boldsymbol{B}'$ 的叠加，即

$$\boldsymbol{B}=\boldsymbol{B}_0+\boldsymbol{B}'$$

把磁介质中分子磁矩的密度称为磁化强度 $\boldsymbol{M}$，用它来描述磁介质磁化的程度。

$$\boldsymbol{M}=\lim_{\Delta V\to 0}\frac{\sum_i\boldsymbol{p}_{\mathrm{m}i}}{\Delta V}\tag{2.2.20}$$

式中，$\boldsymbol{p}_{mi}$表示体积ΔV内第i个分子的磁矩。$\boldsymbol{M}$是一个宏观的矢量函数，它的单位是A/m（安培/米）。若磁介质的某区域内各点的$\boldsymbol{M}$相同，称为均匀磁化，否则称为非均匀磁化。

磁介质被磁化后，其内部和表面可能出现宏观电流分布，这就是磁化电流。正如电介质被极化后的极化电荷密度与电极化强度密切相关那样，磁介质的磁化电流也和磁化强度密切相关。磁介质内磁化电流体密度和磁化电流面密度与磁化强度的关系为

$$\boldsymbol{J}_{\mathrm{M}} = \nabla \times \boldsymbol{M} \tag{2.2.21}$$

$$\boldsymbol{J}_{\mathrm{SM}} = \boldsymbol{M} \times \boldsymbol{e}_{\mathrm{n}} \tag{2.2.22}$$

式中，$\boldsymbol{e}_{\mathrm{n}}$为磁介质表面的外法向单位矢量。

2.2.4 恒定磁场基本方程

与静电场一样，由于恒定磁场是矢量场，其性质也由它的散度和旋度方程确定。

1. 恒定磁场的散度

对式（2.2.17）两边同时求散度，利用$\dfrac{\boldsymbol{r}-\boldsymbol{r}'}{|\boldsymbol{r}-\boldsymbol{r}'|^3} = -\nabla\left(\dfrac{1}{|\boldsymbol{r}-\boldsymbol{r}'|}\right)$得

$$\nabla \cdot \boldsymbol{B}(\boldsymbol{r}) = -\frac{\mu_0}{4\pi}\nabla \cdot \int_{V'} \boldsymbol{J}(\boldsymbol{r}') \times \nabla\left(\frac{1}{|\boldsymbol{r}-\boldsymbol{r}'|}\right)\mathrm{d}V' \tag{2.2.23}$$

由于上式右边的散度是关于场点$\boldsymbol{r}$的运算而积分是关于源点$\boldsymbol{r}'$，所以二者可以交换运算顺序

$$\nabla \cdot \boldsymbol{B}(\boldsymbol{r}) = -\frac{\mu_0}{4\pi}\int_{V'} \nabla \cdot \left[\boldsymbol{J}(\boldsymbol{r}') \times \nabla\left(\frac{1}{|\boldsymbol{r}-\boldsymbol{r}'|}\right)\right]\mathrm{d}V'$$

利用矢量恒等式$\nabla \cdot (\boldsymbol{A} \times \boldsymbol{B}) = \boldsymbol{B} \cdot \nabla \times \boldsymbol{A} - \boldsymbol{A} \cdot \nabla \times \boldsymbol{B}$，上式可写为

$$\nabla \cdot \boldsymbol{B}(\boldsymbol{r}) = \frac{\mu_0}{4\pi}\int_{V'}\left[\nabla \frac{1}{|\boldsymbol{r}-\boldsymbol{r}'|} \cdot \nabla \times \boldsymbol{J}(\boldsymbol{r}') - \boldsymbol{J}(\boldsymbol{r}') \cdot \nabla \times \nabla\left(\frac{1}{|\boldsymbol{r}-\boldsymbol{r}'|}\right)\right]\mathrm{d}V'$$

进一步，由于上式右边方括号内算符“∇”是对场点坐标进行运算的，而$\boldsymbol{J}(\boldsymbol{r}')$仅是源点坐标的函数，所以$\nabla \times \boldsymbol{J}(\boldsymbol{r}') = 0$，并且由$\nabla \times \nabla\varphi = 0$有

$$\nabla \cdot \boldsymbol{B}(\boldsymbol{r}) = 0 \tag{2.2.24}$$

此结果表明磁感应强度$\boldsymbol{B}$的散度恒为 0，即磁场是一个无通量源的矢量场。这与静电场所表现出来的性质大不相同。可以证明，上式在有磁介质存在的情况下同样适用。

2. 恒定磁场的旋度

对式（2.2.17）两边取旋度，参照文献[3]可以推导出磁感应强度的旋度满足的表达式为

$$\nabla \times \boldsymbol{B}(\boldsymbol{r}) = \mu_0 \boldsymbol{J}(\boldsymbol{r}') \tag{2.2.25}$$

所以，恒定磁场是有旋场，恒定电流是产生恒定磁场的旋涡源。式（2.2.25）称为安培环路定理的微分形式。由2.1节讨论可知，静电场是有散无旋场，产生通量场的源是标量形式的电荷，电力线起始于正电荷而终止于负电荷。而恒定磁场是有旋无散场，产生环量场的源是矢量形式的电流密度，磁力线是一族闭合的曲线，无起始和终止位置。我们将会看到，静电场和恒定磁场所满足的基本方程不同，其表现出来的性质也会有很大的差异。

3. 磁场强度和磁介质中的安培环路定理

前面已经介绍，当计算区域包括磁介质时，由于介质磁化而产生的磁化电流会激发二次场，从而影响原来磁场的大小与分布，所以在这种情况下，式（2.2.25）已经不再适用，需要

进一步的推广。前面分析了磁介质的磁化以及磁化后的磁介质产生的宏观磁效应这两个方面的问题，磁化电流就是把这两个方面的问题联系起来的物理量。因此，包含磁介质情况下，空间磁场相当于电流密度 $\boldsymbol{J}$ 和磁化电流 $\boldsymbol{J}_{\mathrm{M}}$ 在无界的真空中产生的磁场的叠加。将真空中的安培环路定理推广到磁介质中，得

$$\nabla\times\boldsymbol{B}=\mu_0(\boldsymbol{J}+\boldsymbol{J}_{\mathrm{M}}) \tag{2.2.26}$$

即考虑磁化电流也是产生磁场的漩涡源。将式（2.2.21）代入式（2.2.26），可得

$$\nabla\times\left[\frac{\boldsymbol{B}(\boldsymbol{r})}{\mu_0}-\boldsymbol{M}(\boldsymbol{r})\right]=\boldsymbol{J}(\boldsymbol{r}) \tag{2.2.27}$$

引入包含磁化效应的物理量——磁场强度 $\boldsymbol{H}$，即令

$$\boldsymbol{H}=\frac{\boldsymbol{B}}{\mu_0}-\boldsymbol{M} \tag{2.2.28}$$

磁场强度的单位为 A/m （安培/米）。则式（2.2.27）变为

$$\nabla\times\boldsymbol{H}(\boldsymbol{r})=\boldsymbol{J}(\boldsymbol{r}) \tag{2.2.29}$$

这是磁介质中安培环路定理的微分形式，它表明磁介质内某点的磁场强度 $\boldsymbol{H}$ 的旋度等于该点的电流密度 $\boldsymbol{J}$ 。

4. 基本方程的积分形式

对式（2.2.29）两边取面积分

$$\int_S\nabla\times\boldsymbol{H}(\boldsymbol{r})\cdot\mathrm{d}\boldsymbol{S}=\int_S\boldsymbol{J}(\boldsymbol{r}')\cdot\mathrm{d}\boldsymbol{S}=\sum I$$

应用斯托克斯定理 $\int_S\nabla\times\boldsymbol{H}(\boldsymbol{r})\cdot\mathrm{d}\boldsymbol{S}=\oint_l\boldsymbol{H}(\boldsymbol{r})\cdot\mathrm{d}\boldsymbol{l}$，上式可以表示为磁场强度的环量形式

$$\oint_l\boldsymbol{H}(\boldsymbol{r})\cdot\mathrm{d}\boldsymbol{l}=\sum I \tag{2.2.30}$$

上式表明，恒定磁场的磁场强度在任意闭合曲线上的环量等于与闭合曲线交链的恒定电流的代数和。式（2.2.30）称为安培环路定理的积分形式。

对式（2.2.24）两边进行体积分并利用散度定理 $\int_V\nabla\cdot\boldsymbol{F}\mathrm{d}V=\oint_S\boldsymbol{F}\cdot\mathrm{d}\boldsymbol{S}$ 得

$$\int_V\nabla\cdot\boldsymbol{B}(\boldsymbol{r})\mathrm{d}V=\oint_S\boldsymbol{B}(\boldsymbol{r})\cdot\mathrm{d}\boldsymbol{S}=0 \tag{2.2.31}$$

即穿过任意闭合面的磁感应强度的通量等于 0，由于磁感应线（磁力线）是无头无尾的闭合线，有多少磁力线穿进闭合面，就有多少磁力线穿出闭合面。将式（2.2.31）称为磁通连续性原理的积分形式，相应地将式（2.2.24）称为磁通连续性原理的微分形式。磁通连续性原理表明自然界中无孤立磁荷存在。由于磁感应强度的面积分称为磁通，所以磁感应强度 $\boldsymbol{B}(\boldsymbol{r})$ 也称为磁通密度。

如果磁场强度 $\boldsymbol{H}(\boldsymbol{r})$ 具有一定的对称性，从而可以找到一个闭合曲线，在此曲线上磁场大小恒定而方向与闭合线的方向平行或垂直，从而可以利用式（2.2.30）对部分恒定磁场问题进行分析求解。

5. 磁介质的本构关系

对所有的磁介质，式（2.2.28）都是成立的。实验表明，对于线性各向同性磁介质，磁化强度 $\boldsymbol{M}$ 与磁场强度 $\boldsymbol{H}$ 之间存在如下正比关系

$$\boldsymbol{M}=\chi_{\mathrm{m}}\boldsymbol{H} \tag{2.2.32}$$

式中，χ_{m} 称为磁介质的磁化率，是一个无量纲的常数，不同的磁介质有不同的磁化率。

将式（2.2.32）代入式（2.2.28），得 $\boldsymbol{H}=\dfrac{\boldsymbol{B}}{\mu_0}-\chi_{\mathrm{m}}\boldsymbol{H}$，即

$$\boldsymbol{B}=(1+\chi_{\mathrm{m}})\mu_0\boldsymbol{H}=\mu_{\mathrm{r}}\mu_0\boldsymbol{H}=\mu\boldsymbol{H} \tag{2.2.33}$$

此式称为简单磁介质的本构关系。式中，$\mu=\mu_{\mathrm{r}}\mu_0$ 称为磁介质的磁导率，单位为 H/m（亨利/米）；$\mu_{\mathrm{r}}=(1+\chi_{\mathrm{m}})$ 称为磁介质的相对磁导率，无量纲。真空中 $\chi_{\mathrm{m}}=0$，$\mu_{\mathrm{r}}=1$，无磁化效应，$\boldsymbol{M}=0$，$\boldsymbol{B}=\mu_0\boldsymbol{H}$。

若 $\chi_{\mathrm{m}}<0$，则称此磁介质为抗磁体，此时 $\mu_{\mathrm{r}}<1$；若 $\chi_{\mathrm{m}}>0$，则称磁介质为顺磁体，此时 $\mu_{\mathrm{r}}>1$。但无论是顺磁体还是抗磁体，它们的磁化效应都很弱，$\chi_{\mathrm{m}}\approx 0,\ \mu_{\mathrm{r}}\approx 1$，通常都将其统称为非铁磁性物质。对于铁磁性物质 μ_{r} 值可达几百、几千，甚至更大。表 2.2.1 列出部分材料的相对磁导率的近似值。

对于各向异性磁介质，μ 是张量，表示为 $\overset{=}{\mu}$。此时 $\boldsymbol{B}$ 和 $\boldsymbol{H}$ 的关系式可写为

$$\boldsymbol{B}=\overset{=}{\mu}\cdot\boldsymbol{H},\quad \begin{bmatrix}B_x\\B_y\\B_z\end{bmatrix}=\begin{bmatrix}\mu_{xx}&\mu_{xy}&\mu_{xz}\\\mu_{yx}&\mu_{yy}&\mu_{yz}\\\mu_{zx}&\mu_{zy}&\mu_{zz}\end{bmatrix}\begin{bmatrix}H_x\\H_y\\H_z\end{bmatrix}$$

表 2.2.1　部分材料的相对磁导率

材　料	种　类	μ_{r}	材　料	种　类	μ_{r}
铋	抗磁体	0.999 83	2-81 坡莫合金	铁磁体	130
金	抗磁体	0.999 96	钴	铁磁体	250
银	抗磁体	0.999 98	镍	铁磁体	600
铜	抗磁体	0.999 99	锰锌铁氧化体	铁磁体	1 500
水	抗磁体	0.999 99	低碳钢	铁磁体	2 000
空气	顺磁体	1.000 000 4	坡莫合金 45	铁磁体	2 500
铝	顺磁体	1.000 021	纯铁	铁磁体	4 000
钯	顺磁体	1.000 82	铁镍合金	铁磁体	100 000

对于如铁、钴、镍等铁磁材料，由于 $\boldsymbol{B}$ 和 $\boldsymbol{H}$ 间存在非线性关系，在电子电路设计中大量使用。在一个特定的铁磁体中慢慢改变外加磁场的大小，我们构造特殊装置测量磁介质中的磁感应强度 $\boldsymbol{B}$ 的大小，会发现 $\boldsymbol{B}$ 和 $\boldsymbol{H}$ 之间满足如图 2.2.5 所示的曲线形式。随着 $\boldsymbol{H}$ 的增加，$\boldsymbol{B}$ 遵循先慢、后快、再慢的变化规律，直到最后曲线变得平坦。此时，降低外加磁场，介质内的磁感应强度 $\boldsymbol{B}$ 随之降低，但 $\boldsymbol{B}$ - $\boldsymbol{H}$ 变化曲线并不与先前的上升曲线重合，下降明显缓慢，这种 $\boldsymbol{B}$ - $\boldsymbol{H}$ 变化的不可逆性称为磁滞作用。当外加磁场 $\boldsymbol{H}$ 下降为零时，仍然会在铁磁体中测到 $\boldsymbol{B}$，我们称这种磁感应强度为剩余磁感应强度，材料已经被磁化，表现出来的特性如永久磁铁，直流电机就是这种剩磁的直接应用。进一步，将外加磁场反向并慢慢增加，会在某一点上测到 $\boldsymbol{B}=0$，这时候外加磁场的大小为矫顽磁力。继续增加 $\boldsymbol{H}$，$\boldsymbol{B}$ 会随之在反方向增加直到饱和，再将外加磁场降低至零并反向逐步增加，最终会形成如图所示的 $\boldsymbol{H}$ - $\boldsymbol{B}$ 磁滞线。这种磁滞作用在电器设计中大量使用，当然有些情况下需要避免磁滞，如交流变压器、感应电机等就需要尽量降低磁滞，从而降低损耗。

例 2-9　求真空中如图 2.2.6 所示的半径为 a 的无限长导体圆柱，通有电流 I、求导体外的磁场强度和磁感应强度。

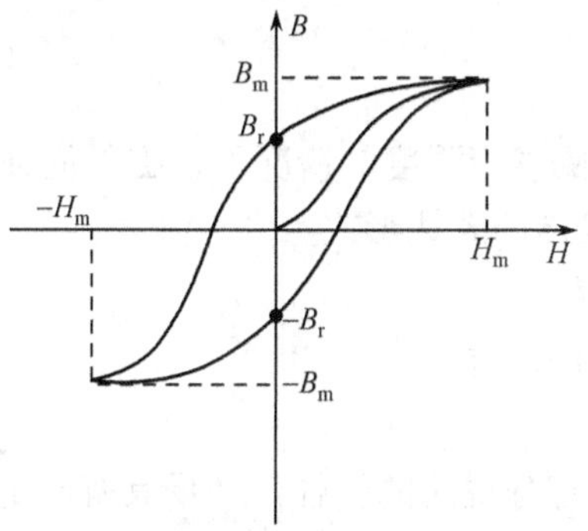

图 2.2.5 铁磁体的磁滞线

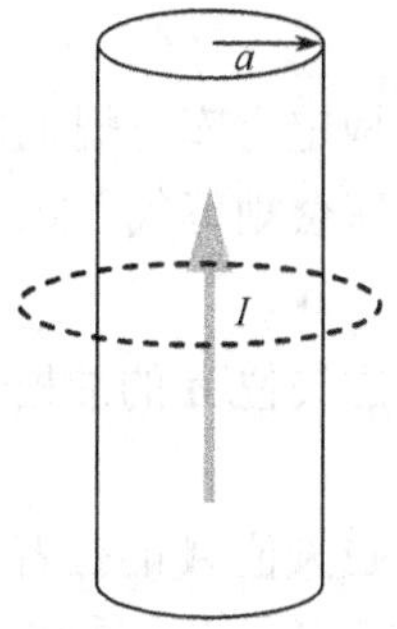

图 2.2.6 导电圆柱

解：假设本题中电流沿+z方向传播，由毕奥-萨伐尔定律知道，磁场必然在ϕ方向，且在半径相等的圆周上大小相等。所以本题可以应用安培环路定理求解。

取通过场点的圆，其圆心与圆柱的轴线相交，则

$$\oint_l \boldsymbol{H}(\boldsymbol{r}) \cdot \mathrm{d}\boldsymbol{l} = H_\phi(r) 2\pi r = I$$

所以

$$H_\phi(r) = \frac{I}{2\pi r}，\quad B_\phi(r) = \frac{I}{2\pi \mu_0 r}$$

2.2.5 矢量磁位与泊松方程

在静电场中，我们根据静电场旋度为零的特点，定义了标量电位函数φ，从而在某些情况下可以大大简化静电场的分析过程。同样，根据恒定磁场的特征，也可以在磁场中引入位函数，以期达到简化分析的目的。

1．矢量磁位

由于恒定磁场的散度为零（$\nabla \cdot \boldsymbol{B} = 0$），应用矢量恒等式$\nabla \cdot (\nabla \times \boldsymbol{A}) = 0$，可以找到一个矢量函数$\boldsymbol{A}$，令其旋度等于磁感应强度$\boldsymbol{B}$，即

$$\boldsymbol{B} = \nabla \times \boldsymbol{A} \tag{2.2.34}$$

式中，$\boldsymbol{A}$为矢量磁位，或称磁矢位，单位是$\mathrm{T \cdot m}$（特斯拉·米），它是一个辅助矢量。与标量电位不同的是，矢量磁位并没有一定的物理含义，只是我们在分析恒定磁场时构造出来的一个辅助变量。由式（2.2.34）定义的矢量磁位并不唯一确定，但这并不影响我们最终求解的磁感应强度。

将式（2.2.34）代入磁通表达式，并利用斯托克斯定理可以得到用矢量磁位表示的磁通表达形式，从而给出了另外一种求解磁通的公式

$$\Phi = \int_S \boldsymbol{B} \cdot \mathrm{d}\boldsymbol{S} = \int_S \nabla \times \boldsymbol{A} \cdot \mathrm{d}\boldsymbol{S} = \oint_l \boldsymbol{A} \cdot \mathrm{d}\boldsymbol{l} \tag{2.2.35}$$

2．矢量磁位的泊松方程

在均匀线性和各向同性的磁介质中，将$\boldsymbol{H} = \dfrac{\boldsymbol{B}}{\mu} = \dfrac{1}{\mu}\nabla \times \boldsymbol{A}$代入$\nabla \times \boldsymbol{H} = \boldsymbol{J}$，得

$$\nabla \times \nabla \times \boldsymbol{A} = \nabla(\nabla \cdot \boldsymbol{A}) - \nabla^2 \boldsymbol{A} = \mu \boldsymbol{J} \tag{2.2.36}$$

上式中涉及了$\nabla \cdot \boldsymbol{A}$的运算，但是式（2.2.34）只规定了$\boldsymbol{A}$的旋度，其散度并没有特殊说

明。根据亥姆霍兹定理，要唯一确定磁矢位 $\boldsymbol{A}$，必须对 $\boldsymbol{A}$ 的散度作一个规定。对于恒定磁场，一般规定

$$\nabla\cdot\boldsymbol{A}=0 \tag{2.2.37}$$

并称这种规定为库仑规范。在这种规范下，当已知磁感应强度的情况下，磁矢位 $\boldsymbol{A}$ 就被唯一确定。将库仑规范代入式（2.2.36）可以得到如下简洁的表达形式

$$\nabla^2\boldsymbol{A}=-\mu\boldsymbol{J} \tag{2.2.38}$$

上式称为磁矢位 $\boldsymbol{A}$ 的泊松方程。在无源区域（$\boldsymbol{J}=0$），有

$$\nabla^2\boldsymbol{A}=0 \tag{2.2.39}$$

上式称为磁矢位 $\boldsymbol{A}$ 的拉普拉斯方程。正如在静电场部分说明的一样，当场具有一定的对称性时，式（2.2.39）将会简化为一维常微分方程，从而可以通过求解常微分的办法求解恒定磁场。

3. 自由空间的矢量磁位积分表达式

在直角坐标系中，$\boldsymbol{A}=\boldsymbol{e}_xA_x+\boldsymbol{e}_yA_y+\boldsymbol{e}_zA_z$，$\boldsymbol{J}=\boldsymbol{e}_xJ_x+\boldsymbol{e}_yJ_y+\boldsymbol{e}_zJ_z$，故式（2.2.38）可表示为

$$\nabla^2(\boldsymbol{e}_xA_x+\boldsymbol{e}_yA_y+\boldsymbol{e}_zA_z)=-\mu(\boldsymbol{e}_xJ_x+\boldsymbol{e}_yJ_y+\boldsymbol{e}_zJ_z)$$

由于 $\boldsymbol{e}_x$、$\boldsymbol{e}_y$ 和 $\boldsymbol{e}_z$ 均为常矢量，故上式可分解为三个分量的泊松方程，即

$$\begin{cases}\nabla^2A_x=-\mu J_x\\ \nabla^2A_y=-\mu J_y\\ \nabla^2A_z=-\mu J_z\end{cases} \tag{2.2.40}$$

式（2.2.40）所示的三个分量泊松方程与静电位 φ 的泊松方程形式相同，可以确认它们的求解方法和所得到的解的形式也应相同，故可参照电位 φ 的形式直接写出矢量磁位各分量的积分表达形式

$$\begin{cases}A_x=\dfrac{\mu}{4\pi}\displaystyle\int_{V'}\frac{J_x}{|\boldsymbol{r}-\boldsymbol{r}'|}\mathrm{d}V'+C_x\\ A_y=\dfrac{\mu}{4\pi}\displaystyle\int_{V'}\frac{J_y}{|\boldsymbol{r}-\boldsymbol{r}'|}\mathrm{d}V'+C_y\\ A_z=\dfrac{\mu}{4\pi}\displaystyle\int_{V'}\frac{J_z}{|\boldsymbol{r}-\boldsymbol{r}'|}\mathrm{d}V'+C_z\end{cases} \tag{2.2.41}$$

为了表述方便，将以上三个分量叠加即可得磁矢位泊松方程的解

$$\boldsymbol{A}=\frac{\mu}{4\pi}\int_{V'}\frac{\boldsymbol{J}}{|\boldsymbol{r}-\boldsymbol{r}'|}\mathrm{d}V'+\boldsymbol{C} \tag{2.2.42}$$

式中，$\boldsymbol{C}=\boldsymbol{e}_xC_x+\boldsymbol{e}_yC_y+\boldsymbol{e}_zC_z$ 为常矢量，它的存在不会影响磁场变量 $\boldsymbol{B}$。

类似地，可以给出电流面密度和线电流激励下的矢量磁位的积分表达式

$$\boldsymbol{A}=\frac{\mu}{4\pi}\int_{S'}\frac{\boldsymbol{J}_S}{|\boldsymbol{r}-\boldsymbol{r}'|}\mathrm{d}S'+\boldsymbol{C} \tag{2.2.43}$$

$$\boldsymbol{A}=\frac{\mu}{4\pi}\oint_{l'}\frac{I}{|\boldsymbol{r}-\boldsymbol{r}'|}\mathrm{d}\boldsymbol{l}'+\boldsymbol{C} \tag{2.2.44}$$

可见，电流元产生的磁矢位 $\mathrm{d}\boldsymbol{A}$ 的方向与电流元矢量方向平行，这是引入磁矢位的优点之一。

4．标量磁位

若所研究的空间不存在电流，即 $\boldsymbol{J}=0$，则此空间内有 $\nabla\times\boldsymbol{H}=0$。因此，也可以将 $\boldsymbol{H}$ 表示为一个标量函数的负梯度形式，即

$$\boldsymbol{H}=-\nabla\varphi_{\rm m} \tag{2.2.45}$$

式中，$\varphi_{\rm m}$ 称为标量磁位，或磁标位。

在均匀、线性和各向同性的媒质中，将 $\boldsymbol{B}=\mu\boldsymbol{H}$，$\boldsymbol{H}=-\nabla\varphi_{\rm m}$ 代入 $\nabla\cdot\boldsymbol{B}=0$ 中，得

$$\nabla\cdot\boldsymbol{B}=\nabla\cdot(\mu\boldsymbol{H})=-\mu\nabla\cdot(\nabla\varphi_{\rm m})=0$$

即

$$\nabla^2\varphi_{\rm m}=0 \tag{2.2.46}$$

此即标量磁位所满足的拉普拉斯方程。需要指出的是，不存在标量磁位的泊松方程。因为 $\varphi_{\rm m}$ 存在的前提是无源区，不能应用 $\varphi_{\rm m}$ 对有源区域的恒定磁场进行求解。

例 2-10 无限长直导线上通过恒定电流为 I，电流周围为自由空间，试求空间任意一点的磁场强度。

解：假定直导线中电流沿 $+z$ 方向流动，本例题至少可以有三种求解方法。

方法一：应用毕奥-萨伐尔定律

在圆柱坐标系下，坐标原点设在场点所在平面内，$I\mathrm{d}\boldsymbol{l}'=\boldsymbol{e}_z I\mathrm{d}z'$，$\boldsymbol{R}=\boldsymbol{e}_r r-\boldsymbol{e}_z z'$ 所以 $I\mathrm{d}\boldsymbol{l}'\times\boldsymbol{R}=\boldsymbol{e}_\phi Ir\mathrm{d}z'$，由式（2.2.12）得

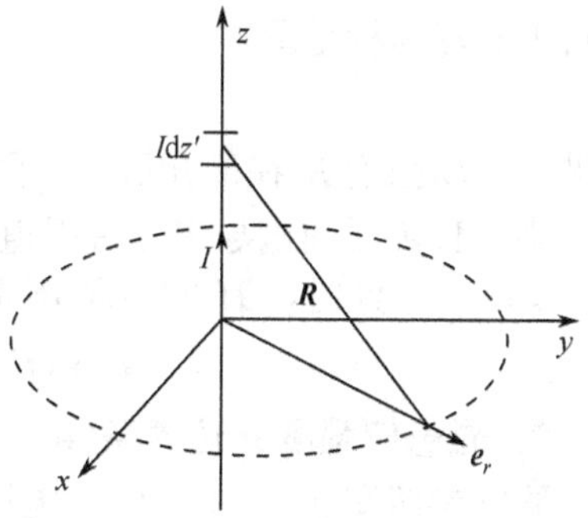

图 2.2.7 直导线电流激励下的恒定磁场

$$\boldsymbol{B}(\boldsymbol{r})=\boldsymbol{e}_\phi\frac{\mu_0}{4\pi}\int_{-\infty}^{\infty}\frac{Ir\mathrm{d}z'}{\left(r^2+z'^2\right)^{3/2}}=\boldsymbol{e}_\phi\frac{\mu_0 I}{2\pi r}\frac{z'}{\left(r^2+z'^2\right)^{1/2}}\Bigg|_{z=0}^{z=\infty}=\boldsymbol{e}_\phi\frac{\mu_0 I}{2\pi r}$$

$$\boldsymbol{H}(\boldsymbol{r})=\frac{\boldsymbol{B}(\boldsymbol{r})}{\mu_0}=\boldsymbol{e}_\phi\frac{I}{2\pi r}$$

方法二：应用矢量磁位的积分表达式（2.2.44）

$$\boldsymbol{A}=\boldsymbol{e}_z\frac{\mu_0}{4\pi}\int_{-\infty}^{\infty}\frac{I}{|\boldsymbol{r}-\boldsymbol{r}'|}\mathrm{d}z'=\boldsymbol{e}_z\frac{\mu_0}{4\pi}\int_{-\infty}^{\infty}\frac{I}{\left(r^2+z'^2\right)^{1/2}}\mathrm{d}z'=\boldsymbol{e}_z\frac{\mu_0 I}{4\pi}\ln\left[z'+\sqrt{z'+r}\right]\Bigg|_{-\infty}^{\infty}\approx\boldsymbol{e}_z\frac{\mu_0 I}{2\pi}\ln\frac{r_0}{r}$$

本题中设定无穷远处 $\boldsymbol{A}=0$ 时将会引起 $\boldsymbol{A}$ 奇异，所以上式中设定 $\boldsymbol{r}=\boldsymbol{r}_0$ 处 $\boldsymbol{A}=0$，这样设定并不会引起磁感应强度任何变化。

$$\boldsymbol{H}=\frac{1}{\mu_0}\nabla\times\boldsymbol{A}=\boldsymbol{e}_\phi\frac{I}{2\pi r}$$

方法三：应用安培环路定理

对于如题所示的无限长载流直导线，可以事前判断出磁场方向为 $\boldsymbol{e}_\phi$，而且在以导线为圆心的闭合圆周上，磁场大小恒定，所以可以利用安培环路定理 $\oint_l \boldsymbol{H}(\boldsymbol{r})\cdot\mathrm{d}\boldsymbol{l}=I$ 求解。

因为

$$\oint_l \boldsymbol{H}\cdot\mathrm{d}\boldsymbol{l}=H_\phi(r)2\pi r=I$$

所以

$$\boldsymbol{H}(\boldsymbol{r})=\boldsymbol{e}_\phi\frac{I}{2\pi r}$$

比较以上三种方法可以看出，当恒定磁场分布具有一定的对称性时，应用安培环路定理求解将非常方便。

2.2.6 恒定磁场的边界条件

1．磁场强度 $\boldsymbol{H}$ 的边界条件

如同 2.1.6 节推导静电场中电场强度的边界条件一样，参照图 2.1.6，并采用相同的推导过程，有

$$\oint_l \boldsymbol{H}\cdot \mathrm{d}\boldsymbol{l}=(\boldsymbol{H}_1-\boldsymbol{H}_2)\cdot\Delta\boldsymbol{l}=(\boldsymbol{H}_1-\boldsymbol{H}_2)\cdot(\boldsymbol{e}_p\times\boldsymbol{e}_\mathrm{n})\Delta l=\boldsymbol{e}_\mathrm{n}\times(\boldsymbol{H}_1-\boldsymbol{H}_2)\cdot\boldsymbol{e}_p\Delta l=\boldsymbol{J}_S\cdot\boldsymbol{e}_p\Delta l$$

得到磁介质交界面上磁场切向分量满足的边界条件为

$$\boldsymbol{e}_\mathrm{n}\times(\boldsymbol{H}_1-\boldsymbol{H}_2)=\boldsymbol{J}_S \tag{2.2.47}$$

可将上式写为标量形式

$$H_{1\mathrm{t}}-H_{2\mathrm{t}}=J_S \tag{2.2.48}$$

可见，磁场强度 $\boldsymbol{H}$ 在磁介质交界面上，其切向分量不连续。

当两种媒质的电导率为有限值时，在恒定磁场激励下，分界面上不可能存在面电流分布（即 $J_S=0$），此时，$\boldsymbol{H}$ 的切向分量是连续的，即

$$\boldsymbol{e}_\mathrm{n}\times(\boldsymbol{H}_1-\boldsymbol{H}_2)=0 \quad 或 \quad H_{1\mathrm{t}}-H_{2\mathrm{t}}=0 \tag{2.2.49}$$

2．磁感应强度 $\boldsymbol{B}$ 边界条件

同样参照图 2.1.5 中求解静电场中电位移矢量的方法，可以得到法向磁感应强度矢量满足的边界条件

$$\boldsymbol{e}_\mathrm{n}\cdot(\boldsymbol{B}_1-\boldsymbol{B}_2)=0 \quad 或 \quad B_{1\mathrm{n}}=B_{2\mathrm{n}} \tag{2.2.50}$$

磁介质表面磁感应强度的法向分量在分界面上是连续的。

3．位函数形式的边界条件

以上给出了切向磁场强度矢量和法向磁感应强度满足的边界条件，由于在一些场合我们会应用位函数求解恒定磁场问题，从而需要了解对应的位函数所满足的边界条件。不同媒质分界面上磁矢位 $\boldsymbol{A}$ 的边界条件为

$$\boldsymbol{e}_\mathrm{n}\times\left(\frac{1}{\mu_1}\nabla\times\boldsymbol{A}_1-\frac{1}{\mu_2}\nabla\times\boldsymbol{A}_2\right)=\boldsymbol{J}_S \tag{2.2.51}$$

$$\boldsymbol{A}_1=\boldsymbol{A}_2 \tag{2.2.52}$$

在 $\boldsymbol{J}_S=0$ 的两种不同磁介质的分界面上，由边界条件 $\boldsymbol{e}_\mathrm{n}\times(\boldsymbol{H}_1-\boldsymbol{H}_2)=0$ 和 $\boldsymbol{e}_\mathrm{n}\cdot(\boldsymbol{B}_1-\boldsymbol{B}_2)=0$ 可导出标量磁位的边界条件为

$$\varphi_{\mathrm{m}1}=\varphi_{\mathrm{m}2} \tag{2.2.53}$$

$$\mu_1\frac{\partial\varphi_{\mathrm{m}1}}{\partial n}=\mu_2\frac{\partial\varphi_{\mathrm{m}2}}{\partial n} \tag{2.2.54}$$

4．铁磁质分界面的边界条件、磁路

设恒定磁场在媒质 1 中与交界面夹角为 θ_1，在媒质 2 中与交界面夹角为 θ_2，如图 2.2.8 所示，在交界面上无 $\boldsymbol{J}_S$ 情况下，由式（2.2.49）和式（2.2.50）可以推导出媒质交界面上磁场满足如下折射关系

$$\frac{\tan\theta_2}{\tan\theta_1}=\frac{\mu_2}{\mu_1}=\frac{\mu_{\mathrm{r}2}}{\mu_{\mathrm{r}1}}$$

特殊情况，如果两种媒质磁导率相差悬殊，$\mu_{r2} \approx 1$，而μ_{r1}可达数千甚至数十万，因而除$\theta_1 = \theta_2 = 0$的特殊情况外，一般总有$\theta_2 << \theta_1$，且常常是$\theta_2 \approx 0°$，$\theta_1 \approx 90°$。这样铁磁质内$\boldsymbol{B}$线几乎与分界面平行，而且也非常密集，$\boldsymbol{B}$在铁磁质外非常小，且几乎垂直于交界面。μ_{r1}越大，θ_1越接近于$90°$，$\boldsymbol{B}$线就越接近于与表面平行，从而漏到外面的磁通越小。设$\mu_{r1} = 3000$，$\mu_{r2} = 1$，可以计算得到，当$\theta_1 = 88°$时，$\theta_2 = 33°$。极限情况，如果$\mu_{r2} \to \infty$，磁场将全部局限在磁体内部，不会有泄露的磁场，这种媒质称为理想导磁体。

上述这一情况与电流几乎全部集中在导体内部流动相似。由于电流流经的区域称为电路，故把能使磁通集中通过的区域,称为磁路。在电气工程或电力电子以及电子通信领域，存在很多需要较强磁场或较大磁通的设备（例如电机、变压器以及各种电感线圈等），目前较成熟的技术都采用了闭合或近似闭合的铁磁材料，即所谓铁心。绕在铁心上的线圈通过较小的电流（励磁电流），便能得到铁心内较强的磁场，而周围非铁磁质中的磁场则很弱，可以忽略不计。

在许多实际问题中，计算铁心内的主磁通或$\boldsymbol{B}$是很重要的。但在一般情况下，要精确地求得铁心内的磁场分布比较困难，因为磁场的分布与线圈和铁心的形状密切相关。正是磁场聚集在铁心中的特点，我们可以借鉴电路分析的办法，采用磁路对这些问题进行近似分析。

如图 2.2.9 所示的无分支闭合铁心的磁路，选取如图 2.2.9 中虚线所示的闭合线，应用安培环路定理有

$$\oint_l \boldsymbol{H} \cdot \mathrm{d}\boldsymbol{l} = NI \tag{2.2.55}$$

其中，I及N分别是线圈中的电流及匝数。因积分路径上各点的$\boldsymbol{H}$（及$\boldsymbol{B}$）与$\mathrm{d}\boldsymbol{l}$平行，故被积函数为

$$\boldsymbol{H} \cdot \mathrm{d}\boldsymbol{l} = \frac{\boldsymbol{B}}{\mu} \cdot \mathrm{d}\boldsymbol{l} = \frac{B}{\mu}\mathrm{d}l = \Phi \frac{1}{\mu}\frac{\mathrm{d}l}{S}$$

其中，S为铁心横截面积。将上式代入式（2.2.55），注意到Φ对铁心各截面为常数，得

$$\Phi \cdot \oint_l \frac{1}{\mu}\frac{\mathrm{d}l}{S} = NI \tag{2.2.56}$$

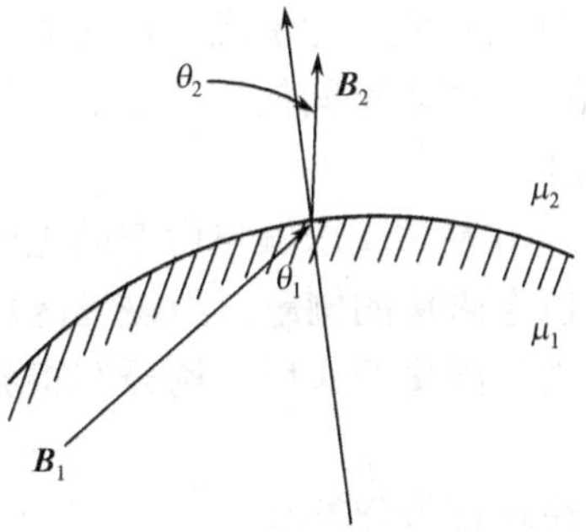

图 2.2.8　铁磁体边界上的折射关系

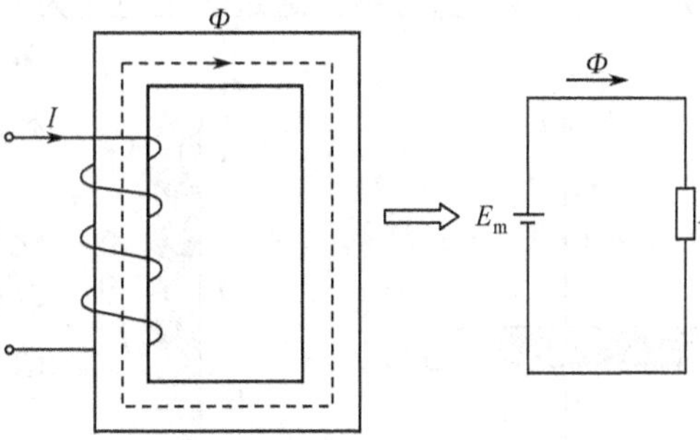

图 2.2.9　无分支闭合磁路

对比一般导体的电阻公式$R = \oint_l \frac{1}{\sigma}\frac{\mathrm{d}l}{S}$，可把$\oint_l \frac{1}{\mu}\frac{\mathrm{d}l}{S}$称作这个无分支闭合磁路的磁阻，记为

$$R_{\mathrm{m}} = \oint_l \frac{1}{\mu}\frac{\mathrm{d}l}{S} \tag{2.2.57}$$

其中磁导率 μ 与电导率 σ 对应。把上式代入式（2.2.56），得

$$\Phi \cdot R_m = NI$$

与全电路欧姆定律 $IR = U_e$ 对比，自然把 NI 称磁路的磁动势，记作

$$U_m = NI \tag{2.2.58}$$

于是

$$\Phi \cdot R_m = U_m \tag{2.2.59}$$

从上面的描述可以看出，磁路与电路有很多的相似之处，表 2.2.2 列出了它们的对应关系。

表 2.2.2 电路与磁路的对比关系

	载 体	激 励 源	阻 抗	关 系	流	流 密 度
电路	电导体	电动势 U	$R = \int_l \frac{1}{\sigma}\frac{dl}{S}$	$U_e = IR$	I	$\boldsymbol{J}$
磁路	磁导体	磁动势 $U_m = NI$	$R_m = \oint_l \frac{1}{\mu}\frac{dl}{S}$	$U_m = \Phi R_m$	Φ	$\boldsymbol{B}$

当然，与传导电流只在电路中流动不同，在磁路中，绝大部分 $\boldsymbol{B}$ 线是通过磁路（包括气隙）流通的，称为主磁通，用 Φ 表示；磁路外部也有 $\boldsymbol{B}$ 线，即穿出铁心经过磁路周围非铁磁质（包括空气）而闭合的磁通，通常称为漏磁通。正常情况下，漏磁通相对较小，工程上常忽略其影响，从而可以通过磁路的办法简化分析磁场分布问题。在不考虑漏磁通的情况下，电路中的基尔霍夫电流定理和基尔霍夫电压定理同样可以借鉴到磁路分析中，从而对串并联的复杂磁路进行分析，感兴趣的读者可以参考文献[7]。

这种高 μ_r 材料的另一个应用是用来做磁屏蔽。在实际应用中（例如做精密的磁场测量实验时），有时需要把一部分空间屏蔽起来，免受外界磁场的干扰。采用铁磁体制作一个密闭的空腔，由于空腔内的磁导率 μ_0 远小于腔体壳的磁导率 μ，根据式（2.2.57）得，其磁阻远大于腔体壳的磁阻，于是来自外界的 $\boldsymbol{B}$ 线绝大部分将沿着空腔两侧的铁壳壁内“通过”，“进入”空腔内部的 $\boldsymbol{B}$ 线很少，从而达到磁屏蔽的目的。

例 2-11 无限长直导线上通过恒定电流为 I，导线分别垂直或平行于磁介质交界面，如图 2.2.10 所示，试求空间任意一点的磁场强度和磁感应强度。

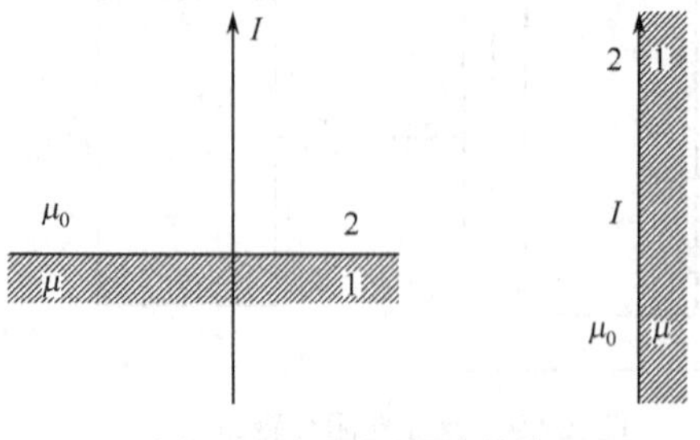

图 2.2.10 无限长直导线

解：例 2-10 是关于求解自由空间无限长载流直导线的恒定磁场的例题，当磁场区域有磁导体存在，由于磁化的作用，场分布将会发生改变。

（1）导线垂直于分界面

可以判断，无限长载流直导线产生的恒定磁场只有 $\boldsymbol{e}_\phi$ 分量，而此分量在介质交界面上正好是切向，由于切向磁场连续，所以上下空间内磁场强度相同，应用安培环路定理可以得到

$$\oint_l \boldsymbol{H}(\boldsymbol{r}) \cdot d\boldsymbol{l} = 2\pi r H_\phi = I$$

即

$$H_\phi = \frac{I}{2\pi r}$$

所以上下区域的磁感应强度分别为

$$\boldsymbol{B}_2 = \boldsymbol{e}_\phi \frac{\mu_0 I}{2\pi r}, \qquad \boldsymbol{B}_1 = \boldsymbol{e}_\phi \frac{\mu I}{2\pi r}$$

（2）导线平行于分界面

同样可以判断，无限长载流直导线产生的恒定磁场 $\boldsymbol{H}_\phi$ 在介质交界面上与交界面相垂直，而法向磁场强度不连续，只有法向磁感应强度连续，所以安培环路定理中的闭合线积分必须分为左右两个半圆分别积分，可以得到

$$\oint_l \boldsymbol{H}(\boldsymbol{r}) \cdot \mathrm{d}\boldsymbol{l} = \pi r \frac{B_\phi}{\mu_0} + \pi r \frac{B_\phi}{\mu} = I$$

所以

$$B_\phi = \frac{I \mu_0 \mu}{\pi r(\mu_0 + \mu)}$$

从而左右空间磁场强度分别为

$$\boldsymbol{H}_2 = \boldsymbol{e}_\phi \frac{I\mu}{\pi r(\mu_0 + \mu)}, \qquad \boldsymbol{H}_1 = \boldsymbol{e}_\phi \frac{I\mu_0}{\pi r(\mu_0 + \mu)}$$

2.2.7 恒定磁场与静电场的比拟关系

静电场与恒定磁场之间存在着对偶关系。表 2.2.3 中列出无源（$\rho = 0, \boldsymbol{J} = 0$）、线性各向同性均匀媒质中这两种场的方程和边界条件。

表 2.2.3 静电场与恒定磁场的比较

	恒定磁场（$\boldsymbol{J}=0$）	静电场（$\rho=0$）
场方程	$\oint_l \boldsymbol{H}\cdot \mathrm{d}\boldsymbol{l}=0$，$\nabla\times\boldsymbol{H}=0$ $\oint_S \boldsymbol{B}\cdot \mathrm{d}\boldsymbol{S}=0$，$\nabla\times\boldsymbol{B}=0$	$\oint_l \boldsymbol{E}\cdot \mathrm{d}\boldsymbol{l}=0$，$\nabla\times\boldsymbol{E}=0$ $\oint_S \boldsymbol{D}\cdot \mathrm{d}\boldsymbol{S}=0$，$\nabla\cdot\boldsymbol{D}=0$
本构关系	$\boldsymbol{B}=\mu_0(\boldsymbol{M}+\boldsymbol{H})=\mu\boldsymbol{H}$	$\boldsymbol{D}=\varepsilon_0\boldsymbol{E}+\boldsymbol{P}=\varepsilon\boldsymbol{E}$
位函数方程	$\boldsymbol{H}=-\nabla\varphi_{\mathrm{m}}$ $\nabla^2\varphi_{\mathrm{m}}=0$	$\boldsymbol{E}=-\nabla\varphi$ $\nabla^2\varphi=0$
边界条件	$B_{1\mathrm{n}}=B_{1\mathrm{n}}$ $H_{1\mathrm{t}}=H_{1\mathrm{t}}$ $\varphi_{1\mathrm{m}}=\varphi_{2\mathrm{m}}$ $\mu_1\frac{\partial\varphi_{1\mathrm{m}}}{\partial n}=\mu_2\frac{\partial\varphi_{2\mathrm{m}}}{\partial n}$	$D_{1\mathrm{n}}=D_{1\mathrm{n}}$ $E_{1\mathrm{t}}=E_{1\mathrm{t}}$ $\varphi_1=\varphi_2$ $\varepsilon_1\frac{\partial\varphi_1}{\partial n}=\varepsilon_2\frac{\partial\varphi_2}{\partial n}$

从表 2.2.3 中可以看出，恒定磁场和静电场之间存在如下的五组对偶物理量

$$\boldsymbol{H} \Leftrightarrow \boldsymbol{E},\ \boldsymbol{B} \Leftrightarrow \boldsymbol{D},\ \mu_0\boldsymbol{M} \Leftrightarrow \boldsymbol{P},\ \Phi_{\mathrm{m}} \Leftrightarrow \Phi,\ \mu \Leftrightarrow \varepsilon \tag{2.2.60}$$

因此若恒定磁场和静电场具有等效的边界条件，即边界形状相同、边界处介质参数比值相同（$\mu_1/\mu_2 = \varepsilon_1/\varepsilon_2$），就可以从静电场的解直接按式（2.2.60）进行变量代换，得到恒定磁场的解；反之亦然。

2.2.8 恒定磁场中的电感、能量与力

在线性各向同性的媒质中，由式（2.2.15）、式（2.2.17）及式（2.2.18）可知，电流回路在空间产生的磁场与回路中的电流成正比。因此，穿过回路的磁通量（或磁链）也与回路中

的电流成正比。把穿过回路的磁通量（或磁链）与回路中的电流的比值称为电感系数，简称电感。与静电场中定义的电容C相似，电感只与导体系统的几何参数和周围磁介质有关，与电流、磁通量无关。电感可分为自感和互感两部分。

1．自感

设回路中的电流为I，它所产生的磁场与自身回路交链的磁链为ψ，磁链ψ与回路中的电流I成正比关系，其比值

$$L=\frac{\psi}{I} \tag{2.2.61}$$

称为回路的自感系数，简称自感。自感的单位是H（亨利）。

电感的计算同样可以模仿静电场中电容的计算方法，先假设已知线圈中的电流或磁链，通过求出磁场或矢量磁位分布获得线圈中另一个参量，并代入式（2.2.61）求得电感，读者可以参考相关文献中的部分例题[3]。

工程电路设计中，绕制螺旋线的电感可以通过如下近似公式计算[11]

$$L=\frac{\mu_0}{4\pi}\omega^2 d\Phi \tag{2.2.62}$$

式中，ω为螺线管的匝数；d为螺线管的直径；a为螺线管的长度；Φ为随比值$\alpha=a/d$变化的数值，可查表获得[11]。

例如，如果螺线管线圈直径$d=10\text{cm}$，长度$a=50\text{cm}$，匝数$\omega=500$匝，在给定情况下，$\alpha=50/10=5$，$1/\alpha=0.2$，查表可得$\Phi=1.816$，则螺线管的电感为

$$L=\frac{1}{4\pi}\times 4\pi\times 10^{-7}\times 25\times 10^4\times 0.1\times 1.816=4.54\times 10^{-3}\text{H}$$

在大规模集成电路设计中往往会采用平面螺旋导线做电感，而平面圆旋线圈的电感近似公式为

$$L=\frac{\mu_0}{8\pi}\omega^2 d\psi \tag{2.2.63}$$

式中，ω为线圈的匝数；d为线圈的平均直径，$d=(d_1+d_2)/2$；ψ为由比值$\rho=r/d$决定的数值。

参考文献[11]，ψ值可以由ρ的近似公式求得。在众多工程设计中，经常使用如上近似公式求解线圈电感大小。

2．互感

图2.2.11所示的两个导线回路l_1和l_2，回路l_1中的电流I_1产生的磁场除了与回路l_1本身交链外，还与回路l_2相交链。这种两个载流线圈之间的交链称为回路l_1与回路l_2间的互感磁链，用ψ_{21}表示。对比自感定义式（2.2.61），我们定义比值

$$M_{21}=\frac{\psi_{21}}{I_1} \tag{2.2.64}$$

为回路l_1对回路l_2间的互感系数，简称互感。互感的单位也是H（亨利）。同理，回路l_2对回路l_1间的互感为

$$M_{12}=\frac{\psi_{12}}{I_2} \tag{2.2.65}$$

同样我们可以假设已知通过线圈的电流，仿照求自感的办法，通过获得磁场或矢量磁位

求出磁链，并利用式（2.2.65）求出互感。由矢量磁位的积分表达式（2.2.44）可知，电流 I_1 在回路 l_2 上的任意一点产生的矢量磁位为

$$\boldsymbol{A}_1(\boldsymbol{r}_2)=\frac{\mu}{4\pi}\oint_{l_1}\frac{I_1\mathrm{d}\boldsymbol{l}_1}{|\boldsymbol{r}_2-\boldsymbol{r}_1|}$$

则由电流 I_1 产生磁场与回路 l_2 相交链的磁链为

$$\psi_{12}=\int_{S_2}\boldsymbol{B}_1\cdot\mathrm{d}\boldsymbol{S}_2=\oint_{l_2}\boldsymbol{A}_1\cdot\mathrm{d}\boldsymbol{l}_2=\oint_{l_2}\left[\frac{\mu}{4\pi}\oint_{l_1}\frac{I_1\mathrm{d}\boldsymbol{l}_1}{|\boldsymbol{r}_2-\boldsymbol{r}_1|}\right]\mathrm{d}\boldsymbol{l}_2=\frac{\mu I_1}{4\pi}\oint_{l_2}\oint_{l_1}\frac{\mathrm{d}\boldsymbol{l}_1\cdot\mathrm{d}\boldsymbol{l}_2}{|\boldsymbol{r}_2-\boldsymbol{r}_1|}$$

故

$$M_{21}=\frac{\psi_{21}}{I_1}=\frac{\mu}{4\pi}\oint_{l_2}\oint_{l_1}\frac{\mathrm{d}\boldsymbol{l}_1\cdot\mathrm{d}\boldsymbol{l}_2}{|\boldsymbol{r}_2-\boldsymbol{r}_1|} \tag{2.2.66}$$

同样，可导出回路 l_2 对回路 l_1 电流的互感为

$$M_{12}=\frac{\psi_{12}}{I_2}=\frac{\mu}{4\pi}\oint_{l_1}\oint_{l_2}\frac{\mathrm{d}\boldsymbol{l}_2\cdot\mathrm{d}\boldsymbol{l}_1}{|\boldsymbol{r}_1-\boldsymbol{r}_2|} \tag{2.2.67}$$

式（2.2.66）和式（2.2.67）称为纽曼公式，这是计算互感的一般公式。比较两式可看出 $M_{21}=M_{12}=M$，即两个导线回路之间只有一个互感值。电源电路设计中常用的变压器及通过例 2-13 制作而成的电流钳都是利用互感原理制作而成的。

例 2-12 两个互相平行且共轴的圆线圈，半径分别为 a_1 和 a_2，中心相距为 d，设 $a_1 << d$（或 $a_2 << d$），求两线圈之间的互感。

解：如图 2.2.12 所示，$\mathrm{d}l_1$ 和 $\mathrm{d}l_2$ 之间的夹角 $\theta=\phi_2-\phi_1$，$\mathrm{d}l_1=a_1\mathrm{d}\phi_1$，$\mathrm{d}l_2=a_2\mathrm{d}\phi_2$，考察图中三角形△*ABC*, △*OBC* 有

$$R=|\boldsymbol{r}_2-\boldsymbol{r}_1|=\left[d^2+l_{BC}^2\right]=\left[d^2+a_1^2+a_2^2-2a_1a_2\cos(\phi_2-\phi_1)\right]^{1/2}$$

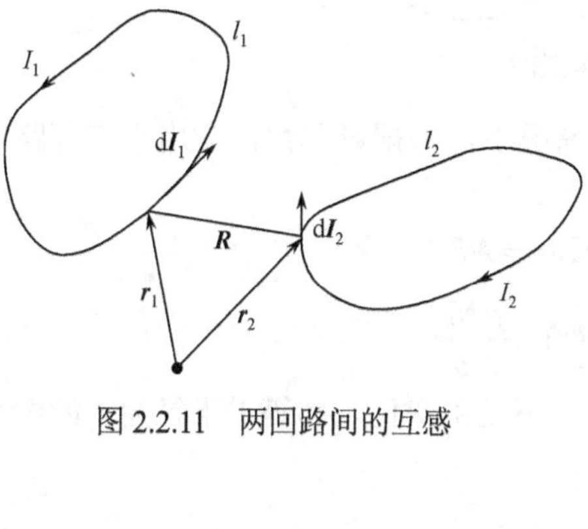

图 2.2.11 两回路间的互感

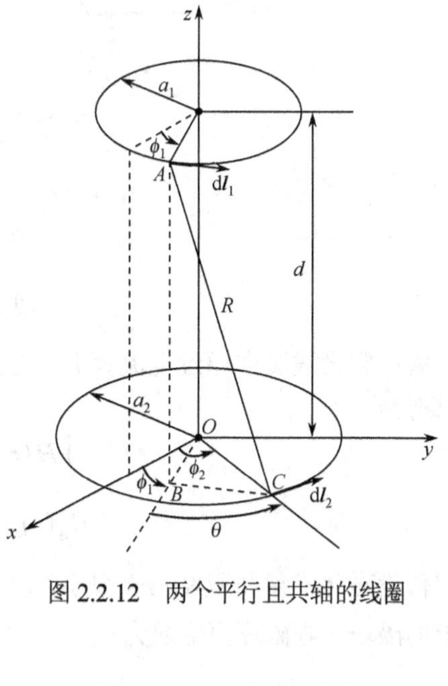

图 2.2.12 两个平行且共轴的线圈

由纽曼公式得

$$M=\frac{\mu_0}{4\pi}\oint_{l_1}\oint_{l_2}\frac{\mathrm{d}\boldsymbol{l}_2\cdot\mathrm{d}\boldsymbol{l}_1}{|\boldsymbol{r}_2-\boldsymbol{r}_1|}=\frac{\mu_0}{4\pi}\oint_{l_1}\oint_{l_2}\frac{\mathrm{d}l_2\mathrm{d}l_1\cos\theta}{|\boldsymbol{r}_2-\boldsymbol{r}_1|}$$

$$=\frac{\mu_0}{4\pi}\int_0^{2\pi}\int_0^{2\pi}\frac{a_1a_2\cos(\phi_2-\phi_1)\mathrm{d}\phi_2\mathrm{d}\phi_1}{\left[d^2+a_1^2+a_2^2-2a_1a_2\cos(\phi_2-\phi_1)\right]^{1/2}}$$

$$=\frac{\mu_0a_1a_2}{2}\int_0^{2\pi}\frac{\cos\theta\mathrm{d}\theta}{\left[d^2+a_1^2+a_2^2-2a_1a_2\cos\theta\right]^{1/2}}$$

一般情况下，上述积分只能用椭圆积分来表示。当$d>>a_1$，则可进行近似

$$\left[d^2+a_1^2+a_2^2-2a_1a_2\cos\theta\right]^{-1/2}\approx\left[d^2+a_2^2\right]^{-1/2}\left[1-\frac{2a_1a_2\cos\theta}{d^2+a_2^2}\right]^{-1/2}$$

$$\approx\left[d^2+a_2^2\right]^{-1/2}\left[1+\frac{a_1a_2\cos\theta}{d^2+a_2^2}\right]$$

可以得到

$$M\approx\frac{\mu_0a_1a_2}{2\sqrt{\mathrm{d}^2+a_2^2}}\int_0^{2\pi}\left[1+\frac{a_1a_2\cos\theta}{\mathrm{d}^2+a_2^2}\right]\cos\theta\mathrm{d}\theta=\frac{\mu_0\pi a_1^2a_2^2}{2\left[\mathrm{d}^2+a_2^2\right]^{3/2}}$$

例 2-13 在电力系统中，经常需要使用一种叫电流钳的装置测量线路中电流的大小。电流钳的原理简图如图 2.2.13 所示，通过在铁心上绕制多匝线圈，并将整个装置卡在大电流线路中，通过互感耦合，可以测到线圈中小电流的大小，从而反推得到原线路中大电流的值。已知铁心的磁导率$\mu\gg\mu_0$，磁环上绕有N匝线圈，求磁环的电感。如果磁环被切开一个小的缺口，如图 2.2.13（b）所示，则磁环电感变为多少？

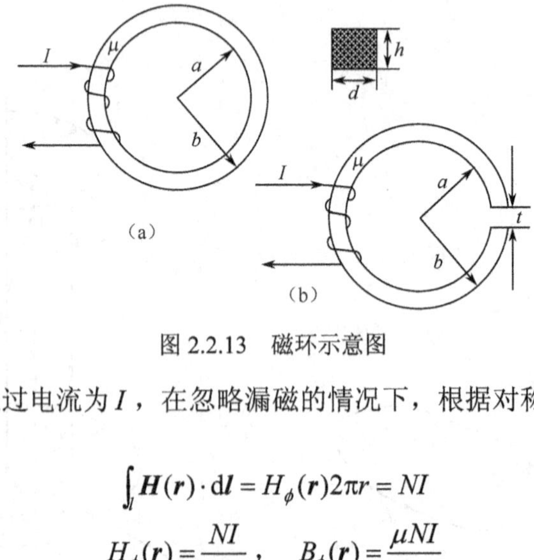

图 2.2.13 磁环示意图

解：假设线圈中通过电流为I，在忽略漏磁的情况下，根据对称性，应用安培环路定理可以得到

$$\int_l\boldsymbol{H}(\boldsymbol{r})\cdot\mathrm{d}\boldsymbol{l}=H_\phi(\boldsymbol{r})2\pi r=NI$$

所以

$$H_\phi(\boldsymbol{r})=\frac{NI}{2\pi r},\quad B_\phi(\boldsymbol{r})=\frac{\mu NI}{2\pi r}$$

假设磁环横截面积$S=hd$很小，在横截面上磁场不发生变化，都等于半径为r_0的中心轴线上的磁场，则磁环内磁通为

$$\Phi = \int_S \boldsymbol{B}_\phi(\boldsymbol{r})\mathrm{d}S = \frac{\mu NI}{2\pi r_0}S$$

利用磁路的思想观察上式，可以发现磁动势和磁阻分别为$U_\mathrm{m} = NI, R_\mathrm{m} = \dfrac{2\pi r_0}{\mu S}$。利用式（2.2.61），可以得到电感的大小为

$$L = \frac{\Phi}{I} = \frac{\mu N}{2\pi r_0}S$$

如果磁环上面开了一个缺口，在磁环与缺口的交界面上必须满足边界条件，由于磁场垂直于交界面，所以磁感应强度连续，环路积分表示为

$$\int_l \boldsymbol{H}(\boldsymbol{r})\cdot \mathrm{d}\boldsymbol{l} = \frac{B_\phi}{\mu}(2\pi r - t) + \frac{B_\phi}{\mu_0}t = NI$$

同样认为磁场在磁环的横截面内不发生变化，所以上式可以用磁通表示为

$$\frac{\Phi}{S\mu}(2\pi r - t) + \frac{\Phi}{S\mu_0}t = NI$$

因为$\dfrac{(2\pi r - t)}{S\mu}$和$\dfrac{t}{S\mu_0}$分别表示磁环内部和缺口处的磁阻，上式为两个磁阻串联的磁路欧姆定理表达形式。由于$\mu \gg \mu_0$，磁环缺口处的磁阻将比磁环本身的磁阻大得多，所以当磁环上切开一个缺口后，整个磁路的磁阻将急剧增加。最终电感将相应减小，其表达式为

$$L = \frac{\Phi}{I} = \frac{N}{\dfrac{1}{S\mu}(2\pi r - t) + \dfrac{1}{S\mu_0}t}$$

3．磁场能量

由安培力定律可知，电流回路在恒定磁场中要受到磁场力的作用，表明恒定磁场中储存着能量。与静电场类似，磁场能量也是在建立电流的过程中由电源供给的。

可以证明[3]，如果系统中包括了N个电流回路，系统中存储的磁场能量为

$$W_\mathrm{m} = \frac{1}{2}\sum_{j=1}^{N} I_j \psi_j = \frac{1}{2}\sum_{j=1}^{N}\sum_{k=1}^{N} M_{kj} I_j I_k \tag{2.2.68}$$

例如，当$N = 1$时，$M_{11} = L_1$，$W_\mathrm{m} = \dfrac{1}{2}L_1 I_1^2$；当$N = 2$时，$M_{11} = L_1$，$M_{22} = L_2$，$M_{12} = M_{21} = M$，故

$$W_\mathrm{m} = \frac{1}{2}L_1 I_1^2 + \frac{1}{2}L_2 I_2^2 + M I_1 I_2$$

由此可见，系统磁场能量与电流之间不是线性关系，并不满足叠加原理。

在 2.1.7 节我们详细讨论了静电场能量密度的概念，其表达式为$W_\mathrm{e} = \dfrac{1}{2}\boldsymbol{D}\cdot\boldsymbol{E}$，从而在媒质中存储的总电能为$W_\mathrm{e} = \displaystyle\int_V \frac{1}{2}\boldsymbol{D}\cdot\boldsymbol{E}\mathrm{d}V$。进一步，利用 2.2.7 节讲到的恒定磁场与静电场的比拟关系，我们可以方便地获得分布电流情况下整个空间内的磁场能量密度为

$$w_\mathrm{m} = \frac{1}{2}\boldsymbol{B}\cdot\boldsymbol{H} = \frac{\mu}{2}H^2 = \frac{1}{2\mu}B^2 \tag{2.2.69}$$

从而系统中存储的总的磁能为

$$W_{\mathrm{m}}=\int_V \frac{1}{2}\boldsymbol{B}\cdot\boldsymbol{H}\mathrm{d}V \tag{2.2.70}$$

4．磁场力

两个载流回路间的磁场力可由安培力公式计算。但是我们常常希望与静电力的计算类似，用磁场能量的空间变化率来计算磁场力。同样我们可以采用静电场中的虚位移的办法获得恒定磁场内回路所受的力。系统能量与电流和磁链有关，可以分I不变和ψ不变两种情况讨论。

（1）假设两回路的磁链不变，即$\psi_1=$常数、$\psi_2=$常数

由于回路l_1发生位移Δx，两回路中的电流必定发生改变，这样才能维持两回路的磁链不变，由于ψ_1和ψ_2等于常数，两回路中都没有感应电动势，故与回路相连接的电源不对回路输入能量（假定导线的焦耳热损耗可以忽略），所以回路l_1发生位移所需的机械功只有靠磁场释放能量来提供，即

$$\boldsymbol{F}_\chi=-\left.\frac{\partial W_{\mathrm{m}}}{\partial\chi}\right|_{\psi=\text{常量}} \tag{2.2.71}$$

一般表达形式为

$$\boldsymbol{F}=-\nabla W_{\mathrm{m}}\big|_{\psi=\text{常量}}$$

（2）假设两回路中的电流不改变，即$I_1=$常数、$I_2=$常数

由于回路l_1发生位移Δx，两回路中的磁链必定发生改变，因此两个回路中都有感应电动势。此时，外接电源必然要做功来克服感应电动势以保持I_1和I_2不变。电源所做的功为$(I_1\Delta\psi_1+I_2\Delta\psi_2)=2\Delta W_{\mathrm{m}}$，即外接电源输入能量的一半用于增加磁场能量，另一半则用于使回路l_1位移所需要的机械功，即

$$\boldsymbol{F}=\left.\frac{\partial W_{\mathrm{m}}}{\partial\chi}\right|_{I=\text{常量}} \tag{2.2.72}$$

一般表达形式为

$$\boldsymbol{F}=\nabla W_{\mathrm{m}}\big|_{I=\text{常量}}$$

因两个电流回路的磁场能量为

$$W_{\mathrm{m}}=\frac{1}{2}L_1I_1^2+\frac{1}{2}L_2I_2^2+MI_1I_2$$

将其代入式（2.2.72）中，得

$$F_\chi=\left.\frac{\partial W_{\mathrm{m}}}{\partial\chi}\right|_{I=\text{常量}}=I_1I_2\frac{\partial M}{\partial\chi} \tag{2.2.73}$$

上式表明，在I_1和I_2不变的情况下，磁场能量的改变（即磁力）仅是，由互感M的改变而引起的。

应该指出，上面假设的ψ不变和I不变是在一个回路发生位移下的两种假定情形，无论是假定ψ不变还是I不变，求出的磁场力应该是相同的。而且，对于不止两个回路的情形，其中任一个回路的受力都同样可以按式（2.2.72）计算。

例 2-14 工程中常需要使用如图 2.2.14 所示的起重装置，装置由铁轭（绕有N匝线圈的铁心）和衔铁构成。铁轭和衔铁的横截面积均为S，平均长度分别为l_1和l_2。铁轭与衔铁之间有一很小的空气隙，其长度为x。设线圈中的电流为I，铁轭和衔铁的磁导率为μ，若忽略漏磁和边缘效应，求铁轭对衔铁的吸引力。

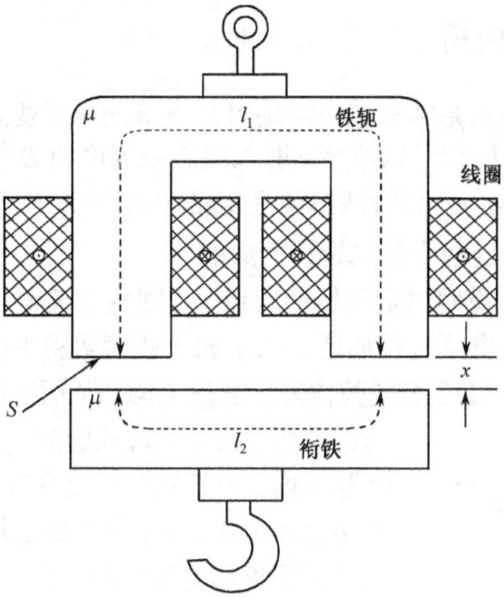

图 2.2.14　电磁铁的力

解：忽略漏磁和边缘效应，作用在衔铁上的磁场力有减小空气隙的趋势，可通过式（2.2.71）或式（2.2.72）计算。首先根据安培环路定理，在图中虚线上进行闭合积分，得到

$$H(l_1+l_2)+2H_0x=NI$$

式中，H_0 是空气隙中的磁场强度。由于 $H=\dfrac{B}{\mu}$ 和 $H_0=\dfrac{B_0}{\mu_0}$，考虑到磁场垂直于铁磁体与空气隙的交界面，从而根据边界条件有 $B=B_0$，由上式可得到

$$B_0=\frac{\mu_0\mu NI}{(l_1+l_2)\mu_0+2\mu x}$$

（1）若保持磁通 $\varPhi$ 不变，则 $\boldsymbol{B}$ 和 $\boldsymbol{H}$ 不变，存储在铁轭和衔铁中的磁场能量也不变，而空气隙中的磁场能量则要变化。于是作用在衔铁上的磁场力为

$$\begin{aligned}F_x&=-\left.\frac{\partial W_{\mathrm{m}}}{\partial x}\right|_{\varPhi=C}\\&=-\frac{\partial}{\partial x}\left[\frac{1}{2}\int\boldsymbol{B}\cdot\boldsymbol{H}\mathrm{d}V+\frac{1}{2}\int_{\text{气隙}}\boldsymbol{B}_0\cdot\boldsymbol{H}_0\mathrm{d}V\right]\\&=-\frac{1}{2}\frac{\partial}{\partial x}\int_0^x 2S\frac{B_0^2}{\mu_0}\mathrm{d}x=-\frac{SB_0^2}{\mu_0}\\&=-\frac{\mu_0\mu^2N^2I^2S}{[(l_1+l_2)\mu_0+2\mu x]^2}\end{aligned}$$

（2）若假设系统中电流保持不变，则存储在系统中的磁场能量

$$W_{\mathrm{m}}=\frac{1}{2}NISB_0=\frac{\mu_0\mu SN^2I^2}{2[(l_1+l_2)\mu_0+2\mu x]}$$

同样得到铁轭对衔铁的吸引力为

$$F_x=\left.\frac{\partial W_{\mathrm{m}}}{\partial x}\right|_{I=C}=-\frac{\mu_0\mu^2N^2I^2S}{[(l_1+l_2)\mu_0+2\mu x]^2}$$

*2.2.9 恒定磁场的应用

大多数恒定磁场的应用都是基于恒定磁场对带电运动粒子或载流导体的磁场力。大学物理中已经讲到，带正电荷 q 的粒子以速度 $\boldsymbol{v}$ 射入磁感应强度为 $\boldsymbol{B}$ 的恒定磁场中，带电粒子所受的力为 $\boldsymbol{F}=q\boldsymbol{v}\times\boldsymbol{B}$，同样电流元受到磁感应强度的作用力为 $\boldsymbol{F}=I\boldsymbol{l}\times\boldsymbol{B}$。回旋加速器、选速器及直流电动机等正是基于这两个公式设计而成的。

此处以回旋加速器为例说明恒定磁场的应用[8]。回旋加速器就是通过将电场产生装置和恒定磁场产生装置相结合对电子进行加速，用于原子碰撞实验中研究原子内部结构。其结构原理如图 2.2.15 所示。两个“D”字型腔体外接交流电源，从而在两个腔体缝隙间建立相对均匀的电场，电子通过此缝隙，运动速度将会加快并进入一个腔体内。由于整个系统安放在均匀恒定磁场中，带电粒子切割磁力线，沿半圆形轨迹运动，到达该腔体的另一端，此时正好外加电源反向，从而外加电场反向，粒子在另一端的缝隙处再次加速并进入另外一个腔体，此时由于粒子运动速度加快，根据 $\boldsymbol{F}=q\boldsymbol{v}\times\boldsymbol{B}$ 可知，粒子的运动半径将会比原来大一些，同样粒子沿半圆运动回到该腔体的一端，电源再次反向并对粒子加速，如此反复。回旋加速器通过一个电子腔对粒子进行多次的加速，并最终射出腔体外获得高速的粒子束。整个系统安装在密闭真空室中，避免粒子运动中与空气粒子碰撞产生能量损耗。

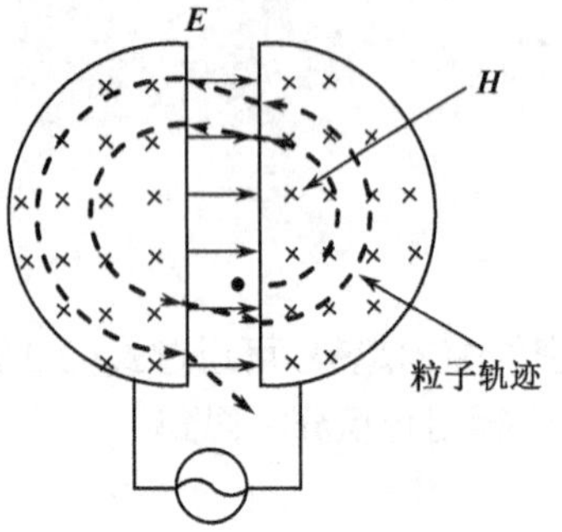

图 2.2.15　回旋加速器

2.3 恒 定 电 场

2.3.1 电源电动势

2.2.1 节介绍产生恒定磁场的源是恒定的电流，而产生恒定电流的源只能是外加电源。外加电源往往是将其他形式的能量（机械能、化学能、热能等）转化为电能的装置，所以严格地应用电磁场理论对包含外加源的区域进行分析是非常困难的。幸运的是，无论是哪一种电源，它的作用都是将源内部的正负电荷分开，所以我们可以人为地建立一种外加电源的电模型，认为电源中存在一种力 $\boldsymbol{F}'$，使得正电荷向正极聚集而负电荷向负极聚拢，这个力是由外加电源内部的机械运动或化学反应导致的，而不是电荷间的库仑力。从而保持一个恒定的电压以及与电源相连的导体中保持一个恒定的电流，此时导体中电场将不再为零，而是产生了一个恒定大小的电场，称为恒定电场。图 2.3.1 所示的是一个连接在电源上的电阻。假设电极 A、B 和导线没有能量损耗。电源和电阻中均存在由外加电源产生的恒定电场 $\boldsymbol{E}$。

在电源内部的非库仑力 $\boldsymbol{F}'$ 形成的等效电场 $\boldsymbol{E}'=\dfrac{\boldsymbol{F}'}{q}$，其方向是从电源的负极 B 指向正极 A。现在使电荷 q 沿导体构成的闭合回路 l 运动一周，力所作的功为 $W_e=\oint_l \boldsymbol{F}\cdot d\boldsymbol{l}$，在电阻中，$\boldsymbol{F}=q\boldsymbol{E}$；在电源内部 $\boldsymbol{F}=q(\boldsymbol{E}+\boldsymbol{E}')$。故有

$$W_e = q\int_{电源内}(\boldsymbol{E}+\boldsymbol{E}')\cdot \mathrm{d}\boldsymbol{l} + q\int_{电源外}\boldsymbol{E}\cdot \mathrm{d}\boldsymbol{l}$$
$$= q\int \boldsymbol{E}'\cdot \mathrm{d}\boldsymbol{l} + q\oint_l \boldsymbol{E}\cdot \mathrm{d}\boldsymbol{l}$$

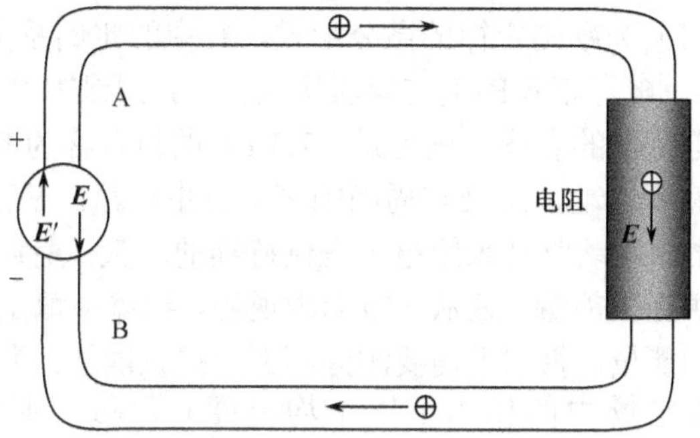

图 2.3.1　导电回路中的电场

因为 $\oint_l \boldsymbol{E}\cdot \mathrm{d}\boldsymbol{l}=0$，故得 $W_{\mathrm{e}} = q\int_{电源内}\boldsymbol{E}'\cdot \mathrm{d}\boldsymbol{l}$，又因电源外 $\boldsymbol{E}'=0$，所以上式可写成 $W_{\mathrm{e}} = q\oint \boldsymbol{E}'\cdot \mathrm{d}\boldsymbol{l}$，一般令

$$E_{\mathrm{e}} = \frac{W_{\mathrm{e}}}{q} = \oint_l \boldsymbol{E}'\cdot \mathrm{d}\boldsymbol{l}$$

E_{e} 称为电动势，单位为 V（伏特），$\boldsymbol{E}'$ 是非保守场也称非库仑场。因为电源内存在非库仑电场，所以当回路穿过电源时，总电场的线积分不等于零，而等于 E_{e}。如果积分回路不经过电源，则总有 $\oint_l \boldsymbol{E}\cdot \mathrm{d}\boldsymbol{l}=0$。

2.3.2　媒质的传导特性

任何物质都是由带正负电荷的粒子组成的。不同的物质，粒子和粒子之间的作用力差别很大，在电磁场的作用下表现出来的宏观效应也千差万别。对于 2.1.3 节中讲述的电介质而言，粒子间作用力很大，在电场作用下，带电粒子不能自由运动，只能做微小的位移，宏观上主要表现为电极化现象；而对于 2.2.3 节描述的磁介质，在磁场作用下，电子的磁化电流取向将发生变化，宏观上表现为磁化现象；导体中，由于电子与原子核的作用力很小，即使在微弱的电场作用下电子都能够产生定向运动，此时传导特性成为主要现象。

在静电场作用下的孤立导体，当电荷分布达到静电平衡后，导体内部电场为零，导体为一个等位体。当导体外接电源后，导电媒质内部有许许多多能自由运动的带电粒子（自由电子或正、负粒子），它们在外电场的作用下可以做宏观定向运动而形成电流，我们称这种电流为传导电流，此时在导体中电场将不再为零。恒定的外加电压源将在导体中产生恒定的电流和恒定电场。对于线性各向同性的导电媒质，媒质内任意一点的电流密度矢量 $\boldsymbol{J}$ 和电场强度 $\boldsymbol{E}$ 满足如下本构关系

$$\boldsymbol{J} = \sigma\boldsymbol{E} \tag{2.3.1}$$

取很小的圆柱导体，体积为 V，底面面积为 S，高为 l，在 V 内对表达式（2.3.1）两边同时进行体积分得

$$\iiint_V \boldsymbol{J}\,\mathrm{d}V = \boldsymbol{e}_{\mathrm{n}}\int_l \mathrm{d}l \iint_S \boldsymbol{J}\cdot \mathrm{d}\boldsymbol{S} = \boldsymbol{e}_{\mathrm{n}}\int_l I\,\mathrm{d}l = \boldsymbol{e}_n Il$$
$$\iiint_V \sigma\boldsymbol{E}\mathrm{d}V = \boldsymbol{e}_l\iint_S \mathrm{d}\boldsymbol{S}\int_l \sigma\boldsymbol{E}\cdot \mathrm{d}\boldsymbol{l} = \boldsymbol{e}_l\sigma SU$$

由于$\boldsymbol{e}_{\mathrm{n}}=\boldsymbol{e}_l$，所以

$$U=\frac{l}{\sigma S}I \tag{2.3.2}$$

定义$R=\dfrac{l}{\sigma S}$为导电媒质的电阻，式（2.3.2）就是经典的电压、电流之间满足的欧姆定律$U=IR$，从而称式（2.3.1）为欧姆定律的微分形式。式中的比例系数σ称为媒质的电导率，单位是S/m（西门子/米）。电导率σ的值与媒质构成有关，附录B中列出部分材料的电导率。电导率是对某些材料导电特性的表述，满足式（2.3.1）的材料称为欧姆材料。

导体中电子以一定速度运动，总会与周围的离子发生碰撞，从而使得速度发生改变，甚至停止运动。要恢复电子的运动就必须给电子提供持续的能量。所以，要维持一个恒定电场，必须要有恒定的外加电源提供能量。这从一方面也说明，导体中恒定电场能量在不断地减少、衰减而转化为其他形式的能量，否则不需要源源不断地提供能量。在导电媒质中，体积元$\mathrm{d}V$内体密度为ρ的电荷在电场力的作用下以平均速度$\boldsymbol{v}$运动，则作用于电荷的电场力为$\mathrm{d}\boldsymbol{F}=\rho\mathrm{d}V\boldsymbol{E}$。若在$\mathrm{d}t$时间内，电荷的移动距离为$\mathrm{d}\boldsymbol{l}$，则电场力所做的功为

$$\mathrm{d}W_{\mathrm{e}}=\mathrm{d}\boldsymbol{F}\cdot\mathrm{d}\boldsymbol{l}=\rho\mathrm{d}V\boldsymbol{E}\cdot\boldsymbol{v}\mathrm{d}t$$

由于电流密度$\boldsymbol{J}=\boldsymbol{e}_{\mathrm{n}}\dfrac{\mathrm{d}I}{\mathrm{d}S}=\boldsymbol{e}_{\mathrm{n}}\dfrac{\mathrm{d}q}{\mathrm{d}t\mathrm{d}S}=\boldsymbol{e}_{\mathrm{n}}\dfrac{\rho\mathrm{d}S\mathrm{d}l}{\mathrm{d}t\mathrm{d}S}=\boldsymbol{e}_{\mathrm{n}}\rho\dfrac{\mathrm{d}l}{\mathrm{d}t}=\rho\boldsymbol{v}$。故电场对体积元$\mathrm{d}V$内的电荷提供的功率为

$$\mathrm{d}P=\frac{\mathrm{d}W_{\mathrm{e}}}{\mathrm{d}t}=\boldsymbol{J}\cdot\boldsymbol{E}\mathrm{d}V \tag{2.3.3}$$

则电场对单位体积提供的功率为

$$p=\frac{\mathrm{d}P}{\mathrm{d}V}=\boldsymbol{J}\cdot\boldsymbol{E} \tag{2.3.4}$$

同样对式（2.3.3）两边同时进行体积分，可以得到任意体积内外加电源提供的功率为$P=IU$，外加电场提供的功率以热的形式作为焦耳热消耗在导电媒质的电阻上，所以导电媒质总是损耗电场能量，故又叫有耗媒质，电导率越大，损耗越大。这就是著名的焦耳定律，式（2.3.4）称为焦耳定律的微分形式。

对于线性各向同性的导体，$\boldsymbol{J}$和$\boldsymbol{E}$的关系满足式（2.3.1），则式（2.3.4）也可表示为如下形式

$$p=\sigma\boldsymbol{E}\cdot\boldsymbol{E}=\sigma E^2 \tag{2.3.5}$$

而体积V内消耗的总功率为

$$P=\int_V\sigma E^2\mathrm{d}V \tag{2.3.6}$$

附录B第一部分中大部分导体的电导率都很大，其导电性能优良，我们称为良导体，如果电导率$\sigma=\infty$，则称为理想导体，一般可以将良导体作为理想导体近似，从而简化运算；附录B第二部分所列的电介质往往电导率都很小，可以忽略不计，所以又称为绝缘体；而介于导体和绝缘体之间的媒质叫一般有耗媒质。其中，如硅、锗等媒质，其价电子总数的一部分可在晶格间自由活动，从而具有一定的导电特性，称为半导体。在外加静电场作用下，其自由电子也会发生运动，并到达半导体表面形成静电平衡，半导体内部没有静电场，其情形与静电场中处于静电平衡的导体相同。

以上讲述的都是导体内部的电流分布形式，电流还有一种形式存在，它存在于自由空间中，电荷在自由空间运动形成的电流叫运流电流，其大小可以表示为电荷密度与速度的乘积$\boldsymbol{J}=\rho\boldsymbol{v}$。运流电流与传导电流有很大的区别，它不能达到静电上的电荷中性，更特别的是，它不需要依赖导体维持电荷的流动，因此也不满足欧姆定律。

至此，本书全面讨论了媒质的极化特性、磁化特性和导电特性，它们分别用介电常数ε、磁导率μ和电导率σ来描述。

2.3.3 基本方程与位函数

1．基本方程

要确保导电媒质中的电场恒定，任意闭合面内的电荷必须保持动态平衡，不能有电荷的增减（即$\partial q/\partial t=0$），否则就会导致电场的变化。也就是说，要在导电媒质中维持一恒定电场，由任一闭合面（净）流出的传导电流应为零。这样，电流连续性方程就退化为如下形式

$$\oint_S \boldsymbol{J}\cdot \mathrm{d}\boldsymbol{S}=0 \tag{2.3.7}$$

这就是恒定电场中电流密度通量所满足的基本方程。如前面电流连续性方程中所描述的，式（2.3.7）所表达的物理意义与电路中的基尔霍夫电流定律的表述含义完全吻合。

同样，我们也必须考虑电流密度或电场强度满足的环量特性。先设所取积分路线经过电源。考虑到在电源内的合成场强为$\boldsymbol{E}+\boldsymbol{E}'$，因此电场强度矢量的环路积分为

$$\oint_l (\boldsymbol{E}+\boldsymbol{E}')\cdot \mathrm{d}\boldsymbol{l}=\oint_l \boldsymbol{E}\cdot \mathrm{d}\boldsymbol{l}+\oint_l \boldsymbol{E}'\cdot \mathrm{d}\boldsymbol{l}=0+E_{\mathrm{e}}$$

可见

$$\oint_l (\boldsymbol{E}+\boldsymbol{E}')\cdot \mathrm{d}\boldsymbol{l}=E_{\mathrm{e}} \tag{2.3.8}$$

如果所取积分路线不经过电源，由于整个积分路径上只存在库仑场强，故有

$$\oint_l \boldsymbol{E}\cdot \mathrm{d}\boldsymbol{l}=0 \tag{2.3.9}$$

由高斯散度定理和斯托克斯定理，式（2.3.7）、式（2.3.9）可以写成如下微分形式

$$\nabla\cdot\boldsymbol{J}=0 \tag{2.3.10}$$

$$\nabla\times\boldsymbol{E}=0 \tag{2.3.11}$$

这是导电媒质（电源外）中微分形式的恒定电场基本方程。它说明在不考虑外加电源的非库仑场的作用下，电场强度$\boldsymbol{E}$的旋度等于零，恒定电场仍为一个保守场。同时说明$\boldsymbol{J}$线是无头无尾的闭合曲线，因此恒定电流只能在闭合电路中流动。电路中只要有一处断开，恒定电流就不存在了。

2．位函数

与静电场一样，由于恒定电场的旋度为零，所以也可以用一个标量位函数的负梯度表示恒定电场的大小

$$\boldsymbol{E}=-\nabla\varphi$$

将$\boldsymbol{J}=\sigma\boldsymbol{E}=-\sigma\nabla\varphi$代入式（2.3.10）中，可以得到均匀导电媒质中电位所满足的拉普拉斯方程

$$\nabla^2\varphi=0 \tag{2.3.12}$$

3．跨步电压

在电力系统中的接地体或断裂的搭地电力线附近，将会有大电流在有耗土壤中流动而在地面形成变化剧烈的电位分布，当有人在地面上行走时，两脚间形成很高的电压（跨步电压），当跨步电压超过安全值，会对人的安全产生危险，甚至可能达到致命的程度。我们将跨步电压超过安全值达到对生命产生危险程度的范围称为危险区。

这里，以半球形接地线附近地面上的电位分布为例，确定危险区的半径。半球的半径为 a，如图 2.3.2 所示。如果由接地体流入大地的总电流为 I，则在距球心 $\boldsymbol{r}$ 处的电流密度 $J=\dfrac{I}{2\pi r^2}$，

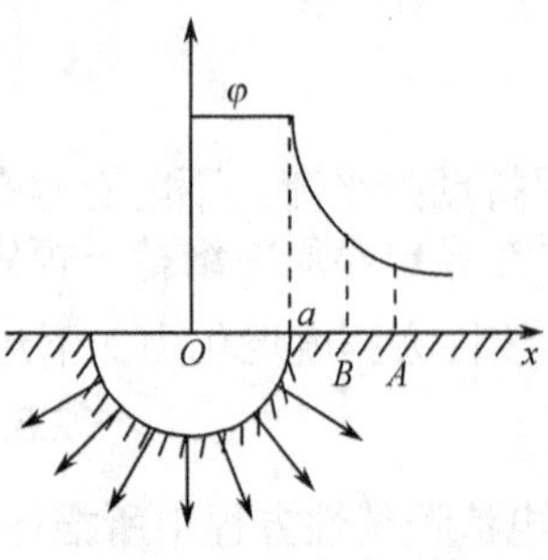

图 2.3.2　跨步电压

场强 $E=\dfrac{J}{\sigma}=\dfrac{I}{2\pi\sigma r^2}$，电位 $\varphi(a)=\int_a^\infty \dfrac{I}{2\pi\sigma r^2}\mathrm{d}r=\dfrac{I}{2\pi\sigma a}$。电位分布曲线如图 2.3.2 所示，在半球上，导体球是等位体，电位恒定，当观察点距球心的距离 $r>a$ 的区域，电位与距离呈反比关系衰减。

设地面上 A、B 两点之间的距离为 b，等于人的两脚的跨步距离。令 A 点与接地体中心的距离为 l，接地体中心与 B 点相距（$l-b$），则跨步电压为

$$U_{BA}=\int_{l-b}^{l}\frac{I}{2\pi\sigma r^2}\mathrm{d}r=\frac{I}{2\pi\sigma}\left(\frac{1}{l-b}-\frac{1}{l}\right)$$

若对人体有危险的临界电压为 U_0，当 $U_{BA}=U_0$ 时，A 点就成为危险区的边界，即危险区是以 O 为中心，以 l 为半径的圆面积。

由于一般情况下，$l\gg b$，所以

$$U_0=\frac{I}{2\pi\sigma}\left(\frac{1}{l-b}-\frac{1}{l}\right)\approx\frac{Ib}{2\pi\sigma l^2}$$

即可得

$$l=\sqrt{\frac{Ib}{2\pi\sigma U_0}} \tag{2.3.13}$$

上式表明了与危险区半径 l 有关的量。

应该指出，实际上直接危及生命的不是电压，而是通过人体的电流。当通过人体的工频电流超过 8 mA 时，有可能发生危险，超过 30 mA 时将危及生命，而电流的大小不仅与跨步电压有关，还与人体本身的电阻有关，分析将相对比较困难。

2.3.4　恒定电场的边界条件

与静电场和恒定磁场一样，在两种不同导电媒质分界面上，由于物质特性发生突变，场量也会随之突变，故必须了解分界面上场强的衔接条件。设在分界面上无外加源存在，则根据恒定电场环量为零 $\oint_l \boldsymbol{E}\cdot\mathrm{d}\boldsymbol{l}=0$ 的条件，仿照图 2.1.6 所示的方法，在分界面上取很小的闭合环，可以推导得到

$$E_{1\mathrm{t}}=E_{2\mathrm{t}} \tag{2.3.14}$$

说明电场强度 $\boldsymbol{E}$ 在分界面上的切线分量是连续的。

同样，仿照图 2.1.5，在分界面两侧，取一很小的闭合圆柱面，并根据 $\oint_S \boldsymbol{J}\cdot\mathrm{d}\boldsymbol{S}=0$ 进行积分，可以得到

$$J_{1\mathrm{n}}=J_{2\mathrm{n}} \tag{2.3.15}$$

说明电流密度 $\boldsymbol{J}$ 在分界面上的法向分量是连续的。

由式（2.3.14）和式（2.3.15）可以得到，在两种不同导电媒质分界面上由电位函数 φ 表示的衔接条件为

$$\varphi_1=\varphi_2 \tag{2.3.16}$$

和
$$\sigma_1\frac{\partial\varphi_1}{\partial n}=\sigma_2\frac{\partial\varphi_2}{\partial n}\tag{2.3.17}$$

如果媒质是各向同性的，即 $\boldsymbol{J}$ 与 $\boldsymbol{E}$ 的方向一致，如图 2.3.3 所示，式(2.3.14)和式(2.3.15)可分别写成

$$E_1\sin\theta_1=E_2\sin\theta_2$$
$$\sigma_1E_1\cos\theta_1=\sigma_2E_2\cos\theta_2$$

两式相除即得

$$\frac{\tan\theta_1}{\tan\theta_2}=\frac{\sigma_1}{\sigma_2}\tag{2.3.18}$$

我们考察一些特殊情况，若第一种媒质是良导体，第二种媒质是不良导体，即 $\sigma_1>>\sigma_2$，对照表达式（2.3.18）可知。除 $\theta_1=90^\circ$ 外，在其他情况下，不论恒定电场的入射角度 θ_1 大小如何，折射角度 θ_2 都会很小。也就是说，在靠近分界面处，不良导体内的电流密度线可近似看成与分界面近似垂直。这一特性与恒定磁场中讲到的铁磁体的性质非常类似。例如，钢（$\sigma_1=5\times10^6\text{S/m}$）与土壤（$\sigma_2=10^2\text{S/m}$）的分界面上，当 $\theta_1=89^\circ\ 59'50''$ 时 $\theta_2=8''$。

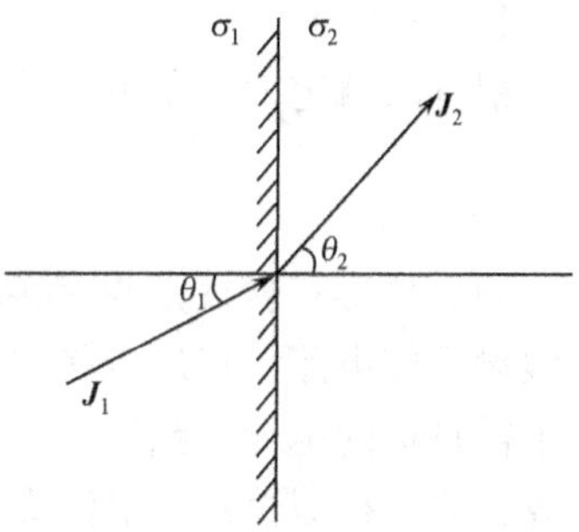

图 2.3.3　电流线的折射

如果介质 2 为理想介质，即 $\sigma_2=0$，则导体内外的电流及电场分布将呈现一些特殊的性质。在导体内部，由于外部理想介质中不存在恒定电流，即 $\boldsymbol{J}_2=0$，由式（2.3.15）可知 $J_{1n}=J_{2n}=0$。又因为 $J_{1n}=\sigma_1E_{1n}$，则 $E_{1n}=0$。说明导体一侧只能存在切线分量的电流和切线分量的电场强度，即 $E_1=E_{1t}=\dfrac{J_{1t}}{\sigma_1}=\dfrac{J_1}{\sigma_1}$。因此一根细导线上通有恒定电流时，不论导线如何弯曲，导线内的电流线也将同样沿弯曲路径流动。

在导体外侧，虽然理想介质中 $\boldsymbol{J}_2=0$，但在理想介质中的恒定电场强度 $\boldsymbol{E}_2$ 并不一定为零。因为 $\boldsymbol{J}_2=\sigma_2\boldsymbol{E}_2$，由于 $\sigma_2=0$，导致 $\boldsymbol{J}_2=0$，但 $\boldsymbol{E}_2$ 仍可以不等于零。这个场是由导体表面电荷引起的，所以导体周围电介质中的电场可以应用相应的静电场的边界条件加以理解。由于存在面电荷，分界面上应满足 $\rho_S=D_{2n}=\varepsilon_2E_{2n}$。在导线外理想介质中不仅电场强度的法线分量存在，而且由式（2.3.14）$E_{2t}=E_{1t}\neq0$，可知电场强度的切线分量也存在。综上所述，在两种不同导电媒质的分界面处，设区域 1 的电导率为 σ_1，介电常数为 ε_1，区域 2 的电导率为 σ_2，介电常数为 ε_2，则电位移和电流密度的法线分量的衔接条件分别为

$$D_{2n}-D_{1n}=\rho_S\quad 或\quad \varepsilon_2E_{2n}-\varepsilon_1E_{1n}=\rho_S$$
$$J_{2n}-J_{1n}=0\quad 或\quad \sigma_2E_{2n}-\sigma_1E_{1n}=0$$

由此得出，分界面上的电荷面密度为

$$\rho_S=\left(\varepsilon_2-\varepsilon_1\frac{\sigma_2}{\sigma_1}\right)E_{2n}=\left(\varepsilon_2\frac{\sigma_1}{\sigma_2}-\varepsilon_1\right)E_{1n}\tag{2.3.19}$$

若 $\dfrac{\sigma_2}{\sigma_1}=\dfrac{\varepsilon_2}{\varepsilon_1}$，则 $\rho_S=0$，此时法向电位移矢量和法向电流都连续，切向电场也连续。

根据经典电子理论，在恒定电场情况下，金属导体中以带电粒子的传导特性为主，介质

极化不明显，可以近似地认为金属导体的介电常数$\varepsilon \approx \varepsilon_0$，因此，两种不同金属导体分界面上的电荷密度为

$$\rho_S = \left(1 - \frac{\sigma_2}{\sigma_1}\right)\varepsilon_0 E_{2n} = \left(\frac{\sigma_1}{\sigma_2} - 1\right)\varepsilon_0 E_{1n} \tag{2.3.20}$$

2.3.5 有耗媒质的电阻

工程上，电容器和同轴线中的漏电阻问题以及高频印制板电路中的损耗问题是极其重要的电性能参数。如何计算这些器件的漏电导（其倒数又称绝缘电阻），成为恒定电场中的一个重要问题。

1．漏电导

根据欧姆定律，漏电导的定义是流经导电媒质的电流与导电媒质两端电压之比，即

$$G = \frac{I}{U} \tag{2.3.21}$$

当导体形状较规则或有某种对称关系时，类似与前面讲解的电容和电感的求解方法，可先假设已知电流，然后求得电流密度和恒定电场强度，再由电场强度线积分获得电压，并最终求得目标的电导。当恒定电场与静电场两者边界条件相同时，利用漏电导计算公式与电容计算公式的相似性，可用如式（2.3.22）的静电比拟法，将静电场中各量分别用恒定电场的对应量代换。

$$C = \frac{Q}{U} = \frac{\int_S \boldsymbol{D} \cdot \mathrm{d}\boldsymbol{S}}{\int_l \boldsymbol{E} \cdot \mathrm{d}\boldsymbol{l}} = \frac{\varepsilon \int_S \boldsymbol{E} \cdot \mathrm{d}\boldsymbol{S}}{\int_l \boldsymbol{E} \cdot \mathrm{d}\boldsymbol{l}}$$

$$G = \frac{I}{U} = \frac{\int_S \boldsymbol{J} \cdot \mathrm{d}\boldsymbol{S}}{\int_l \boldsymbol{E} \cdot \mathrm{d}\boldsymbol{l}} = \frac{\sigma \int_S \boldsymbol{E} \cdot \mathrm{d}\boldsymbol{S}}{\int_l \boldsymbol{E} \cdot \mathrm{d}\boldsymbol{l}}$$

两式相比得

$$\frac{C}{G} = \frac{\varepsilon}{\sigma} \tag{2.3.22}$$

故在求电容公式中将ε代换为σ，即得求相应漏电导的公式，反之亦然。

例 2-15 同轴线是常用的设备，由内外导体组成。为了结构支撑和结构小型化，在内外导体间往往会填充一层或多层介质。由于介质都或多或少存在损耗，导致内外导体间存在漏电阻，而单位长度同轴线的漏电阻大小成为衡量同轴线性能的一个重要指标。设内外导体的半径分别为R_1、R_2，长度为l，中间介质的电导率为σ，介电常数为ε，如图 2.3.4 所示。

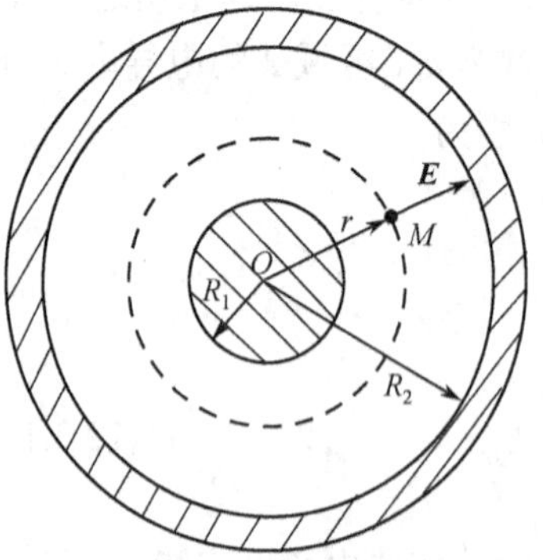

图 2.3.4　同轴电缆的绝缘电阻

解：设电缆的长度l远大于截面半径，忽略其端部边缘效应，并设漏电流为I，则两电极（即内外导体）间任意点M的漏电流密度为

$$J_r = \frac{I}{2\pi r l}$$

故电场强度为

$$E_r = \frac{J_r}{\sigma} = \frac{I}{2\pi r l \sigma}$$

内外两导体间的电压

$$U = \int_{R_1}^{R_2} \frac{I}{2\pi r l \sigma} \mathrm{d}\rho = \frac{I}{2\pi l \sigma} \ln \frac{R_2}{R_1}$$

从而得漏电导

$$G = \frac{I}{U} = \frac{2\pi l \sigma}{\ln \dfrac{R_2}{R_1}}$$

相对的绝缘电阻为

$$R = \frac{1}{G} = \frac{1}{2\pi l \sigma} \ln \frac{R_2}{R_1}$$

通过高斯积分可以方便获得同轴电缆内、外导体间的电容为

$$C = \frac{2\pi \varepsilon l}{\ln \dfrac{R_2}{R_1}}$$

由关系$\dfrac{C}{G} = \dfrac{\varepsilon}{\sigma}$，同样可以得到内、外导体间的漏电导和绝缘电阻分别为

$$G = \frac{2\pi l \sigma}{\ln \dfrac{R_2}{R_1}}, \quad R = \frac{1}{2\pi \sigma l} \ln \frac{R_2}{R_1}$$

由本例题可以看出，要有效降低同轴线的漏电阻，必须选择好的填充介质，尽量降低电导率，并且在不影响其他电性能参数设计的情况下，减小内外导体的线径比也是可行的有效措施。

例 2-16 前面讲解的平板电容器两个极板间都会填充一定的介质，从而可以提高电容量，但介质又会有一定的损耗，从而使得电容器都有不同程度的漏电现象。设平板面积S，距离为d，$S >> d$，填充介质的介电常数为ε，电导率为σ，求电容中的漏电阻。

解：本题同样可以有多种求解方案。

方法一　解常微分方程方法

假设平板为理想导体，假设上下导体之间的电压为U，根据恒定电场的拉普拉斯方程式（2.3.12），板间电位满足如下一维常微分方程

$$\frac{\mathrm{d}^2 \varphi}{\mathrm{d}z^2} = 0$$

从而可以得到解的一般形式　$\varphi = az + b$

由边界条件 $\begin{cases} \varphi\big|_{z=0} = 0 \\ \varphi\big|_{z=d} = U \end{cases}$ 可以得到

$$\varphi = \frac{z}{d} U$$

$$E_z = -\frac{1}{d} U$$

$$I=\int_S \sigma \frac{U}{d} \mathrm{d}S=\frac{U}{d} S\sigma$$

$$G=\frac{I}{U}=\sigma \frac{S}{d}，\ R=\frac{U}{I}=\frac{d}{\sigma S}$$

方法二　通过类比的方法

由于平板电容器的电容为

$$G=\frac{Q}{U}=\varepsilon \frac{S}{d}$$

所以，通过类比的方法可以直接得到漏电阻和漏电导分别为

$$G=\frac{I}{U}=\sigma \frac{S}{d}，\ R=\frac{U}{I}=\frac{d}{\sigma S}$$

2．接地电阻

工程上常将电气设备的一部分和大地直接连接，这就叫接地。如果是为了保护工作人员及电气设备的安全而接地，称为保护接地，如电力系统和大功率电器系统等强电环境中，设备的有效接地就是保护接地。如果是为消除电气设备的导电部分对地电压的升高而接地，称为工作接地，如精密测试仪器设备等，虽然工作电压不高，但仍然需要有效接地。为了有效接地，将金属导体埋入地里，并将设备中需要接地的部分与该导体连接，这种埋在地里的导体或导体系统称为接地体。连接电力设备与接地体的导线称为接地线。接地体与接地线总称接地装置。

接地电阻就是电流由接地装置流入大地再经大地流向另一接地体或向远处扩散所遇到的电阻，它包括接地线与接地体本身的电阻、接地体与大地之间的接触电阻以及大地电阻。其中大地电阻相对要大得多，因此，接地电阻主要是指大地的电阻。

如同例 2-15 中的求解方法一样，假设设备流向接地线的电流为 I，研究地中电流密度和电场强度的分布从而获得观察点电压并最终求得接地电阻。在分析时，不考虑土壤电导率的不均匀性，并且认为接地体深埋于地下，不考虑地面与空气交界面上电导率的突变影响，电流密度是以球心为中心向四周均匀扩散。其 $\boldsymbol{J}$ 线的分布如图 2.3.5 所示。设电流 I 进入土壤达到某点，则该点的 $J=\dfrac{I}{4\pi r^2}$，$E=\dfrac{J}{\sigma}=\dfrac{I}{4\pi\sigma r^2}$，$U_{球\infty}=\int_a^{\infty}\dfrac{I}{4\pi\sigma r^2}\mathrm{d}r=\dfrac{I}{4\pi\sigma a}$，接地电阻 $R=\dfrac{U_{球\infty}}{I}=\dfrac{1}{4\pi\sigma a}$。

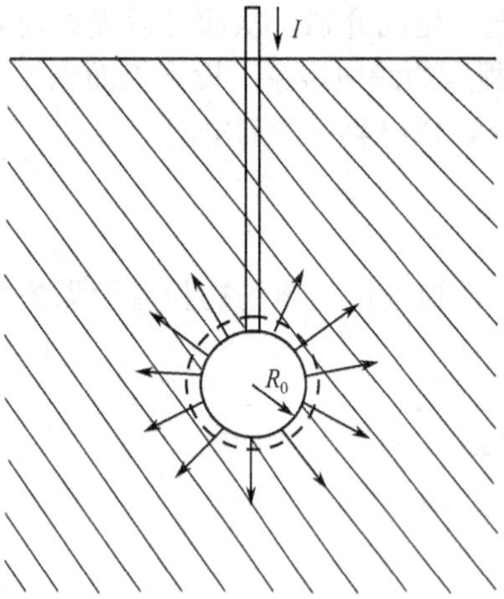

图 2.3.5　深埋接地导体球的 $\boldsymbol{J}$ 线分布

根据接地电阻的公式，为了有效减小接地电阻的值，必须增加土壤的电导率并增加接地体与土壤的接触面积。实际工程中，一般要求接地电阻小于 0.5Ω。

3．微波暗室工作原理简介

在电磁场以及微波技术研究领域，会涉及大量的如天线辐射性能、高频电路电磁性能及飞机等目标的散射特性的测量，如图 2.3.6 所示的微波暗室[14]是一种很方便的测量场所，它能够高效、精确地测量所测目标的各项电磁性能。而微波暗室本身的建造将会应用到大量的电磁场知识。

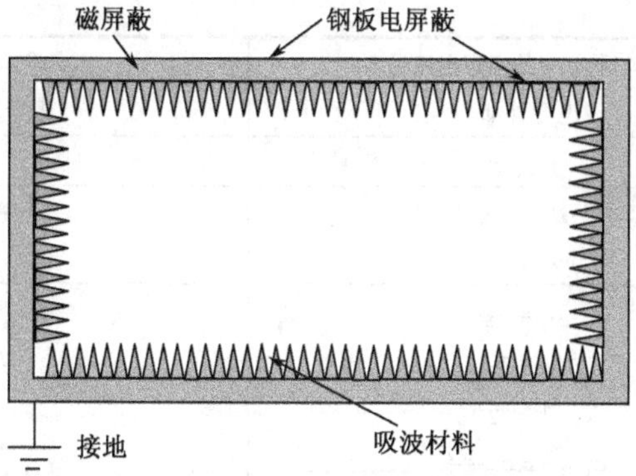

图 2.3.6　微波暗室工作原理图

（1）由于人们所处的自然环境中存在大量各种形式的电磁场，通过微波暗室测量相关目标的电磁性能，首先需要将暗室内部与外部完全的电磁隔离，外部复杂的电磁环境不会干扰到室内的测量工作。设计中，利用多块钢板焊接成一个包围整个暗室的金属壳，同时将金属壳良好接地（接地电阻必须很小，可由前面接地电阻的计算方法设计），从而形成电屏蔽。进一步在钢板夹层中采用铁磁体材料形成磁屏蔽，磁屏蔽的工作原理如 2.2.6 节所述。通过如上设计，暗室内部将是一个非常“干净”的空间，几乎没有外界的电磁干扰。

（2）室内测量还需要解决的问题是如何将入射到墙壁上的电磁场吸收掉，避免室内的多次反射，从而测量时给暗室内部提供一个相对简单的电磁环境，而吸收电磁场的有效途径就是使用吸波材料。目前微波暗室内常用的吸波材料就是采用尖锥状的泡沫填入有耗的炭粉，人为构造了一个有一定电导率的材料。由焦耳定律知道，有耗媒质中，电磁场能量会转化为热能损耗，从而降低电磁场的反射。

实际微波暗室设计是一个非常复杂的系统工程，其中接地电阻、电磁屏蔽性能、吸波材料的吸收率以及工作带宽等众多性能指标，都是设计中必须加以考虑的重要因素。

2.3.6　恒定电场与静电场的比拟

静电场、恒定磁场和恒定电场这三种场的场方程、位函数、边界条件有很多类似之处。如果在某种条件下，两种场的方程、边界条件都具有相同的形式，则两种场的场量、媒质参数之间构成一对一的对偶关系。若两种场的边界形状也相同，则对两种场的求解成为同一个数学问题，解具有相同的形式。此时，只需求出一种场的解，再将解中的物理量用其对偶量替换，就得到另一种场的解。这种求解场的方法称为比拟法。

表 2.3.1 列出电源外部均匀导体中的恒定电场与均匀、无源（$\rho_S = 0$）介质中的静电场的方程、边界条件（用 $\boldsymbol{E}_S$、φ_S 分别表示静电场的电场强度和电位）。

表 2.3.1　恒定电场与静电场的比拟

	均匀导体中的恒定电流场 （电源外部）	均匀介质中的静电场 （无源区域，$\rho = 0$）
场方程	$\oint_l \boldsymbol{E}\cdot d\boldsymbol{l} = 0$，$\nabla\times\boldsymbol{E} = 0$ $\oint_S \boldsymbol{J}\cdot d\boldsymbol{S} = 0$，$\nabla\times\boldsymbol{J} = 0$	$\oint_l \boldsymbol{E}_S\cdot d\boldsymbol{l} = 0$，$\nabla\times\boldsymbol{E}_S = 0$ $\oint_S \boldsymbol{D}\cdot d\boldsymbol{S} = 0$，$\nabla\times\boldsymbol{D} = 0$

续表

	均匀导体中的恒定电流场（电源外部）	均匀介质中的静电场（无源区域，$\rho=0$）
结构关系	$\boldsymbol{J}=\sigma\boldsymbol{E}$	$\boldsymbol{D}=\varepsilon\boldsymbol{E}_S$
位函数方程	$\boldsymbol{E}=-\nabla\varphi$ $\nabla^2\varphi=0$	$\boldsymbol{E}_S=-\nabla\varphi_S$ $\nabla^2\varphi_S=0$
边界条件	$J_{1n}=J_{2n}$ $E_{1t}=E_{2t}$ $\varphi_1=\varphi_2$ $\sigma_1\dfrac{\partial\varphi_1}{\partial n}=\sigma_2\dfrac{\partial\varphi_2}{\partial n}$	$D_{1n}=D_{2n}$ $E_{S1t}=E_{S2t}$ $\varphi_{S1}=\varphi_{S2}$ $\varepsilon_1\dfrac{\partial\varphi_{S1}}{\partial n}=\varepsilon_2\dfrac{\partial\varphi_{S2}}{\partial n}$

从表 2.3.1 中可以看出，电源外部均匀导体中的恒定电场和均匀、无源介质中的静电场之间存在如下四组对偶物理量

$$\boldsymbol{E}\Leftrightarrow\boldsymbol{E}_S,\ \boldsymbol{J}\Leftrightarrow\boldsymbol{D},\ \varphi\Leftrightarrow\varphi_S,\ \sigma\Leftrightarrow\varepsilon \tag{2.3.23}$$

若两种场的边界形状相同，且不同媒质界面处的媒质参数满足$\sigma_1/\sigma_2=\varepsilon_1/\varepsilon_2$，则两种场就具有相同边界条件。求出二者中任意一种场的解，再直接按式（2.3.23）进行变量代换，都可得到另一种场的解，这就是比拟法。

习　题　2

2.1　一块很薄的无限大带电平板，其面电荷密度是$\rho_S\,(\mathrm{C/m^2})$。试证明在离板$z_0\,(\mathrm{m})$点的电场强度$E\,(\mathrm{V/m})$有一半是由该点正下方的板上的一个半径$r_0=\sqrt{3}z_0$的圆内的电荷所产生的。

2.2　双偶极子（又称为四极子）如图 2.1 所示。试证明远离双偶极子的点$P(r,\theta,\phi)$上的电位表示式是$\varphi=\dfrac{qls\sin\theta\cos\theta}{2\pi\varepsilon_0 r^2}$(其中$r\gg l,r\gg s$)。

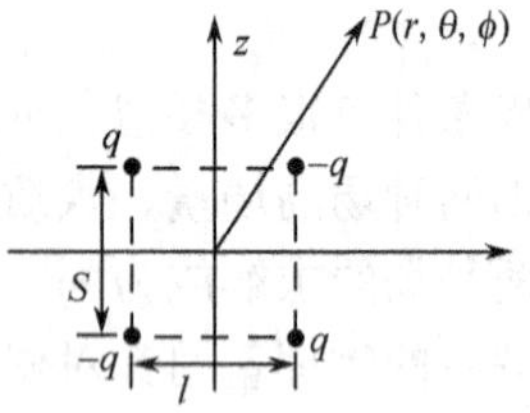

图 2.1　题 2.2 图

2.3　自由空间中，两个无限大平面相距为d，分别均匀分布着电荷密度ρ、$-\rho$，求空间三个区域的电场强度。

2.4　自由空间中，两根互相平行、相距为d的无限长带电细导线，其上均匀分布电荷分别为ρ_l，$-\rho_l$，求空间任意一点的电场强度和电位分布。

2.5　半径为a的无限长直圆柱导体上，均匀分布的面电荷密度为ρ_S。计算导体内外的电场分布。

2.6　有一线密度为ρ_l的均匀带电的无限长直导线，被半径为R_1的无限长介质圆柱所包围，电介质的介电常数为ε_1，在该电介质外（$R>R_1$）又有介电常数为ε_2的均匀无限大电介质包围着。求各区域内带电导线产生的电场强度。

2.7　电荷分布在内半径为a，外半径为b（$a<b$）的球形区域内，设体电荷密度为$\rho=\dfrac{k}{r}$（k为常数），求空间三个区域内的电场强度。穿过球面$r=b$的总电通为多少？

2.8　在一个半径为a（m）的介质球的球心处有一点电荷q（C），介质的相对介电常数

为 ε_r，试求介质球表面上的束缚面电荷密度 $\rho_{SP}(C/m^2)$ 和束缚电荷体密度 ρ_P 以及总的束缚电荷。

2.9　边长为 a 的介质立方体的极化强度为 $\boldsymbol{P}=\boldsymbol{e}_x x+\boldsymbol{e}_y y+\boldsymbol{e}_z z$，如果立方体中心位于坐标原点，求束缚电荷体密度和束缚电荷面密度，在这种情况下总的束缚电荷为多少？

2.10　设 $x<0$ 的区域为空气，$x>0$ 区域为电介质，电解质的介电常数为 $3\varepsilon_0$。如果空气中的电场强度 $\boldsymbol{E}_1=3\boldsymbol{e}_x+4\boldsymbol{e}_y+5\boldsymbol{e}_z$ (V/m)，求电介质中的电场强度 $\boldsymbol{E}_2$。

2.11　设垂直于 x 轴的相距 d 的两平板构成电容器，两极板上分别带有面电荷密度为 ρ_S 和 $-\rho_S$ 的均匀电荷，在两极板间充满介电常数为 $\varepsilon_r=\dfrac{x+d}{d}$ 的非均匀电介质。边缘效应忽略不计，求该平板电容器中的电场强度。

2.12　求如图 2.2 所示的两种电容器的电容。

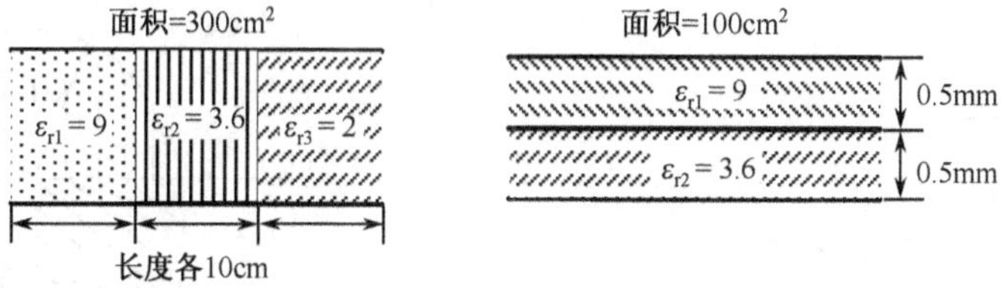

图 2.2　题 2.12 图

2.13　两个相距 2mm 的平行板电容中填充相对介电常数为 6 的介质，平板面积为 $40cm^2$，板间电压为 1.5kV，试求：（1）介质内部电压；（2）电场强度；（3）极化强度；（4）自由电荷面密度；（5）电容；（6）电容储能；（7）极板间所受的库仑力。

2.14　用双层理想电介质按照如图 2.3（a）、（b）所示方法制成的单芯同轴电缆，已知 $\varepsilon_1=4\varepsilon_0$，$\varepsilon_2=2\varepsilon_0$，内外导体单位长度上所带电荷分别为 $\rho_l, -\rho_l$。求：（1）四个区域内的电场强度分布；（2）内外导体间电压；（3）各介质内的极化体电荷与极化面电荷；（4）单位长度电缆内外导体间电容。

2.15　自由电荷体密度为 ρ 的球体（半径为 a），球内外的介电常数均为 ε_0，试求：

（1）球内、外的 $\boldsymbol{D}$ 和 $\boldsymbol{E}$。

（2）球内、外的电位 φ。

（3）静电场能量。

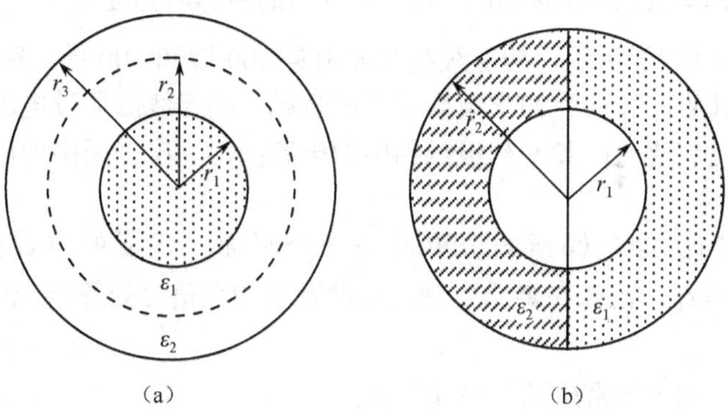

图 2.3　题 2.14 图

2.16　已知半径为 a 的导体球带电荷 q，球心位于两种介质的分界面上，如图 2.4 所示。试求：

（1）电场分布；

（2）球面上的自由电荷分布；

（3）整个系统的静电场能量。

2.17　一平行板电容器，极板面积为 S，一板接地，另一板平移，当板间间隔为 d 时，将之充电至电压为 U_0，然后移去电源、使极板间隔增至 nd（n 为整数）。忽略边缘效应。试求：

（1）两极板间的电压；

（2）计算并证明此时电容器储能的增加等于外力所做的功。

2.18　一个半径为 a 的圆线圈，通有电流 I，将线圈平面沿直径折成90°（见图 2.5），求线圈中心的磁感应强度。

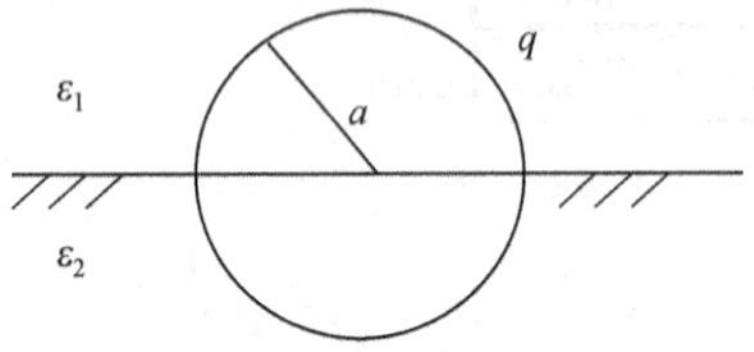

图 2.4　题 2.16 图

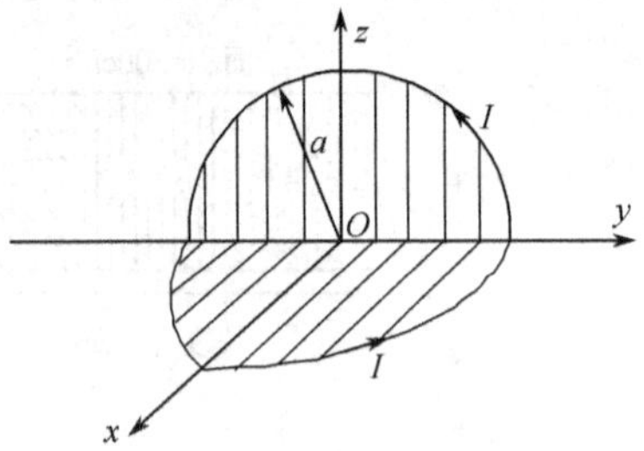

图 2.5　题 2.18 图

2.19　两个相距 d 的两根无限长直导线，通过电流分别为 $I,-I$，求空间任一点的磁场强度、磁感应强度及矢量磁位。

2.20　无限长圆柱导体内部开有一个不同轴的圆柱形空腔，导体中通过电流 $I=10\text{A}$，求各部分的磁感应强度。

2.21　如图 2.6 所示的半径为 a 的无限长导体圆柱（$\mu=\mu_0$），与内外半径分别为 b,c（$c>b>a$）磁导率为 $\mu=4\mu_0$ 的磁介质套筒同轴，导体中通过电流为 I。求：（1）空间任意一点的磁场强度和磁感应强度；（2）求套筒中的束缚电流体密度 $\boldsymbol{J}_\text{M}$ 以及内外表面的束缚电流面密度 $\boldsymbol{J}_\text{MS}$；（3）移去套筒，再次求空间任意一点的磁场强度和磁感应强度。

2.22　已知 $y<0$ 的区域为导磁媒质，磁导率 $\mu_2=5000\mu_0$，$y>0$ 的区域为空气。求：（1）当空气中的磁感应强度 $\boldsymbol{B}_1=0.5\boldsymbol{e}_z-10\boldsymbol{e}_y(\text{mT})$ 时，导磁媒质中的磁感应强度 $\boldsymbol{B}_2$；（2）当导磁媒质中的磁感应强度 $\boldsymbol{B}_2=10\boldsymbol{e}_x+0.5\boldsymbol{e}_y(\text{mT})$ 时，空气中的磁感应强度 $\boldsymbol{B}_1$。

2.23　变压器如图 2.7 所示，初次级线圈分别是 500 圈和 100 圈，密绕于磁导率为 5000 的磁介质上，忽略漏磁，并认为初次级均接匹配负载，初级线圈通过电流10A，求：（1）磁介质中的磁感应强度和磁通；（2）初级线圈中的电感；（3）磁介质中的磁场能量；（4）求次级线圈中的电流大小。

2.24　两种不同的导电媒质的分界面是一个平面。媒质的参数是：$\sigma_1=10^2$ S/m，$\sigma_2=1$S/m，$\varepsilon_1=\varepsilon_2=\varepsilon_0$。已知在媒质 1 中的电流密度的数值处处等于 10（A/m^2），方向与分界面的法线成45°。

（1）求媒质 2 中的电流密度的大小和方向；

（2）求分界面上的面电流密度。

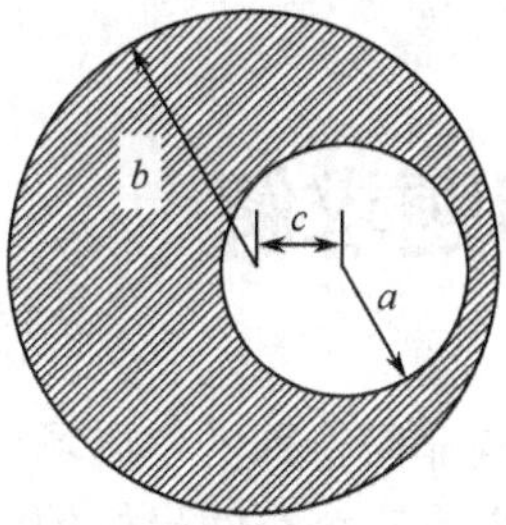

图 2.6　题 2.21 图

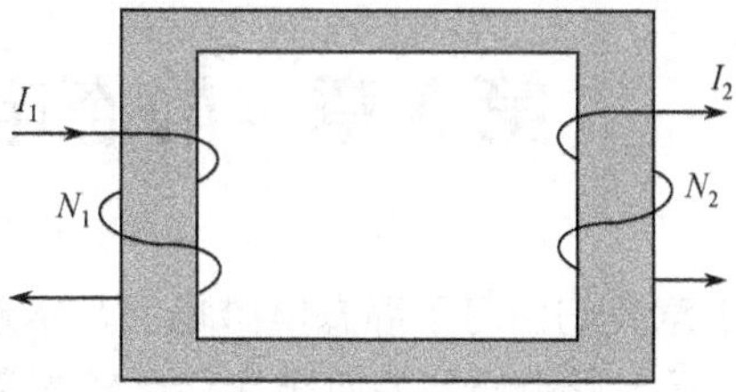

图 2.7　题 2.23 图

2.25　若两媒质分界面两侧的介电常数及电导率分别为ε_1、ε_2及σ_1、σ_2。已知电流流过这一分界面时法向电流密度为J_n，试证明分界面上的自由电荷密度$\rho_{Sf}=J_n\left(\dfrac{\varepsilon_1}{\varepsilon_2}-\dfrac{\sigma_1}{\sigma_2}\right)$。

2.26　两层介质的同轴电缆，介质分界面为同轴的圆柱面，内导体半径为a，分界面半径为b，外导体内半径为c；两层介质的介电常数由内到外分别为ε_1和ε_2，漏电导分别σ_1和σ_2。当外加电压U_0时，求：（1）介质中的电场强度；（2）分界面上的自由电荷面密度；（3）单位长度的电容和漏电导。

2.27　在一块厚度为d的导体板上，有两个半径为r_1和$r_2(r_2>r_1)$的圆弧和夹角为α的两半径割出的一块扇形体，设其电导率为σ，如图 2.8 所示。求：（1）厚度方向的电阻；（2）沿两圆弧面之间的电阻；（3）沿α方向的两电极的电阻。

2.28　长直同轴电缆，内、外电极半径分别为r_1、r_3，与一电压为U的电压源相连，如图 2.9 所示。电极板间充有介电常数和电导率分别为ε_1、σ_1、ε_2、σ_2的两种导电媒质，两种媒质分界面是半径为r_2的同轴圆柱面，且$r_1<r_2<r_3$。求：（1）单位长度的漏电导；（2）两种导电媒质分界面上的自由电荷面密度。

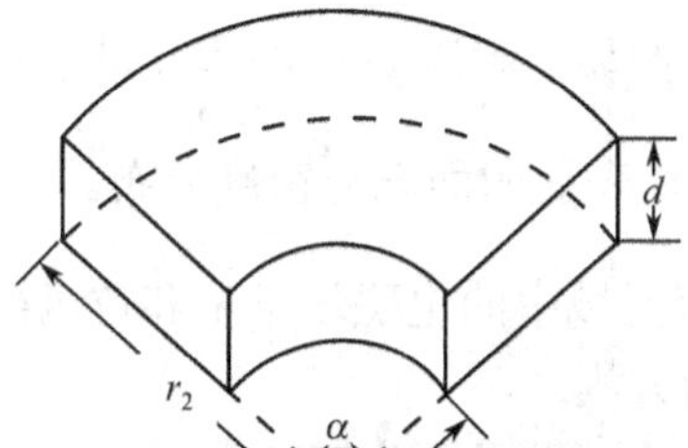

图 2.8　题 2.27 图

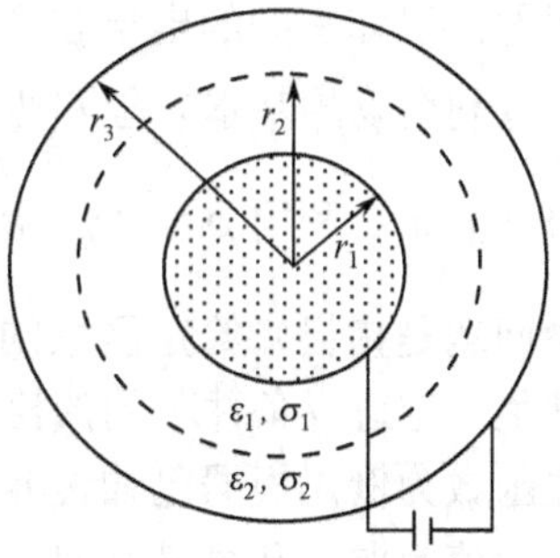

图 2.9　题 2.28 图

2.29　设土壤的电导率$\sigma=10^2\text{S/m}$，采用金属平板做接地体，忽略接地线和接地体的电阻，如果要求接地电阻小于0.5Ω，求接地板的面积。

第 3 章　静态电磁场边值问题求解

第 2 章我们学习了静态电磁场的基本理论，求解了一些结构非常特殊的电磁场问题。但是，在实际工程中遇到的问题往往比较复杂，场矢量一般是两个或三个空间坐标的函数，所以有必要介绍一些求解静态场问题的其他方法。

本章首先介绍静态场边值型问题的类型，给出边值型问题解的唯一性定理，然后介绍两种重要的解析方法：分离变量法和镜像法，最后介绍几种常用的数值计算方法。

3.1　静态场边值问题及解的唯一性定理

3.1.1　静态场问题的类型

一般来说，静态场问题的类型可以分为两大类：分布型问题和边值型问题。

分布型问题是指已知电荷、电流分布，求电磁场场量。分布型问题又可以分为正向问题和反向问题。

正向问题：已知电荷、电流分布，求空间的电场强度、磁场强度、电位函数和磁矢位等物理量。可以利用第 2 章学过的方法，利用标量和矢量积分直接求解。例如

$$\boldsymbol{E}(\boldsymbol{r}) = \int_{V'} \frac{\rho(\boldsymbol{r}')}{4\pi\varepsilon_0} \frac{\boldsymbol{R}}{R^3} \mathrm{d}V' \tag{3.1.1}$$

反向问题：已知空间的电场强度、磁场强度、电位函数和磁矢位等物理量，求电荷、电流分布。可以利用场的基本方程和边界条件来求解。例如，利用 $\rho = \nabla \cdot \boldsymbol{D} = \varepsilon\nabla \cdot \boldsymbol{E} = -\varepsilon\nabla^2\varphi$ 求体电荷密度分布；利用 $\rho_S = D_n = \varepsilon E_n = -\varepsilon\dfrac{\partial\varphi}{\partial n}$ 求导体表面的面电荷密度分布。

边值型问题是指已知给定区域的边界条件，求该区域中的电磁场场量和位函数。可以归结为求解满足一定边界条件下的泊松方程或拉普拉斯方程。

以电位函数为例，根据已知边界条件的不同，边值问题又分为三种类型。

第一类边值问题（狄里赫利问题）：已知边界上各点的电位函数值。

第二类边值问题（诺依曼问题）：已知边界上各点的 $\dfrac{\partial\varphi}{\partial n}$ 值。

对于导体表面实际上是已知导体表面的电荷面密度 $\rho_S = -\varepsilon\dfrac{\partial\varphi}{\partial n}$。

第三类边值问题（混合型问题）：已知部分边界表面的 φ 值和其他边界表面的 $\dfrac{\partial\varphi}{\partial n}$ 值。

3.1.2　静态场边值型问题的解法

静态场边值型问题的解法种类很多，一般可以分为两大类。

（1）解析法[15,16]（得到一个函数表达式）。主要方法有：镜像法、分离变量法、复变函数法、格林函数法等。

（2）数值法[17~42]（建立数学模型，利用计算机进行求解，得到研究区域中离散点上的场强或位函数值）。主要包括：时域有限差分法（FDTD）、有限元法（FEM）、矩量法（MoM）等。由于引入计算机进行计算，数值方法能求解许多解析法解决不了的问题。

3.1.3 唯一性定理

唯一性定理是关于边值型问题的一个非常重要的定理，此定理不仅适用于静态场，而且同样适用于时变电磁场。

静态场的唯一性定理：静态场第一、二、三类边值问题的解是唯一的。

将其推广到一般情况，唯一性定理可以描述为：满足给定边界条件的泊松方程或拉普拉斯方程的解是唯一的。

由唯一性定理，既然泊松方程或拉普拉斯方程在给定边界条件下的解是唯一的，那么，对于一个特定函数形式，只要它既能满足泊松方程或拉普拉斯方程，同时又能满足给定的边界条件，就可以说此函数是所要求问题的解。

唯一性定理可以应用格林第一恒等式并采用反证法进行证明[3]。

假设存在满足相同边界条件的两个不同的解φ_1和φ_2，令

$$U=\varphi_1-\varphi_2$$

在场域V内，由于φ_1和φ_2都满足拉普拉斯方程，所以

$$\nabla^2 U=0 \tag{3.1.2}$$

对于第一类边值问题，在边界Γ上，处处满足U=0；对于第二类边值问题，在边界Γ上，处处满足$\dfrac{\partial U}{\partial n}=0$。

应用格林第一恒等式：$\int_V\left(\phi\nabla^2\psi+\nabla\psi\cdot\nabla\phi\right)\mathrm{d}V=\oint_S\phi\dfrac{\partial\psi}{\partial n}\mathrm{d}S$，并令$\phi=\psi=U$，得到

$$\int_V\left(U\nabla^2 U+\nabla U\cdot\nabla U\right)\mathrm{d}V=\oint_S U\frac{\partial U}{\partial n}\mathrm{d}S \tag{3.1.3}$$

由于$\nabla^2 U=0$，对于第一、第二类边值问题，沿边界Γ满足U=0或$\dfrac{\partial U}{\partial n}=0$，上式可以简化为

$$\int_V\left|\nabla U\right|^2\mathrm{d}V=0 \tag{3.1.4}$$

$$\nabla U=0 \tag{3.1.5}$$

对于第一类边值问题，因为$U(\Gamma)=0$，且电位函数不可跃变，所以在整个场域V内，U=0，从而$\varphi_1=\varphi_2$。因此，对于第一类边值问题，原泊松方程或拉普拉斯方程的解是唯一的。

对于第二类边值问题，在场域V内，U可以为任意常数，但由电位函数所求解出的电场强度仍然是唯一的。

第三类边值问题是第一、第二类边值问题的混合问题，由上述推导过程可以得出结论，其场解也是唯一的。

3.2 分离变量法

分离变量法[3~8,15,16]是求解偏微分方程的一种重要的数学方法，又称为傅里叶级数法。

直接使用分离变量法求解电磁场问题有两个适用条件：一是所求解的偏微分方程为齐次方程；二是微分方程各项是仅对一个变量的偏微分。如果给定的偏微分方程不满足上述条件，需要对方程进行变量代换及一定的数学推导。

本节以电位函数拉普拉斯方程的求解为例，介绍直角坐标系、圆柱坐标系和球坐标系中分离变量法的求解过程。考虑到使用分离变量法解决二维问题既简单又有实际意义，同时，三维问题的求解过程与二维问题具有相同的解题步骤，只是更为复杂和烦琐，所以，在本节中只讨论二维问题。

分离变量法的基本解题步骤是：

（1）根据已知导体与媒质分界面的形状，选择适当的坐标系；

（2）将偏微分方程分离为若干个常微分方程，求出包含待定系数的通解；

（3）利用给定的边界条件，确定通解中的待定系数，得到所求问题的特解。

3.2.1 直角坐标系下的分离变量法

对于二维目标，当截面边界与直角坐标系的 xOy 坐标平面平行时，设电位分布只是 x、y 变量的函数，与 z 无关。$\nabla^2\varphi = 0$ 在直角坐标系中的展开式为

$$\frac{\partial^2\varphi(x,y)}{\partial x^2} + \frac{\partial^2\varphi(x,y)}{\partial y^2} = 0 \tag{3.2.1}$$

为了分离变量，将二维函数写成两个一维函数乘积的形式，设

$$\varphi(x,y) = X(x)\cdot Y(y) \tag{3.2.2}$$

代入拉普拉斯方程中，得到

$$Y\frac{\mathrm{d}^2X}{\mathrm{d}x^2} + X\frac{\mathrm{d}^2Y}{\mathrm{d}y^2} = 0 \tag{3.2.3}$$

方程两边同除以 XY，得到

$$\frac{1}{X}\frac{\mathrm{d}^2X}{\mathrm{d}x^2} + \frac{1}{Y}\frac{\mathrm{d}^2Y}{\mathrm{d}y^2} = 0 \tag{3.2.4}$$

由于上式中第一项仅仅是关于 x 的函数，第二项仅仅是关于 y 的函数，在 x、y 任意取值时，两项之和等于 0，所以两项都必须为常数，且相加为 0，所以

$$\begin{cases} \dfrac{1}{X}\dfrac{\mathrm{d}^2X}{\mathrm{d}x^2} = c_1 \\ \dfrac{1}{Y}\dfrac{\mathrm{d}^2Y}{\mathrm{d}y^2} = c_2 \end{cases} \tag{3.2.5}$$

$$c_1 + c_2 = 0 \tag{3.2.6}$$

其中，c_1、c_2为分离常数。c_1、c_2的取值有三种可能。

（1）$c_1 = c_2 = 0$

此时式（3.2.5）演变为

$$\begin{cases} \dfrac{1}{X}\dfrac{\mathrm{d}^2 X}{\mathrm{d}x^2} = 0 \\ \dfrac{1}{Y}\dfrac{\mathrm{d}^2 Y}{\mathrm{d}y^2} = 0 \end{cases} \tag{3.2.7}$$

上述方程为两个常微分齐次方程，它们的通解为

$$\begin{cases} X = A_0 + B_0 x \\ Y = C_0 + D_0 y \end{cases} \tag{3.2.8}$$

利用$\varphi(x,y) = X(x)\cdot Y(y)$，此时的解称为拉普拉斯方程的零解，即

$$\varphi_0 = (A_0 + B_0 x)(C_0 + D_0 y) \tag{3.2.9}$$

（2）$c_1 = -c_2 = -k^2$，c_2为正数、c_1为负数

式（3.2.5）演变为

$$\begin{cases} \dfrac{\mathrm{d}^2 X}{\mathrm{d}x^2} + k^2 X = 0 \\ \dfrac{\mathrm{d}^2 Y}{\mathrm{d}y^2} - k^2 Y = 0 \end{cases} \tag{3.2.10}$$

上述方程为两个二阶常系数常微分齐次方程，它们的通解为

$$\begin{cases} X = A\cos kx + B\sin kx \\ Y = C\mathrm{ch}ky + D\mathrm{sh}ky \end{cases} \tag{3.2.11}$$

所以

$$\varphi(x,y) = XY = (A\cos kx + B\sin kx)(C\mathrm{ch}ky + D\mathrm{sh}ky) \tag{3.2.12}$$

在实际问题中，通过代入边界条件，发现k不能取任意值，只能取一些离散的值。即

$$k \to k_n \quad (n=1,\ 2\ ,\cdots)$$

所以

$$\varphi(x,y) = XY = (A_n\cos k_n x + B_n\sin k_n x)\left(C_n\mathrm{ch}k_n y + D_n\mathrm{sh}k_n y\right) \tag{3.2.13}$$

由于拉普拉斯方程是线性的，包含零解在内的所有解的线性组合仍然为拉普拉斯方程的解，因此，方程的通解为

$$\begin{aligned} \varphi(x,y) &= (A_0 + B_0 x)(C_0 + D_0 y) \\ &+ \sum_{n=1}^{\infty}(A_n\cos k_n x + B_n\sin k_n x)(C_n\mathrm{ch}k_n y + D_n\mathrm{sh}k_n y) \end{aligned} \tag{3.2.14}$$

（3）$c_1 = -c_2 = k^2$，c_1为正数、c_2为负数

式（3.2.5）演变为

$$\begin{cases} \dfrac{\mathrm{d}^2 X}{\mathrm{d}x^2} - k^2 X = 0 \\ \dfrac{\mathrm{d}^2 Y}{\mathrm{d}y^2} + k^2 Y = 0 \end{cases} \tag{3.2.15}$$

上述方程的通解为

$$\begin{cases} X = A\mathrm{ch}kx + B\mathrm{sh}kx \\ Y = C\cos ky + D\sin ky \end{cases} \tag{3.2.16}$$

用与第（2）种取值相同的方法，得到拉普拉斯方程的通解为

$$\begin{aligned} \varphi(x,y) &= (A_0 + B_0 x)(C_0 + D_0 y) \\ &+ \sum_{n=1}^{\infty}(A_n \mathrm{ch}k_n x + B_n \mathrm{sh}k_n x)(C_n \cos k_n y + D_n \sin k_n y) \end{aligned} \tag{3.2.17}$$

所以，在二维直角坐标系中，拉普拉斯方程的通解有两种形式：式（3.2.14）和式（3.2.17）。在求解具体问题时究竟取哪一个，要由给定边界条件的具体情况和双曲函数与正余弦函数的特点来确定。

双曲函数 $y = \mathrm{sh}x = \dfrac{\mathrm{e}^x - \mathrm{e}^{-x}}{2}$ 在 x 轴上只有一个零值，$y = \mathrm{ch}x = \dfrac{\mathrm{e}^x + \mathrm{e}^{-x}}{2}$ 没有零值，而 $\sin x$、$\cos x$ 在 x 轴上可以有无穷多个零值，所以：

当求解的问题在 x 轴方向只有一个零值时，应选式（3.2.17）；

当求解的问题在 y 轴方向只有一个零值时，应选式（3.2.14）。

例3-1 尺寸为 $a\times b$ 的接地导体槽的上方是一块密实但与之绝缘的金属盖板，其电位为 U_0。设电位沿纵深方向 z 无变化。求槽内的电位分布。

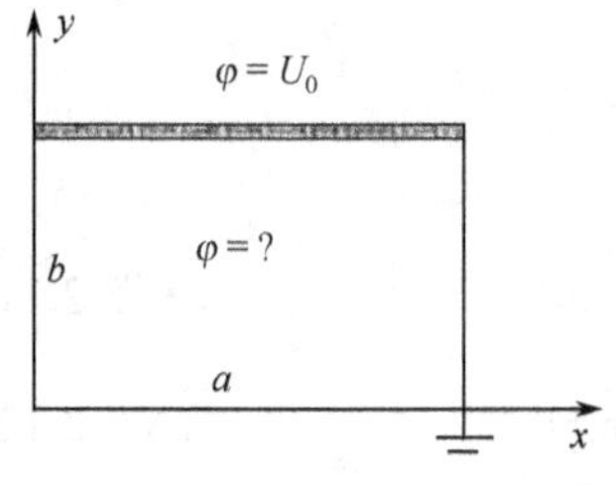

图 3.2.1 例 3-1 图

解：这是一个二维拉普拉斯方程边值问题，槽的四个面都与直角坐标系的坐标面平行，所以可在直角坐标系中进行分离变量，它的边界条件：

（1）x=0、0≤y≤b 时，$\varphi = 0$；

（2）x=a、0≤y≤b 时，$\varphi = 0$；

（3）y=0、0≤x≤a 时，$\varphi = 0$；

（4）y=b、0≤x≤a 时，$\varphi = U_0$。

由于槽内电位函数 $\varphi(x,y)$ 在 x 轴方向上（x=0，a）有两个零点，而在 y 轴方向上只有一个零点（y=0），所以 $\varphi(x,y)$ 的通解应该选取式（3.2.14）

$$\begin{aligned} \varphi(x,y) &= (A_0 + B_0 x)(C_0 + D_0 y) \\ &+ \sum_{n=1}^{\infty}(A_n \cos k_n x + B_n \sin k_n x)(C_n \mathrm{ch}k_n y + D_n \mathrm{sh}k_n y) \end{aligned}$$

进一步，需将边界条件代入通解中，确定其中的待定常数。

将边界条件（1）代入通解中（x=0 时，$\varphi = 0$），得到

$$0 = A_0(C_0 + D_0 y) + \sum_{n=1}^{\infty} A_n (C_n \mathrm{ch}k_n y + D_n \mathrm{sh}k_n y)$$

在 0≤y≤b 时上式均成立，所以

$$A_i = 0, (i = 0,1,2,\cdots)$$

电位函数变为

$$\varphi(x,y) = B_0 x(C_0 + D_0 y) + \sum_{n=1}^{\infty} B_n \sin k_n x (C_n \mathrm{ch}k_n y + D_n \mathrm{sh}k_n y) \tag{3.2.18}$$

将边界条件（2）代入上式中（x=a 时，$\varphi = 0$），得到

$$0 = B_0 a(C_0 + D_0 y) + \sum_{n=1}^{\infty} B_n \sin k_n a(C_n \text{ch} k_n y + D_n \text{sh} k_n y)$$

为保证 $0 \leqslant y \leqslant b$ 时上式成立，B_n 不能为 0，否则整个解为 0，所以只能

$$\sin k_n a = 0$$

$$k_n = \frac{n\pi}{a} \quad (n = 1, 2, \cdots) \tag{3.2.19}$$

电位函数变为

$$\varphi(x, y) = \sum_{n=1}^{\infty} B_n \sin \frac{n\pi}{a} x(C_n \text{ch} \frac{n\pi}{a} y + D_n \text{sh} \frac{n\pi}{a} y) \tag{3.2.20}$$

将边界条件（3）代入上式（y=0 时，$\varphi = 0$），得到

$$0 = \sum_{n=1}^{\infty} (B_n \sin \frac{n\pi}{a} x) \cdot C_n$$

为保证 $0 \leqslant x \leqslant a$ 时上式成立，B_n 不能为 0，所以

$$C_n = 0$$

电位函数变为

$$\varphi(x, y) = \sum_{n=1}^{\infty} B_n D_n \sin \frac{n\pi}{a} x \cdot \text{sh} \frac{n\pi}{a} y = \sum_{n=1}^{\infty} E_n \sin \frac{n\pi}{a} x \cdot \text{sh} \frac{n\pi}{a} y \tag{3.2.21}$$

下面将边界条件（4）代入上式以确定剩下的待定系数 E_n（y=b 时，$\varphi = U_0$）

$$U_0 = \sum_{n=1}^{\infty} E_n \text{sh} \frac{n\pi}{a} b \cdot \sin \frac{n\pi}{a} x \tag{3.2.22}$$

对于这种等式，要确定系数 E_n，一般利用三角函数的正交性进行求解。在等式两边都乘以 $\sin \frac{m\pi}{a} x$，然后从 x=0 到 x=a 进行积分。

$$\int_0^a U_0 \sin \frac{m\pi}{a} x\text{d}x = \int_0^a \sum_{n=1}^{\infty} E_n \text{sh} \frac{n\pi}{a} b \cdot \sin \frac{n\pi}{a} x \sin \frac{m\pi}{a} x\text{d}x \tag{3.2.23}$$

由三角函数的正交性

$$\int_0^a \sin \frac{n\pi}{a} x \cdot \sin \frac{m\pi}{a} x\text{d}x = 0 \ \ (m \neq n) \tag{3.2.24}$$

式（3.2.23）等式右边可以得到

$$\int_0^a \sum_{n=1}^{\infty} E_n \text{sh} \frac{n\pi}{a} b \cdot \sin \frac{n\pi}{a} x \sin \frac{m\pi}{a} x\text{d}x = (E_m \text{sh} \frac{m\pi}{a} b) \cdot \frac{a}{2}$$

式（3.2.23）等式左边直接积分得到

$$\int_0^a U_0 \sin \frac{m\pi}{a} x\text{d}x = \begin{cases} \dfrac{2aU_0}{m\pi} & (m\text{为奇数时}) \\ 0 & (m\text{为偶数时}) \end{cases}$$

所以

$$E_n=\begin{cases}\dfrac{4U_0}{n\pi\mathrm{sh}\dfrac{n\pi}{a}b} & (n\text{为奇数时})\\ 0 & (n\text{为偶数时})\end{cases} \tag{3.2.25}$$

最后得出导体槽内电位函数的表达式为

$$\varphi(x,y)=\frac{4U_0}{\pi}\sum_{n=1}^{\infty}\frac{1}{n\mathrm{sh}\dfrac{n\pi}{a}b}\sin\frac{n\pi}{a}x\cdot\mathrm{sh}\frac{n\pi}{a}y \qquad (n\text{ 为奇数时}) \tag{3.2.26}$$

*3.2.2 圆柱坐标系下的分离变量法

若目标边界与圆柱坐标系的坐标面平行，可在圆柱坐标系下进行分离变量法。假设电位函数与 z 变量无关，二维圆柱坐标系中拉普拉斯方程为

$$\frac{1}{\rho}\frac{\partial}{\partial\rho}(\rho\frac{\partial\varphi}{\partial\rho})+\frac{1}{\rho^2}\frac{\partial^2\varphi}{\partial\phi^2}=0 \tag{3.2.27}$$

为了将偏微分方程分离为常微分方程，假定解的形式为

$$\varphi(\rho,\phi)=f(\rho)g(\phi) \tag{3.2.28}$$

代入拉普拉斯方程，得到

$$\frac{g(\phi)}{\rho}\frac{\partial}{\partial\rho}(\rho\frac{\partial f(\rho)}{\partial\rho})+\frac{f(\rho)}{\rho^2}\frac{\partial^2 g(\phi)}{\partial\phi^2}=0 \tag{3.2.29}$$

方程两边同除以 $\dfrac{f(\rho)g(\phi)}{\rho^2}$，得到

$$\frac{\rho}{f}\frac{\mathrm{d}}{\mathrm{d}\rho}\left(\rho\frac{\mathrm{d}f}{\mathrm{d}\rho}\right)+\frac{1}{g}\frac{\mathrm{d}^2g}{\mathrm{d}\phi^2}=0 \tag{3.2.30}$$

上式中两项分别只与坐标变量ρ和ϕ有关，要使得ρ、ϕ取任意值时，保证两项之和为 0，因此

$$\begin{cases}\dfrac{\rho}{f}\dfrac{\mathrm{d}}{\mathrm{d}\rho}\left(\rho\dfrac{\mathrm{d}f}{\mathrm{d}\rho}\right)=c_1\\ \dfrac{1}{g}\dfrac{\mathrm{d}^2g}{\mathrm{d}\phi^2}=c_2\end{cases} \tag{3.2.31}$$

$$c_1+c_2=0 \tag{3.2.32}$$

c_1、c_2的取值有三种可能。

（1）$c_1=c_2=0$

式（3.2.31）演变为

$$\begin{cases}\dfrac{\rho}{f}\dfrac{\mathrm{d}}{\mathrm{d}\rho}\left(\rho\dfrac{\mathrm{d}f}{\mathrm{d}\rho}\right)=0\\ \dfrac{1}{g}\dfrac{\mathrm{d}^2g}{\mathrm{d}\phi^2}=0\end{cases} \tag{3.2.33}$$

上述常微分方程的通解为

$$\begin{cases} f = A_0 + B_0 \ln\rho \\ g = C_0 + D_0\phi \end{cases} \tag{3.2.34}$$

由此，得到拉普拉斯方程的解为

$$\varphi_0 = (A_0 + B_0\ln\rho)(C_0 + D_0\phi) \tag{3.2.35}$$

（2）$c_1 = -c_2 = k^2$，c_1 为正、c_2 为负

式（3.2.31）演变为

$$\begin{cases} \rho\dfrac{\mathrm{d}}{\mathrm{d}\rho}\left(\rho\dfrac{\mathrm{d}f}{\mathrm{d}\rho}\right) - k^2 f = 0 \\ \dfrac{\mathrm{d}^2 g}{\mathrm{d}\phi^2} + k^2 g = 0 \end{cases} \tag{3.2.36}$$

上述常微分方程的通解为

$$\begin{cases} f = C_k\rho^k + D_k\rho^{-k} \\ g = A_k\cos k\phi + B_k\sin k\phi \end{cases} \tag{3.2.37}$$

在圆柱坐标系中，如果电位函数是坐标变量 ϕ 的周期函数，其周期为 2π，即

$$\varphi(\phi) = \varphi(2\pi + \phi), \quad \varphi(k\phi) = \varphi(2\pi k + k\phi)$$

所以，k 为整数 1，2，3，…，即 $k=n$，得到

$$\begin{cases} f = C_n\rho^n + D_n\rho^{-n} \\ g = A_n\cos n\phi + B_n\sin n\phi \end{cases} \tag{3.2.38}$$

拉普拉斯方程为线性方程，所有解的线性组合仍为拉普拉斯方程的解，得到柱坐标系中二维拉普拉斯方程的通解为

$$\varphi(\rho,\phi) = (A_0 + B_0\ln\rho)(C_0 + D_0\phi) + \sum_{n=1}^{\infty}(A_n\cos n\phi + B_n\sin n\phi)(C_n\rho^n + D_n\rho^{-n}) \tag{3.2.39}$$

当 n 取负整数时，$\varphi(\rho,\phi) = \sum\limits_{n=-1}^{-\infty}(A_n\cos n\phi + B_n\sin n\phi)(C_n\rho^n + D_n\rho^{-n})$ 同样为方程的解，但此时的解可以归入通解式（3.2.39）中。

令 $n=-k$，得

$$\varphi(\rho,\phi) = \sum_{k=1}^{\infty}(A_{-k}\cos k\phi - B_{-k}\sin k\phi)(C_{-k}\rho^{-k} + D_{-k}\rho^k)$$

令 $A_{-k}=A_k$、$-B_{-k}=B_k$、$C_{-k}=D_k$、$D_{-k}=C_k$，得

$$\varphi(\rho,\phi) = \sum_{k=1}^{\infty}(A_k\cos k\phi + B_k\sin k\phi)(C_k\rho^k + D_k\rho^{-k})$$

（3）$c_1 = -c_2 = -k^2$，c_1 为负、c_2 为正

此时式（3.2.31）中有关 ϕ 的微分方程蜕变为

$$\frac{\mathrm{d}^2 g}{\mathrm{d}\phi^2} - k^2 g = 0 \tag{3.2.40}$$

其通解为

$$g = A_k\mathrm{ch}k\phi + B_k\mathrm{sh}k\phi \tag{3.2.41}$$

由于电位函数是关于 ϕ 的周期函数，不能用双曲函数表示，上述假设得到的解不合理。

因此，二维圆柱坐标系中拉普拉斯方程的通解为式（3.2.39），即

$$\varphi(\rho,\phi)=(A_0+B_0\ln\rho)(C_0+D_0\phi)+\sum_{n=1}^{\infty}(A_n\cos n\phi+B_n\sin n\phi)(C_n\rho^n+D_n\rho^{-n})$$

例 3-2　在均匀电场 $\boldsymbol{E}_0$ 中，放置一根半径为 a、介电常数为 ε 的无限长均匀介质圆柱体，它的轴线与 $\boldsymbol{E}_0$ 垂直，柱外是自由空间，介电常数为 ε_0，求圆柱内外的电位函数和电场强度。

解：建立图 3.2.2 所示的坐标系，设介质圆柱的轴线与 z 轴重合，外电场的方向与 x 轴平行，$\boldsymbol{E}_0=\boldsymbol{e}_xE_0$。

由于介质圆柱内外自由体电荷密度为 0，所以整个空间的电位函数满足拉普拉斯方程。

由于外电场 $\boldsymbol{E}_0$ 垂直于无限长圆柱的轴线，所以电位沿 z 方向没有变化，这是一个二维拉普拉斯方程问题，可以选用上述通解式（3.2.39）

$$\varphi(\rho,\phi)=(A_0+B_0\ln\rho)(C_0+D_0\phi)+\sum_{n=1}^{\infty}(A_n\cos n\phi+B_n\sin n\phi)(C_n\rho^n+D_n\rho^{-n})$$

下面根据边界条件确定其中的待定系数。

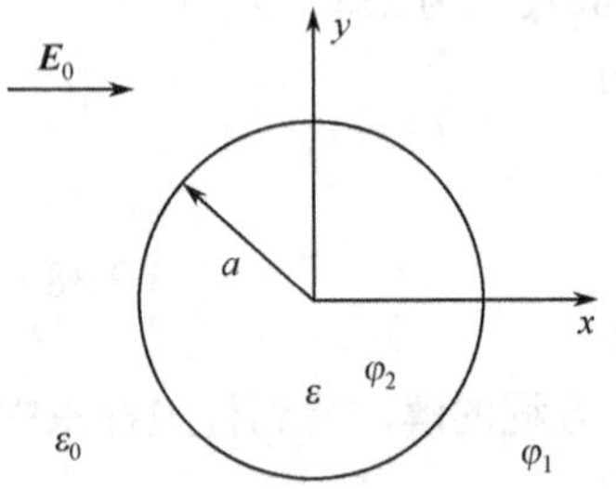

图 3.2.2　例 3-2 图

（1）介质圆柱在外加电场的作用下产生极化，在均匀介质的圆柱面上产生束缚电荷，空间任一点的电场是原有均匀电场 $\boldsymbol{E}_0$ 与束缚电荷产生电场的矢量和。在 $\rho\to\infty$ 的地方，束缚电荷产生的电场趋于 0，只有均匀电场 $\boldsymbol{E}_0$。选定电位参考点在 $\rho=0$ 处，则中点电位

$$\varphi(p)=\int_p^0\boldsymbol{E}_0\cdot\mathrm{d}\boldsymbol{l}$$

当中点趋于无穷远处时，得

$$\varphi_1=\varphi(\rho)=\int_p^0\boldsymbol{E}_0\cdot\mathrm{d}\boldsymbol{l}=\int_p^0\boldsymbol{e}_xE_0\cdot(\boldsymbol{e}_x\mathrm{d}x+\boldsymbol{e}_y\mathrm{d}y)$$

$$=\int_p^0E_0\cdot\mathrm{d}x=\int_x^0E_0\cdot\mathrm{d}x=-E_0x=-E_0\rho\cos\phi$$

（2）由于圆柱面为两种介质的分界面，无自由电荷分布，根据介质分界面电位函数的边界条件，得到

$$\begin{cases}\rho=a,\quad \varphi_1=\varphi_2\\ \rho=a,\ \varepsilon_0\dfrac{\partial\varphi_1}{\partial\rho}=\varepsilon\dfrac{\partial\varphi_2}{\partial\rho}\end{cases}$$

（3）$\rho=0$ 时，$\varphi_2=0$

下面根据上述三个边界条件来确定通解中的待定系数。

代入边界条件（1）：$\rho\to\infty$ 时，$\varphi_1=-E_0\rho\cos\phi$，得

$$-E_0\rho\cos\phi=(A_0+B_0\ln\rho)(C_0+D_0\phi)+\sum_{n=1}^{\infty}(A_n\cos n\phi+B_n\sin n\phi)(C_n\rho^n+D_n\rho^{-n})$$

要使得上式成立，须满足 $n=1$，$A_0=B_0=C_0=D_0=B_n=0$，得

$$\varphi_1(\rho,\phi)=A_1C_1\rho\cos\phi+\frac{A_1D_1}{\rho}\cos\phi$$

进一步简化为

$$\varphi_1(\rho,\phi)=-E_0\rho\cos\phi+\frac{F_1}{\rho}\cos\phi$$

代入边界条件（2）：

$$\begin{cases}\rho=a, \quad \varphi_1=\varphi_2 \\ \rho=a, \varepsilon_0\dfrac{\partial\varphi_1}{\partial\rho}=\varepsilon\dfrac{\partial\varphi_2}{\partial\rho}\end{cases}$$

由该边界条件可以看出，φ_1 与 φ_2 应该具有相同的形式，只是待定系数不一样。由此写出介质圆柱内电位函数的解

$$\varphi_2(\rho,\phi)=F_2\rho\cos\phi+\frac{D_2}{\rho}\cos\phi$$

其中，F_2、D_2 为待定常数。

代入边界条件（3）：$\rho=0$ 时，$\varphi_2=0$，得到 $D_2=0$，所以

$$\varphi_2(\rho,\phi)=F_2\rho\cos\phi$$

φ_1 与 φ_2 各有一个待定系数，可以根据边界条件（2）来确定。

由 $\rho=a,\ \ \varphi_1=\varphi_2$，得到 $-E_0a+\dfrac{F_1}{a}=F_2a$；由 $\rho=a$，$\varepsilon_0\dfrac{\partial\varphi_1}{\partial\rho}=\varepsilon\dfrac{\partial\varphi_2}{\partial\rho}$，得到 $-\varepsilon_0E_0-\varepsilon_0\dfrac{F_1}{a^2}$ $=\varepsilon F_2$。所以

$$\begin{cases}F_1=\dfrac{\varepsilon-\varepsilon_0}{\varepsilon+\varepsilon_0}a^2E_0 \\ F_2=\dfrac{-2\varepsilon_0}{\varepsilon+\varepsilon_0}E_0\end{cases}$$

代入通解中，得出电位函数的特解

$$\varphi_1(\rho,\phi)=-E_0\rho\cos\phi+\frac{\varepsilon-\varepsilon_0}{\varepsilon+\varepsilon_0}a^2E_0\frac{1}{\rho}\cos\phi \quad (\rho\geqslant a)$$

$$\varphi_2(\rho,\phi)=\frac{-2\varepsilon_0}{\varepsilon+\varepsilon_0}E_0\rho\cos\phi \quad (\rho\leqslant a)$$

利用电场强度与电位函数之间的关系，求出介质圆柱内外区域的电场

$$\begin{aligned}\boldsymbol{E}_1&=-\nabla\varphi_1=-\left(\boldsymbol{e}_\rho\frac{\partial\varphi_1}{\partial\rho}+\boldsymbol{e}_\phi\frac{1}{\rho}\frac{\partial\varphi_1}{\partial\phi}\right)\\&=\boldsymbol{e}_\rho\left[1+\left(\frac{\varepsilon-\varepsilon_0}{\varepsilon+\varepsilon_0}\right)\frac{a^2}{\rho^2}\right]E_0\cos\phi+\boldsymbol{e}_\phi\left[-1+\left(\frac{\varepsilon-\varepsilon_0}{\varepsilon+\varepsilon_0}\right)\frac{a^2}{\rho^2}\right]E_0\sin\phi \qquad (\rho\geqslant a)\end{aligned}$$

$$\boldsymbol{E}_2=-\nabla\varphi_2=\frac{2\varepsilon_0E_0}{\varepsilon+\varepsilon_0}(\boldsymbol{e}_\rho\cos\phi-\boldsymbol{e}_\phi\sin\phi) \qquad (\rho\leqslant a)$$

*3.2.3 球坐标系下的分离变量法

如果目标边界与球坐标系的坐标面平行，则可以用球坐标系下的分离变量法。在球坐标系中，假设电位函数只是坐标变量 r、θ的函数，而与φ无关。二维球坐标系中的拉普拉斯方程为

$$\frac{\partial}{\partial r}\left(r^2\frac{\partial\varphi}{\partial r}\right)+\frac{1}{\sin\theta}\frac{\partial}{\partial\theta}\left(\sin\theta\frac{\partial\varphi}{\partial\theta}\right)=0 \qquad (3.2.42)$$

为了分离变量，假设解的形式为

$$\varphi(r,\theta)=R(r)\cdot F(\theta) \tag{3.2.43}$$

代入式（3.2.42），得到

$$F\frac{\partial}{\partial r}\left(r^2\frac{\partial R}{\partial r}\right)+\frac{R}{\sin\theta}\frac{\partial}{\partial\theta}\left(\sin\theta\frac{\partial F}{\partial\theta}\right)=0 \tag{3.2.44}$$

上式两边同时除以 RF，得到

$$\frac{1}{R}\frac{\mathrm{d}}{\mathrm{d}r}\left(r^2\frac{\mathrm{d}R}{\mathrm{d}r}\right)+\frac{1}{F\sin\theta}\frac{\mathrm{d}}{\mathrm{d}\theta}\left(\sin\theta\frac{\mathrm{d}F}{\mathrm{d}\theta}\right)=0 \tag{3.2.45}$$

上式中两项分别只与坐标变量 r 和θ有关，要使得 r、θ取任意值时，保证两项之和为 0，因此

$$\begin{cases}\dfrac{1}{R}\dfrac{\mathrm{d}}{\mathrm{d}r}\left(r^2\dfrac{\mathrm{d}R}{\mathrm{d}r}\right)=c_1\\[2ex]\dfrac{1}{F\sin\theta}\dfrac{\mathrm{d}}{\mathrm{d}\theta}\left(\sin\theta\dfrac{\mathrm{d}F}{\mathrm{d}\theta}\right)=c_2\end{cases} \tag{3.2.46}$$

且

$$c_1+c_2=0 \tag{3.2.47}$$

c_1、c_2 为分离常数，设 $c_1=n(n+1)$，则 $c_2=-n(n+1)$，得到分别关于变量 r 和θ的两个常微分方程

$$\frac{\mathrm{d}}{\mathrm{d}r}\left(r^2\frac{\mathrm{d}R}{\mathrm{d}r}\right)-n(n+1)R=0 \tag{3.2.48a}$$

$$\frac{\mathrm{d}}{\mathrm{d}\theta}\left(\sin\theta\frac{\mathrm{d}F}{\mathrm{d}\theta}\right)+n(n+1)F\sin\theta=0 \tag{3.2.48b}$$

将式（3.2.48a）展开，得到

$$r^2\frac{\mathrm{d}R}{\mathrm{d}r}+2r\frac{\mathrm{d}R}{\mathrm{d}r}-n(n+1)R=0 \tag{3.2.49}$$

上式为数学中著名的欧拉方程，其解为

$$R(r)=A_nr^n+B_nr^{-(n+1)} \tag{3.2.50}$$

式（3.2.48b）的求解比较复杂，为了方便，作如下坐标变换

$$\mu=\cos\theta$$

代入式（3.2.48b）中，得到

$$\left(1-\mu^2\right)\frac{\mathrm{d}^2F}{\mathrm{d}\mu^2}-2\mu\frac{\mathrm{d}F}{\mathrm{d}\mu}+n(n+1)F=0 \tag{3.2.51}$$

上式称为勒让德方程，我们在第 1 章中讨论过该方程及其解。

当 n 为整数时，上述勒让德方程的解为

$$F(\cos\theta)=C_n\mathrm{P}_n(\cos\theta)+D_n\mathrm{Q}_n(\cos\theta) \tag{3.2.52}$$

其中，$\mathrm{P}_n(\cos\theta)$ 称为第一类勒让德函数又称为勒让德多项式，$\mathrm{Q}_n(\cos\theta)$ 称为第二类勒让德函数。

根据勒让德函数的性质，$\theta=0$ 时，$\cos\theta=1$，而 $\mathrm{Q}_n(1)\to\infty$。所以，如果场域包含 $\theta=0$ 的点，则通解式（3.2.52）中，应取 $D_n=0$，通解蜕变为

$$F(\cos\theta)=C_n\mathrm{P}_n(\cos\theta) \tag{3.2.53}$$

由 $\varphi(r,\theta)=R(r)\cdot F(\theta)$，得到二维球坐标系中拉普拉斯方程的通解为

$$\varphi(r,\theta)=\sum_{n=0}^{\infty}A_n r^n \mathrm{P}_n(\cos\theta)+\sum_{n=0}^{\infty}B_n r^{-(n+1)}\mathrm{P}_n(\cos\theta) \tag{3.2.54}$$

例 3-3 在均匀电场 $\boldsymbol{E}_0$ 中，放置一个半径为 a 的导体球，球外是自由空间，介电常数为 ε_0，求导体球外的电场强度及球面上的电荷分布。

解：建立图 3.2.3 球坐标系，导体球球心为原点，外加电场 $\boldsymbol{E}_0$ 的方向与 z 轴重合，$\boldsymbol{E}_0=\boldsymbol{e}_z E_0$。

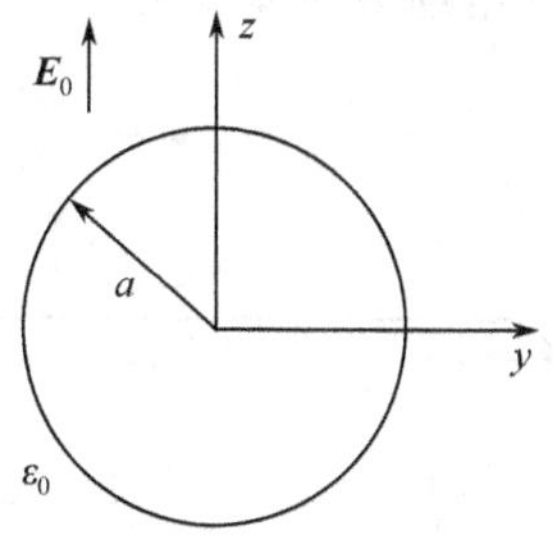

图 3.2.3 例 3-3 示意图

球外任一点的电场强度是球面上所有感应电荷产生电场与外加电场 $\boldsymbol{E}_0$ 的叠加。由结构的对称性，球外任一点的电场与坐标变量 ϕ 无关，所以该问题为球坐标系中二维拉普拉斯方程的求解问题，可以利用通解式（3.2.54）结合边界条件来求解。

$$\varphi(r,\theta)=\sum_{n=0}^{\infty}A_n r^n \mathrm{P}_n(\cos\theta)+\sum_{n=0}^{\infty}B_n r^{-(n+1)}\mathrm{P}_n(\cos\theta)$$

电位函数满足以下边界条件：

（1）取球心为电位参考点，由于导体球为等位体，所以，当 $r=a$ 时，$\varphi(r,\theta)=0$；

（2）在 $r\to\infty$ 的地方，球面上的感应电荷产生的电场趋于 0，只有均匀电场 $\boldsymbol{E}_0$，所以，$r\to\infty$ 时，$\varphi(r,\theta)=-E_0 z=-E_0 r\cos\theta$。

将边界条件（2）代入通解，$r\to\infty$ 时，得

$$\varphi(r,\theta)=\sum_{n=0}^{\infty}A_n r^n \mathrm{P}_n(\cos\theta)+\sum_{n=0}^{\infty}B_n r^{-(n+1)}\mathrm{P}_n(\cos\theta)=-E_0 r\cos\theta$$

所以，$n=1$，$A_1=-E_0$，$\mathrm{P}_1(\cos\theta)=\cos\theta$。球外空间的电位函数蜕变为

$$\varphi(r,\theta)=\left(-E_0 r+B_1 r^{-2}\right)\cos\theta \tag{3.2.55}$$

由边界条件（1），当 $r=a$ 时，$\varphi(r,\theta)=0$，所以

$$B_1=a^3 E_0$$

得到球外空间电位函数表达式为

$$\varphi(r,\theta)=\left(-E_0 r+a^3 E_0 r^{-2}\right)\cos\theta \tag{3.2.56}$$

由 $\boldsymbol{E}=-\nabla\varphi=-\left(\boldsymbol{e}_r\dfrac{\partial\varphi}{\partial r}+\boldsymbol{e}_\theta\dfrac{1}{r}\dfrac{\partial\varphi}{\partial\theta}\right)$，得到球外空间的电场强度为

$$\boldsymbol{E}(r,\theta)=\boldsymbol{e}_r E_0\left(1+\frac{2a^3}{r^3}\right)\cos\theta+\boldsymbol{e}_\theta E_0\left(\frac{a^3}{r^3}-1\right)\sin\theta \tag{3.2.57}$$

由导体与空气分界面的电场边界条件，可以求得导体球表面的电荷分布

$$\rho_S=D_n\big|_{r=a}=\varepsilon_0 E_r\big|_{r=a}=-\varepsilon_0\frac{\partial\varphi}{\partial r}\bigg|_{r=a}$$

所以
$$\rho_S=3\varepsilon_0 E_0\cos\theta \tag{3.2.58}$$

3.3 镜 像 法

如果在电荷或电流附近放置一定形状的导体，在导体表面将出现感应电荷或感应电流。空间任一点的电场和磁场，是原有电荷、电流产生的电磁场与感应电荷、电流产生电磁场的

叠加。在实际问题中，感应电荷与感应电流的计算并不容易，如果能够用一些简单形式的电荷与电流来代替感应电荷与感应电流的效果，将为某些电磁场问题的求解带来方便。

镜像法是解决电磁场边值型问题的另一种解析方法，内容包括：静电场中的镜像法和电轴法、恒定磁场中的镜像法。电轴法是静电场中二维有界空间情况下的镜像法，所以将它并入静电场中的镜像法。

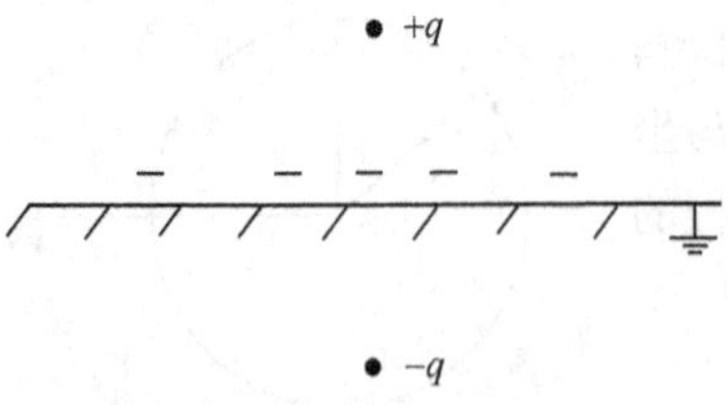

图 3.3.1　镜像法引入示意图

举一个例子，如图 3.3.1 所示，假设有正电荷$+q$，它在其周围空间将产生电场，如果在它的附近放一个无穷大的接地平面导体，导体表面将出现感应负电荷，导体上半空间的场强为电荷$+q$ 与导体表面感应负电荷产生场强的矢量和。如果在我们所研究的区域之外（引入导体后，我们所要研究的区域是平面导体的上半空间，下半空间即为我们所研究的区域之外）用一些假想的电荷代替原有边界上的感应电荷，只要假想电荷与原有电荷一起产生的电场能满足原有的边界条件，同时不破坏所研究区域满足的泊松方程或拉普拉斯方程，那么，根据唯一性定理，所研究区域的电场就可以看成是原有电荷与假想产生电场的矢量和，这些在所研究区域之外引入的假想电荷称为镜像电荷。

镜像法的根据是唯一性定理。由于镜像电荷的引入原则是满足原有的边界条件，而引入镜像电荷后，镜像电荷处在所研究区域之外，在所研究区域内电位函数所满足的泊松方程或拉普拉斯方程的形式不变，因此所求问题的解没有任何变化。

用镜像法求解静电场问题的关键是寻找合适的镜像电荷，寻找的方法是从边界条件出发，也正因为如此，这种方法只能用于一些特殊边界的情形。下面对几种情况进行讨论。

3.3.1　静电场中的镜像法

1. 平面导体与点电荷

设一个接地的无限大导体平板前方有一个点电荷 q，它到平板的垂直距离是 x_0，取直角坐标系，如图 3.3.2 所示，$x=0$ 的平面与导体平面重合。求 $x>0$ 区域的电位函数。

点电荷 q 与导体平面之间的电位必须满足导体表面的边界条件和 $x>0$ 区域中的泊松方程或拉普拉斯方程。

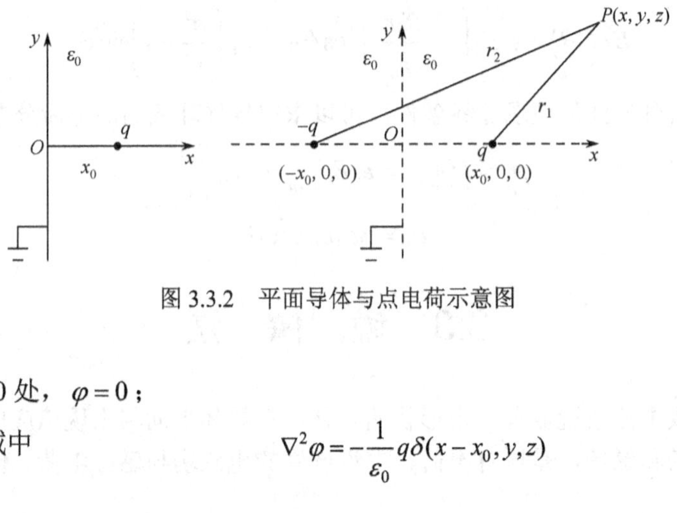

图 3.3.2　平面导体与点电荷示意图

原有问题：

（1）边界 $x=0$ 处，$\varphi=0$；

（2）$x>0$ 区域中

$$\nabla^2\varphi=-\frac{1}{\varepsilon_0}q\delta(x-x_0,y,z)$$

在 $(x,y,z)\neq(x_0,0,0)$ 的点上满足拉普拉斯方程。

现在假想将导体板抽走，在整个空间中用同一种媒质 ε_0 代替，在与原有电荷 q 对称的位置上（$-x_0$，0，0），放一个镜像点电荷 $-q$ 来代替原来导体平面上的感应电荷，此镜像电荷在 $x>0$ 区域产生的电场与感应电荷产生的电场等效，此时在 $x>0$ 区域任一点的电位等于原有点电荷与镜像电荷产生电位的代数和。即

$$\varphi=\frac{q}{4\pi\varepsilon_0}\left(\frac{1}{r_1}-\frac{1}{r_2}\right)=\frac{q}{4\pi\varepsilon_0}\left[\frac{1}{\sqrt{(x-x_0)^2+y^2+z^2}}-\frac{1}{\sqrt{(x+x_0)^2+y^2+z^2}}\right] \tag{3.3.1}$$

下面来验证这个结果是否正确。

首先验证边界条件，将 $x=0$ 代入式（3.3.1），得 $\varphi=0$，这就验证了原有问题第一条：在边界 $x=0$ 处，$\varphi=0$。

当 $r_1\neq0, r_2\neq0$ 时，因为无源区中 $\nabla^2\left(\frac{1}{r_1}\right)=\nabla^2\left(\frac{1}{r_2}\right)=0$，所以 $\nabla^2\varphi=0$。

在点电荷所在点（x_0，0，0），$r_1=0$，所以

$$\nabla^2\left(\frac{1}{r_2}\right)=-4\pi\delta(x+x_0,y,z)=0 \tag{3.3.2}$$

$$\nabla^2\left(\frac{1}{r_1}\right)=-4\pi\delta(x-x_0,y,z) \tag{3.3.3}$$

代入式（3.3.1），得到

$$\nabla^2\varphi=\frac{q}{4\pi\varepsilon_0}\left(\nabla^2\frac{1}{r_1}\right)=-\frac{1}{\varepsilon_0}q\delta(x-x_0,y,z) \tag{3.3.4}$$

所以所求电位既满足泊松方程或拉普拉斯方程，又满足边界条件。根据唯一性定理，式（3.3.1）就是我们要求的唯一的电位函数，我们假设的镜像电荷是正确的。当 $x<0$ 时，由于导体板接地，所以 $\varphi=0$。

在求得 $x>0$ 区域的电位函数后，可以利用导体表面的边界条件求出导体表面的面电荷密度。利用公式 $\rho_S=-\varepsilon_0\frac{\partial\varphi}{\partial n}=-\varepsilon_0\left.\frac{\partial\varphi}{\partial x}\right|_{x=0}$，得到

$$\rho_S=-\frac{x_0 q}{2\pi\left(x_0^2+y^2+z^2\right)^{3/2}} \tag{3.3.5}$$

导体表面对应的总电荷为

$$q_i=\int_S\rho_S\,\mathrm{d}S=-q \tag{3.3.6}$$

这说明导体板上感应电荷电量总和正好等于我们所设的镜像电荷的电量。但必须注意：只有当导体表面为无限大平面时，镜像电荷才与原有电荷等值异号，并位于与原有电荷对称的位置上。

这就像照镜子一样，有一个正电荷就能在镜中对应位置找到一个负电荷，所以将这种方法称为镜像法。

2. 平面导体与线电荷

上面我们讨论了平面导体与点电荷关系中如何找出点电荷的镜像电荷，下面要讨论平面导体与线电荷的情况。

一对水平架设的双导线距地面高度为 h，导线轴线间的距离为 D，导线半径为 a（$a \ll D$，$a \ll h$）。导线上单位长度的带电量分别为 $\pm\rho_l$，求地面以上空间的电位，以及受地面影响时双导线的分布电容。

镜像法的关键是在所求区域之外找出镜像电荷。假设导体 1、2 上单位长度带电量分别为 $\pm\rho_l$（库仑/米），由于 $a \ll D$，可以认为两导线上的电荷分布相互没有影响而均匀分布在表面上，而且可以等效为位于导线轴线上的线电荷。考虑地面的影响，在地面以下，与原线电荷 $\pm\rho_l$ 对称的位置上，引入镜像电荷 $\mp\rho_l$，如图 3.3.3（a）所示。由于假设了如上镜像电荷后，地面的电位仍能保证为 0，所以满足了边界条件。地面以上空间任一点的电位等于这四个线电荷所产生电位之和。即

$$\varphi = \frac{\rho_l}{2\pi\varepsilon_0}\ln\frac{r_1'}{r_1} + \frac{\rho_l}{2\pi\varepsilon_0}\ln\frac{r_2'}{r_2} \tag{3.3.7}$$

电场强度 $\boldsymbol{E} = -\nabla\varphi$，在建立直角坐标系后可以具体求解。

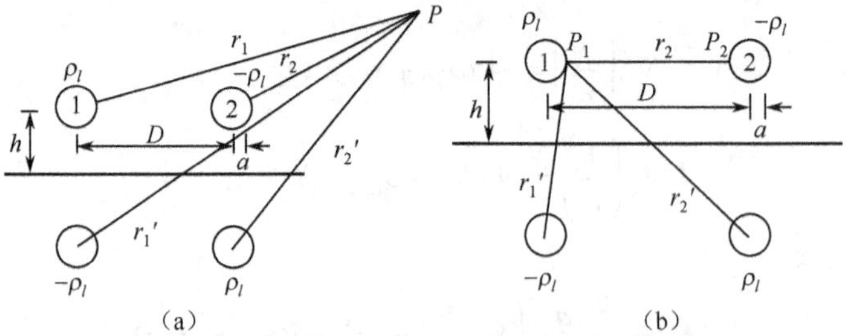

图 3.3.3　平面导体与线电荷示意图

这种地面双导线模型的电容往往是工程中需要关注的重要参量。在上述镜像法求解的基础上，我们给出了该模型的电容求解方法。

平行双导线单位长度电容计算公式为

$$C_1 = \frac{\rho_l}{\varphi_1 - \varphi_2} \tag{3.3.8}$$

其中，φ_1 和 φ_2 分别是两根线表面的电位。在导线上各自取两点 P_1、P_2，如图 3.3.3（b）所示，每条导线是等位体，根据上面推导出的电位公式，可以求出 P_1 点的电位为

$$r_1 = a,\ r_1' = \sqrt{a^2 + 4h^2},\ r_2 = D - a,\ r_2' = \sqrt{4h^2 + (D-a)^2}$$

$$\varphi_1 = \frac{\rho_l}{2\pi\varepsilon_0}\left[\ln\frac{\sqrt{a^2+4h^2}}{a} + \ln\frac{D-a}{\sqrt{4h^2+(D-a)^2}}\right] \tag{3.3.9}$$

由于 $a \ll D$，$a \ll h$，所以

$$\varphi_1 \approx \frac{\rho_l}{2\pi\varepsilon_0}\left[\ln\frac{2h}{a} + \ln\frac{D-a}{\sqrt{4h^2+D^2}}\right] \tag{3.3.10}$$

同样方法得到 P_2 点的电位为

$$\varphi_2 \approx \frac{\rho_l}{2\pi\varepsilon_0}\left[\ln\frac{\sqrt{4h^2+D^2}}{D} + \ln\frac{a}{2h}\right] \tag{3.3.11}$$

所以，受地面影响时双导线的分布电容为

$$C_1=\frac{\rho_l}{\varphi_1-\varphi_2}=\frac{\pi\varepsilon_0}{\ln\dfrac{2hD}{a\sqrt{4h^2+D^2}}} \tag{3.3.12}$$

如果不考虑地面的影响，也就是 $h\to\infty$，此时

$$C_1=\frac{\pi\varepsilon_0}{\ln\dfrac{D}{a}}=\frac{\pi\varepsilon_0}{\ln\dfrac{2D}{d}} \tag{3.3.13}$$

3. 相交无限大导体平面与点电荷

上面讨论的是单个无限大导体平面附近点电荷与线电荷的镜像问题，每一个点电荷或线电荷在与之对应的位置上有一个镜像点电荷或线电荷。下面我们要讨论，如果镜面是两个相交的半无限大接地导体平面的镜像电荷情况。确定镜像电荷的关键仍然是必须满足原有的边界条件及不破坏原来满足的拉普拉斯方程或泊松方程。

有两个相交成直角的接地导体平面，在 P_1 点有点电荷 q，它与两导体平面的距离分别为 h_1、h_2，计算第一象限的电位和电场。

如图 3.3.4 所示，这个问题用镜像法来求解时，在 P_2 点放一个镜像电荷 $-q$，可以保证 OA 面上电位为 0，但 OB 面上的电位不为 0；在 P_3 点放一个镜像电荷 $-q$，可以保证 OB 面上电位为 0，但 OA 面上的电位不为 0。如果在 P_2 和 P_3 点上放上镜像电荷 $-q$，而在与 P_1 关于 O 点对称位置 P_4 上放一个镜像电荷 q，就能保证 OA 和 OB 面上的电位均为 0。所以 P_1 点的点电荷 q 有三个镜像电荷，而 P_4 点上的电荷 q 可以看成是 P_2 和 P_3 点上镜像电荷 $-q$ 的镜像，称为双重镜像。

将上面寻找镜像电荷的方法，推广到两导体平面相交成 α 角的情况。同样可以利用上面的方法，轮流找出镜像电荷及镜像电荷的镜像，直到最后的镜像电荷与原电荷重合为止，此时一般称为多重镜像。但是并不是任意情况下，最后的镜像电荷都能与原有电荷重合。从几何上分析，这些镜像电荷其实位于一个圆上，圆心位于边界的交点，半径是从此交点到原有电荷的距离。要使最后的镜像电荷与原有电荷重合，只有满足：$\alpha=\dfrac{180^\circ}{n}$（$n$ 为整数），镜像电荷的总数为（$2n-1$）个。当 n 不为整数时，用这种方法得到的镜像电荷将有无穷个，而且镜像电荷还将跑到 α 角以内，从而改变了原有的电荷分布，所以当 n 不为整数时，不能用镜像法求解。

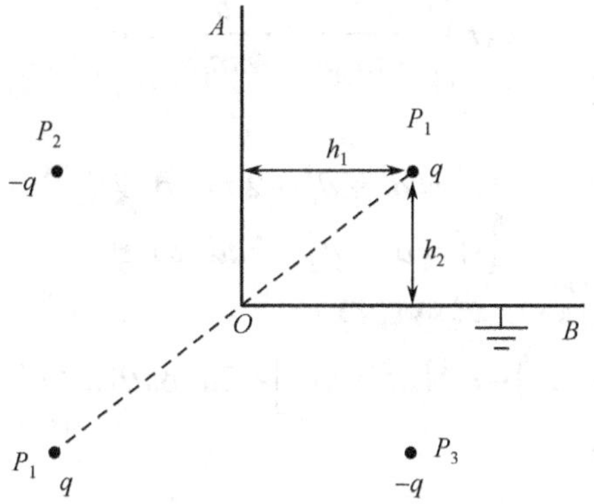

图 3.3.4　相交成直角接地导体平面与点电荷示意图

如果在相互平行的两块无限大导体平板之间有一个点电荷或线电荷，也可以用镜像法计算两平板之间任意点的电位。如图 3.3.5 所示，设导体板 A 和 B 相距为 a，在正中央有一个点电荷 q。在这种情况下，必须有无穷多个镜像电荷对称地分布在两导体板两侧，才能满足 A、B 板等电位的边界条件，最后求 A、B 板之间区域电位得到的是一个收敛的无穷级数。

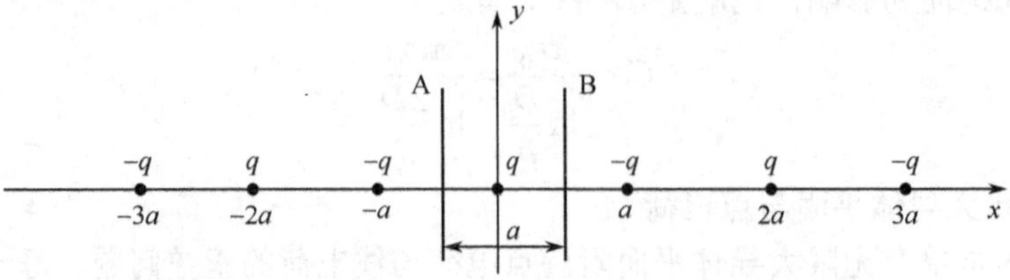

图 3.3.5　相互平行的无限大导体平板与点电荷示意图

4. 接地面导体球与点电荷

下面再来利用镜像法解决接地导体球与点电荷构成系统的问题。

设接地导体球半径为 a，在球外与球心相距 d_1 的 P_1 点有一个点电荷 q，求球外的电位函数。

如图 3.3.6 所示，由于点电荷电场的作用，在导体球面上要产生感应电荷。因导体球接地，导体球表面上只有负的感应电荷（从物理概念分析，如果球面上有正的感应电荷，它必发出电力线，而且是从球表面指向地面，就不能保证球和地等电位），球外任一点的场等于点电荷 q 与球面上感应电荷的场的叠加。在镜像电荷设置中，可以遵循如下结论：

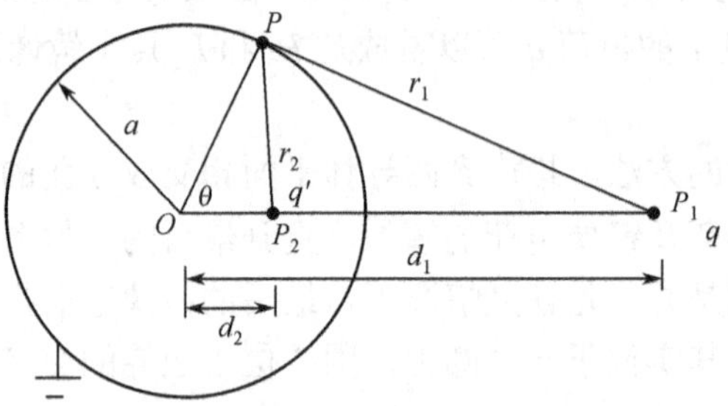

图 3.3.6　接地球面导体与点电荷示意图

（1）镜面是球面，镜像电荷必须在我们研究区域之外，即导体球内。

（2）由于球的对称性，镜像电荷必须在球心与原有点电荷 q 所在点的连线上。

（3）保证导体球表面上任一点的电位为

$$\varphi(P)=\frac{q}{4\pi\varepsilon_0 r_1}+\frac{q'}{4\pi\varepsilon_0 r_2}=0 \tag{3.3.14}$$

由余弦定理

$$\begin{cases} r_1^2=a^2+d_1^2-2ad_1\cos\theta \\ r_2^2=a^2+d_2^2-2ad_2\cos\theta \end{cases} \tag{3.3.15}$$

将式（3.3.15）代入式（3.3.14），经整理得

$$\left[q^2\left(d_2^2+a^2\right)-q'^2\left(d_1^2+a^2\right)\right]+2a\cos\theta\left(q'^2 d_1-q^2 d_2\right)=0 \tag{3.3.16}$$

上式对所有θ角都成立，所以

$$\begin{cases} q^2\left(d_2^2+a^2\right)=q'^2\left(d_1^2+a^2\right) \\ q'^2 d_1=q^2 d_2 \end{cases} \tag{3.3.17}$$

解此方程组，可以得到两组解

$$\begin{cases} d_2=d_1,\ q'=-q \\ d_2=\dfrac{a^2}{d_1},\ q'=-\dfrac{a}{d_1}q \end{cases} \tag{3.3.18}$$

显然，第一组解中镜像电荷与原有电荷重合，不符合镜像法的基本原则，该解无意义；第二组解，由于 $d_1>a$，所以 $d_2<a$，即镜像电荷落在接地的导体球内，正是我们所需要的。由此得到球外任一点的电位为

$$\varphi=\frac{q}{4\pi\varepsilon_0 r_1}+\frac{q'}{4\pi\varepsilon_0 r_2}=\frac{q}{4\pi\varepsilon_0}\left(\frac{1}{r_1}-\frac{a}{d_1 r_2}\right) \tag{3.3.19}$$

式中，r_1、r_2 分别为原有电荷和镜像电荷到场点的距离。

为了求出接地导体球表面的感应电荷面密度，将 r_1、r_2 都表示成球坐标变量 r 的函数，即

$$\begin{cases} r_1=\sqrt{d_1^2+r^2-2d_1 r\cos\theta} \\ r_2=\sqrt{\left(\dfrac{a^2}{d_1}\right)^2+r^2-2r\left(\dfrac{a^2}{d_1}\right)\cos\theta} \end{cases} \tag{3.3.20}$$

可以求得球外任一点的电位函数为

$$\varphi=\frac{q}{4\pi\varepsilon_0}\left(\frac{1}{\sqrt{d_1^2+r^2-2d_1 r\cos\theta_1}}-\frac{1}{d_1\sqrt{\left(\dfrac{a^2}{d_1}\right)^2+r^2-2r\left(\dfrac{a^2}{d_1}\right)\cos\theta}}\right) \tag{3.3.21}$$

进而得到导体球表面的面电荷密度为

$$\rho_S=-\varepsilon_0\left.\frac{\partial\varphi}{\partial r}\right|_{r=a}=\frac{-q\left(d_1^2-a^2\right)}{4\pi a\left(d_1^2+a^2-2d_1 a\cos\theta\right)^{3/2}} \quad (\mathrm{c/m^2}) \tag{3.3.22}$$

可以求出导体球面上总的感应电荷为

$$q_i=\int_S \rho_S \mathrm{d}S=q'=-\frac{a}{d_1}q \tag{3.3.23}$$

由式（3.3.23）可看出，接地导体球球面上的感应电荷等于镜像电荷的电量。

5．对地绝缘的带电导体球与点电荷

上面讨论的不管是导体平面还是导体球都是接地的，这样导体表面的电位为 0，如果导体球不接地，而且本身自带电荷，同样可以确定镜像电荷，利用镜像法求解。

如图 3.3.7 所示，对地绝缘的带电导体球半径为 a，自带电荷 q_0，并且在球外与球心相距 d_1 的 P_1 点处还有一个点电荷 q，求球外的电位函数。

这种情况下，分析导体球的特性：

（1）导体球面是一个等位面，$\varphi(a)$=常数（但不为 0），取无穷远处为电位零点；

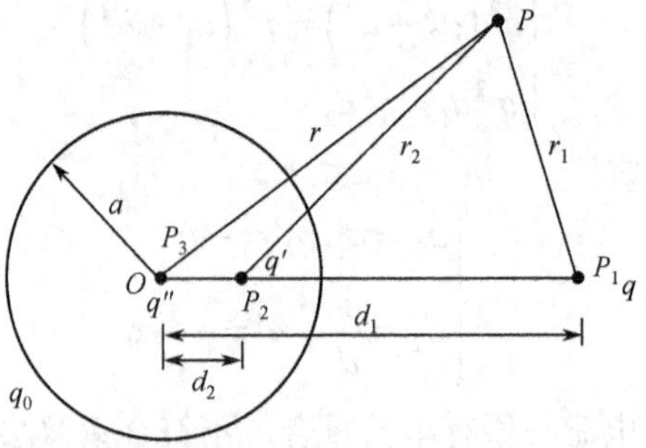

图 3.3.7　对地绝缘的带电导体球与点电荷示意图

（2）导体球上的自带净电荷是 q_0（导体球本身带的电荷），由于导体球未接地，所以，在点电荷 q 的作用下，球上总的感应电荷为 q_0。

此时，如果像前面接地导体球一样在 P_2 点放一个镜像电荷 q'，$d_2=\dfrac{a^2}{d_1}$，$q'=-\dfrac{a}{d_1}q$，则 q 和 q' 作用，使球面上电位 $\varphi(a)=0$，不能满足球面上的电位边界条件。

要求解这一问题，我们采用一种试探的方法，之所以能采用试探法是由唯一性定理决定的。

第一步，如图在 $d_2=\dfrac{a^2}{d_1}$ 处放一镜像电荷 $q'=-\dfrac{a}{d_1}q$。

第二步，在球心处再设置一个镜像电荷 q''，并使 $q''=q_0-q'$（球面上的原有净电荷为 q_0）。

球面上的电位由 q'' 决定，即

$$\varphi(a)=\frac{q''}{4\pi\varepsilon_0 a}=\frac{q_0-q'}{4\pi\varepsilon_0 a}=\frac{q_0+\dfrac{a}{d_1}q}{4\pi\varepsilon_0 a}\quad（常数）$$

球外任一点的电位为 q、q'、q'' 在该点电位的代数和。即

$$\varphi=\frac{q}{4\pi\varepsilon_0 r_1}+\frac{q'}{4\pi\varepsilon_0 r_2}+\frac{q''}{4\pi\varepsilon_0 r}\tag{3.3.24}$$

由于 $q'=-\dfrac{a}{d_1}q$，$q''=q_0-q'=q_0+\dfrac{a}{d_1}q$，所以

$$\varphi=\frac{q}{4\pi\varepsilon_0}\left(\frac{1}{r_1}-\frac{a}{d_1 r_2}\right)+\frac{q_0}{4\pi\varepsilon_0 r}+\frac{aq}{4\pi\varepsilon_0 d_1 r}\tag{3.3.25}$$

由余弦定理得

$$\begin{cases} r_1=\sqrt{d_1^2+r^2-2d_1 r\cos\theta} \\ r_2=\sqrt{\left(\dfrac{a^2}{d_1}\right)^2+r^2-2r\left(\dfrac{a^2}{d_1}\right)\cos\theta} \end{cases}\tag{3.3.26}$$

可以得出球面上的电荷分布为

$$\rho_S=-\varepsilon_0\left.\frac{\partial\varphi}{\partial r}\right|_{r=a}\tag{3.3.27}$$

$$Q=\oint_S \rho_S d_S=q_0\tag{3.3.28}$$

6．柱面导体与线电荷

半径为 a 的无限长导体圆柱和与之平行的与圆柱轴线距离为 d_1 的无限长线电荷 ρ_l 构成的系统中，如图 3.3.8 所示，求圆柱体外空间的电位分布。

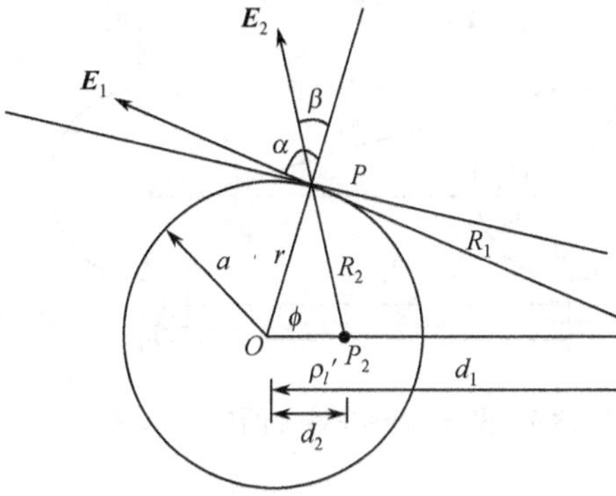

图 3.3.8　柱面导体与线电荷示意图

同样，为了使圆柱面为等位面，镜像电荷也必须为线电荷且与圆柱体轴线平行，设镜像线电荷与圆柱轴线距离为 d_2，线电荷密度为 ρ_l'，下面来确定 d_2 和 ρ_l'。

在圆柱面构成的圆上任取一点 P，两线电荷所产生的电场分别为 $\boldsymbol{E}_1$ 和 $\boldsymbol{E}_2$，根据边界条件，为了满足圆柱表面为等电位面，在 P 点电场强度的切向分量为 0。所以

$$\frac{\rho_l}{2\pi\varepsilon_0 R_1}\sin\alpha+\frac{\rho_l'}{2\pi\varepsilon_0 R_2}\sin\beta=0 \tag{3.3.29}$$

由正弦定理得：$\sin\alpha=\dfrac{d_1}{R_1}\sin\phi,\ \sin\beta=\dfrac{d_2}{R_2}\sin\phi$

由余弦定理得：$\begin{cases}R_1^2=a^2+d_1^2-2ad_1\cos\phi\\ R_2^2=a^2+d_2^2-2ad_2\cos\phi\end{cases}$

代入式（3.3.29）整理后得

$$\left[\rho_l' d_2\left(a^2+d_1^2\right)+\rho_l d_1\left(a^2+d_2^2\right)\right]-2ad_1d_2\left(\rho_l+\rho_l'\right)\cos\phi=0 \tag{3.3.30}$$

此式对所有的 ϕ 角都应该成立，因此满足

$$\begin{cases}\rho_l+\rho_l'=0\\ \rho_l' d_2\left(a^2+d_1^2\right)+\rho_l d_1\left(a^2+d_2^2\right)=0\end{cases} \tag{3.3.31}$$

此方程有两组解

$$\begin{cases}\rho_l'=-\rho_l,\ d_2=d_1\\ \rho_l'=-\rho_l,\ d_2=\dfrac{a^2}{d_1}\end{cases} \tag{3.3.32}$$

显然，第一组解为镜像线电荷与原有电荷重合不符合要求，第二组解确定了镜像线电荷 ρ_l' 与它的位置 d_2，导体圆柱外任一点的电位也就可以很方便地求出。

7．两平行圆柱导体间的电容

设导体上分别带线电荷 ρ_l 和 $-\rho_l$。由于此处两圆柱距离较近，正、负电荷相互吸引，

两导体表面上的电荷分布不均匀，靠近一侧的电荷密度大、相背一侧的电荷密度小，可以认为两圆柱导体上的电荷分别等效集中为两条线电荷，而且线电荷的位置偏离各自圆柱的轴线，此时，ρ_l 和 $-\rho_l$ 可以看成互为镜像，两导体的电位为两线电荷在导体表面产生电位的代数和，如图 3.3.9 所示。

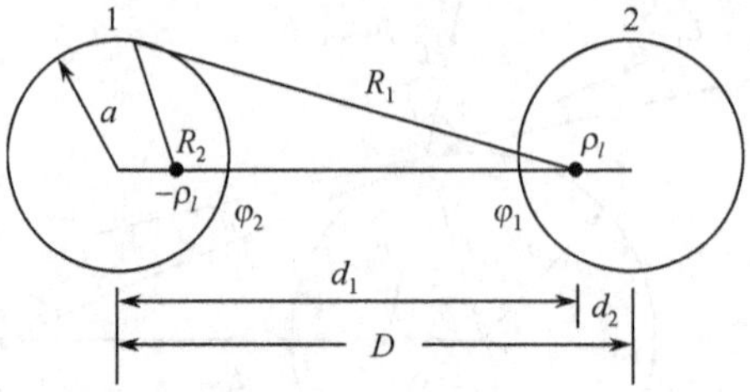

图 3.3.9　两平行圆柱导体间电容示意图

圆柱 1 上：

$$\varphi_1 = \frac{-\rho_l}{4\pi\varepsilon_0}\ln\frac{d_1}{d_2} \tag{3.3.33}$$

圆柱 2 上：

$$\varphi_2 = \frac{\rho_l}{4\pi\varepsilon_0}\ln\frac{d_1}{d_2} \tag{3.3.34}$$

两平行圆柱导体间电容为

$$C_1 = \frac{\rho_l}{\varphi_2 - \varphi_1} = \frac{2\pi\varepsilon_0}{\ln\dfrac{d_1}{d_2}} \tag{3.3.35}$$

因为 ρ_l 和 $-\rho_l$ 互为镜像，由 $\begin{cases} d_1 d_2 = a^2 \\ d_1 + d_2 = D \end{cases}$，所以

$$\begin{cases} d_1 = \dfrac{D + \sqrt{D^2 - 4a^2}}{2} \\ d_2 = \dfrac{D - \sqrt{D^2 - 4a^2}}{2} \end{cases} \tag{3.3.36}$$

$$C_1 = \frac{2\pi\varepsilon_0}{\ln\dfrac{D+\sqrt{D^2-4a^2}}{D-\sqrt{D^2-4a^2}}} = \frac{\pi\varepsilon_0}{\ln\dfrac{D+\sqrt{D^2-4a^2}}{2a}} \tag{3.3.37}$$

当 $D >> d$ 时（不考虑导体之间的相互作用），得

$$C_1 \approx \frac{\pi\varepsilon_0}{\ln\dfrac{2D}{2a}} = \frac{\pi\varepsilon_0}{\ln\dfrac{2D}{d}} \tag{3.3.38}$$

式（3.3.38）与式（3.3.13）的结果相同。

3.3.2　恒定磁场中的镜像法

在外加磁场作用下，磁介质发生磁化，同时，磁化的磁介质产生磁场，将改变原有的场分布。反映磁介质特性的参数是磁导率 μ。在前面的内容中已经知道，电导率 $\sigma \to \infty$ 的媒质称为理想导电体，简称理想导体。同理，磁导率 $\mu\to\infty$ 的媒质称为理想导磁体。理想导磁体的平整光滑表面称为磁壁，而理想导电体的平整光滑表面称为电壁。

对恒定磁场中的镜像法，我们只介绍电壁和磁壁的概念，以及电流元对无穷大磁壁和电壁的镜像问题。

电与磁是对偶的，同样，电壁与磁壁也是对偶的。根据理想导体的边界条件，在电壁上，电场强度的切向分量 $E_{\rm t}=0$，电力线与电壁垂直；在磁壁上，磁场强度的切向分量 $H_{\rm t}=0$，磁力线与磁壁垂直。

根据磁壁的特性，可以判断平行和垂直于无穷大磁壁的电流元的镜像电流，对于任意放置的电流元可以利用矢量的正交分解，分解成平行和垂直于磁壁的电流元的叠加。

1. 电流元平行于磁壁

如图 3.3.10 所示，要使得磁壁上的磁场切向分量为 0，根据毕奥-萨伐尔定律判断原有电流元在磁壁处所产生的磁场的方向，镜像电流元必须与原有电流元取向相同，即

$$I{\rm d}l'=I{\rm d}l \tag{3.3.39}$$

2. 电流元垂直于磁壁

如图 3.3.11 所示，要使得磁壁上的磁场切向分量为 0，根据毕奥-萨伐尔定律判断原有电流元在磁壁处所产生的磁场的方向，镜像电流元必须与原有电流元取向相反，即

$$I{\rm d}l'=-I{\rm d}l \tag{3.3.40}$$

采用同样的方法，我们可以得出电流元平行和垂直于无穷大电壁情况下，镜像电流元的取向，进而得出任意放置电流元的镜像。

3. 电流元平行于电壁

如图 3.3.12 所示，要使得电壁上的电场切向分量为 0，镜像电流元必须与原有电流元取向相反，即

$$I{\rm d}l'=-I{\rm d}l \tag{3.3.41}$$

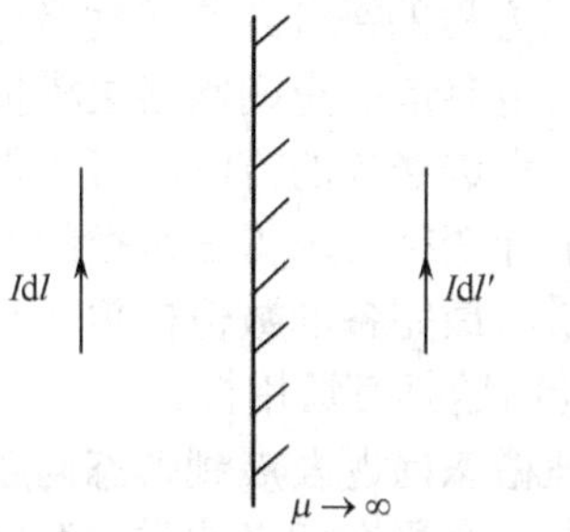

图 3.3.10　电流元平行于电壁

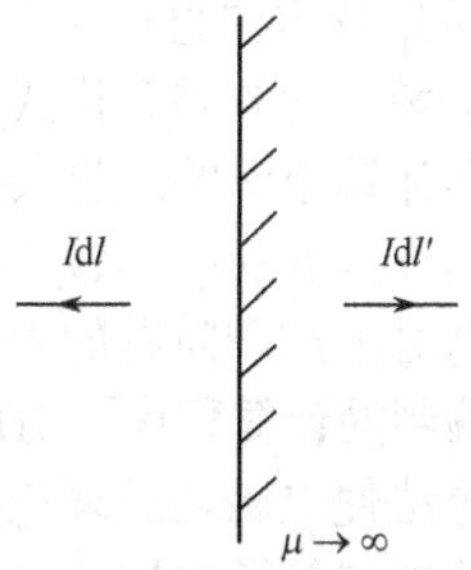

图 3.3.11　电流元垂直于磁壁

4. 电流元垂直于电壁

如图 3.3.13 所示，要使得电壁上的电场切向分量为 0，镜像电流元必须与原有电流元取向相同，即

$$I{\rm d}l'=I{\rm d}l \tag{3.3.42}$$

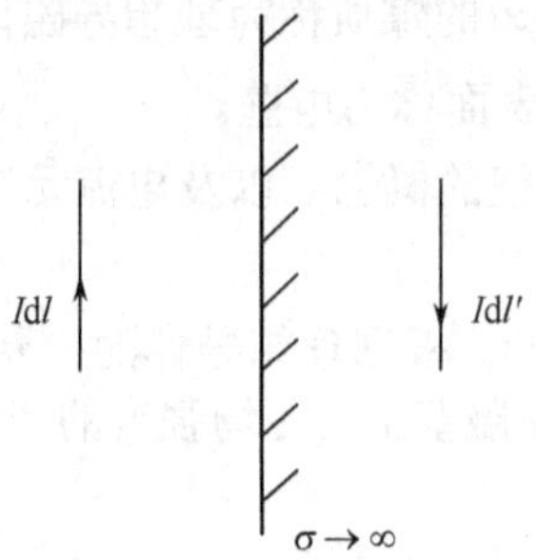

图 3.3.12　电流元平行于电壁

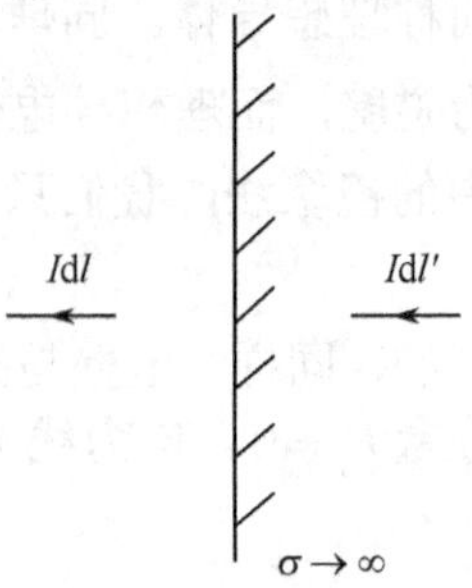

图 3.3.13　电流元垂直于电壁

*3.4　电磁场边值问题数值求解

电磁边值问题的数值计算方法一般可分为两大类。一类为积分方程类方法，主要包括矩量法（MoM）和边界元法（BEM）等；另一类为微分方程类方法，主要包括时域有限差分法（FDTD）和有限元法（FEM）等。由于计算机技术的迅速发展，原有的计算方法不断完善、提高，新的分析方法不断出现，特别是各种混合方法的提出，对计算电磁学的迅速发展起到了积极推动作用。

下面简要介绍几种常用的数值计算方法。

3.4.1　有限差分法

有限差分法简称差分法[17]，它以差分原理为基础，把电磁场连续域内的问题变为离散系统的问题，即用各离散点上的数值解来逼近连续场域内的真实解。作为一种近似的计算方法，借助目前计算机的容量和速度，对许多问题可以得到足够高的计算精度。

基于微分方程的时域数值方法中应用最广泛的是时域有限差分法[18]，它是在 1966 年由 K.S.Yee 首先提出的。该方法直接将麦克斯韦时域场方程的微分式或其他微分方程用有限差分式代替，得到关于场分量的差分格式，用具有相同电参量的空间网格去模拟被研究体，选取合适的场初始值和计算空间的边界条件，采用时间步进迭代的方法，可以得到包括时间变量的电磁场场量及其位函数的四维数值解，通过傅里叶变换可求得三维空间的频域解。因此，时域有限差分法是对电磁场问题的最原始、最本质、最完备的数值模拟，具有最广泛的适用性，以其为基础编制的计算程序，对广泛的电磁场问题具有通用性。

时域有限差分法使电磁场的理论与计算从处理稳态问题发展到瞬态问题，从处理标量场问题发展到直接处理矢量场问题，是电磁场理论中一个极有意义的重大发展。当然，这一发展也是与计算科学的发展紧密联系在一起的，也与现代高速大容量计算机、矢量计算机、并行计算机及计算科学中并行算法的发展分不开的。

该方法的主要优点是建模简单，同时，所需计算机内存较少，一般不涉及矩阵运算，通过一次时域计算即可求得一个频段上的电磁参量（如场强、天线辐射方向图等）。采用时域有限差分法的计算程序通用性强且适合计算机的并行计算。该方法的缺点在于，需要人为设置吸收边界条件（ABC）来截断计算区域，对色散媒质或存在凋落波的情况，吸收边界条件的选取有一定的困难。

目前时域有限差分法的主要发展方向是提高计算精度，增加模拟复杂媒质和结构的能力（特别是对不同媒质分界面处的模拟），减少对计算机存储空间等硬件水平的要求，解决电大尺寸的计算以及拓宽应用范围等。此外，时域有限差分法与其他数值计算方法相结合的技术正蓬勃发展，其应用范围也很广阔，其中包括辐射天线的分析、微波器件和导行波结构的研究、散射和雷达截面 RCS 计算、周期结构分析及电子封装、电磁兼容分析等[18~21]。

3.4.2 有限元方法

有限元方法[17,22]是以变分原理和剖分插值为基础，近似求解数理边值问题的一种数值方法。该方法的原理是用许多子域来代表整个连续区域，用带有未知系数的插值函数表示子域内的场或位函数分布，整个系统的解用有限数目的未知系数近似，通过 Rayleigh-Ritz 过程得到矩阵方程，最后得到所求问题的解。

有限元法是一种高效、通用的数值计算方法，适用于任何复杂的几何形状及任意介质填充。由该方法生成的系数矩阵为稀疏矩阵，可以应用稀疏矩阵的压缩存储和求解技术，大大降低计算机内存需求和缩短计算时间。该方法的主要缺点是，需要存在一个已知泛函。另外，传统的有限元方法将自由度赋予剖分单元的节点，由于未强加散度条件，因此在求解过程中会出现“伪解”问题。Whitney 提出了一种新的有限元方法——矢量有限元法（edge-based FEM）[22]，该方法将自由度赋予剖分单元的棱边而不是节点，可以有效地消除“伪解”问题。

边值问题有限元法方法的分析可以分为四个基本步骤。

1. 区域离散

在任何有限元分析中，区域离散是第一步，也是最重要的一步，因为区域离散方式将影响到计算机内存需求、计算时间和数值结果精度。在这一步骤中，全域 Ω 被分成许多小区域，用 Ω^e（e=1,2,3,…,M）表示，这些子域通常被称为单元。对于直线或曲线的一维区域，单元通常是短直线段，它们连接起来组成原来的线域。对于二维区域，单元通常是小三角形或矩形。在三维求解中，区域可分为四面体、三棱柱或矩形块、其中四面体是最简单、最适合离散任意体积区域的单元。

2. 插值函数的选择

有限元分析的第二步是选择能近似表示一个单元中未知解的插值函数。通常，插值函数可选择为一阶或高阶多项式。尽管高阶多项式的精度较高，但通常得到的公式也比较复杂。因此简单且基本的线性插值仍然被广泛采用。一旦选定了多项式的阶数，我们就能导出一个单元中未知解的表达式。以 e 单元为例，得到

$$\tilde{\Phi}^e = \sum_{j=1}^{n} N_j^e \Phi_j^e = [N^e]^{\mathrm{T}}[\Phi^e] \tag{3.4.1}$$

式中，n 是单元中的节点数；Φ_j^e 是单元中 j 节点的 Φ 值；N_j^e 是插值函数，通常也称为展开函数或基函数。N_j^e 的最高阶被称为单元的阶。例如，若 N_j^e 是线性函数，则单元 e 是线性单元。函数 N_j^e 的重要特征是：它们只有在单元 e 内才不为零，而在单元 e 外均为零。

3. 方程组的建立

有限元方程组的建立通常有两种方法。一种是基于变分原理的有限元，即找出一个与所求定解问题相应的泛函，使这一泛函取得极值的函数正是该定解问题的解，从该泛函的极值问题出发进行离散化，得到相应的代数方程组。另一种是伽辽金有限元法，即令方程余量的加权积分在平均的意义上为零，用定义在剖分单元上的插值基函数作为权函数，导出离散化代数方程组。最终方程组是下列两种形式之一

$$[K][\Phi]=[b] \tag{3.4.2}$$

或者

$$[A][\Phi]=\lambda[b][\Phi] \tag{3.4.3}$$

式（3.4.2）是确定型的，它是从非齐次微分方程或非齐次边界条件或者它们两者兼有的问题中导出的。电磁学中，确定性方程组通常与散射、辐射及其他存在源的确定性问题有关。而式（3.4.3）是本征值型的，它是从齐次控制方程和齐次边界条件导出的。电磁学中，本征值方程组通常与诸如波导中波传输的腔体中谐振等无源问题有关。

4．方程组的求解及后处理

有限元法所建立的方程，如式（3.4.2）和式（3.4.3），均为线性方程组，或称为矩阵方程。求解此类方程有许多数学方法，比如 LU 分解法、LDT^T 分解法、共轭梯度法和双共轭梯度法等。随着计算机技术的发展，各种灵活、高效的求解方法不断涌现，该领域已经成为计算电磁学非常活跃的研究方向[23~28]。

3.4.3 矩量法

矩量法[29~33]是由 R. F. Harrington 提出的、建立在积分方程基础上的一种数值计算方法。该方法的实质是通过选择基函数将积分方程化为矩阵方程。

矩量法本身是一种稳定的计算方法，在矩量法的求解过程中，不会出现类似于其他数值方法计算过程中所出现的“伪解”问题。同时，在采用矩量法分析电磁散射问题时，由于计入了散射体不同部分之间的耦合，多年来一直是求解各类积分方程问题的有效方法。

矩量法的主要缺点在于，采用该方法得到的线性方程组，其系数矩阵为满秩矩阵，由于无法直接采用稀疏矩阵的压缩存储与求解技术，随着散射或辐射目标电尺寸的增加，需要的计算机内存和计算时间也会相应地增加。同时，对于复杂媒质填充问题，该方法也具有一定的困难性。

矩量法的分析已由传统的线元基函数发展到面元基函数。为了有效处理复杂和大尺寸目标的电磁散射与辐射问题，提出了各种基于矩量法的混合方法，进一步拓展了 MoM 的应用范围。

以上各种数值计算方法各有优缺点。随着计算机技术的发展，为了适应复杂电磁问题研究的需要，一些新的数值计算方法不断出现，特别是各种混合方法[34~42]的提出，将计算电磁学推入了一个崭新的发展阶段。

习　题　3

3.1　有一个微分方程：$\nabla^2\varphi+k^2\varphi=0$，其中 φ 是 x,y,z 的函数，k^2 是常数。使用分离变量法证明这个方程的解可以表示为

$$\varphi(x,y,z)=\left(A\mathrm{e}^{k_x x}+B\mathrm{e}^{-k_x x}\right)\left(C\mathrm{e}^{k_y y}+D\mathrm{e}^{-k_y y}\right)\left(E\mathrm{e}^{k_z z}+F\mathrm{e}^{-k_z z}\right)$$

式中，k_x,k_y,k_z 是分离常数，它们满足的关系式是 $k_x^2+k_y^2+k_z^2=-k^2$。A,B,C,D,E,F 是需要有具体的边界条件来确定的常数。

3.2　一个横截面是矩形的长直金属管，它的截面尺寸和各金属板的电位如图 3.1 所示。试证明管内空间的电位函数是

$$\varphi(x,y)=\sum_{n=1}^{\infty}\frac{2U_0\left[1-(-1)^n\right]}{n\pi\mathrm{sh}\left(\dfrac{n\pi a}{b}\right)}\mathrm{sh}\frac{n\pi x}{b}\sin\frac{n\pi y}{b}$$

3.3　边界的几何形状如图 3.2 所示，边界条件是：

（1）$x=0,0<y<b,\varphi=U_0$；

（2）$x=a,0<y<b,\varphi=U_0$；

（3）$y=0,0\leqslant x\leqslant a,\varphi=0$；

（4）$y=b,0\leqslant x\leqslant a,\varphi=0$。

求矩形区域中的电位函数 $\varphi(x,y)$。

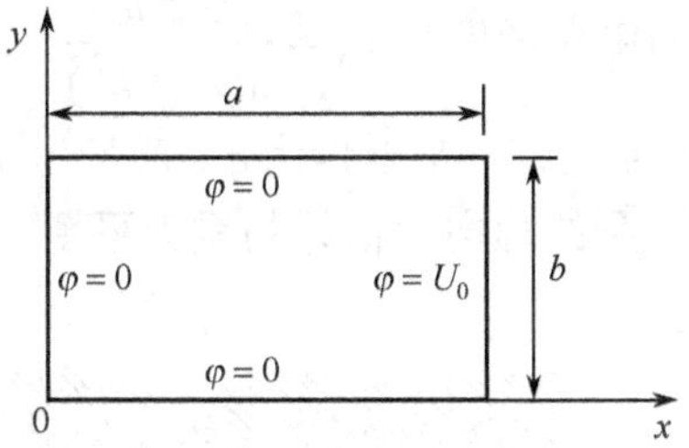

图 3.1　题 3.2 图

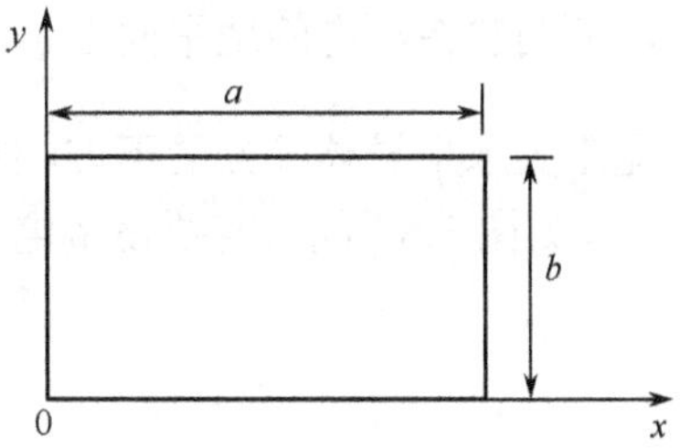

图 3.2　题 3.3 图

3.4　一半径为 a 的无限长带电圆柱形导体，单位长度带电量为 ρ_l（库/米）。圆柱体的一半埋入半无限大的介电常数是 ε 的电介质内，另一半露在空气中，如图 3.3 所示。

（1）设 $\rho=a,\varphi=0$，求圆柱外的电位函数。

（2）求介质和空气中任一点的电场强度。

（3）求圆柱表面上的自由电荷密度及紧靠圆柱面处的束缚电荷面密度。

3.5　设点电荷 q 与接地的无限导电平面相距为 a，求点电荷 q 在真空中产生的电位函数和电场强度。

3.6　有一点电荷位于两个相互垂直的接地导电半平面间，与半平面的距离均为 a。求所产生的电场和导电半平面上的感应电荷密度。

3.7　设有两个接地的无限大导电半平面，其夹角为 $60°$，点电荷 q 位于这个双面角的平分线上，并与棱边（两平面之交线）相距为 a，求该点电荷在真空中产生的电场。

3.8　一无限大导体平面折成 $60°$，角域内有一点电荷 q 位于 $x=1$、$y=1$ 点，如图 3.4 所示。若用镜像法求角域内的电位，试标出所有镜像电荷的位置和数值（包括极性），并求 $x=2$、$y=1$ 点的电位。

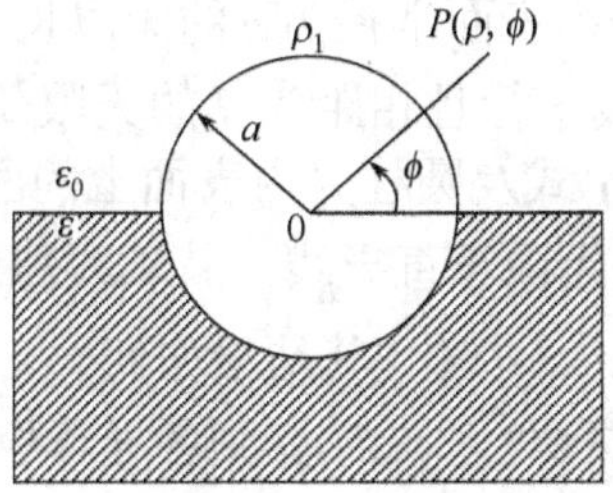

图 3.3　题 3.4 图

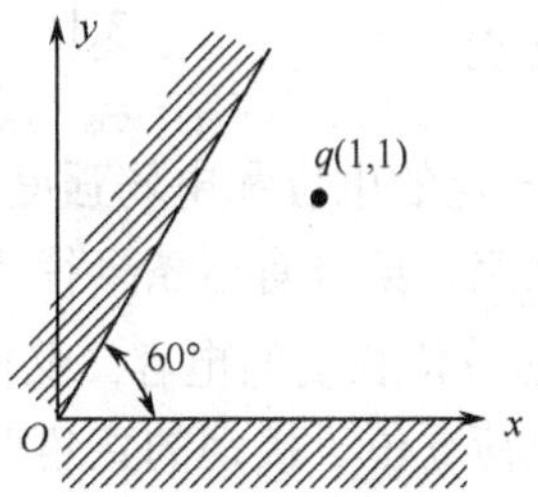

图 3.4　题 3.8 图

3.9　有一点电荷 q 位于真空中，并离半径为 a 的接地导电球球心的距离为 $l(l>a)$。求点电荷 q 产生的电场和球面上感应电荷的分布。

3.10　有一半径为 a 的导电球，带电荷为 q_1。在球外离球心为 $l(l>a)$ 处放一点电荷 q_2，计算这些电荷在真空中产生的电位函数和电场强度。

3.11 在真空中有一根半径为 a 的无限长接地导电圆柱体，离圆柱轴线为 $l(l<a)$ 处拉一根与它平行的线。线上均匀带电，线密度为 ρ_l，求带电线产生的电场和作用在带电线每单位长度上的力。

3.12 直径为 3.26mm 的单根传输线，离地面的平均高度为 10m，求每千米长的电容（地面可认为是无限大导体平面）。

3.13 在离地面高为 h 处有一无限长带正电的水平面细直导线，线电荷密度为 ρ_l（c/m），如图 3.5 所示。证明它在导电的地平面上引起的面电荷密度是 $\rho_S=\dfrac{-\rho_l h}{\pi(x^2+h^2)}$ (c/m^2)。

3.14 一无限大水平导体平面的下方，距平面 h 处有一带电量为 q、质量为 m 的小带电体（可视为点电荷），如图 3.6 所示。若要使带电体所受到的静电力恰好与重力平衡，q 应为多少？

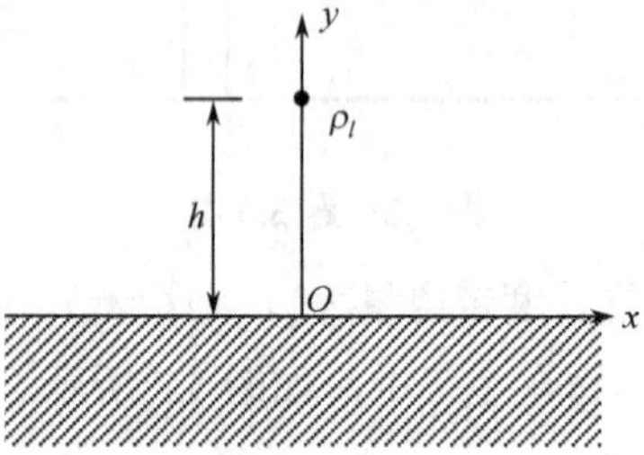

图 3.5 题 3.13 图

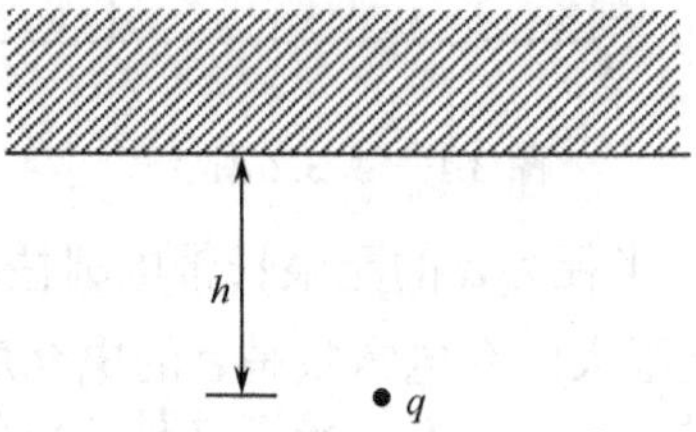

图 3.6 题 3.14 图

3.15 在一无限大导体平面上有一个半径为 a 的导体半球凸起。如图 3.7 所示，设在 (x_0,y_0) 点有一点电荷 q，若用镜像法求解导体外部空间任一点的电位，试计算各个镜像电荷的位置和数值。

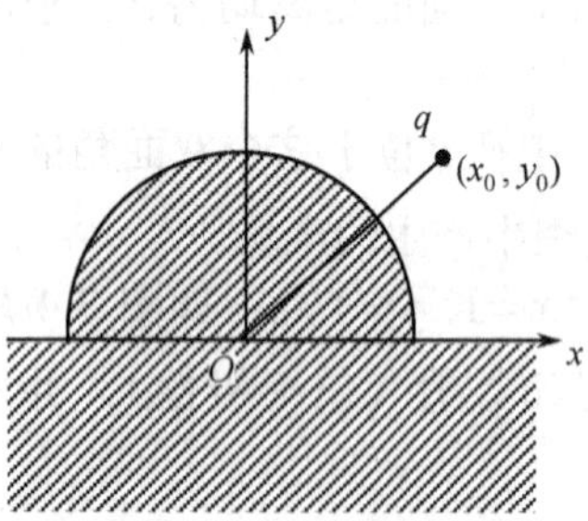

图 3.7 题 3.15 图

3.16 一点电荷 q 放置在内表面半径为 b，厚度为 c 的导体球壳内，点电荷与球心的距离为 a。求在球壳接地和不接地的两种情况下点电荷所受的力。

3.17 一点电荷 q 放置在一半径为 b 而未接地的导体球附近，与球心的距离为 $d(d>b)$，证明导体球对点电荷的作用力公式是 $\boldsymbol{F}=-\boldsymbol{e}_r\dfrac{q^2b^3(2d^2-b^2)}{4\pi\varepsilon_0 d^3(d^2-b^2)^2}$。

3.18 有一内表面半径为 a 的无限长导体圆柱壳。在壳内有一条与其轴线平行且相距为 d 的无限长线电荷，线密度为 ρ_l，求壳内空间任一点的电位和电场强度的表示式及圆柱壳内表面上的面电荷密度。

3.19 在地面上空，架设有一条半径为 a 的无限长直导线，其轴线与地面平行且相距 h_l，求导线与地面之间的单位长度的电容。又问当 $h>>a$ 时，其结果如何？

3.20 一个点电荷 q 位于接地的直角型导体拐角区域内，q 到各导体板的垂直距离都是 d，求点电荷 q 受到的导体板的作用力。

3.21 空气中有一个半径为 5cm 的金属球，其上带有 1μC 的点电荷，在距离球心 15cm 处另有一电量也为 1μC 的点电荷，求球心处的电位及球外点电荷受到的作用力。

第 4 章　时变电磁场

时变电磁场区别于静态场的最主要特点是随时间变化的电场和磁场之间可以互相激励和转换。时变的电场可以激励起时变的磁场，同样，时变的磁场也可以激励起时变的电场。时变电场和时变磁场同时存在、相互转换、不可分割。

本章首先介绍法拉第电磁感应定律，引出时变电磁场的基本方程-麦克斯韦方程组（Maxwell Equations）。以此方程组为基础，讨论时变电磁场的边界条件、波动方程及亥姆霍兹方程和电磁场的能量守恒与转换定律等内容，最后简单介绍准静态场和瞬态电磁场的相关内容。

4.1　法拉第电磁感应定律

法拉第通过实验发现，将一个闭合的导体回路线圈放进随时间变化的磁场中，线圈上将会出现一个随时间变化的电流，该电流称为感应电流。感应电流的产生表明在导体线圈中存在着感应电动势。

通过进一步研究发现，感应电流的大小与通过该导体线圈的磁链对时间的变化率成正比，感应电流所激发的磁场总是反抗线圈中的磁链的变化。导体回路中的感应电动势可以表示为

$$E_{\text{in}} = -\frac{\mathrm{d}\psi}{\mathrm{d}t} \tag{4.1.1}$$

其中，ψ 为导体回路中的磁链，对单匝线圈为磁通 Φ。负号反映了感应电流所激发的磁场总是反抗线圈中的磁通的变化的特性。式（4.1.1）即为法拉第电磁感应定律。

感应电动势是感应电场沿闭合回路的积分，穿过导体回路的磁链等于磁感应强度矢量对闭合回路所围面积的积分，所以有

$$\oint_l \boldsymbol{E}_{\text{in}} \cdot \mathrm{d}\boldsymbol{l} = -\frac{\mathrm{d}}{\mathrm{d}t}\int_S \boldsymbol{B} \cdot \mathrm{d}\boldsymbol{S} \tag{4.1.2}$$

这是用场量形式表示的法拉第电磁感应定律的积分形式。利用斯托克斯定理，可以得到其微分形式为

$$\nabla \times \boldsymbol{E}_{\text{in}} = -\frac{\partial \boldsymbol{B}}{\partial t} \tag{4.1.3}$$

法拉第电磁感应定律说明，随时间变化的磁场是激发感应电场的旋涡源，从而建立了时变电现象和磁现象的本质联系。经过进一步推广，该定律成为麦克斯韦方程组的重要组成部分，是宏观电磁场理论的基本方程之一。

4.2　麦克斯韦方程组

麦克斯韦方程组是英国科学家 Maxwell 在 1864 年提出的有关电磁现象的基本假设。经过一个多世纪的发展，至今依然是研究宏观电磁现象和工程电磁问题的最重要的理论基础。

根据亥姆霍茨定理，要确定一个矢量场必须同时知道它的散度和旋度。麦克斯韦方程组其实就是有关时变电磁场场量的散度和旋度方程。麦克斯韦方程组并不是其他的定理或定律的推论，是无法用其他的定理或定律来加以证明的。它们是有关电磁现象的基本假设，正如牛顿定律是力学问题的基本假设一样，只能用由它们推导出的结果与实验一致而得到证实。如果某一天发现某种电磁现象与麦克斯韦方程组相矛盾，只能提出新的假设来修正麦克斯韦方程组。

麦克斯韦仔细研究了静态电磁场的基本理论，发现静态电磁场中的有些结论能直接应用于时变场，而有些则必须加以补充和修正。在此基础上提出了自己的关于时变电磁场的基本理论，概括为一组由四个方程组成的基本方程式。按习惯，依次称之为麦克斯韦第一、二、三、四方程。

4.2.1 麦克斯韦方程组

1. 麦克斯韦第一方程

在恒定磁场中，有安培环路定律的积分形式为

$$\oint_l \boldsymbol{H} \cdot \mathrm{d}\boldsymbol{l} = I = \int_S \boldsymbol{J} \cdot \mathrm{d}\boldsymbol{S} \tag{4.2.1}$$

根据斯托克斯定理可以得到安培环路定律的微分形式为

$$\nabla \times \boldsymbol{H} = \boldsymbol{J} \tag{4.2.2}$$

Maxwell 通过分析连接于交流电源上的电容器，发现恒定磁场中的安培环路定律不适用于时变场，同时提出了位移电流的假设。

如图 4.2.1 所示，一个接在交流电源上的平行板电容器，电路中的电流为 i，现在取一个闭合路径 c 包围导线，根据恒定磁场中的安培环路定律，沿此回路的 $\boldsymbol{H}$ 的闭合曲线积分，将等于穿过回路所张开的任一曲面的电流。但是，当我们在回路上张开两个不同曲面 S_1 和 S_2 时（其中 S_1 与导线相截，S_2 穿过电容器的极板间），则发生了矛盾。通过 S_1 的电流为 i，而通过 S_2 的电流为 0。$\boldsymbol{H}$ 沿同一回路的线积分导致了两种不同结果，这显然是不合理的。

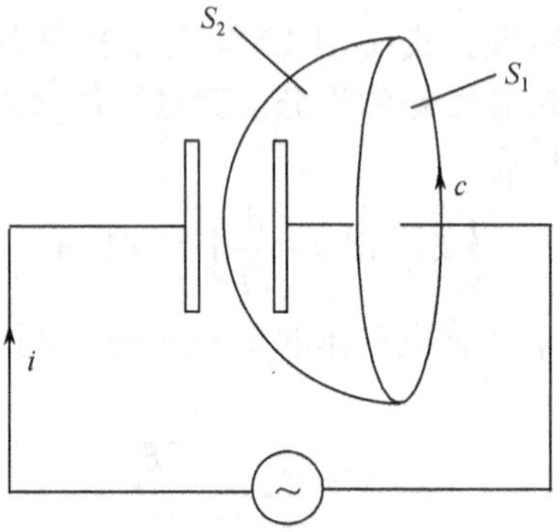

图 4.2.1　连接在交流电源上的平行板电容

麦克斯韦认为，在电容器的极板间存在另一种形式的电流，其量值与传导电流 I 是相等的。这种电流是由于极板间电场随时间的变化引起的。这种电流称为位移电流，并且给出了位移电流的表达式为

$$\boldsymbol{J}_D = \frac{\partial \boldsymbol{D}}{\partial t} \tag{4.2.3}$$

$$I_D = \int_S \boldsymbol{J}_D \cdot \mathrm{d}\boldsymbol{S} = \int_S \frac{\partial \boldsymbol{D}}{\partial t} \cdot \mathrm{d}\boldsymbol{S} \tag{4.2.4}$$

引入位移电流后，在时变场情况下的安培环路定律可以表示为

$$\nabla \times \boldsymbol{H} = \boldsymbol{J} + \frac{\partial \boldsymbol{D}}{\partial t} \tag{4.2.5}$$

$$\oint_l \boldsymbol{H} \cdot \mathrm{d}\boldsymbol{l} = \int_S (\boldsymbol{J} + \frac{\partial \boldsymbol{D}}{\partial t}) \cdot \mathrm{d}\boldsymbol{S} = I \ + I_D \tag{4.2.6}$$

以上两式即为麦克斯韦第一方程的微分和积分形式。

Maxwell 修正了安培环路定律并提出了位移电流的概念，是 Maxwell 对电磁理论的重大贡献。

位移电流具有与传导电流相同的量纲。根据国际单位制的计算，可以得到

$$\boldsymbol{J}_D = \frac{\partial \boldsymbol{D}}{\partial t} = \left[\frac{\text{库仑}}{\text{米}^2} \cdot \frac{1}{\text{秒}}\right] = \left[\frac{\text{安培}}{\text{米}^2}\right]$$

$$I_D = \int_S \boldsymbol{J}_D \cdot \mathrm{d}\boldsymbol{S} \qquad [\text{安培}]$$

位移电流与传导电流一样，是磁场的旋涡源。同时，位移电流并不代表着带电粒子的运动。所以，在媒质和真空中都能存在。位移电流不满足欧姆定律和焦耳定律。电流（传导电流、位移电流和运流电流等）是磁场的旋涡源。位移电流产生磁场，说明时变电场能产生旋涡磁场。$\boldsymbol{H}$ 线沿闭合曲线积分等于穿过闭合曲线围成曲面的电流，说明磁力线与电流线或电力线相交链。

由位移电流密度的定义，$\boldsymbol{J}_D$ 的量值为电位移矢量的时间变化率，方向与 $\boldsymbol{D}$ 的方向一致。

由麦克斯韦第一方程可以推导出全电流连续性方程。因为

$$\nabla \times \boldsymbol{H} = \boldsymbol{J} + \frac{\partial \boldsymbol{D}}{\partial t}$$

所以两边求散度得

$$\nabla \cdot (\boldsymbol{J} + \frac{\partial \boldsymbol{D}}{\partial t}) = 0 \tag{4.2.7}$$

利用高斯定理得

$$\oint_S (\boldsymbol{J} + \frac{\partial \boldsymbol{D}}{\partial t}) \cdot \mathrm{d}\boldsymbol{S} = 0 \tag{4.2.8}$$

所以

$$I + I_D = 0$$

流出任一闭合 S 的电流的代数和为 0（有多少电流流入，就有多少电流流出，电流是连续的）。式（4.2.7）和式（4.2.8）被称为全电流连续性方程。

2. 麦克斯韦第二方程

由法拉第电磁感应定律，当闭合的导线回路所限定的面积中的磁通发生变化时，在该回路中就将产生感应电动势和感应电流。

Maxwell 认为，电磁感应定律不仅适用于导线回路，而且适用于真空或介质中的任一假想的闭合回路，即 $-\frac{\partial \boldsymbol{B}}{\partial t}$ 是感应电场 $\boldsymbol{E}$ 的旋涡源。所以

$$\nabla \times \boldsymbol{E} = -\frac{\partial \boldsymbol{B}}{\partial t} \tag{4.2.9}$$

$$\oint_l \boldsymbol{E} \cdot \mathrm{d}\boldsymbol{l} = -\int_S \frac{\partial \boldsymbol{B}}{\partial t} \cdot \mathrm{d}\boldsymbol{S} \tag{4.2.10}$$

以上两式即为麦克斯韦第二方程的微分和积分形式。时变磁场产生感应电场，即时变磁场是感应电场的旋涡源。感应电场的电力线是闭合曲线，与磁力线相交链。

3. 麦克斯韦第三、四方程

磁力线是无头无尾的闭合曲线，自然界中不存在孤立的磁荷，所以，磁通是连续的。对任一闭合曲面

$$\oint_S \boldsymbol{B}\cdot \mathrm{d}\boldsymbol{S}=0 \tag{4.2.11}$$

利用高斯散度定理可得

$$\nabla\cdot\boldsymbol{B}=0 \tag{4.2.12}$$

式（4.2.11）和式（4.2.12）为麦克斯韦第三方程的积分和微分形式。无论什么形式的电流产生的磁场，磁感应线总是闭合曲线。即磁通是连续的，时变磁场是无散场。自然界中不存在孤立的磁荷。

由静电场中的高斯定律，电介质中从任一闭合曲面穿出的 $\boldsymbol{D}$ 的通量等于该闭合曲面内自由电荷的代数和。即

$$\oint_S \boldsymbol{D}\cdot \mathrm{d}\boldsymbol{S}=q=\int_V \rho\,\mathrm{d}V \tag{4.2.13}$$

利用高斯散度定律可得

$$\nabla\cdot\boldsymbol{D}=\rho \tag{4.2.14}$$

Maxwell 认为，静电场中的高斯定律可以直接应用于时变场，不会产生矛盾。

式（4.2.13）和式（4.2.14）为麦克斯韦第四方程的积分和微分形式。

4．麦克斯韦方程组

归纳上述讨论，麦克斯韦方程组的微分形式和积分形式分别如下

$$\begin{cases}\nabla\times\boldsymbol{H}=\boldsymbol{J}+\dfrac{\partial\boldsymbol{D}}{\partial t}\\ \nabla\times\boldsymbol{E}=-\dfrac{\partial\boldsymbol{B}}{\partial t}\\ \nabla\cdot\boldsymbol{B}=0\\ \nabla\cdot\boldsymbol{D}=\rho\end{cases} \tag{4.2.15}$$

$$\begin{cases}\oint_l \boldsymbol{H}\cdot\mathrm{d}\boldsymbol{l}=\int_S\left(\boldsymbol{J}+\dfrac{\partial\boldsymbol{D}}{\partial t}\right)\cdot\mathrm{d}\boldsymbol{S}\\ \oint_l \boldsymbol{E}\cdot\mathrm{d}\boldsymbol{l}=-\int_S\dfrac{\partial\boldsymbol{B}}{\partial t}\cdot\mathrm{d}\boldsymbol{S}\\ \oint_S \boldsymbol{B}\cdot\mathrm{d}\boldsymbol{S}=0\\ \oint_S \boldsymbol{D}\cdot\mathrm{d}\boldsymbol{S}=\int_V\rho\mathrm{d}V\end{cases} \tag{4.2.16}$$

由于这组方程适用于任何媒质（线性、非线性，均匀、非均匀，各向同性、各向异性等），因此称为麦克斯韦方程组的非限定形式，或非限定形式的麦克斯韦方程组。由麦克斯韦方程组的物理意义可以看出，时变电场产生时变磁场，同时，时变磁场产生时变电场。两者相互转化、相互依存，形成统一的电磁场。由麦克斯韦方程组可以导出电场和磁场的波动方程，推导出电磁场是以光速向远处传播，这就是电磁波。所以说，麦克斯韦预言了电磁波的存在。

由第一、四方程可以推导出电荷守恒定律的数学表达式。因为

$$\nabla\times\boldsymbol{H}=\boldsymbol{J}+\frac{\partial\boldsymbol{D}}{\partial t}$$

$$\nabla\cdot(\nabla\times\boldsymbol{H})=\nabla\cdot\left(\boldsymbol{J}+\frac{\partial\boldsymbol{D}}{\partial t}\right)$$

所以
$$\nabla\cdot\left(\boldsymbol{J}+\frac{\partial \boldsymbol{D}}{\partial t}\right)=0$$
$$\nabla\cdot\boldsymbol{J}=-\nabla\cdot\frac{\partial \boldsymbol{D}}{\partial t}=-\frac{\partial}{\partial t}\nabla\cdot\boldsymbol{D}=-\frac{\partial\rho}{\partial t}$$
所以
$$\nabla\cdot\boldsymbol{J}=-\frac{\partial\rho}{\partial t} \tag{4.2.17}$$

利用高斯散度定理得
$$\int_V\nabla\cdot\boldsymbol{J}\mathrm{d}V=-\int_V\frac{\partial\rho}{\partial t}\mathrm{d}V$$
$$\oint_S\boldsymbol{J}\cdot\mathrm{d}\boldsymbol{S}=-\frac{\partial}{\partial t}\int_V\rho\mathrm{d}V \tag{4.2.18}$$

式（4.2.18）左边表示流出闭合曲面 S 的传导电流，右边表示单位时间内体积 V 内电量的减少量。即单位时间内体积 V 内减少的电量成为流出闭合曲面 S 的电流。式（4.2.17）和式（4.2.18）分别称为电荷守恒定律的微分形式和积分形式。

麦克斯韦方程组是线性方程，满足叠加原理。即若干场源所产生的合成场，等于各个场源单独产生场的叠加。麦克斯韦方程组是宏观电磁现象的总规律。静态电场和磁场是时变场的特例，其基本方程是特定条件下的麦克斯韦方程。当各物理量不随时间变化时，可以由麦克斯韦方程组蜕变得到静态场的基本方程
$$\begin{cases}\nabla\times\boldsymbol{E}=0\\ \nabla\cdot\boldsymbol{D}=\rho\end{cases}\qquad\begin{cases}\nabla\times\boldsymbol{H}=\boldsymbol{J}\\ \nabla\cdot\boldsymbol{B}=0\end{cases}$$

麦克斯韦方程组和它的本构关系构成了一组完备的方程，原则上用它们可以解决所有的经典电磁理论问题。如果再加上洛仑兹力公式及牛顿定律，则所有涉及电磁场及带电质点的动力学问题便可完全解决。

例 4-1 点电荷 $q=10^{-3}$ C，以半径 $a=10^{-2}$ m 作匀速圆周运动，角速度为 $\omega=\pi\times10^3$ rad/m。试求该点电荷在圆心处激发的位移电流密度。

解： 建立圆柱坐标系，如图 4.2.2 所示。

圆周上任一点电荷 q，在圆心处的电场强度为
$$\boldsymbol{E}=\frac{q}{4\pi\varepsilon_0}\cdot\frac{\boldsymbol{e}_R}{R^2}=\frac{q}{4\pi\varepsilon_0}\boldsymbol{e}_\rho\cdot\frac{1}{a^2}=\boldsymbol{e}_\rho\frac{q}{4\pi\varepsilon_0a^2}$$

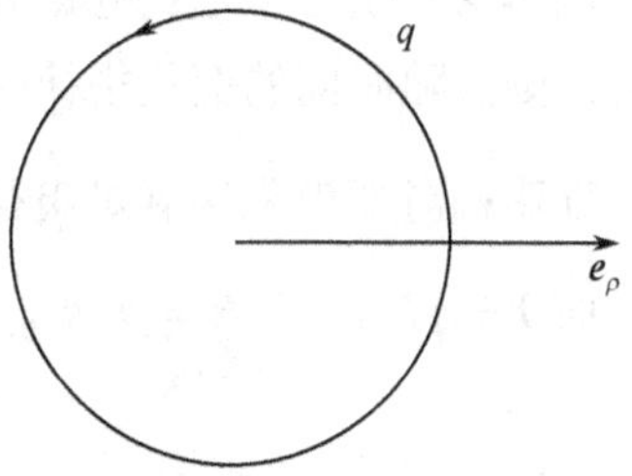

图 4.2.2　例 4-1 图

由于点电荷 q 沿圆周以角速度 ω 作匀速圆周运动，$\boldsymbol{e}_\rho=\boldsymbol{e}_x\cos\phi+\boldsymbol{e}_y\sin\phi$，$\phi=\omega t+\phi_0$，所以
$$\boldsymbol{e}_\rho=\boldsymbol{e}_x\cos(\omega t+\phi_0)+\boldsymbol{e}_y\sin(\omega t+\phi_0)$$
$$\boldsymbol{E}=\boldsymbol{e}_x\frac{q}{4\pi\varepsilon_0a^2}\cos(\omega t+\phi_0)+\boldsymbol{e}_y\frac{q}{4\pi\varepsilon_0a^2}\sin(\omega t+\phi_0)$$

所以
$$\boldsymbol{D}=\varepsilon_0\boldsymbol{E}=\boldsymbol{e}_x\frac{q}{4\pi a^2}\cos(\omega t+\phi_0)+\boldsymbol{e}_y\frac{q}{4\pi a^2}\sin(\omega t+\phi_0)$$
$$\boldsymbol{J}_D=\frac{\partial\boldsymbol{D}}{\partial t}=-\boldsymbol{e}_x\frac{q\omega}{4\pi a^2}\sin(\omega t+\phi_0)+\boldsymbol{e}_y\frac{q\omega}{4\pi a^2}\cos(\omega t+\phi_0)$$

而 $\frac{q\omega}{4\pi a^2}=2500$，所以

$$\boldsymbol{J}_D=-\boldsymbol{e}_x 2500\sin(\omega t+\phi_0)+\boldsymbol{e}_y 2500\cos(\omega t+\phi_0)$$

又因为 $-\boldsymbol{e}_x\sin\phi+\boldsymbol{e}_y\cos\phi=\boldsymbol{e}_\phi$，所以

$$\boldsymbol{J}_D=\boldsymbol{e}_\phi 2500\ \text{A/m}^2$$

4.2.2 限定形式的麦克斯韦方程组

实验表明，电场强度 $\boldsymbol{E}$ 与电位移矢量 $\boldsymbol{D}$、磁场强度 $\boldsymbol{H}$ 与磁感应强度 $\boldsymbol{B}$、传导电流密度 $\boldsymbol{J}$ 与电场强度 $\boldsymbol{E}$ 之间存在着密切的联系。在一般情况下，这些场量之间的关系是很复杂的，但对于常见的线性各向同性媒质，这些场量之间有着简单的正比例关系。即

$$\boldsymbol{D}=\varepsilon\boldsymbol{E} \tag{4.2.19}$$

$$\boldsymbol{B}=\mu\boldsymbol{H} \tag{4.2.20}$$

$$\boldsymbol{J}=\sigma\boldsymbol{E} \tag{4.2.21}$$

式中，ε、μ、σ 分别称为媒质的介电常数、磁导率和电导率，统称为媒质的电磁参数。

均匀、线性、各向同性媒质又称为简单媒质，利用上述电磁场场量间的本构关系，可以将麦克斯韦方程组写成如下形式

$$\begin{cases}\nabla\times\boldsymbol{H}=\sigma\boldsymbol{E}+\varepsilon\dfrac{\partial\boldsymbol{E}}{\partial t}\\ \nabla\times\boldsymbol{E}=-\mu\dfrac{\partial\boldsymbol{H}}{\partial t}\\ \nabla\cdot\boldsymbol{H}=0\\ \nabla\cdot\boldsymbol{E}=\rho/\varepsilon\end{cases} \tag{4.2.22}$$

式（4.2.22）称为限定形式的麦克斯韦方程组，这里的限定是对媒质而言的。此时麦克斯韦方程组中仅含有 $\boldsymbol{E}$ 和 $\boldsymbol{H}$ 两个未知场量，分别是关于电场强度 $\boldsymbol{E}$ 和磁场强度 $\boldsymbol{H}$ 的旋度和散度方程，符合亥姆霍茨定理的要求。

例 4-2 证明在时变电磁场中的导体内部，假设时间为零时分布有电荷密度为 ρ_0 的初始电荷，则其随时间的变化规律必然是：$\rho(t)=\rho_0\mathrm{e}^{-(\sigma/\varepsilon)t}$。

证明：时变电磁场满足电荷守恒定律：$\nabla\cdot\boldsymbol{J}=-\frac{\partial\rho}{\partial t}$

而 $\boldsymbol{J}=\sigma E$，$\nabla\cdot\boldsymbol{E}=\rho/\varepsilon$，所以

$$-\frac{\partial\rho}{\partial t}=\nabla\cdot\boldsymbol{J}=\sigma\nabla\cdot\boldsymbol{E}=\frac{\sigma}{\varepsilon}\rho$$

$$\frac{\partial\rho}{\partial t}=-\frac{\sigma}{\varepsilon}\rho \quad \text{（一阶齐次常系数偏微分方程）}$$

$$\rho=A\mathrm{e}^{-(\sigma/\varepsilon)t}$$

因为当 $t=0$ 时，$\rho=\rho_0$，所以

$$A=\rho_0$$

因此 $\rho(t)=\rho_0\mathrm{e}^{-(\sigma/\varepsilon)t}$。

4.3 边界条件

在电磁场问题中，经常会遇到两种不同媒质的分界面，这些媒质包括真空、介质和导体等。而且，通常在这些分界面上，电磁场会发生突变，所以，我们要研究不同媒质分界面上的边界条件。

4.3.1 *H*的边界条件

在不同媒质的分界面上，电流与它所产生的磁场相互正交。在垂直于面电流密度方向的平面上，取一个无限靠近边界的无穷小闭合路径，如图 2.1.6 所示。闭合路径的长度为 Δl，宽度为 Δh。因为边界条件是紧靠分界面两侧的电磁场场量之间各自满足的关系，所以 Δh 应为无穷小量，而 Δl 应该足够小使得在 Δl 上的场可以看成为均匀的。

将上述关系应用到麦克斯韦第一方程的积分形式中，所以

$$H_1 \sin\theta_1 \Delta l - H_2 \sin\theta_2 \Delta l \approx \left(|\boldsymbol{J}| + \left| \frac{\partial \boldsymbol{D}}{\partial t} \right| \right) \Delta l \cdot \Delta h$$

取磁场的切向分量表示

$$H_{1\mathrm{t}} - H_{2\mathrm{t}} = \lim_{\Delta h \to 0} \left(|\boldsymbol{J}| + \left| \frac{\partial \boldsymbol{D}}{\partial t} \right| \right) \Delta h$$

$\left| \frac{\partial \boldsymbol{D}}{\partial t} \right|$ 仍然为有限量，而 Δh 为无穷小量，所以

$$\lim_{\Delta h \to 0} \left(\left| \frac{\partial \boldsymbol{D}}{\partial t} \right| \right) \Delta h = 0$$

从而

$$\lim_{\Delta h \to 0} \left(|\boldsymbol{J}| + \left| \frac{\partial \boldsymbol{D}}{\partial t} \right| \right) \Delta h = \lim_{\Delta h \to 0} |\boldsymbol{J}| \Delta h = \lim_{\Delta h \to 0} \left| \frac{\Delta I}{\Delta l \Delta h} \right| \Delta h = J_S$$

得

$$H_{1\mathrm{t}} - H_{2\mathrm{t}} = J_S \tag{4.3.1}$$

当分界面上没有传导面电流时，$\left(|\boldsymbol{J}\ | + \left| \frac{\partial \boldsymbol{D}}{\partial t} \right| \right)$ 为有限量，上式右边为零，所以

$$H_{1\mathrm{t}} - H_{2\mathrm{t}} = 0 \tag{4.3.2}$$

将式（4.3.1）与式（4.3.2）统一用矢量形式表示为

$$\boldsymbol{e}_{\mathrm{n}} \times (\boldsymbol{H}_1 - \boldsymbol{H}_2) = \boldsymbol{J}_S \tag{4.3.3}$$

所以，如果分界面上没有传导面电流，在跨越边界时，磁场强度的切向分量是连续的；如果分界面上有传导面电流，跨越边界时，磁场强度的切向分量将发生突变，突变值为该点处的面电流密度。

4.3.2 *E*的边界条件

仍取图 2.1.6 所示的闭合路径，应用麦克斯韦第二方程的积分形式，可以得到

$$E_{1t}-E_{2t}=\lim_{\Delta h\to 0}\left|\frac{\partial \boldsymbol{B}}{\partial t}\right|\Delta h$$

由于$\left|\frac{\partial \boldsymbol{B}}{\partial t}\right|$始终是有限量，所以

$$E_{1t}-E_{2t}=0 \tag{4.3.4}$$

写成矢量表示式为

$$\boldsymbol{e}_n\times(\boldsymbol{E}_1-\boldsymbol{E}_2)=0 \tag{4.3.5}$$

所以，在跨越不同媒质分界面时，电场强度的切向分量总是连续的。

4.3.3 *D*和*B*的边界条件

如图 2.1.5 所示，在跨越不同媒质分界面两侧作一个小的圆柱形闭合面。闭合面的高度为无穷小量Δh以满足紧靠边界两侧的要求，上下底面的面积为足够小量ΔS使得在该面积上电磁场场量可以看成为均匀的。

代入麦克斯韦第四方程的积分形式，得

$$\oint_S \boldsymbol{D}\cdot d\boldsymbol{S}=\int_S \boldsymbol{D}_1\cdot d\boldsymbol{S}_1+\int_S \boldsymbol{D}_2\cdot d\boldsymbol{S}_1=\Delta S\rho_S$$

所以

$$D_{1n}-D_{2n}=\rho_S \tag{4.3.6}$$

写成矢量表示式为

$$\boldsymbol{e}_n\cdot(\boldsymbol{D}_1-\boldsymbol{D}_2)=\rho_S \tag{4.3.7}$$

所以，如果分界面上没有自由面电荷分布时，在跨越边界时，电位移矢量的法向分量是连续的；如果分界面上有自由面电荷分布，跨越边界时，电位移矢量的法向分量将发生突变。

同理可以得到在不同媒质分界面上，磁感应强度矢量的法向分量总是连续的。

综上所述，得到边界条件的一般形式为

$$\begin{cases}\boldsymbol{e}_n\times(\boldsymbol{H}_1-\boldsymbol{H}_2)=\boldsymbol{J}_S\\ \boldsymbol{e}_n\times(\boldsymbol{E}_1-\boldsymbol{E}_2)=0\\ \boldsymbol{e}_n\cdot(\boldsymbol{B}_1-\boldsymbol{B}_2)=0\\ \boldsymbol{e}_n\cdot(\boldsymbol{D}_1-\boldsymbol{D}_2)=\rho_S\end{cases} \tag{4.3.8}$$

在实际问题中，我们总是对理想导体和理想介质分界面的情况特别关心。

1. $\sigma_2=0$、$\sigma_2=\infty$，媒质 1 为理想介质、媒质 2 为理想导体

因为$\sigma_2=\infty$，所以

$$\boldsymbol{E}_2=0$$

由$\nabla\times\boldsymbol{E}=-\frac{\partial \boldsymbol{B}}{\partial t}$，得到

$$\frac{\partial \boldsymbol{B}_2}{\partial t}=0$$

所以，在理想导体内部只有恒定磁场分布，对于时变电磁场问题一般不予考虑恒定磁场。所以，可以认为理想导体内部$\boldsymbol{B}_2=0$。将$\boldsymbol{E}_2=0$、$\boldsymbol{B}_2=0$，代入一般形式的边界条件表达式中，得到

$$\begin{cases}H_{1t}=J_S\\ E_{1t}=0\\ B_{1n}=0\\ D_{1n}=\rho_S\end{cases} \tag{4.3.9}$$

写成矢量形式为

$$\begin{cases} \boldsymbol{e}_n \times \boldsymbol{H}_1 = \boldsymbol{J}_S \\ \boldsymbol{e}_n \times \boldsymbol{E}_1 = 0 \\ \boldsymbol{e}_n \cdot \boldsymbol{B}_1 = 0 \\ \boldsymbol{e}_n \cdot \boldsymbol{D}_1 = \rho_S \end{cases} \tag{4.3.10}$$

这就是理想导体和理想介质分界面的边界条件。

2．$\sigma_2 = 0$、$\sigma_2 = 0$，两种媒质均为理想介质

因为理想介质分界面上不可能有传导面电流和自由面电荷分布，由一般形式的边界条件式（4.3.8）蜕变为

$$\begin{cases} \boldsymbol{e}_n \times (\boldsymbol{H}_1 - \boldsymbol{H}_2) = 0 \rightarrow H_{1t} = H_{2t} \\ \boldsymbol{e}_n \times (\boldsymbol{E}_1 - \boldsymbol{E}_2) = 0 \rightarrow E_{1t} = E_{2t} \\ \boldsymbol{e}_n \cdot (\boldsymbol{B}_1 - \boldsymbol{B}_2) = 0 \rightarrow B_{1n} = B_{2n} \\ \boldsymbol{e}_n \cdot (\boldsymbol{D}_1 - \boldsymbol{D}_2) = 0 \rightarrow D_{1n} = D_{2n} \end{cases} \tag{4.3.11}$$

注意：$H_{1t} = H_{2t}$，但 $H_{1n} \neq H_{2n}$，因为媒质分界面上有束缚电流存在；

$E_{1t} = E_{2t}$，但 $E_{1n} \neq E_{2n}$，因为媒质分界面上有束缚电荷存在。

例 4-3 在导体平板（$z=0$、$z=d$）之间的空气中传输电磁波，已知：

$$\boldsymbol{E} = \boldsymbol{e}_y E_0 \sin\frac{\pi}{d} z \cos\ (\omega t - k_x x)$$

其中 k_x 为常数，如图 4.3.1 所示。

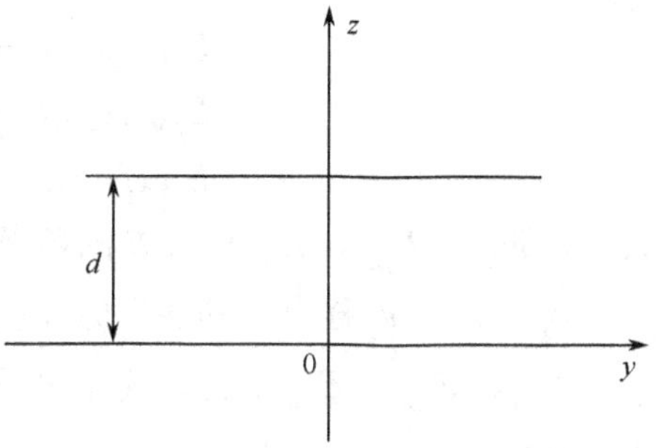

图 4.3.1 例 4-3 图

求：（1）磁场强度矢量 $\boldsymbol{H}$；

（2）两导体表面上的 $\boldsymbol{J}_S$。

解：（1）由 $\nabla \times \boldsymbol{E} = -\mu_0 \dfrac{\partial \boldsymbol{H}}{\partial t}$，所以

$$-\mu_0 \frac{\partial \boldsymbol{H}}{\partial t} = -\boldsymbol{e}_x \frac{\partial E_y}{\partial z} + \boldsymbol{e}_z \frac{\partial E_y}{\partial x}$$

$$\boldsymbol{H} = -\frac{1}{\mu_0} E_0 [-\boldsymbol{e}_x \int \frac{\pi}{d} \cos\frac{\pi}{d} z \cos(\omega t - k_x x) \mathrm{d}t + \boldsymbol{e}_z \int k_x \sin\frac{\pi}{d} z \sin(\omega t - k_x x) \mathrm{d}t]$$

$$= \boldsymbol{e}_z \frac{k_x}{\omega \mu_0} E_0 \sin\frac{\pi}{d} z \cos(\omega t - k_x x) + \boldsymbol{e}_x \frac{\pi}{\omega \mu_0 d} E_0 \cos\frac{\pi}{d} z \sin(\omega t - k_x x)$$

[注意：没有特别说明，均不考虑恒定场的情况]

（2）因为 $\boldsymbol{J}_S = \boldsymbol{e}_n \times \boldsymbol{H}$，在 $z=0$ 表面，$\boldsymbol{e}_n = \boldsymbol{e}_z$，所以

$$\boldsymbol{J}_S = \boldsymbol{e}_z \times \boldsymbol{H}\big|_{z=0} = \boldsymbol{e}_y \frac{\pi}{\omega \mu_0 d} E_0 \sin(\omega t - k_x x)$$

在 $z=d$ 表面，$\boldsymbol{e}_n = -\boldsymbol{e}_z$，所以

$$\boldsymbol{J}_S = -\boldsymbol{e}_z \times \boldsymbol{H}\big|_{z=d} = \boldsymbol{e}_y \frac{\pi}{\omega \mu_0 d} E_0 \sin(\omega t - k_x x)$$

4.4 复数形式的麦克斯韦方程

前面我们讨论的都是一般形式的麦克斯韦方程，电场强度的一般表示形式为

$$\boldsymbol{E}(x,y,z,t)=\boldsymbol{e}_x E_x(x,y,z,t)+\boldsymbol{e}_y E_y(x,y,z,t)+\boldsymbol{e}_z E_z(x,y,z,t) \tag{4.4.1}$$

这里对时间 t 的变化规律并没有作限制。

但是在实际问题中，用得最多的是随时间作时谐变化的电磁场，这种电磁场称为时谐电磁场，又称为正弦时变电磁场。

时谐电磁场：场强的每一个分量是时间的正弦函数的电磁场。时谐电磁场之所以重要，一是由于在实际问题中用得最多，二是非时谐电磁场可以利用傅里叶方法分解为许多个时谐电磁场的叠加。研究时谐电磁场是研究一般时变电磁场的基础。

4.4.1 时谐电磁场场量的复数表示法

电磁场场量的每一个分量随时间作正弦变化时，设它的角频率为 ω。在直角坐标系中，电场强度的三个分量为

$$\begin{aligned}E_x(x,y,z,t)&=E_{xm}(x,y,z)\cos[\omega t+\phi_x(x,y,z)]\\E_y(x,y,z,t)&=E_{ym}(x,y,z)\cos[\omega t+\phi_y(x,y,z)]\\E_z(x,y,z,t)&=E_{zm}(x,y,z)\cos[\omega t+\phi_z(x,y,z)]\end{aligned} \tag{4.4.2}$$

式中，E_{xm}、E_{ym}、E_{zm} 称为 $\boldsymbol{E}$ 的各坐标分量的振幅；

ϕ_x、ϕ_y、ϕ_z 称为 $\boldsymbol{E}$ 的各坐标分量的初相位。

E_{xm}、E_{ym}、E_{zm} 及 ϕ_x、ϕ_y、ϕ_z 只是空间位置的函数，不随时间变化。如果将电场强度用复数形式来表示，则

$$\begin{aligned}E_x&=\mathrm{Re}[E_{xm}\cdot \mathrm{e}^{\mathrm{j}(\omega t+\phi_x)}]=\mathrm{Re}[\dot{E}_x\cdot \mathrm{e}^{\mathrm{j}\omega t}]\\E_y&=\mathrm{Re}[E_{ym}\cdot \mathrm{e}^{\mathrm{j}(\omega t+\phi_y)}]=\mathrm{Re}[\dot{E}_y\cdot \mathrm{e}^{\mathrm{j}\omega t}]\\E_z&=\mathrm{Re}[E_{zm}\cdot \mathrm{e}^{\mathrm{j}(\omega t+\phi_z)}]=\mathrm{Re}[\dot{E}_z\cdot \mathrm{e}^{\mathrm{j}\omega t}]\end{aligned} \tag{4.4.3}$$

$\dot{E}_x$、$\dot{E}_y$、$\dot{E}_z$ 均为复数，它们的模表示 $\boldsymbol{E}$ 的各坐标分量的振幅，辐角表示各坐标分量的初相。$\dot{E}_x$、$\dot{E}_y$、$\dot{E}_z$ 称为 $\boldsymbol{E}$ 的各坐标分量的相量。

$$\begin{aligned}\dot{E}_x&=E_{xm}\mathrm{e}^{\mathrm{j}\phi_x}\\\dot{E}_y&=E_{ym}\mathrm{e}^{\mathrm{j}\phi_y}\\\dot{E}_z&=E_{zm}\mathrm{e}^{\mathrm{j}\phi_z}\end{aligned} \tag{4.4.4}$$

用相量表示，电场强度 $\boldsymbol{E}$ 为

$$\begin{aligned}\boldsymbol{E}&=\mathrm{Re}[\boldsymbol{e}_x\dot{E}_x\mathrm{e}^{\mathrm{j}\omega t}+\boldsymbol{e}_y\dot{E}_y\mathrm{e}^{\mathrm{j}\omega t}+\boldsymbol{e}_z E_z\mathrm{e}^{\mathrm{j}\omega t}]\\&=\mathrm{Re}[\dot{\boldsymbol{E}}\cdot \mathrm{e}^{\mathrm{j}\omega t}]\end{aligned} \tag{4.4.5}$$

其中，$\dot{\boldsymbol{E}}=\boldsymbol{e}_x\dot{E}_x+\boldsymbol{e}_y\dot{E}_y+\boldsymbol{e}_z\dot{E}_z$ 称为电场强度的复矢量。

时谐矢量对时间的一阶和二阶导数可以表示为

$$\frac{\partial \boldsymbol{E}}{\partial t}=\frac{\partial}{\partial t}\mathrm{Re}[\dot{\boldsymbol{E}}\mathrm{e}^{\mathrm{j}\omega t}]=\mathrm{Re}[\frac{\partial}{\partial t}(\dot{\boldsymbol{E}}\mathrm{e}^{\mathrm{j}\omega t})]$$
$$=\mathrm{Re}[\mathrm{j}\omega\dot{\boldsymbol{E}}\mathrm{e}^{\mathrm{j}\omega t}] \tag{4.4.6}$$

$$\frac{\partial^2 \boldsymbol{E}}{\partial t^2}=\mathrm{Re}[-\omega^2\dot{\boldsymbol{E}}\mathrm{e}^{\mathrm{j}\omega t}] \tag{4.4.7}$$

所以，对电场强度矢量求一阶时间导数，复矢量形式为 $\mathrm{j}\omega\dot{\boldsymbol{E}}$ ；对电场强度矢量求二阶时间导数，复矢量形式为 $-\omega^2\dot{\boldsymbol{E}}$ 。

对于时谐电磁场的其他场量 $\boldsymbol{B}$ 、 $\boldsymbol{H}$ 、 $\boldsymbol{D}$ ，同样有上述关系。为了求解时谐场的表达式，可以先通过某种方法获得相应的复矢量，从而简化问题分析。

4.4.2 麦克斯韦方程组的复数形式

在时谐电磁场中，用复数形式来表示麦克斯韦方程组特别方便， $\boldsymbol{E}=\mathrm{Re}[\dot{\boldsymbol{E}}\cdot\mathrm{e}^{\mathrm{j}\omega t}]$ 、 $\boldsymbol{D}=\mathrm{Re}[\dot{\boldsymbol{D}}\cdot\mathrm{e}^{\mathrm{j}\omega t}]$ 、 $\boldsymbol{B}=\mathrm{Re}[\dot{\boldsymbol{B}}\cdot\mathrm{e}^{\mathrm{j}\omega t}]$ 、 $\boldsymbol{H}=\mathrm{Re}[\dot{\boldsymbol{H}}\cdot\mathrm{e}^{\mathrm{j}\omega t}]$ ，场源也遵循同样的变换原则。

$$\begin{aligned}
&\nabla\times[\mathrm{Re}(\dot{\boldsymbol{H}}\mathrm{e}^{\mathrm{j}\omega t})]=\mathrm{Re}[\dot{\boldsymbol{J}}\mathrm{e}^{\mathrm{j}\omega t}]+\mathrm{Re}[\mathrm{j}\omega\dot{\boldsymbol{D}}\mathrm{e}^{\mathrm{j}\omega t}]\\
&\nabla\times[\mathrm{Re}(\dot{\boldsymbol{E}}\mathrm{e}^{\mathrm{j}\omega t})]=\mathrm{Re}[-\mathrm{j}\omega\dot{\boldsymbol{B}}\mathrm{e}^{\mathrm{j}\omega t}]\\
&\nabla\cdot[\mathrm{Re}(\dot{\boldsymbol{B}}\mathrm{e}^{\mathrm{j}\omega t})]=0\\
&\nabla\cdot[\mathrm{Re}(\dot{\boldsymbol{D}}\mathrm{e}^{\mathrm{j}\omega t})]=\mathrm{Re}[\dot{\rho}\mathrm{e}^{\mathrm{j}\omega t}]
\end{aligned} \tag{4.4.8}$$

实部符号 Re 可以提到哈密顿算子前面，省略等式两边的 Re 符号，得

$$\begin{aligned}
&\nabla\times(\dot{\boldsymbol{H}}\mathrm{e}^{\mathrm{j}\omega t})=\dot{\boldsymbol{J}}\mathrm{e}^{\mathrm{j}\omega t}+\mathrm{j}\omega\dot{\boldsymbol{D}}\mathrm{e}^{\mathrm{j}\omega t}\\
&\nabla\times(\dot{\boldsymbol{E}}\mathrm{e}^{\mathrm{j}\omega t})=-\mathrm{j}\omega\dot{\boldsymbol{B}}\mathrm{e}^{\mathrm{j}\omega t}\\
&\nabla\cdot(\dot{\boldsymbol{B}}\mathrm{e}^{\mathrm{j}\omega t})=0\\
&\nabla\cdot(\dot{\boldsymbol{D}}\mathrm{e}^{\mathrm{j}\omega t})=\dot{\rho}\mathrm{e}^{\mathrm{j}\omega t}
\end{aligned} \tag{4.4.9}$$

为了简便起见， $\mathrm{e}^{\mathrm{j}\omega t}$ 因子也可以不写，得到麦克斯韦方程组的复数形式为

$$\begin{aligned}
&\nabla\times\dot{\boldsymbol{H}}=\dot{\boldsymbol{J}}+\mathrm{j}\omega\dot{\boldsymbol{D}}\\
&\nabla\times\dot{\boldsymbol{E}}=-\mathrm{j}\omega\dot{\boldsymbol{B}}\\
&\nabla\cdot\dot{\boldsymbol{B}}=0\\
&\nabla\cdot\dot{\boldsymbol{D}}=\dot{\rho}
\end{aligned} \tag{4.4.10}$$

上述麦克斯韦方程组的复数形式中隐含一个 $\mathrm{e}^{\mathrm{j}\omega t}$ 因子和取实部符号。也就是说，在写具体场量的瞬时表达式时，时间因子和取实部符号是存在的。这一点在场量由复数形式向瞬时形式转换时要特别引起注意。

限定形式麦克斯韦方程组的复数形式为

$$\begin{aligned}
&\nabla\times\dot{\boldsymbol{H}}=(\sigma+\mathrm{j}\omega\varepsilon)\dot{\boldsymbol{E}}\\
&\nabla\times\dot{\boldsymbol{E}}=-\mathrm{j}\omega\mu\dot{\boldsymbol{H}}\\
&\nabla\cdot\dot{\boldsymbol{H}}=0\\
&\nabla\cdot\dot{\boldsymbol{E}}=\dot{\rho}/\varepsilon
\end{aligned} \tag{4.4.11}$$

这种复数形式方程的最大好处是，它的所有场量和场源都化成不是时间的函数了，在求解方程的过程中可以看成与时间无关。

4.5 波动方程及亥姆霍兹方程

由麦克斯韦方程组的物理意义得出结论：时变电场可以产生磁场，时变磁场可以产生电场。当空间存在一个时变场源时，由于时变电磁场的相互转换，必然会产生离开源以一定速度向外传播的电磁扰动，这种电磁扰动就是电磁波。

本节介绍理想介质中的波动方程。理想介质又称为“完纯介质”、“无耗媒质”或者“非导电媒质”，指的是介电常数ε和磁导率μ为实常数、电导率$\sigma = 0$的媒质。

4.5.1 时变场的波动方程

无源理想媒质中电磁场满足麦克斯韦方程

$$\begin{cases} \nabla \times \boldsymbol{H} = \varepsilon \dfrac{\partial \boldsymbol{E}}{\partial t} \\ \nabla \times \boldsymbol{E} = -\mu \dfrac{\partial \boldsymbol{H}}{\partial t} \\ \nabla \cdot \boldsymbol{H} = 0 \\ \nabla \cdot \boldsymbol{E} = 0 \end{cases} \tag{4.5.1}$$

对第一方程两边取旋度运算，得到

$$\nabla \times \nabla \times \boldsymbol{H} = \nabla \times \left(\varepsilon \frac{\partial \boldsymbol{E}}{\partial t} \right) = \varepsilon \frac{\partial}{\partial t} \left(\nabla \times \boldsymbol{E} \right) \tag{4.5.2}$$

利用矢量恒等式$\nabla \times \nabla \times \boldsymbol{H} = \nabla \left(\nabla \cdot \boldsymbol{H} \right) - \nabla^2 \boldsymbol{H}$，且代入式（4.5.1）中的第二、三方程，得到

$$\nabla^2 \boldsymbol{H} - \mu\varepsilon \frac{\partial^2 \boldsymbol{H}}{\partial t^2} = 0 \tag{4.5.3}$$

同理，对式(4.5.1)中的第二方程两边取旋度运算，利用矢量恒等式和式(4.5.1)中的其他方程，可以得到

$$\nabla^2 \boldsymbol{E} - \mu\varepsilon \frac{\partial^2 \boldsymbol{E}}{\partial t^2} = 0 \tag{4.5.4}$$

式(4.5.3)和式(4.5.4)称为理想介质中时变电磁场的波动方程。

4.5.2 时谐场的亥姆霍兹方程

利用瞬时形式与复数形式之间的关系，可以得到上述理想介质中时谐电磁场波动方程的复数形式为

$$\begin{aligned} \nabla^2 \dot{\boldsymbol{E}} + k^2 \dot{\boldsymbol{E}} = 0 \\ \nabla^2 \dot{\boldsymbol{H}} + k^2 \dot{\boldsymbol{H}} = 0 \end{aligned} \tag{4.5.5}$$

上式又称为时谐场的亥姆霍兹方程。其中k称为相位常数，或波数、相移常数。

$$k = \omega \sqrt{\mu\varepsilon} \tag{4.5.6}$$

4.6 电磁场动态位函数

达朗贝尔方程是用位函数的方法表征电磁波的传输特性的。由达朗贝尔方程的解表示出时变电磁场是以波的形式向外传播的。本节首先介绍时变电磁场中的矢量位和标量位的概念，然后由麦克斯韦方程出发，推导达朗贝尔方程。

4.6.1 矢量位和标量位

在矢量分析中我们学习过，如果一个矢量的散度等于零，此矢量可以用另外一个矢量的旋度来表示；如果一个矢量的旋度等于零，此矢量可以用一个标量函数的梯度来表示。

根据麦克斯韦方程，时变磁场是管形场，$\nabla\cdot\boldsymbol{B}=0$，所以磁感应强度矢量可以用另外一个矢量的旋度来表示

$$\boldsymbol{B}=\nabla\times\boldsymbol{A} \tag{4.6.1}$$

其中，$\boldsymbol{A}$ 称为动态矢位或动态矢量位。

将上述动态矢量位代入麦克斯韦第二方程，得到

$$\nabla\times\boldsymbol{E}=-\frac{\partial\boldsymbol{B}}{\partial t}=-\frac{\partial}{\partial t}(\nabla\times\boldsymbol{A})=-\nabla\times\frac{\partial\boldsymbol{A}}{\partial t}$$

所以

$$\nabla\times\left(\boldsymbol{E}+\frac{\partial\boldsymbol{A}}{\partial t}\right)=0 \tag{4.6.2}$$

令

$$\boldsymbol{E}+\frac{\partial\boldsymbol{A}}{\partial t}=-\nabla\varphi \tag{4.6.3}$$

其中，φ 称为动态标位或动态标量位。

所以时变场相关特性可以用动态矢量位 $\boldsymbol{A}$ 和动态标量位 φ 表示。

静态场是时变场的特例，在静态场中，上述矢量位和标量位蜕化为恒定磁场中的磁矢位和静电场中的电位函数。

4.6.2 达朗贝尔方程

将矢量位和标量位代入麦克斯韦第一方程

$$\nabla\times\boldsymbol{H}=\boldsymbol{J}+\varepsilon\frac{\partial\boldsymbol{E}}{\partial t} \tag{4.6.4}$$

得到

$$\frac{1}{\mu}\nabla\times\nabla\times\boldsymbol{A}=\boldsymbol{J}+\varepsilon\frac{\partial}{\partial t}\left(-\nabla\varphi-\frac{\partial\boldsymbol{A}}{\partial t}\right) \tag{4.6.5}$$

利用矢量恒等式 $\nabla\times\nabla\times\boldsymbol{A}=\nabla(\nabla\cdot\boldsymbol{A})-\nabla^2\boldsymbol{A}$，所以

$$\nabla^2\boldsymbol{A}-\mu\varepsilon\frac{\partial^2\boldsymbol{A}}{\partial t^2}=-\mu\boldsymbol{J}+\nabla\left(\nabla\cdot\boldsymbol{A}+\mu\varepsilon\frac{\partial\varphi}{\partial t}\right) \tag{4.6.6}$$

根据亥姆霍兹定理，要确定一个矢量场必须同时知道它的散度和旋度。现在已经知道矢

量位 $\boldsymbol{A}$ 的旋度 $\nabla\times\boldsymbol{A}=\boldsymbol{B}$，矢量位 $\boldsymbol{A}$ 只是一个辅助函数，我们对它的散度表达式并不关心。为了使得式（4.6.6）更为简单，可以人为地引入一个关系式

$$\nabla\cdot\boldsymbol{A}=-\mu\varepsilon\frac{\partial\varphi}{\partial t} \tag{4.6.7}$$

上述关系式称为洛仑兹规范。引入洛仑兹规范后，式（4.6.6）可以简化为

$$\nabla^2\boldsymbol{A}-\mu\varepsilon\frac{\partial^2\boldsymbol{A}}{\partial t^2}=-\mu\boldsymbol{J} \tag{4.6.8}$$

将 $\boldsymbol{E}+\frac{\partial\boldsymbol{A}}{\partial t}=-\nabla\varphi$ 代入麦克斯韦第四方程

$$\nabla\cdot\boldsymbol{D}=\rho \tag{4.6.9}$$

得到

$$\varepsilon\nabla\cdot\left(-\frac{\partial\boldsymbol{A}}{\partial t}-\nabla\phi\right)=\rho \tag{4.6.10}$$

$$-\varepsilon\frac{\partial}{\partial t}(\nabla\cdot\boldsymbol{A})-\varepsilon\nabla^2\varphi=\rho \tag{4.6.11}$$

代入洛仑兹规范，得到

$$-\varepsilon\frac{\partial}{\partial t}\left(-\mu\varepsilon\frac{\partial\varphi}{\partial t}\right)-\varepsilon\nabla^2\varphi=\rho \tag{4.6.12}$$

$$\nabla^2\varphi-\mu\varepsilon\frac{\partial^2\varphi}{\partial t^2}=-\frac{\rho}{\varepsilon} \tag{4.6.13}$$

式（4.6.8）和式（4.6.13）称为达朗贝尔方程。采用洛仑兹规范，使矢量位 $\boldsymbol{A}$ 和标量位 φ 从形式上分离在两个方程中。洛仑兹规范是人为引入的关于矢量位 $\boldsymbol{A}$ 的散度值，如果不采用洛仑兹规范而是取其他规范确定 $\boldsymbol{A}$，得到的有关 $\boldsymbol{A}$ 和 φ 的方程与达朗贝尔方程不同，但最后得到的磁感应强度矢量 $\boldsymbol{B}$ 和电场强度矢量 $\boldsymbol{E}$ 是相同的，因为磁感应强度矢量 $\boldsymbol{B}$ 由矢量位 $\boldsymbol{A}$ 的旋度唯一确定。如果场不随时间变化，达朗贝尔方程蜕化为静态场中的泊松方程

$$\begin{cases}\nabla^2\boldsymbol{A}=-\mu\boldsymbol{J}\\ \nabla^2\varphi=-\dfrac{\rho}{\varepsilon}\end{cases} \tag{4.6.14}$$

4.7 电磁能量守恒与转化定律

时变电磁场中一个重要的现象是能量的流动。因为电场能量密度 $w_\mathrm{e}=\frac{1}{2}\varepsilon E^2$ 随时变的电场强度变化，而磁场能量密度 $w_\mathrm{m}=\frac{1}{2}\mu H^2$ 随时变磁场强度变化，正是空间各点能量密度随时间的变化引起了电磁能量的流动。

4.7.1 坡印廷矢量和坡印廷定理

人为对矢量 $\boldsymbol{E}\times\boldsymbol{H}$ 求解散度运算，并利用矢量恒等式可以得到

$$\nabla\cdot(\boldsymbol{E}\times\boldsymbol{H})=\boldsymbol{H}\cdot(\nabla\times\boldsymbol{E})-\boldsymbol{E}\cdot(\nabla\times\boldsymbol{H})$$
$$=-\mu\boldsymbol{H}\cdot\frac{\partial\boldsymbol{H}}{\partial t}-\sigma\boldsymbol{E}\cdot\boldsymbol{E}-\varepsilon\boldsymbol{E}\cdot\frac{\partial\boldsymbol{E}}{\partial t}$$

而

$$\mu\boldsymbol{H}\cdot\frac{\partial\boldsymbol{H}}{\partial t}=\frac{1}{2}\frac{\partial}{\partial t}(\boldsymbol{B}\cdot\boldsymbol{H})=\frac{\partial}{\partial t}\left(\frac{1}{2}\mu H^2\right)$$
$$\varepsilon\boldsymbol{E}\cdot\frac{\partial\boldsymbol{E}}{\partial t}=\frac{\partial}{\partial t}\left(\frac{1}{2}\varepsilon E^2\right)$$
$$\sigma\cdot(\boldsymbol{E}\cdot\boldsymbol{E})=\sigma E^2$$

所以

$$\nabla\cdot(\boldsymbol{E}\times\boldsymbol{H})=-\sigma E^2-\frac{\partial}{\partial t}\left(\frac{1}{2}\varepsilon E^2+\frac{1}{2}\mu H^2\right) \tag{4.7.1}$$

上式两边取体积分，并利用高斯散度定理，得

$$-\oint_S(\boldsymbol{E}\times\boldsymbol{H})\cdot\mathrm{d}S=\int_V\sigma E^2\mathrm{d}V+\frac{\partial}{\partial t}\int_V\left(\frac{1}{2}\varepsilon E^2+\frac{1}{2}\mu H^2\right)\mathrm{d}V \tag{4.7.2}$$

此式即为坡印廷定理的数学表达式。

在坡印廷定理的数学表达式（4.7.2）中，右边第一项表示V内电磁功率转换为热能（转换为热能的电磁功率），右边第二项表示体积V内储存的电磁总能量随时间的增加量。根据能量守恒原理，左边只能代表流入体积V的电磁功率。

将被积函数$\boldsymbol{E}\times\boldsymbol{H}$定义为坡印廷矢量，即

$$\boldsymbol{S}=\boldsymbol{E}\times\boldsymbol{H} \tag{4.7.3}$$

坡印廷矢量即为能流矢量，又称为功率流密度矢量，其单位为$\mathrm{W/m^2}$。

所以，只要已知空间任一点的电场和磁场，便可知该点能流密度的大小和方向，即知道该点电磁能量的流动情况。它表示单位时间内穿过与能流流动方向垂直方向单位面积上的能量，坡印廷矢量是时变电磁场中一个非常重要的物理量。

4.7.2 坡印廷定理的复数形式

在时谐场情况下、无外加场源区域，麦克斯韦方程满足

$$\nabla\times\dot{\boldsymbol{H}}=\sigma\dot{\boldsymbol{E}}+\mathrm{j}\omega\varepsilon\dot{\boldsymbol{E}}$$
$$\nabla\times\dot{\boldsymbol{E}}=-\mathrm{j}\omega\mu\dot{\boldsymbol{H}}$$

利用矢量恒等式

$$\nabla\cdot(\dot{\boldsymbol{E}}\times\dot{\boldsymbol{H}}^*)=\dot{\boldsymbol{H}}^*\cdot(\nabla\times\dot{\boldsymbol{E}})-\dot{\boldsymbol{E}}\cdot(\nabla\times\dot{\boldsymbol{H}}^*) \tag{4.7.4}$$

因为

$$\nabla\times\dot{\boldsymbol{H}}^*=\sigma\dot{\boldsymbol{E}}^*+\mathrm{j}\omega\varepsilon\dot{\boldsymbol{E}}^*$$

所以

$$\nabla\cdot(\dot{\boldsymbol{E}}\times\dot{\boldsymbol{H}}^*)=\dot{\boldsymbol{H}}^*\cdot(-\mathrm{j}\omega\mu\dot{\boldsymbol{H}})-\dot{\boldsymbol{E}}\cdot(\sigma\dot{\boldsymbol{E}}^*-\mathrm{j}\omega\varepsilon\dot{\boldsymbol{E}}^*)$$
$$=-\mathrm{j}\omega\mu\left|\dot{\boldsymbol{H}}\right|^2-\sigma\left|\dot{\boldsymbol{E}}\right|^2+\mathrm{j}\omega\varepsilon\left|\dot{\boldsymbol{E}}\right|^2$$
$$=-\sigma\left|\dot{\boldsymbol{E}}\right|^2-\mathrm{j}2\omega(w_{\mathrm{m}}-w_{\mathrm{e}})$$

式中，$w_m=\frac{1}{2}\mu\left|\dot{\boldsymbol{H}}\right|^2$、$w_e=\frac{1}{2}\varepsilon\left|\dot{\boldsymbol{E}}\right|^2$ 分别为一个时间周期内的平均磁能、电能密度。

利用高斯散度定理，上式两边取体积分，得

$$\oint_S(\dot{\boldsymbol{E}}\times\dot{\boldsymbol{H}}^*)\cdot \mathrm{d}S=\int_V -\sigma\left|\dot{\boldsymbol{E}}\right|^2\mathrm{d}V-\mathrm{j}2\omega(W_m-W_e) \tag{4.7.5}$$

上式称为坡印廷定理的复数形式。

4.7.3 坡印廷矢量的瞬时值和平均值

$\boldsymbol{S}=\boldsymbol{E}\times\boldsymbol{H}$ 表示空间任一点上的瞬时能流密度。

在时谐场中，如果用 $\boldsymbol{E}$ 和 $\boldsymbol{H}$ 的复数形式来表示瞬时坡印廷矢量 $\boldsymbol{S}$，结果将非常复杂而且没有必要。在时谐电磁场中，我们更关心的是计算一个时间周期内坡印廷矢量的平均值，称为平均坡印廷矢量。

对于时谐电磁场，有

$$\boldsymbol{E}=\mathrm{Re}\left[\dot{\boldsymbol{E}}\mathrm{e}^{\mathrm{j}\omega t}\right]=\frac{1}{2}\left[\dot{\boldsymbol{E}}\mathrm{e}^{\mathrm{j}\omega t}+\dot{\boldsymbol{E}}^*\mathrm{e}^{-\mathrm{j}\omega t}\right]$$

$$\boldsymbol{H}=\mathrm{Re}\left[\dot{\boldsymbol{H}}\mathrm{e}^{\mathrm{j}\omega t}\right]=\frac{1}{2}\left[\dot{\boldsymbol{H}}\mathrm{e}^{\mathrm{j}\omega t}+\dot{\boldsymbol{H}}^*\mathrm{e}^{-\mathrm{j}\omega t}\right]$$

$$\begin{aligned}\boldsymbol{S}_{av}&=\frac{1}{\mathrm{T}}\int_0^T\boldsymbol{E}\times\boldsymbol{H}\mathrm{d}t\\&=\frac{1}{4T}\int_0^T\dot{\boldsymbol{E}}\times\dot{\boldsymbol{H}}\mathrm{e}^{2\mathrm{j}\omega t}+\dot{\boldsymbol{E}}^*\times\dot{\boldsymbol{H}}^*\mathrm{e}^{-2\mathrm{j}\omega t}+\dot{\boldsymbol{E}}^*\times\dot{\boldsymbol{H}}+\dot{\boldsymbol{E}}\times\dot{\boldsymbol{H}}^*\mathrm{d}t\\&=\frac{1}{2}\mathrm{Re}\left[\dot{\boldsymbol{E}}\times\dot{\boldsymbol{H}}^*\right]\end{aligned} \tag{4.7.6}$$

为了书写方便，本书以后章节中将复矢量符号上的小圆点“•”全部省略，读者可以根据表达式中有无 j 和 ω 等判断关系式是否属于复数形式。

例 4-4 在内导体半径为 a、外导体内半径为 b 的同轴线内外导体之间加有交流电压 $u=U_0\sin\omega t$（ω 较小）。内外导体中分别有大小相等、方向相反的交流电流 $I=I_0\sin(\omega t+\phi_0)$，如图 4.7.1 所示。求同轴线内外导体之间的电场强度、磁场强度；能流密度的瞬时值、平均值及总的传输功率。

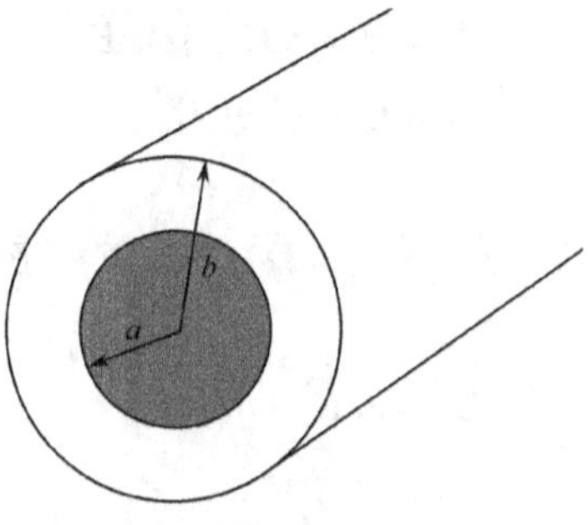

图 4.7.1 例 4-4 图

解：物理分析：①电磁场纵向分布相同，所以可以取一单位长度同轴线分析；②由于结构上的对称性，电磁场的分布也具有对称性，以同轴线中心轴为 z 轴建立圆柱坐标系，电磁场的分布与 ϕ 角无关；③电荷分布在导体表面，且沿圆周均匀分布。

假设内导体外表面上分布的面电荷密度为 ρ_S。根据高斯定律 $\oint_S \boldsymbol{D}\cdot d\boldsymbol{S}=q$，取以中心轴为轴的圆柱面，$D_\rho\cdot 2\pi\rho\cdot 1=q$，所以

$$D_\rho=\frac{q}{2\pi\rho},\quad E_\rho=\frac{q}{2\pi\varepsilon\rho}$$

因为 $\int \boldsymbol{E}\cdot d\boldsymbol{l}=u$，所以

$$\int_a^b E_\rho \, d\rho=u$$

$$\frac{q}{2\pi\varepsilon}\ln\frac{b}{a}=U_0\sin\omega t$$

$$q=\frac{2\pi\varepsilon U_0\sin\omega t}{\ln\dfrac{b}{a}}$$

所以

$$E_\rho=\frac{2\pi\varepsilon U_0\sin\omega t}{\ln\dfrac{a}{b}}\cdot\frac{1}{2\pi\varepsilon\rho}=\frac{U_0\sin\omega t}{\rho\ln\dfrac{a}{b}}$$

$$\boldsymbol{E}=\boldsymbol{e}_\rho\frac{U_0\sin\omega t}{\rho\ln\dfrac{a}{b}}$$

利用安培环路定律

$$\oint_l \boldsymbol{H}\cdot d\boldsymbol{l}=I\Rightarrow H_\phi\cdot 2\pi\rho=I$$

$$H_\phi=\frac{I_0\sin(\omega t+\phi_0)}{2\pi\rho}\Rightarrow \boldsymbol{H}=\boldsymbol{e}_\phi\frac{I_0\sin(\omega t+\phi_0)}{2\pi\rho}$$

$$\boldsymbol{S}=\boldsymbol{E}\times\boldsymbol{H}=\boldsymbol{e}_z\frac{U_0I_0}{4\pi\rho^2\ln\dfrac{b}{a}}[\cos\phi_0-\cos(2\omega t+\phi_0)]$$

因为

$$\dot{\boldsymbol{E}}=\boldsymbol{e}_\rho\frac{U_0e^{-j\frac{\pi}{2}}}{\rho\ln\dfrac{a}{b}},\quad \dot{\boldsymbol{H}}=\boldsymbol{e}_\phi\frac{I_0}{2\pi\rho}e^{j\phi_0-j\frac{\pi}{2}}$$

所以

$$\boldsymbol{S}_{av}=\frac{1}{2}\text{Re}[\dot{\boldsymbol{E}}\times\dot{\boldsymbol{H}}^*]=\boldsymbol{e}_z\frac{U_0I_0\cos\phi_0}{4\pi\rho^2\ln\dfrac{a}{b}}$$

同轴线所传输的总功率 P，即为平均坡印廷矢量在其截面上的积分，即

$$P=\int_S \boldsymbol{S}_{av}\cdot\boldsymbol{e}_z dS=\int_S\frac{U_0I_0\cos\phi_0}{4\pi\rho^2\ln\dfrac{a}{b}}dS=\int_a^b\frac{U_0I_0\cos\phi_0}{4\pi\rho^2\ln\dfrac{a}{b}}\cdot 2\pi\rho d\rho=\frac{1}{2}U_0I_0\cos\phi_0$$

如果电压与电流的相位差 ϕ_0 为 0，则在电压、电流振幅确定的条件下，传输功率最大；如果 ϕ_0 等于 90°，则传输功率为 0。

*4.8 准静态场

对于一般时变电磁场的分析非常困难，但对于一些特殊的时变场可以进行简化分析。随时间变化十分缓慢的准静态场就是一种特殊的时变电磁场。

准静态场的特点是，在某时刻电场和磁场的空间分布规律与具有相同边界条件的静电场和恒定磁场的空间分布规律相同。但准静态场与静态场又有显著的区别，前者是随时间按某种规律变化的。正因为如此，这种场才被称为准静态场或似稳电磁场[7]。

在电荷与电流随时间缓慢变化的条件下，位移电流远小于传导电流，可以近似认为时变的电场仅由时变的电荷分布决定，而时变的磁场仅由时变的电流决定，位移电流和时变磁场所产生的电场可以忽略。因此在缓慢变化条件下，时变的电场和时变的磁场可以分开独立求解。

准静态的电场满足如下方程

$$\nabla\times\boldsymbol{E}(\boldsymbol{r},t)=0 \tag{4.8.1}$$

$$\nabla\cdot\boldsymbol{D}(\boldsymbol{r},t)=\rho(\boldsymbol{r},t) \tag{4.8.2}$$

$$\boldsymbol{D}=\varepsilon\boldsymbol{E} \tag{4.8.3}$$

由上述方程可以看出，准静态电场所满足的方程与静电场的基本方程有相同的形式，因而可以用求解静电场的方法来求解准静态电场。

已知电荷的空间分布规律，空间的电场强度可以用积分方法求得

$$\boldsymbol{E}(\boldsymbol{r},t)=\frac{1}{4\pi\varepsilon}\int_{V'}\frac{\rho(\boldsymbol{r}',t)\boldsymbol{R}}{R^3}\mathrm{d}V' \tag{4.8.4}$$

准静态的磁场满足如下方程

$$\nabla\times\boldsymbol{H}(\boldsymbol{r},t)=\boldsymbol{J}(\boldsymbol{r},t) \tag{4.8.5}$$

$$\nabla\cdot\boldsymbol{B}(\boldsymbol{r},t)=0 \tag{4.8.6}$$

$$\boldsymbol{B}=\mu\boldsymbol{H} \tag{4.8.7}$$

由上述方程可以看出，准静态磁场所满足的方程与恒定磁场的基本方程有相同的形式，因而可以用求解恒定磁场的方法来求解准静态磁场。

在已知电流分布情况下，准静态磁场可以用如下积分方法求得

$$\boldsymbol{B}(\boldsymbol{r},t)=\frac{\mu}{4\pi}\int_{V'}\frac{\boldsymbol{J}(\boldsymbol{r}',t)\times\boldsymbol{R}}{R^3}\mathrm{d}V' \tag{4.8.8}$$

电磁场随时间变化的快慢或频率的高低是个相对的概念。对于例 4-4，如果频率较低，可以采用准静态场求解。

解：内外导体之间电场的瞬时分布与内外导体间加恒定电压时的静电场分布相同。取以同轴线中心轴为 z 轴的圆柱坐标系，则内外导体之间的电场强度为

$$\boldsymbol{E}=\boldsymbol{e}_\rho\frac{U}{\rho\ln\dfrac{b}{a}}=\boldsymbol{e}_\rho\frac{U_0\sin\omega t}{\rho\ln\dfrac{b}{a}}\quad(a\leqslant\rho\leqslant b)$$

内外导体之间的磁场与内外导体中通有大小相等、方向相反的恒定电流时的磁场分布相同。利用安培环路定律可以求得

$$\boldsymbol{H}=\boldsymbol{e}_\phi\frac{I}{2\pi\rho}=\boldsymbol{e}_\phi\frac{I_0\sin(\omega t+\phi_0)}{2\pi\rho}\quad(a\leqslant\rho\leqslant b)$$

内外导体之间区域中的功率流密度瞬时值为

$$
\begin{aligned}
\boldsymbol{S} = \boldsymbol{E} \times \boldsymbol{H} &= \boldsymbol{e}_z \frac{U_0 I_0 \sin \omega t \sin(\omega t + \phi_0)}{2\pi\rho^2 \ln\dfrac{b}{a}} \\
&= \boldsymbol{e}_z \frac{U_0 I_0}{4\pi\rho^2 \ln\dfrac{b}{a}} \left[\cos\phi_0 - \cos(2\omega t + \phi_0)\right]
\end{aligned}
$$

*4.9 瞬态场简介

在传统的电磁场理论中，我们着重研究随时间按正弦规律变化的稳态场，这种场被称为时谐电磁场。而随时间作短暂变化的电磁场称为瞬态电磁场，又称为脉冲电磁场或宽频电磁场，这种非正弦电磁现象的特征是：幅度大，时间短，频谱宽，波形具有前沿陡、后沿缓的特点，频率由零伸延到超高频，电磁响应决定于系统的瞬态特性。

电磁脉冲是瞬态电磁场的典型实例。核爆炸、闪电、太阳黑子爆发、电器火花及静电放电等状况下均能产生电磁脉冲，特别是核爆炸产生的电磁脉冲，其峰值场强极高，上升时间极短，是其他任何电磁脉冲无法相比的。

本节从基本概念和产生机理、特性等方面，对静电脉冲场和雷电脉冲场作一简单介绍。

4.9.1 静电脉冲场

静电是一种电能，它存在于物体表面，是正负电荷在局部失衡时产生的一种现象。静电现象是指电荷在产生与消失过程中所表现出的现象的总称，如摩擦起电就是一种静电现象。

静电脉冲场[10]是由静电放电所产生的瞬态电磁场。两个具有不同静电电位的物体，由于直接接触或静电场感应引起两物体间的静电电荷的转移。静电电场的能量达到一定程度后，击穿其间介质而进行放电的现象就是静电放电（ESD）。静电放电将产生强大的尖峰脉冲电流，这种电流中包含丰富的高频成分，其上限频率可以超过 1GHz。在这个频率上，典型的设备电缆甚至印制板上的走线会变成非常有效的接收天线，因而，对于一般的模拟或数字电子设备，静电脉冲场倾向于感应出高电平的噪声，它会导致电子设备的损坏或工作异常。

在静电放电中，当电压相对来说比较低时，波源附近产生的电磁场脉宽窄并且上升沿陡，随着电压增加，脉冲变成具有长的拖尾的衰减振荡波，放电脉冲的上升时间随着电火花间隙和放电电压的增大而变长，同时，频谱更多集中在低频范围内。

静电脉冲场的研究采用解析分析的方法，它是基于一个简单的电偶极子模型的。电火花模型简化为短的、与时间相关的电偶极子，位于无限大的接地平板上，其辐射场由瞬态电流的值及它的上升时间两个因素决定。

4.9.2 雷电脉冲场

雷电[43]是自然界中的一种超强超长放电现象，其闪电长度一般为几千米，最长的可达 400km。直击雷电流最大值可达 210kA，平均值为 30kA，每次雷击所产生的能量大约为 550000kW·h。

能够产生雷电的云，称为雷云。雷云在放电过程中产生强大的静电感应和磁场感应，最终在附近金属物体或引线中产生瞬间尖峰冲击电流而破坏设备。感应雷击所造成的破坏性后果一般体现在：传输或存储的信号或数据会受到骚扰或丢失，甚至使电子设备产生误动作或暂时瘫痪；由于重复受到较小幅度的雷电冲击，元器件虽不致马上烧毁，但却已降低其性能及寿命；情况较严重者，电子设备的线路板及元件便当即烧毁。

通常将由雷电在电缆上电击或感应产生的瞬变电压脉冲称为浪涌(Surge)。浪涌电压可以从电源线或信号线等途径窜入电气、电子设备，造成设备的损坏。

雷电现象是一个非常复杂的物理过程，雷电流的随机性、多变性和不确定性，给雷电电磁脉冲的研究带来了诸多困难。对雷电电磁脉冲的研究离不开对其场源的研究，V.A.Rakov 和 M.A.Uman 将地闪回击电流模型归纳为气体动力学模型、电磁模型、分布参数电路模型和工程模型四种。其中，电磁模型、分布参数电路模型和工程模型的结果可直接用于电磁场的分析与计算。

一个完整的防雷方案应包括直击雷的防护和感应雷的防护两方面。直击雷防护主要是使用避雷针、女儿墙避雷带、导地体和接地网，再加上主体钢筋而形成一个笼式框架即所谓“法拉第网”。感应雷主要是透过电源线、信号线或数据线入侵而破坏电子设备，所以感应雷的防护要在各种线路的进出端口安装防雷器。

习　题　4

4.1　设在均匀磁场内有一平面回路以角速度 ω 绕着与场垂直的轴转动，磁场的磁感应强度为 B。求该回路的感应电动势，回路所包围的面积为 S。

4.2　已知某个有限空间 (ε_0,μ_0) 中有

$$\boldsymbol{H}=A_1\sin 4x\cdot\cos(\omega t-ky)\boldsymbol{e}_x+A_2\cos 4x\cdot\sin(\omega t-ky)\boldsymbol{e}_z\ \text{（A/m）}$$

式中，A_1、A_2 是常数，求空间任一点位移电流密度。

4.3　证明平行板电容器中的位移电流可以表示为 $I_{\mathrm{d}}=C\dfrac{\mathrm{d}U}{\mathrm{d}t}=\dfrac{\mathrm{d}q_0}{\mathrm{d}t}$（略去边缘效应）。

4.4　由圆形极板构成平行板电容器，间距为 d，其中介质是非理想的，电导率为 σ，介电常数 ε，磁导率 μ_0，当外加电压为 $u=U_{\mathrm{m}}\sin\omega t$（V）时，忽略电容器的边缘效应，试求电容器中任意点的位移电流密度和磁感应强度（假设变化的磁场产生的电场远小于外加电压产生的电场）。

4.5　一个点电荷 q (C)，在空间以远小于光速的线速度 v (m/s)运动，试证明它在空间任一点的位移电流是 $\boldsymbol{J}_D=\dfrac{q}{4\pi}\left[\dfrac{3\boldsymbol{R}(\boldsymbol{R}\cdot\boldsymbol{v})}{R^3}-\dfrac{\boldsymbol{v}}{R^3}\right]$ A/m^2。式中，$\boldsymbol{R}$ 是点电荷到观察点的位置矢量，R 是 $\boldsymbol{R}$ 的模值。

4.6　在无限大均匀导电媒质中，放置一个初始值为 Q_0 (C)的点电荷，试问该点电荷的电量如何随时间变化？空间任意点的电流密度和磁场强度是多少？

4.7　在直径为 1mm 的铜导线中若有 $f=50$Hz 的 1A 电流通过。假如电流在横截面上是均匀分布的，试求导线中位移电流密度，以及传导电流密度与位移电流密度的比值（假设铜的 $\varepsilon_{\mathrm{r}}=1$，$\mu_{\mathrm{r}}=1$，$\sigma=5.8\times10^7$）。

4.8　一圆柱形电容器，内导体半径为 a，外导体内半径为 b，长为 l，电极间理想介质的

介电常数为ε。当外加低频电压$U=U_{\rm m}\sin\omega t$时，求介质中的位移电流密度及穿过半径为$r(a<r<b)$的圆柱面的位移电流。证明此位移电流等于电容器引线中的传导电流。

4.9 证明通过任意闭合曲面的传导电流和位移电流的总量为零。

4.10 已知在空气中$\boldsymbol{E}=\boldsymbol{e}_y 0.1\sin(10\pi x)\cos(6\pi\times10^9 t-kz)\text{V/m}$，求$\boldsymbol{H}$和$k$。

4.11 设$\boldsymbol{E}_1$、$\boldsymbol{B}_1$、$\boldsymbol{H}_1$、$\boldsymbol{D}_1$满足场源为$\boldsymbol{J}_1$、ρ_1的麦克斯韦方程组，$\boldsymbol{E}_2$、$\boldsymbol{B}_2$、$\boldsymbol{H}_2$、$\boldsymbol{D}_2$满足场源为$\boldsymbol{J}_2$、ρ_2的麦克斯韦方程组。当场源为$\boldsymbol{J}_{\rm t}=\boldsymbol{J}_1+\boldsymbol{J}_2$，$\rho_{\rm t}=\rho_1+\rho_2$时，什么样的电磁场才能满足麦克斯韦方程组？并加以证明。

4.12 已知自由空间存在着时变电场$\boldsymbol{E}=\boldsymbol{e}_y E_0\cdot {\rm e}^{{\rm j}(\omega t-kz)}$（V/m），式中$k=\omega/c$，$c=3\times10^8\,\text{m/s}$，$E_0$为常数。试求空间同一点的磁场强度$\boldsymbol{H}$。

4.13 在导体平板（z=0和z=d）之间的空气中传输的电磁波，其电场强度矢量$\boldsymbol{E}=\boldsymbol{e}_y E_0\sin\left(\dfrac{\pi}{d}z\right)\cos(\omega t-k_x x)$，其中$k_x$为常数。试求：

（1）磁场强度矢量$\boldsymbol{H}$；

（2）两导体表面上的面电流密度$\boldsymbol{J}_S$。

4.14 有下列方程：

（1）$\nabla^2\boldsymbol{A}-\mu\varepsilon\dfrac{\partial^2\boldsymbol{A}}{\partial t^2}=-\mu\boldsymbol{J}$；

（2）$\nabla\cdot\boldsymbol{A}=-\mu\varepsilon\dfrac{\partial\varphi}{\partial t}$；

（3）$\nabla\cdot\boldsymbol{J}=-\dfrac{\partial\rho}{\partial t}$；

（4）$\nabla^2\boldsymbol{H}-\mu\varepsilon\dfrac{\partial^2\boldsymbol{H}}{\partial t^2}=0$。

式中，$\boldsymbol{A},\boldsymbol{J},\varphi,\rho,\boldsymbol{H}$都是有一定意义的物理量，并且都随时间做简时谐化，试写出它们相应的复矢量方程。

4.15 写出麦氏方程组的微分形式，导出各向同性均匀媒质（无运流电流存在）中$\boldsymbol{E}$、$\boldsymbol{H}$矢量满足的非齐次波动方程

$$\nabla^2\boldsymbol{H}-\mu\varepsilon\frac{\partial^2\boldsymbol{H}}{\partial t^2}=-\nabla\times\boldsymbol{J}$$

$$\nabla^2\boldsymbol{E}-\mu\varepsilon\frac{\partial^2\boldsymbol{E}}{\partial t^2}=\mu\frac{\partial\boldsymbol{J}}{\partial t}+\frac{1}{\varepsilon}\nabla\rho$$

4.16 利用上题结论，分别写出无源区域及恒定场所满足的方程。

4.17 已知时谐电磁场中任一点的矢位，在球坐标系中

$$\dot{\boldsymbol{A}}=\boldsymbol{e}_r\frac{A_0}{r}\cos\theta{\rm e}^{-{\rm j}kr}-\boldsymbol{e}_\theta\frac{A_0}{r}\sin\theta{\rm e}^{-{\rm j}kr}$$

式中，A_0是常数，证明与之相应的电场强度和磁场强度原为

$$\dot{\boldsymbol{E}}=\boldsymbol{e}_r\frac{A_0\omega\cos\theta}{r}\left(\frac{2}{kr}-\frac{2{\rm j}}{(kr)^2}\right){\rm e}^{-{\rm j}kr}+\boldsymbol{e}_\theta\frac{A_0\omega\sin\theta}{r}\left({\rm j}+\frac{1}{kr}-\frac{{\rm j}}{(kr)^2}\right){\rm e}^{-{\rm j}kr}\ \text{（V/m）}$$

$$\dot{\boldsymbol{H}}=\boldsymbol{e}_\phi\frac{A_0\sin\theta}{r\mu}\left(kr+\frac{1}{r}\right){\rm e}^{-{\rm j}kr}\ \text{（A/m）}$$

4.18　若已知时谐电磁场中任一点的矢位在直角坐标系中是 $\dot{\boldsymbol{A}}=\boldsymbol{e}_z\psi(x,y,z)$ ，式中 $\psi(x,y,z)$ 是任意标量函数。试求相应的电场和磁场强度。

4.19　在均匀无源的空间区域内，如果已知时谐电磁场中的矢位 $\dot{\boldsymbol{A}}$ ，证明其电场强度与 $\dot{\boldsymbol{A}}$ 的关系式 $\dot{\boldsymbol{E}}=\dfrac{k^2\dot{\boldsymbol{A}}+\nabla(\nabla\cdot\dot{\boldsymbol{A}})}{\mathrm{j}\omega\mu_0\varepsilon_0}$ ，式中 $k^2=\omega^2\mu_0\varepsilon_0$ 。

4.20　在均匀无源的空间区域内，试根据麦克斯韦方程 $\nabla\cdot\dot{\boldsymbol{D}}=0$ 引进矢位 $\dot{\boldsymbol{A}}_{\mathrm{m}}$ 和标位 $\dot{\varphi}_{\mathrm{m}}$ ，假如矢位 $\dot{\boldsymbol{A}}_{\mathrm{m}}$ 满足洛仑兹规范 $\nabla\cdot\dot{\boldsymbol{A}}_{\mathrm{m}}=\mathrm{j}\omega\mu_0\varepsilon_0\dot{\varphi}_{\mathrm{m}}$ ，证明矢位 $\dot{\boldsymbol{A}}_{\mathrm{m}}$ 也满足亥姆霍兹方程 $\nabla^2\dot{\boldsymbol{A}}_{\mathrm{m}}+\omega^2\mu_0\varepsilon_0\dot{\boldsymbol{A}}_{\mathrm{m}}=0$ ，同时电场强度和磁场强度与矢位 $\dot{\boldsymbol{A}}_{\mathrm{m}}$ 的关系为

$$\dot{\boldsymbol{E}}=\frac{1}{\varepsilon_0}\nabla\times\dot{\boldsymbol{A}}_{\mathrm{m}}$$

$$\dot{\boldsymbol{H}}=\mathrm{j}\omega\dot{\boldsymbol{A}}_{\mathrm{m}}-\frac{\nabla(\nabla\cdot\dot{\boldsymbol{A}}_{\mathrm{m}})}{\mathrm{j}\omega\mu_0\varepsilon_0}$$

4.21　已知无源、自由空间中的电场强度矢量 $\boldsymbol{E}=\boldsymbol{e}_yE_{\mathrm{m}}\sin(\omega t-kz)$ ：

（1）由麦克斯韦方程求磁场强度；

（2）证明 ω/k 等于光速；

（3）求坡印亭矢量的时间平均值。

4.22　试求一段半径为 b，电导率为 σ ，载有直流电流 I 的长直导线表面的坡印亭矢量，并验证坡印亭定理。

4.23　已知正弦电磁场的磁场强度复振幅 $\dot{\boldsymbol{H}}(r)=\boldsymbol{e}_\phi\dfrac{H_m}{r}\sin\theta\mathrm{e}^{-\mathrm{j}kr}$ ，式中 H_m 、k 为实常数。又场域中无源，求坡印亭矢量的瞬时值。

4.24　若 $\boldsymbol{E}=(\boldsymbol{e}_x+\mathrm{j}\boldsymbol{e}_y)\mathrm{e}^{-\mathrm{j}z},\boldsymbol{H}=(\boldsymbol{e}_y-\mathrm{j}\boldsymbol{e}_x)\mathrm{e}^{-\mathrm{j}z}$ ，求用 z 和 ωt 表示的瞬时坡印廷矢量 $\boldsymbol{S}$ 和复数坡印廷矢量 $\dot{\boldsymbol{S}}$ 。

4.25　已知 $\boldsymbol{E}=\boldsymbol{e}_xE_0\mathrm{e}^{-(\alpha+\mathrm{j}\beta)z},\boldsymbol{H}=\boldsymbol{e}_y\dfrac{E_0}{\dot{\eta}}\mathrm{e}^{-(\alpha+\mathrm{j}\beta)z}$ ，式中 E_0、α、β 为实常数，$\dot{\eta}=[\dot{\eta}]\mathrm{e}^{\mathrm{j}\theta}$ 是复数。求坡印亭矢量的瞬时值和平均值。

4.26　已知真空中电场强度 $\boldsymbol{E}=\boldsymbol{e}_xE_0\cos k_0(z-ct)+\boldsymbol{e}_yE_0\sin k_0(z-ct)$ ，式中 $k_0=2\pi/\lambda=\omega/c$ 。试求：

（1）磁场强度和坡印亭矢量的瞬时值；

（2）对于给定的 z 值（例如 z=0），试确定 $\boldsymbol{E}$ 随时间变化的轨迹；

（3）磁场能量密度、电场能量密度和坡印亭矢量的时间平均值。

第 5 章　均匀平面波及其在无界空间传播

前面几章主要讨论了关于电场和磁场的空间分布特性即场特性。第 4 章中我们获得了时变电场强度或时变磁场强度所满足的波动方程，从而认识到变化的电磁场可以传播，本章主要介绍电磁波的传播特性。

本章主要介绍均匀平面波的传播特性，给出描述均匀平面波的相关参数，以及均匀平面波传播的一些特点。进一步，介绍平面波在理想媒质、有耗媒质、各向异性媒质中的传播特性和电磁波的极化问题。同时，本章还给出大量电磁波的应用案例，以期能够进一步拓宽读者的知识面。

5.1　理想介质中的均匀平面波

1864 年，麦克斯韦推导出了麦克斯韦方程组，预言了电磁波的存在，并证明了它是以光速传播的。1888 年，赫兹利用实验方法证明了电磁波的存在，从而验证了麦克斯韦预言的正确性。接着，俄国的波波夫和意大利的马可尼分别于 1894 年和 1895 年成功发明了通信装置，电磁理论从此得到了蓬勃发展。

在我们身边存在大量的电磁波，既有自然界产生的如雷电等电磁波，也有人为产生的电磁波。为了避免各个应用系统之间的相互干扰，理论上必须保证不同的设备工作于不同的频率范围内，随着电磁波理论在无线通信、雷达、遥控遥测以及广播电视等领域的广泛应用，电子设备的工作频率已经非常拥挤，电磁频谱资源已经变成非常重要的资源。各国都成立了类似于我国的无线电管理委员会，统一管理、分配无线电频谱。按照频率划分的电磁波频谱分布如图 5.1.1 所示[44]。

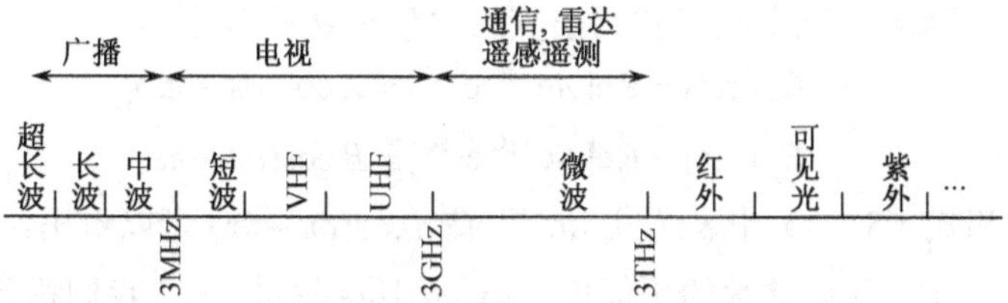

图 5.1.1　电磁频谱图

5.1.1　均匀平面波的概念

一般电磁波在空间传播，其幅度和相位都会随空间和时间发生变化，在产生电磁波的辐射源附近，电磁波的幅度和相位变化非常复杂，这里不作研究。在无其他条件影响下，当距辐射源足够远处，电磁波的等相位面（波阵面）和等幅度面呈半径很大的球面，当我们所关心的区域处于这个球面上的某一小部分区域内，就可以将球面近似看作平面处理，从而可以大大简化分析问题的难度。如一个正弦变化点电荷所产生的电磁波，其等相位面和等幅度面为一组同心的球面，在距离电荷较远的一小部分区域，可将球面近似为平面进行处理。所谓平面波，是指电磁波等相位点组成的面是一个平面，即在这个平面内各点的相位相同。而均匀平面波是指电磁场幅度大小相等的点组成的面也是一个平面，且与等相位面重合。图 5.1.2 表示一个沿+z 方向传播的均匀平面波，其波阵面为垂直于 z 轴的无限大平面。均匀平面波中的场矢量（电场 $\boldsymbol{E}$ 和磁场 $\boldsymbol{H}$）只沿着传播方向变化，在与波传播方向垂直的无限大平面内，$\boldsymbol{E}$、$\boldsymbol{H}$ 的振幅和相位保持不变。

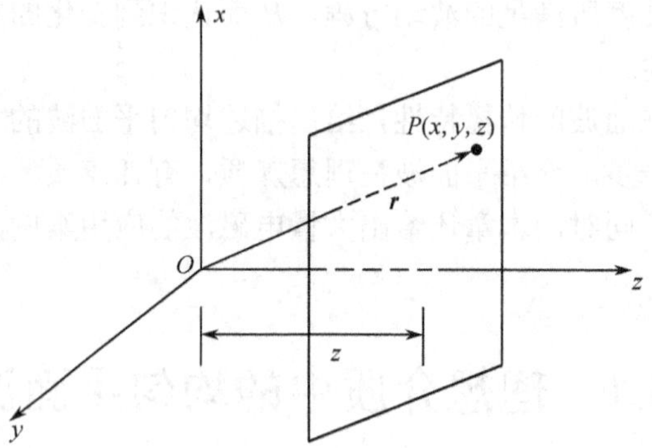

图 5.1.2　沿+z 方向传播的均匀平面电磁波

以沿 +z 方向传播的均匀平面波为例，电场 $\boldsymbol{E}$ 仅是 z 坐标的函数，并进一步假设 $\boldsymbol{E}$ 只有 x 分量，此时，$\boldsymbol{E}=\boldsymbol{e}_x E_x$，且 $\dfrac{\partial^2 E_x}{\partial x^2}=0$，$\dfrac{\partial^2 E_x}{\partial y^2}=0$。在正弦稳态下，均匀各向同性理想介质中的无源区域内，齐次亥姆霍兹方程(4.5.5)变为

$$\frac{\partial^2 E_x}{\partial z^2}+k^2 E_x=0 \tag{5.1.1}$$

由于 E_x 是一个仅与 z 有关的复数，故上式退化为常微分方程，其通解为

$$E_x=E_x^+ + E_x^- = A\mathrm{e}^{-\mathrm{j}kz}+B\mathrm{e}^{\mathrm{j}kz} \tag{5.1.2}$$

式中，E_m^+ 和 E_m^- 是由边界条件确定的常数。

式（5.1.2）右边两项，以余弦形式写出其瞬时值表达式分别为

$$\begin{aligned} E_x^+(z,t)&=\mathrm{Re}[A\mathrm{e}^{-\mathrm{j}kz}\mathrm{e}^{\mathrm{j}\omega t}]=A\cos(\omega t-kz)\\ E_x^-(z,t)&=\mathrm{Re}[B\mathrm{e}^{+\mathrm{j}kz}\mathrm{e}^{\mathrm{j}\omega t}]=B\cos(\omega t+kz)\end{aligned} \tag{5.1.3}$$

从式（5.1.2）和式（5.1.3）中表达式 $A\mathrm{e}^{-\mathrm{j}kz}$ 或 $A\cos(\omega t-kz)$ 可以看出，由于 k 不是空间坐标的函数，所以在 z 等于任意常数的平面内，电场相位保持恒定，我们称此电磁波为平面波。进一步，电场的幅度在整个空间内是常数，所以等相位面也是等幅度面。等相位面和等幅度面均为平面且重合的电磁波称为均匀平面波。根据其瞬时表达式（5.1.3）还可以看出，电场既是时间的周期函数，又是空间的周期函数。

5.1.2　均匀平面波传播特性及其相关参数

对于一个固定空间位置点，譬如 z=0 处，电场表达式(5.1.3)可以写为 $E_x^+(0,t)=A\cos(\omega t+\phi)$ 一般形式，ωt 为时间相位，ω 为角频率。电磁波表现为一个周期振荡特性，电场仅仅是时间的周期函数，其周期

$$T=\frac{2\pi}{\omega} \tag{5.1.4}$$

表示在给定位置上，相位变化 2π 的时间间隔，相应的周频率为

$$f=\frac{1}{T}=\frac{\omega}{2\pi} \tag{5.1.5}$$

电磁波随时间变化快慢可以采用角频率 ω、频率 f 及周期 T 描述。

同样，为了考察电磁波在空间的分布特性，可以假设时间 t 为一个固定的常数，如假设 $t=0$。式（5.1.3）中的 $E_x^+(z,t)$ 退化为 $E_x^+(z,0)=A\cos(kz+\phi)$，电场随空间坐标 z 作周期变化，所以 kz 称为空间相位，k 表示电磁波传播单位距离的相位变化，称为相位常数，单位为 rad/m（弧度/米）。在任意时刻，空间相位差为 2π 的两个波阵面之间的距离称为电磁波的波长，用 λ 表示，单位为 m（米），所以

$$\lambda=\frac{2\pi}{k} \tag{5.1.6}$$

由于 $k=\omega\sqrt{\mu\varepsilon}=2\pi f\sqrt{\mu\varepsilon}$，所以

$$\lambda=\frac{1}{f\sqrt{\mu\varepsilon}}$$

可见，电磁波的波长不仅与频率有关，还与媒质参数有关，不同媒质中，电磁波的波长不同。从式（5.1.6）可以看出，k 的大小也表示了在 2π 的空间距离内所包含的波长数，所以 k 又称为波数。电磁波在空间的变化特性可以用参数 k 和 λ 表示。

以上分别讨论了均匀平面波随时间和空间变化的特性，研究不同时间内电磁波在空间的变化情况会进一步加深我们对电磁传播特性的理解。取几个不同时间点，将电场空间分布分别绘制于同一张图上，如图 5.1.3 所示，观察波形上的某个固定点（即一个特定的相位点），发现此点在以某一个速度匀速传播。

在数学上，在这个特定的相位点上，$\omega t-kz$ 为某一个常数，即 $\omega t-kz=C$，对这个表达式两边同时关于时间求导数得

$$\frac{\mathrm{d}z}{\mathrm{d}t}=v_{\mathrm{p}}=\frac{\omega}{k}$$

上式定义的等相位面传播的速度称为相速，由于 $k=\omega\sqrt{\mu\varepsilon}$，所以

$$v_{\mathrm{p}}=\frac{\omega}{k}=\frac{1}{\sqrt{\mu\varepsilon}} \tag{5.1.7}$$

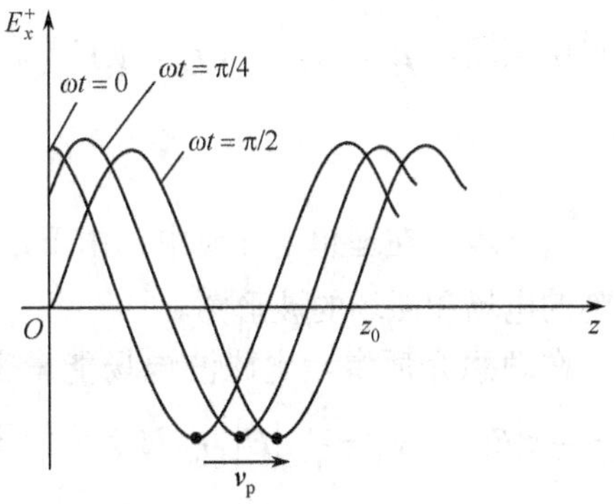

图 5.1.3　不同时刻 E_x^+ 的图形

可见，理想介质中电磁波的传播速度只与媒质的参数特性有关而与频率等其他参数没有关系。在自由空间，由于 $\mu=\mu_0=4\pi\times10^{-7}\,\mathrm{H/m}$，$\varepsilon=\varepsilon_0\approx\frac{1}{36\pi\times10^9}\,\mathrm{F/m}$，则得

$$v_{\mathrm{p}}=c=\frac{1}{\sqrt{\mu_0\varepsilon_0}}\approx3\times10^8\,\mathrm{m/s}$$

所以，自由空间电磁波的传播相速等于光速。在其他无限大理想电介质中，电磁波的相速将小于光速。

对于均匀平面波，麦克斯韦方程形式也会有所简化，并可以看出均匀平面的其他一些特性。对于如上均匀平面波，由$\nabla\times\boldsymbol{E}=-\mathrm{j}\omega\mu\boldsymbol{H}$，可以得到磁场$\boldsymbol{H}$表达式

$$\nabla\times\boldsymbol{E}=\begin{vmatrix}\boldsymbol{e}_x & \boldsymbol{e}_y & \boldsymbol{e}_z\\ \dfrac{\partial}{\partial x} & \dfrac{\partial}{\partial y} & \dfrac{\partial}{\partial z}\\ E_x & 0 & 0\end{vmatrix}=-\mathrm{j}\omega\mu(\boldsymbol{e}_xH_x+\boldsymbol{e}_yH_y+\boldsymbol{e}_zH_z)$$

得

$$H_y=-\frac{1}{\mathrm{j}\omega\mu}\frac{\partial E_x}{\partial z}=\frac{k}{\omega\mu}A\mathrm{e}^{-\mathrm{j}kz}=\sqrt{\frac{\varepsilon}{\mu}}A\mathrm{e}^{-\mathrm{j}kz}=\frac{1}{\eta}E_x$$

$$H_x=H_z=0$$

其矢量式表示为

$$\boldsymbol{H}=\boldsymbol{e}_y\sqrt{\frac{\varepsilon}{\mu}}A\mathrm{e}^{-\mathrm{j}kz}=\boldsymbol{e}_y\frac{1}{\eta}A\mathrm{e}^{-\mathrm{j}kz}=\frac{1}{\eta}\boldsymbol{e}_z\times\boldsymbol{E} \tag{5.1.8}$$

同样由$\nabla\times\boldsymbol{H}=\mathrm{j}\omega\varepsilon\boldsymbol{E}$，可以得到

$$\boldsymbol{E}=\eta\boldsymbol{H}\times\boldsymbol{e}_z \tag{5.1.9}$$

式（5.1.8）和式（5.1.9）就是沿+z方向传播的均匀平面波所满足的麦克斯韦方程中两个旋度方程的表达式。麦克斯韦方程中的两个散度方程也同样可以通过如上推导过程获得$\boldsymbol{e}_z\cdot\boldsymbol{D}=0$，$\boldsymbol{e}_z\cdot\boldsymbol{B}=0$。从均匀平面波的麦克斯韦方程可以看出如下几点规律，首先，电场$\boldsymbol{E}$和磁场$\boldsymbol{H}$以及传播方向$\boldsymbol{e}_z$保持两两垂直，电场、磁场以及传播方向满足右手螺旋关系；其次，电场、磁场大小相差一个因子$\sqrt{\dfrac{\mu}{\varepsilon}}$，这个因子称为媒质的本征阻抗

$$\eta=\sqrt{\frac{\mu}{\varepsilon}} \tag{5.1.10}$$

在自由空间，$\mu=\mu_0$，$\varepsilon=\varepsilon_0$，则

$$\eta_0=\sqrt{\frac{\mu_0}{\varepsilon_0}}=120\pi\ \Omega=377\ \Omega \tag{5.1.11}$$

进一步，在理想电介质中，由于η是实数，磁场$\boldsymbol{H}$与$\boldsymbol{E}$的相位相同。图5.1.4为一特定时刻的电场和磁场的波形图。

在理想介质中，电磁波电场能量密度和磁场能量密度与静态场中给出的形式相同，即$w_\mathrm{e}=\dfrac{1}{2}\varepsilon|E|^2$，$w_\mathrm{m}=\dfrac{1}{2}\mu|H|^2$，对于均匀平面波，由式（5.1.8）得

$$w_\mathrm{e}=\frac{1}{2}\varepsilon|E|^2=\frac{1}{2}\varepsilon|H|^2\eta^2=\frac{1}{2}\mu|H|^2=w_\mathrm{m} \tag{5.1.12}$$

这说明，在理想介质中，均匀平面波的电场能量密度等于磁场的能量密度，因此总的能量密度可以表示为

$$w=w_\mathrm{e}+w_\mathrm{m}=\frac{1}{2}\varepsilon|E|^2+\frac{1}{2}\mu|H|^2=\varepsilon|E|^2=\mu|H|^2 \tag{5.1.13}$$

在理想介质中，瞬时坡印廷矢量和平均坡印廷矢量分别转化为

$$\boldsymbol{S}=\boldsymbol{E}\times\boldsymbol{H}=\boldsymbol{e}_z\frac{1}{\eta}|E_\mathrm{m}|^2 \tag{5.1.14}$$

$$\boldsymbol{S}_{\text{av}} = \frac{1}{2}\text{Re}\left(\boldsymbol{E} \times \boldsymbol{H}^*\right) = \boldsymbol{e}_z \frac{1}{2\eta}|E_{\text{m}}|^2 \tag{5.1.15}$$

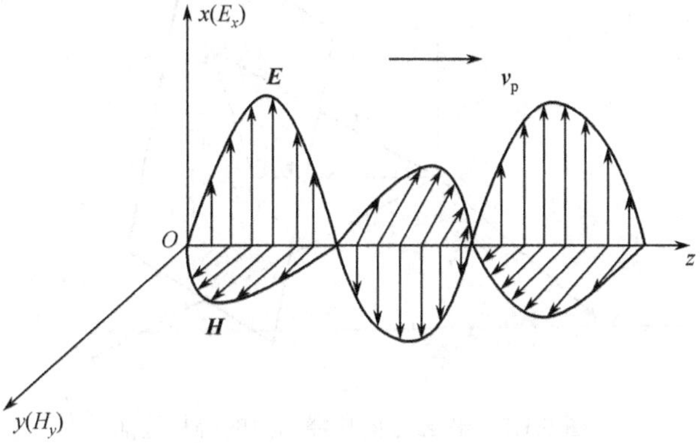

图 5.1.4　理想介质中均匀平面波的电场和磁场

由此可见，均匀平面波的电磁能量沿波的传播方向流动。

综上所述，均匀平面波的传播特性可以归纳为如下几点：

（1）均匀平面波的电场 $\boldsymbol{E}$ 磁场 $\boldsymbol{H}$ 与传播方向相互垂直，满足右手螺旋关系，电场和磁场只能在电磁波传播方向的横截面内，且相互垂直；

（2）电场和磁场的幅度、相位只是传播方向坐标的函数，在传播方向的横截面内，幅度、相位保持不变；

（3）理想介质本征阻抗为实数，电场和磁场同相位；

（4）均匀平面波能量流动方向就是电磁波的传播方向；

（5）理想介质中电磁波的相速度与频率无关，只与媒质参数有关；

（6）均匀平面波的电场能量密度与磁场能量密度相等。

5.1.3　任意方向传播的均匀平面波

前面的讨论中，我们总是假定均匀平面波沿坐标轴方向（例如 z 轴方向）传播。现在考虑均匀平面波沿任意方向传播的一般情况。

设电磁波传播方向为 $\boldsymbol{e}_n$，定义波矢量 $\boldsymbol{k} = \boldsymbol{e}_n k$，即波矢量大小为波数，方向为电磁波的传播方向 $\boldsymbol{e}_n$。从而 5.1.2 节所讲述的沿+z 轴方向传播的电磁波成为一般均匀平面波的一个特例。在垂直于 $\boldsymbol{e}_n$ 的平面内，平面波的幅度、相位相等，等相位面上任意一点 P 的坐标可以用矢径 $\boldsymbol{r}$ 表示，而该点的空间相位则可以表示为 $\boldsymbol{r} \cdot \boldsymbol{k}$，电磁波波阵面如图 5.1.5 所示。

仿照式（5.1.2），沿任意方向 $\boldsymbol{e}_n$ 传播电磁波的电场矢量可以表示为

$$\boldsymbol{E} = \boldsymbol{E}_0 \text{e}^{-\text{j}k\boldsymbol{e}_n \cdot \boldsymbol{r}} = \boldsymbol{E}_0 \text{e}^{-\text{j}\boldsymbol{k} \cdot \boldsymbol{r}} \tag{5.1.16}$$

同样，沿任意方向传播的均匀平面波所满足的麦克斯韦方程为

$$\begin{aligned} &\boldsymbol{e}_n \times \boldsymbol{E} = \eta \boldsymbol{H} \\ &\boldsymbol{e}_n \times \boldsymbol{H} = -\frac{\boldsymbol{E}}{\eta} \\ &\boldsymbol{k} \cdot \boldsymbol{E} = 0 \\ &\boldsymbol{k} \cdot \boldsymbol{H} = 0 \end{aligned} \tag{5.1.17}$$

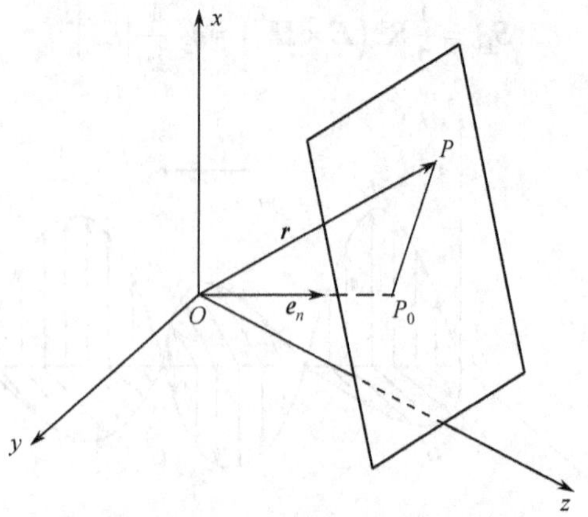

图 5.1.5　沿 $\boldsymbol{e}_n$ 方向传播的波的等相位面

综上所述，任意方向电磁波的传播特性依然遵循上一小节介绍的所有特点。

例 5-1　满足 IEEE802.11b 标准的无线局域网（WLAN）工作在 2.4～2.5GHz 频率范围，发射的电磁波在远区可以近似认为均匀平面波。设频率为 2.4GHz 的电磁波在纯净水中沿+z 方向传播，若不考虑纯净水的衰减，即水的特性参数表示为 $\varepsilon_r = 81$、$\mu_r = 1$、$\sigma = 0$。设电场沿 x 方向，即 $\boldsymbol{E} = \boldsymbol{e}_x E_x$；当 $t = 0$，$z = \dfrac{1}{12}$ m 时，电场等于其振幅值 $1\ \text{V/m}$。试求：（1）$\boldsymbol{E}(z,t)$ 和 $\boldsymbol{H}(z,t)$；（2）电磁波的相速和波长；（3）瞬态坡印廷矢量和平均坡印廷矢量。

解：（1）以余弦形式写出时域电场强度的一般表示式

$$\begin{aligned}\boldsymbol{E}(z,t) &= \boldsymbol{e}_x E(z,t) \\ &= \boldsymbol{e}_x E_m \cos(\omega t - kz + \phi_x)\end{aligned}$$

式中，$E_m = 1\text{V/m}$，$f = 2.4\text{GHz}$，$\omega = 2\pi f = 4.8\pi \times 10^9\ \text{rad/s}$

$$\begin{aligned}k = \omega\sqrt{\mu\varepsilon} &= 2\pi f\sqrt{81\mu_0\varepsilon_0} = 2\pi \times 2.4 \times 10^9 \times 9\sqrt{\mu_0\varepsilon_0} \\ &= 144\pi\ \text{rad/m}\end{aligned}$$

所以

$$\boldsymbol{E}(z,t) = \boldsymbol{e}_x \cos(4.8\pi \times 10^9 t - 144\pi z + \phi_x)$$

又由 $t = 0$，$z = \dfrac{1}{12}$ m 时，$E_x(\dfrac{1}{12}, 0) = E_m = 1$，得

$$4.8\pi \times 10^9 \times 0 - 144\pi \times \frac{1}{12} + \phi_x = 0$$

故

$$\phi_x = kz = 12\pi\ \text{rad}$$

则

$$\begin{aligned}\boldsymbol{E}(z,t) &= \boldsymbol{e}_x \cos(4.8\pi \times 10^9 t - 144\pi z + 12\pi) \\ &= \boldsymbol{e}_x \cos(4.8\pi \times 10^9 t - 144\pi z)\end{aligned}$$

（2）波速为

$$v_p = \frac{1}{\sqrt{\mu\varepsilon}} = \frac{1}{\sqrt{81\mu_0\varepsilon_0}} = \frac{1}{3} \times 10^8\ \text{m/s}$$

$$\lambda = \frac{2\pi}{k} = \frac{1}{72}\text{m}$$

（3）瞬态坡印廷矢量

$$\boldsymbol{S} = \boldsymbol{E} \times \boldsymbol{H} = \boldsymbol{e}_z \frac{1}{\eta}\left|E_{\text{m}}\right|^2 = e_z \frac{3}{40\pi}\cos^2\left(4.8\pi \times 10^9 t - 144\pi z\right)$$

写出电磁场的复数表达形式

$$\boldsymbol{E} = \boldsymbol{e}_x \text{e}^{-\text{j}144\pi z}$$

$$\boldsymbol{H} = \boldsymbol{e}_y \frac{3}{40\pi}\text{e}^{-\text{j}144\pi z}$$

平均坡印廷矢量为

$$\boldsymbol{S}_{\text{av}} = \frac{1}{2}\text{Re}[\boldsymbol{E} \times \boldsymbol{H}^*] = \boldsymbol{e}_z \frac{3}{80\pi}\text{W/m}^2$$

5.2 电磁波的极化

5.2.1 极化的概念

由上 5.1.3 节获知均匀平面波中的电场、磁场和传播方向之间相互垂直，电场和磁场只能存在于电磁波传播方向的横截面内。但是在横截面内电场和磁场的方向仍然不确定，而电场和磁场方向不同的均匀平面波所表现出的电磁特性将会有很大的差别，所以研究均匀平面波中电场和磁场的方向以及它们的变化轨迹具有非常重要的意义，这就是电磁理论中的一个重要概念——均匀平面波的极化。它表征了在空间给定点上场矢量的取向随时间变化的特性，通常对于简单媒体，用电场强度矢量 $\boldsymbol{E}$ 的端点在空间描绘出的轨迹来表示。如果该轨迹是直线，则波称为直线极化；若轨迹是圆，则称为圆极化；若轨迹是椭圆，则称为椭圆极化。在无限大均匀各向同性介质中，电磁波的极化完全由辐射源决定，与介质特性等参数无关。

以沿+z 方向传播的任意均匀平面波为例，在横截面内，E_x 和 E_y 分量都可能存在，而且这两个分量的振幅和初始相位任意，可表示为

$$E_x = E_{x\text{m}}\cos(\omega t - kz + \phi_1) \tag{5.2.1}$$

$$E_y = E_{y\text{m}}\cos(\omega t - kz + \phi_2) \tag{5.2.2}$$

电磁波的不同极化可以用以上两个分量的幅度和初始相位四个参数表示。由于极化问题主要是研究电场方向随时间的变化规律，与空间坐标没有关系，为简单起见，取 $z = 0$。

如图 5.2.1 所示，电场的幅度大小为

$$\left|E\right| = \sqrt{E_{x\text{m}}^2\cos^2(\omega t + \phi_1) + E_{y\text{m}}^2\cos^2(\omega t + \phi_2)} \tag{5.2.3}$$

电场与 x 轴的夹角为

$$\alpha = \arctan\left(\frac{E_{y\text{m}}\cos(\omega t + \phi_2)}{E_{x\text{m}}\cos(\omega t + \phi_1)}\right) \tag{5.2.4}$$

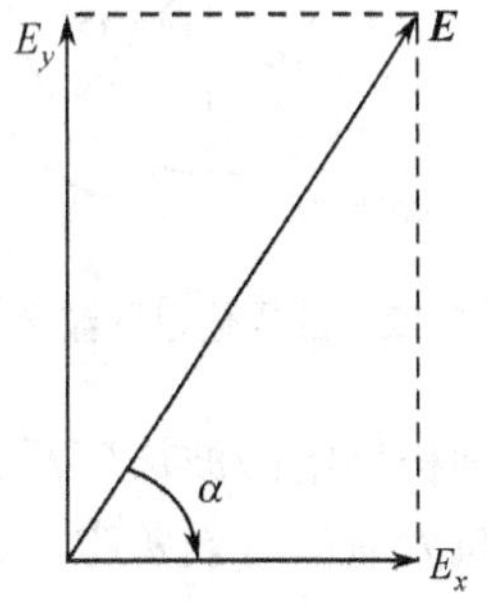

图 5.2.1 电磁波极化方向示意图

5.2.2 直线极化电磁波

若电场两个分量的初始相位相差0° 或180° ，则式（5.2.3）和式（5.2.4）简化为

$$|E|=\sqrt{E_x^{\ 2}+E_y^{\ 2}}=\sqrt{E_{\mathrm{xm}}^{\ 2}+E_{\mathrm{ym}}^{\ 2}}\cos(\omega t+\phi_1) \qquad (5.2.5)$$

$$\tan\alpha=\frac{E_y}{E_x}=\frac{E_{\mathrm{ym}}}{E_{\mathrm{xm}}}=\mathrm{const} \qquad (5.2.6)$$

可见，虽然合成电场的大小随时间周期变化，但其矢量终端轨迹始终与 x 轴夹角保持恒定，因此称为直线极化波。5.1节讨论的沿 z 方向传播的均匀平面波，电场的方向固定为 x 方向，$\boldsymbol{E}$ 矢量端点的轨迹是与 x 轴方向一致的直线，这就是 x 方向的直线极化波，是直线极化波的一种特殊情况。直线极化电磁波的发射接收装置往往比较简单，易于实现，从而在便携式电子设备中大量使用。

5.2.3 圆极化电磁波

若 E_x 与 E_y 振幅相等 $E_{\mathrm{xm}}=E_{\mathrm{ym}}=E_{\mathrm{m}}$，相位相差±90° ，则式（5.2.3）和式（5.2.4）变为

$$|E|=\sqrt{E_x^{\ 2}+E_y^{\ 2}}=E_{\mathrm{m}}=\mathrm{const} \qquad (5.2.7)$$

它与 x 轴夹角 α 由下式决定

$$\tan\alpha=\frac{E_y}{E_x}=\mp\tan(\omega t+\phi_1),\quad \alpha=\mp\omega t+\phi_1 \qquad (5.2.8)$$

故合成电场的大小不随时间改变，但方向却随时间改变。合成电场的矢端在一个圆上并以角速度 ω 旋转，如图5.2.2所示，故称为圆极化电磁波。式（5.2.8）中正负号表示角度α随着 ω 作逆时针变化或顺时针变化。

由于电场 x 分量的初始相位与 y 分量的初始相位可以超前 90° 也可以滞后 90°，因此电场矢量终端旋转的方向是不相同的。若 $\boldsymbol{E}$ 的矢端运动方向与波的传播方向满足右手螺旋关系，则称此圆极化电磁波为右旋圆极化波。相反，若 $\boldsymbol{E}$ 的矢端运动方向与波的传播方向满足左手螺旋关系，则称之为左旋极化电磁波。

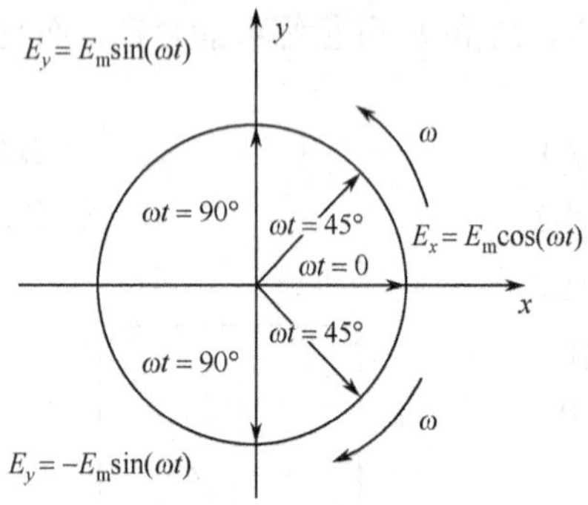

图5.2.2　圆极化电磁波电场矢量轨迹

圆极化电磁波的左右旋关系判断，可以通过如图5.2.2所示的时间推进方法进行观察。在一个固定空间位置如 $z=0$ 处，观察多个时间点上电场终端位置（如时间相位 $\omega t=0^{\circ},45^{\circ},90^{\circ}$ 的三个时间点），从而判断矢量终端的运动轨迹，并结合电磁波传播方向，最终得到圆极化电磁波的旋转特性。

圆极化电磁波被广泛使用在遥感遥测、通信、雷达、电子侦察与电子干扰等领域。在天文、航天通信等设备中，采用全向圆极化电磁波，可有效消除由电离层法拉第旋转效应引起的极化畸变影响；在电子对抗中，使用全向圆极化电波可以侦察和干扰敌方除反向纯圆极化信号外的各种极化方式的无线电波；在高速运动甚至剧烈摆动或滚动的物体上，如航天器、飞机、舰艇、汽车等载体上装载圆极化天线，可以在任何运动状态下都能够接收到无线电信

号；在广播电视系统中采用全向圆极化电磁波，能够有效扩大信号覆盖范围，并能在一定程度上克服重影、重音等。圆极化电磁波可以是利用两个空间上正交，振幅相等，相位相差 90° 的线极化电场分量合成输出圆极化波。

5.2.4 椭圆极化波

既不是直线极化又不是圆极化波，则一定是椭圆极化波。

在式（5.2.3）和式（5.2.4）中，取 $\phi_1 = 0$，$\phi_2 = \phi$ 为例，可解得

$$\frac{E_x^{\ 2}}{E_{xm}^{\ 2}} + \frac{E_y^{\ 2}}{E_{ym}^{\ 2}} - \frac{2E_x E_y}{E_{xm} E_{ym}} \cos\phi = \sin^2\phi \tag{5.2.9}$$

这是一个椭圆方程，合成电场的矢端在一椭圆上旋转。当 $\phi > 0$ 时，得到右旋椭圆极化；当 $\phi < 0$ 时，得到左旋椭圆极化。直线极化和圆极化都可看作椭圆极化的特例。

椭圆极化波的轴比（Axial Ratio，AR）定义为极化椭圆的长轴与短轴的比值，一般常用 dB 值表示。当 AR=0dB 时，为圆极化波；当 AR→∞时为线极化，0<AR（dB）<∞时为椭圆极化。工程上，轴比$|AR|$不大于 3dB 的带宽定义为圆极化辐射器的极化带宽。

前面讨论了不同电磁波的极化随时间变化的特性，下面我们也简单讨论一下极化在空间的分布特性。考虑电场 $\boldsymbol{E} = \boldsymbol{e}_x E_{xm} \cos(\omega t - kz + \phi_1) + \boldsymbol{e}_y E_{ym} \cos(\omega t - kz + \phi_2)$，令 $t = 0$，电场表达式简化为

$$\boldsymbol{E} = \boldsymbol{e}_x E_{xm} \cos(kz - \phi_1) + \boldsymbol{e}_y E_{ym} \cos(kz - \phi_2) \tag{5.2.10}$$

（1）当 $\phi_1 - \phi_2 = 0^{\circ}$ 或 180°，线极化电磁波在空间构成余弦变化。

（2）当 $E_{xm} = E_{ym}$ 且 $\phi_1 - \phi_2 = \pm 90^{\circ}$，电场两个分量构成了一个以波长为螺距的圆柱螺旋线方程。

（3）当电场两个分量的幅度和相位没有特定关系，则两个分量就构成了一个以波长为螺距的椭圆柱螺旋线方程。

5.2.5 三种类型极化的相互关系及应用

从上面的分析可以看出，直线极化波和圆极化波都是椭圆极化波的特例。三种极化电磁波都可以看成是空间正交的线极化波的叠加。相位相同或相差 180° 的两个空间正交的线极化波叠加形成另外一个线极化波；相位相差 90° 且振幅相同的两个空间正交线极化波叠加形成圆极化波；其他情况的空间正交线极化波叠加形成椭圆极化波。

另一方面，线极化波也可以分解成两个振幅相等而旋向相反的圆极化波的叠加；椭圆极化电磁波可以分解为两个振幅不等而旋向相反的圆极化波的叠加。感兴趣的读者可以尝试证明如上两个结论。

电磁波的极化特性主要由发射天线决定的。线极化天线在接收与自身平行的线极化电磁波时，由于极化类型匹配，接收性能最好。相反，如果接收电磁波与自身垂直，则极化类型完全失配，接收性能最差，几乎接收不到信号。当线天线与线极化波极化方向一定的夹角，接收效果将有所下降，存在极化损耗。圆极化天线只能接收与自身旋向相同的圆极化电磁波，如果旋向相反，则极化完全失配，同样接收不到信号。从前面的介绍知道，线极化电磁波可以分解为幅度相等、旋向相反的两个圆极化，所以采用圆极化天线总能接收得到该线极化电磁波的其中一个圆极化分量。相反，圆极化电磁波也可以分解为两个正交的线极化电磁波，

所以线极化天线也总能接收得到圆极化中的一个线极化分量。如果收发天线有一方为圆极化而另一方采用线极化天线，则总可以保证收发信号畅通。如果收发天线都采用线极化，则有可能会因为极化正交而接收不到信号。

*5.2.6 极化信息简介

当某种类型的电磁波照射到特定目标上，其反射电磁波的极化信息可能发生改变，这就是目标的去极化作用。而极化如何改变取决于目标的形状、尺寸、结构等特性。也就是说反射电磁波中极化的改变蕴含了目标的很多重要信息。所以电磁波的极化信息可以用来识别目标，这就是极化识别技术。电磁波的极化信息及其变化情况成为现代雷达应用领域的重要研究内容，在雷达探测中具有重要的意义。

1. 极化的历史回顾

电磁波极化现象的发现可以追溯到1669年科学家们关于光的极化（偏振）研究上（因为光是一种频率非常高的电磁波），Eramus Bartolinus（1625—1695）利用方解石晶体将一束入射光分解为“普通光”和“异常光”；随后，Christion Huynens（1629—1695）观察到两束方解石光线的本质差别，从而发现了极化光（1667）；E. Louis Malus（1755—1821）于1808年证实了牛顿（Newton）关于极化是光的本质而非来自晶体影响的结论；David Brewster拓展了Malus的工作，并发现了极化角与介质材料相对折射功率之间的联系；1852年，George Gabriel Stokes（1819—1903）提出四个参数描述光的极化，这就是著名的“Stokes 参数”，为后来的极化研究奠定了数学表征理论基础；1892年，Henri Poincare为理解极化光作出了卓越的贡献，他指出，所有可能的极化状态可以由Riemann球面上的点来表示。

2. 经典的极化问题及应用

雷达通过发射特定的电磁波照射到不同目标上，其反射电磁波将会携带关于目标的相关信息，雷达就是通过接收携带目标信息的回波探测目标的。1946年，Ohio州立大学天线实验室（后改称电子科学实验室）的George Sinclair指出，一个雷达目标也可以视为一个“极化变换器”，他用一个2×2相干散射矩阵来描述一个相干雷达目标的散射特性，从而丰富了雷达目标的探测内容。这个矩阵就是著名的“Sinclair 极化散射矩阵”。以此为标志，开始了雷达极化信息处理领域的研究。

极化问题的另一个应用是极化滤波。在人们生活的自然空间内，尤其在现代战场条件下，电磁环境日趋复杂恶劣，这对各类战场电磁传感系统的工作性能提出了严峻的考验。在复杂电磁环境中，如何有效地抑制外界干扰的影响、改进信号的接收质量、以最大限度地从干扰环境中提取有用信息，已经成为雷达、通信、导航、遥感以及电子对抗等诸多领域所共同关注的重要问题。对一般的电磁接收系统而言，其滤除干扰、增强信号的措施大体可以分为两大类：

第一类措施是在空间电磁波进入接收机以前，尽量对干扰电磁波进行抑制或削弱，同时提升有用信号电平，从而达到改善信号接收质量的目的；第二类措施是在外界电磁信号进入接收机以后，利用干扰和信号在波形和频谱结构等方面的差异，采用适当的信号处理技术对其加以区分，从而达到抑制干扰、增强信号的目的。从信号处理的角度来看，这两类抗干扰措施均可以归结为滤波问题。具体而言，第一类措施主要包括空域滤波和极化滤波技术，而第二类措施则主要体现为电磁信号的时域、频域以及时频联合域滤波技术。在这些滤波技术中，除极化域滤波技术外，其余各种滤波技术历经了数十年的发展，均以形成了相当成熟的理论体系，并在实践中获得了广泛的应用；长期以来极化域滤波的理论和技术始终处于缓慢的徘徊发展状态。

3. 电磁波的瞬态极化和宽带极化

在经典极化研究中，电磁波的极化概念是基于单色平面电磁波电场矢量端点空间运动轨迹的椭圆几何特性而定义的，因此它实际上隐含了对所研究的电磁波对象的“窄带性”或者“时谐性”假设。也就是说，要求其所研究的电磁波电场矢端空间运动轨迹必须具有良好的几何规则性（即椭圆性）和“长程重复性”（即周期性），这样即可利用一系列的静态定常参数，如椭圆几何描述子、相位描述子、极化比以及 Stokes 矢量等，来描述此类“时谐性”电磁波的极化现象。在这个意义上，这类“时谐性”或“窄带性”电磁波为“定常电磁波”，它们的极化描述子都是静态定常参数。

对那些不满足“时谐性”或者“窄带性”条件的电磁波，则称之为“非定常电磁波”、例如复杂调制宽带电磁波、瞬变宽带电磁波等均属于“非定常电磁波”的范畴。对非定常电磁波而言，其电场矢端的空间运动轨迹通常并不具有良好的几何规则性和长程重复性，因此经典的电磁波极化概念不再适用，因而也就无法有效地描述它的极化现象。事实上，在经典极化研究中，非定常电磁波因其“离经叛道”的空间轨迹特性，而很少得到人们的重视和研究，对于绝大多数非定常电磁波而言，它们特殊的极化现象和特性迄今为止仍未得到系统深入的研究和描述，当然更谈不上合理有效利用了。

5.3 均匀平面波在导电媒质中的传播

在导电媒质中，由于电导率$\sigma \neq 0$，当电磁波在导电媒质中传播时，其中必然有传导电流$\boldsymbol{J} = \sigma \boldsymbol{E}$，这将导致电磁能量损耗。因而，均匀平面波在导电媒质中的传播特性与无损耗介质的情况不同。

5.3.1 复电容率与复磁导率

当电导率不为零时，电磁波将会存在欧姆损耗，在介电常数和电导率分别为ε,σ的均匀导电媒质中，磁场$\boldsymbol{H}$的旋度方程可以表示为

$$\nabla \times \boldsymbol{H} = \boldsymbol{J} + \mathrm{j}\omega\varepsilon\boldsymbol{E} = \mathrm{j}\omega\left(\varepsilon - \mathrm{j}\frac{\sigma}{\omega}\right)\boldsymbol{E} = \mathrm{j}\omega\tilde{\varepsilon}\boldsymbol{E} \tag{5.3.1}$$

表达式中$\tilde{\varepsilon} = \varepsilon - \mathrm{j}\dfrac{\sigma}{\omega}$称为等效复介电常数或复电容率，媒质的欧姆损耗通过复介电常数的虚部表现在媒质本构关系中。

复介电常数的物理意义：$\tilde{\varepsilon}$的实部为媒质的介电常数，介电常数反映了媒质的极化特性；$\tilde{\varepsilon}$的虚部包含σ，反映了媒质的损耗特性。根据$\boldsymbol{J} = \sigma\boldsymbol{E}$，$\boldsymbol{J}_D = \mathrm{j}\omega\varepsilon\boldsymbol{E}$，所以$\dfrac{\sigma}{\omega\varepsilon}$反映了传导电流和位移电流的比值关系。$\dfrac{\sigma}{\omega\varepsilon}$称为媒质的损耗角正切。工程上根据损耗角正切的大小来区分良介质、良导体、半电介质等媒质。

引入复介电常数为以后，讨论有耗媒质中的电磁波将很方便。前面分析了无耗媒质中的均匀平面电磁波，在此基础上讨论有耗媒质中的均匀平面电磁波问题，只需将电磁场解中的

ε，换成$\tilde{\varepsilon}$即可。因为引入复介电常数后，有耗媒质和无耗媒质中的电磁场满足相同形式的麦克斯韦方程、可以推导出相同形式的波动方程，得到相同形式的解。

除了电介质中自由电子运动所形成的欧姆损耗外，介质中极化电荷在外加交变电场作用下，还会作往复的简谐振荡，形成极化电流和极化损耗。我们仍然可以统一采用复介电常数$\tilde{\varepsilon}=\varepsilon'-\mathrm{j}\varepsilon''$表示。工程中，通常采用损耗角正切$\tan\delta$来表示介质的损耗特性（包括极化损耗和欧姆损耗）

$$\tan\delta=\frac{\varepsilon''}{\varepsilon'}$$

对式（5.3.1）两边同时求散度，可以得到

$$\nabla\cdot\boldsymbol{E}=\frac{1}{\mathrm{j}\omega\tilde{\varepsilon}}\nabla\cdot(\nabla\times\boldsymbol{H})=0 \tag{5.3.2}$$

由此可见，在均匀导电媒质中，虽然传导电流密度$\boldsymbol{J}\neq 0$，但不存在自由电荷密度，即$\rho=0$。

与电介质相似，对于存在磁化损耗的磁介质，也可以通过复磁导率表示为$\tilde{\mu}=\mu'-\mathrm{j}\mu''$，相应的磁介质损耗正切为$\tan\delta=\dfrac{\mu''}{\mu'}$。

由于复介电常数和复磁导率概念的引入，有耗媒质中的麦克斯韦方程从形式上完全与理想介质中的麦克斯韦方程形式相同，因此5.1节所讲述的关系式均可适用。

5.3.2　导电媒质中的均匀平面波

上述欧姆损耗、极化损耗以及磁化损耗是媒质损耗的基本形态，损耗的大小不仅与媒质材料有关，还与电磁波的工作频率相关。在均匀的导电媒质中，电场$\boldsymbol{E}$和磁场$\boldsymbol{H}$满足的亥姆霍兹方程为

$$\nabla^2\boldsymbol{E}+\tilde{k}^2\boldsymbol{E}=0 \tag{5.3.3}$$

$$\nabla^2\boldsymbol{H}+\tilde{k}^2\boldsymbol{H}=0 \tag{5.3.4}$$

式中

$$\tilde{k}=\omega\sqrt{\mu\tilde{\varepsilon}} \tag{5.3.5}$$

为损耗媒质中的波数，是一复数。

在讨论损耗媒质中电磁波的传播时，通常将式（5.3.3）和式（5.3.4）写为

$$\nabla^2\boldsymbol{E}-\gamma^2\boldsymbol{E}=0 \tag{5.3.6}$$

$$\nabla^2\boldsymbol{H}-\gamma^2\boldsymbol{H}=0 \tag{5.3.7}$$

式中

$$\gamma=\mathrm{j}\tilde{k}=\mathrm{j}\omega\sqrt{\mu\tilde{\varepsilon}} \tag{5.3.8}$$

称为复传播常数。

这里仍然假定电磁波是沿+z 轴方向传播的均匀平面波，且电场只有E_x分量，则方程（5.3.6）的解为

$$\boldsymbol{E}=\boldsymbol{e}_xE_x=\boldsymbol{e}_xE_{xm}\mathrm{e}^{-\gamma z} \tag{5.3.9}$$

由于γ是复数，令$\gamma=\alpha+\mathrm{j}\beta$（$\alpha,\beta$为实数），代入上式得

$$\boldsymbol{E}=\boldsymbol{e}_xE_{xm}\mathrm{e}^{-\alpha z}\mathrm{e}^{-\mathrm{j}\beta z} \tag{5.3.10}$$

式中，第一个因子$\mathrm{e}^{-\alpha z}$表示电场的振幅随传播距离 z 的增加而呈指数衰减，因而称为衰减因

子。α 则称为衰减常数，表示电磁波每传播一个单位距离，其振幅的衰减量，单位为 Np/m（奈培/米）；第二个因子 $e^{-j\beta z}$ 是相位因子，β 称为相位常数，其单位为 rad/m（弧度/米）。

与式（5.3.10）对应的瞬时值形式为

$$\begin{aligned}\boldsymbol{E}(z,t) &= \mathrm{Re}[\boldsymbol{E}(z)e^{j\omega t}] = \mathrm{Re}[\boldsymbol{e}_x E_{xm} e^{-\alpha z} e^{j\omega t}] \\ &= \boldsymbol{e}_x E_{xm} e^{-\alpha z} \cos(\omega t - \beta z)\end{aligned} \tag{5.3.11}$$

由方程 $\nabla \times \boldsymbol{E} = -j\omega\mu\boldsymbol{H}$，可得到导电媒质中的磁场强度为

$$\boldsymbol{H} = \boldsymbol{e}_y \sqrt{\frac{\tilde{\varepsilon}}{\mu}} E_{xm} e^{-\gamma z} = \boldsymbol{e}_y \frac{1}{\tilde{\eta}} E_{xm} e^{-\gamma z} \tag{5.3.12}$$

式中

$$\tilde{\eta} = \sqrt{\frac{\mu}{\tilde{\varepsilon}}} \tag{5.3.13}$$

为导电媒质的本征阻抗。$\tilde{\eta}$ 为一复数，常将其表示为

$$\tilde{\eta} = |\tilde{\eta}| e^{j\phi} \tag{5.3.14}$$

将 $\tilde{\varepsilon} = \varepsilon - j\sigma/\omega$ 代入式（5.3.13），可得到

$$\tilde{\eta} = \sqrt{\frac{\mu}{\varepsilon - j\sigma/\omega}} = \left(\frac{\mu}{\varepsilon}\right)^{1/2} \left[1 + \left(\frac{\sigma}{\omega\varepsilon}\right)^2\right]^{-1/4} e^{j\frac{1}{2}\arctan\left(\frac{\sigma}{\omega\varepsilon}\right)}$$

即

$$\begin{cases} |\tilde{\eta}| = \left(\dfrac{\mu}{\varepsilon}\right)^{1/2} \left[1 + \left(\dfrac{\sigma}{\omega\varepsilon}\right)^2\right]^{-1/4} \\ \phi = \dfrac{1}{2}\arctan\left(\dfrac{\sigma}{\omega\varepsilon}\right) \end{cases} \tag{5.3.15}$$

当电导率 $\sigma = 0$ 时，$\phi = 0$，$|\tilde{\eta}| = \left(\dfrac{\mu}{\varepsilon}\right)^{1/2}$，电场和磁场同相位，传播特性退化为理想媒质中的电磁波传播特性。$\boldsymbol{H}$ 与 $\boldsymbol{E}$ 之间满足下列关系式

$$\mathbf{H} = \frac{1}{\tilde{\eta}} \boldsymbol{e}_z \times \boldsymbol{E} \tag{5.3.16}$$

这表明，在导电媒质中，电场 $\boldsymbol{E}$、磁场 $\boldsymbol{H}$ 与传播方向 $\boldsymbol{e}_z$ 之间仍然相互垂直，并遵循右手螺旋关系，如图 5.3.1 所示。由于媒质存在损耗，电场和磁场不仅随传播距离的增加而衰减，而且它们之间存在一定的相位差，这与理想媒质中电场和磁场同相位有所区别。

由 $\gamma = \alpha + j\beta$ 和式（5.3.8），可得到 $\gamma^2 = \alpha^2 - \beta^2 + j2\alpha\beta = -\omega^2\mu\varepsilon + j\omega\sigma$。由此可解得

$$\alpha = \omega \sqrt{\frac{\mu\varepsilon}{2}\left[\sqrt{1 + \left(\frac{\sigma}{\omega\varepsilon}\right)^2} - 1\right]} \tag{5.3.17a}$$

$$\beta = \omega \sqrt{\frac{\mu\varepsilon}{2}\left[\sqrt{1 + \left(\frac{\sigma}{\omega\varepsilon}\right)^2} + 1\right]} \tag{5.3.17b}$$

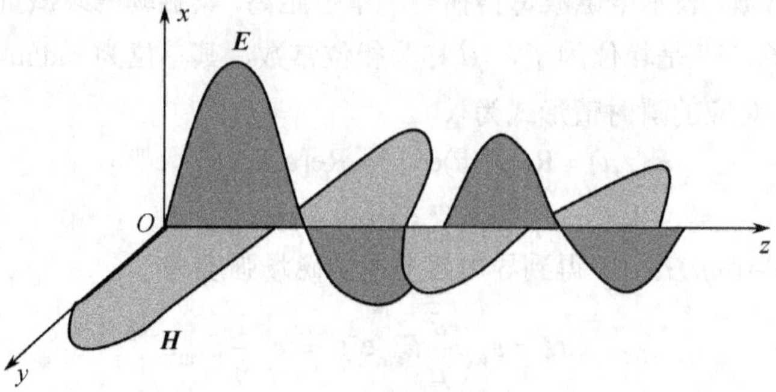

图 5.3.1　导电媒质中的电场和磁场

由于上式中 β 与电磁波的频率不是线性关系，因此在导电媒质中，电磁波的相速 $v_{\mathrm{p}}=\dfrac{\omega}{\beta}$ 是频率的函数，即在同一种导电媒质中，不同频率的电磁波其相速是不同的，这种现象称为色散现象，相应的媒质称为色散媒质，故导电媒质是一种色散媒质，媒质的色散特性将于下一节讨论，这里重点介绍媒质的损耗特性。

由式（5.3.10）和式（5.3.12）可得到导电媒质中的平均电场能量密度和平均磁场能量密度分别为

$$W_{\mathrm{eav}}=\frac{1}{4}\mathrm{Re}\left[\tilde{\varepsilon}\boldsymbol{E}\cdot\boldsymbol{E}^{*}\right]=\frac{\varepsilon}{4}E_{x\mathrm{m}}^{2}\mathrm{e}^{-2\alpha z} \tag{5.3.18}$$

$$\begin{aligned}W_{\mathrm{mav}}&=\frac{1}{4}\mathrm{Re}\left[\mu\boldsymbol{H}\cdot\boldsymbol{H}^{*}\right]=\frac{\mu}{4}\frac{E_{x\mathrm{m}}^{2}}{|\tilde{\eta}|^{2}}\mathrm{e}^{-2\alpha z}\\&=\frac{\varepsilon}{4}E_{x\mathrm{m}}^{2}\mathrm{e}^{-2\alpha z}\left[1+\left(\frac{\sigma}{\omega\varepsilon}\right)^{2}\right]^{1/2}\end{aligned} \tag{5.3.19}$$

由此可见，在导电媒质中，平均磁场能量密度大于电场能量密度。只有当 $\sigma=0$ 时，才有 $W_{\mathrm{eav}}=W_{\mathrm{mav}}$。

在导电媒质中，平均坡印廷矢量为

$$\begin{aligned}\boldsymbol{S}_{\mathrm{av}}&=\frac{1}{2}\mathrm{Re}\left[\boldsymbol{E}\times\boldsymbol{H}^{*}\right]=\frac{1}{2}\mathrm{Re}\left[\boldsymbol{E}\times\left(\frac{1}{\tilde{\eta}}\boldsymbol{e}_{z}\times\boldsymbol{E}\right)^{*}\right]\\&=\frac{1}{2}\mathrm{Re}\left[\boldsymbol{e}_{z}|\boldsymbol{E}|^{2}\frac{1}{|\tilde{\eta}|}\mathrm{e}^{\mathrm{j}\phi}\right]=\boldsymbol{e}_{z}\frac{1}{2|\tilde{\eta}|}|\boldsymbol{E}|^{2}\cos\phi\end{aligned} \tag{5.3.20}$$

综合以上的讨论，可将导电媒质中的均匀平面波的传播特点归纳为：

（1）电场 $\boldsymbol{E}$、磁场 $\boldsymbol{H}$ 与传播方向 $\boldsymbol{e}_z$ 两两相互垂直且满足右手螺旋关系，电场与磁场只能位于传播方向的横截面内；

（2）由于电导率的存在，电场与磁场的振幅呈指数衰减，从而导致电磁波能量的损耗；

（3）波阻抗为复数，电场与磁场不等相位；

（4）电磁波的相速与频率有关，有耗媒质是一种色散媒质；

（5）平均磁场能量密度大于平均电场能量密度。

5.3.3 弱导电媒质中的均匀平面波

导电媒质中的损耗角正切$\dfrac{\sigma}{\omega\varepsilon}$描述的是传导电流与位移电流的振幅之比。当$\dfrac{\sigma}{\omega\varepsilon} \ll 1$（通常$\dfrac{\sigma}{\omega\varepsilon} < 100$）的导电媒质称为弱导电媒质。在这种媒质中，位移电流起主要作用，而传导电流的影响相对较小，可忽略不计。

在$\dfrac{\sigma}{\omega\varepsilon} \ll 1$的条件下，传播常数$\gamma$可通过级数展开近似为

$$\gamma = \mathrm{j}\omega\sqrt{\mu\varepsilon\left(1-\mathrm{j}\frac{\sigma}{\omega\varepsilon}\right)} \approx \mathrm{j}\omega\sqrt{\mu\varepsilon}\left(1-\mathrm{j}\frac{\sigma}{2\omega\varepsilon}\right)$$

由此可得衰减常数α和相位常数β分别为

$$\alpha = \frac{\sigma}{2}\sqrt{\frac{\mu}{\varepsilon}}\ \text{Np/m} \tag{5.3.21}$$

$$\beta = \omega\sqrt{\mu\varepsilon}\ \text{rad/m} \tag{5.3.22}$$

本征阻抗可近似为

$$\tilde{\eta} = \sqrt{\frac{\mu}{\varepsilon}}\left(1+\frac{\sigma}{\mathrm{j}\omega\varepsilon}\right)^{-1/2} \approx \sqrt{\frac{\mu}{\varepsilon}} \tag{5.3.23}$$

由此可见，在弱导电媒质中，除了有一定损耗所引起的衰减外，与理想介质平面波的传播特性基本相同，媒质的色散特性并不明显。

5.3.4 强导电媒质中的均匀平面波

当$\dfrac{\sigma}{\omega\varepsilon} \gg 1$（通常$\dfrac{\sigma}{\omega\varepsilon} > 100$）的媒质称为良导电媒质。在良导体中，传导电流起主要作用，而位移电流的影响相对很小，可忽略不计。在$\dfrac{\sigma}{\omega\varepsilon} \gg 1$情况下，传播常数$\gamma$可近似为

$$\gamma = \mathrm{j}\omega\sqrt{\mu\varepsilon\left(1-\mathrm{j}\frac{\sigma}{\omega\varepsilon}\right)} \approx \mathrm{j}\omega\sqrt{\frac{\mu\sigma}{\mathrm{j}\omega}} = \frac{1+\mathrm{j}}{\sqrt{2}}\sqrt{\omega\mu\sigma}$$

即

$$\alpha = \beta = \sqrt{\pi f\mu\sigma} \tag{5.3.24}$$

良导体的本征阻抗为

$$\tilde{\eta} = \sqrt{\frac{\mu}{\tilde{\varepsilon}}} \approx \sqrt{\frac{\mathrm{j}\omega\mu}{\sigma}} = (1+\mathrm{j})\sqrt{\frac{\pi f\mu}{\sigma}} = \sqrt{\frac{2\pi f\mu}{\sigma}}\mathrm{e}^{\mathrm{j}\pi/4} \tag{5.3.25}$$

所以，在良导体中，磁场的相位滞后于电场约45°。

在良导体中，电磁波的相速为

$$v_{\mathrm{p}} = \frac{\omega}{\beta} \approx \sqrt{\frac{2\omega}{\mu\sigma}} \tag{5.3.26}$$

由式(5.3.24)可知，在良导体中，电磁波的衰减常数随电磁波的频率、媒质的磁导率以及电导率的增加而增大。因此，高频电磁波在良导体中的衰减非常大。例如，频率$f = 3$ MHz时，

电磁波在铜（$\sigma=5.8\times10^{7}$ S/m、$\mu_r=1$）中的$\alpha\approx2.62\times10^{4}$ Np/m。

由于电磁波在良导体中的衰减很快，故在传播很短的一段距离后就几乎衰减为零。因此，良导体中的电磁波仅仅局限于导体表面附近的区域，这种现象称为趋肤效应。工程上常将电磁波衰减为原来幅度的$1/\mathrm{e}$的距离称为趋肤深度δ（或穿透深度），按此定义，有

$$\mathrm{e}^{-\alpha\delta}=1/\mathrm{e}$$

故趋肤深度为

$$\delta=\frac{1}{\alpha}=\sqrt{\frac{2}{\omega\mu\sigma}}=\frac{1}{\sqrt{\pi f\mu\sigma}} \tag{5.3.27}$$

由式(5.3.27)可知，在良导体中，电磁波的趋肤深度随着电磁波频率、媒质的磁导率和电导率的增加而减少。在高频时，良导体的趋肤深度非常小，以致在实际中可以认为电流仅存在于导体表面很薄的一层内，这与恒定电流或低频电流均匀分布于导体的横截面上的情况不同。在高频时，导体的实际载流截面减小了，因而导体的高频电阻大于直流或低频电阻。

按式(5.3.25)，良导体的本征阻抗为

$$\tilde{\eta}\approx(1+\mathrm{j})\sqrt{\frac{\pi f\mu}{\sigma}}=R_\mathrm{S}+\mathrm{j}X_\mathrm{S} \tag{5.3.28}$$

具有相等的电阻和电抗分量

$$R_\mathrm{S}=X_\mathrm{S}=\sqrt{\frac{\pi f\mu}{\sigma}}=\frac{1}{\sigma\delta} \tag{5.3.29}$$

这些分量与电导率和趋肤深度有关。$R_\mathrm{S}=\dfrac{1}{\sigma\delta}$表示厚度为$\delta$的导体其表面每平方米的电阻，称为导体的表面电阻率，简称为表面电阻。相应的X_S称为表面电抗，$Z_\mathrm{S}=R_\mathrm{S}+\mathrm{j}X_\mathrm{S}$称为表面阻抗。

表 5.3.1 列出了一些金属材料的趋肤深度和表面电阻。

表 5.3.1 一些金属材料的趋肤深度和表面电阻

材料名称	电导率 σ/(S/m)	趋肤深度 δ/m	表面电阻 R_S/Ω
银	6.17×10^{7}	$0.064/\sqrt{f}$	$2.52\times10^{-7}\sqrt{f}$
紫铜	5.8×10^{7}	$0.066/\sqrt{f}$	$2.61\times10^{-7}\sqrt{f}$
铝	3.72×10^{7}	$0.083/\sqrt{f}$	$3.26\times10^{-7}\sqrt{f}$
钠	2.1×10^{7}	$0.11/\sqrt{f}$	$4.33\times10^{-7}\sqrt{f}$
黄铜	1.6×10^{7}	$0.013/\sqrt{f}$	$5.01\times10^{-7}\sqrt{f}$
锡	0.87×10^{7}	$0.17/\sqrt{f}$	$6.76\times10^{-7}\sqrt{f}$
石墨	0.01×10^{7}	$1.6/\sqrt{f}$	$62.5\times10^{-7}\sqrt{f}$

如果用J_0表示导体表面位置上的电流体密度，则在穿入导体内 z 处的电流密度为$J_x=J_0\mathrm{e}^{-\gamma z}$。导体内每单位宽度的总电流为

$$J_S=\int_S J_x\mathrm{d}S=\int_0^{\infty}J_0\mathrm{e}^{-\gamma z}\mathrm{d}z=\frac{J_0}{\gamma} \tag{5.3.30}$$

由于良导体内电流主要分布在表面附近，因此可将J_S看作是导体的表面电流。

导体表面的电场为$E_0=J_0/\sigma$，由式（5.3.30）可得

$$E_0=\frac{J_0}{\sigma}=\frac{J_S\gamma}{\sigma}=\frac{J_S}{\sigma}(1+\mathrm{j})\sqrt{\frac{\omega\mu\sigma}{2}}=(1+\mathrm{j})\frac{J_S}{\sigma\delta}=J_S Z_\mathrm{S} \tag{5.3.31}$$

此式说明，良导体的表面电场等于表面电流密度乘以表面阻抗。因此良导体中每单位表面的平均损耗功率可按下式计算

$$P_{1\mathrm{av}}=\frac{1}{2}|J_S|^2 R_\mathrm{S}\ \ (\mathrm{W/m^2}) \tag{5.3.32}$$

在实际计算时，通常是先假定导体的电导率为无穷大，求出导体表面的切向磁场，然后由 $\boldsymbol{J}_S=\boldsymbol{e}_\mathrm{n}\times\boldsymbol{H}$ 求出导体的表面电流密度 $\boldsymbol{J}_S$。因此，代替式（5.3.32），可用

$$P_{1\mathrm{av}}=\frac{1}{2}|\boldsymbol{H}_\mathrm{t}|^2 R_\mathrm{S} \tag{5.3.33}$$

来计算良导体中每单位表面的平均损耗功率。

有耗媒质中，由于式（5.3.16）比较复杂，实际应用困难，但是当 $\dfrac{\sigma}{\omega\varepsilon}<<1$ 或 $\dfrac{\sigma}{\omega\varepsilon}>>1$ 时，衰减系数可以用如上一些简单的公式近似，图 5.3.2 给出了汞、海水及纯净水的衰减因子与频率的关系，图中曲线分别采用式（5.3.17）直接计算以及采用良导体公式（5.3.24）和弱导体公式（5.3.21）近似分别获得。可以看出不同介质的衰减特性不同，其衰减常数能相差一两个数量级。当频率较低时，位移电流 $\mathrm{j}\omega\boldsymbol{D}$ 较小，而介质中传导电流 $\sigma\boldsymbol{E}$ 相对较大，占主导作用，介质的损耗特性可以采用良导体的公式近似表示。随着频率的增加，位移电流 $\mathrm{j}\omega\boldsymbol{D}$ 将占主导作用，媒质特性可以用弱导体公式近似，这时衰减特性几乎与频率无关。需要指出的是，良导体和弱导体定义是按照传导电流与位移电流的比值区分的，并不代表弱导体对电磁波的衰减小而良导体衰减大，从图中可以看出，同一个材料的高频弱导体近似衰减常数反而比同材料的良导体的衰减常数大，相应地趋肤深度将会减小。图 5.3.3 为采用导电媒质衰减常数的一般表达式（5.3.17a）计算得到的不同材料的趋肤深度随频率的变化曲线。可以看出，不同材料的趋肤深度不同，而且随着频率的提高，趋肤深度逐渐变小。

导电媒质的衰减和趋肤深度问题在工程应用中必须充分考虑。例如，100kHz 的电磁波照射海水（电导率 $\sigma=4$），电磁波进入海水的深度只有 0.8m 左右，这给海底无线通信、海底探测等带来了很大的困难。另一方面，在军事对抗中，由于敌方雷达等装置无法有效探测海底目标，形成了天然的电磁屏障，从而极大地提高了潜艇的生存能力和突防能力。100kHz 电磁波在纯铜中的趋肤深度约为 0.4mm，表面电阻较大，信号传播衰减增加，工程上常用多匝细导线代替一根粗导线来传递信号，从而可以有效提高信号传播的有效横截面积，降低传输损耗。

例 5-2 海水对电磁波的衰减是海底通信、海底探测等工程应用中需要充分考虑的问题。设在海水中，沿+z 方向传播的均匀平面波，电场极化方向为 x 方向。已知海水的媒质参数为 $\varepsilon_\mathrm{r}=81$、$\mu_\mathrm{r}=1$、$\sigma=4\ \mathrm{S/m}$。电磁波分别工作于 1kHz，1MHz 及 10GHz 时，求：相应的衰减常数、相位常数、本征阻抗、相速、波长及趋肤深度。

解：（1）电磁波工作于 1kHz 频点时

$$\frac{\sigma}{\omega\varepsilon}=\frac{4}{2\pi\cdot10^3\times\left(\dfrac{1}{36\pi}\times10^{-9}\right)\times81}=\frac{8}{9}\times10^6>>1$$

此时海水属于良导电媒质。故衰减常数为

$$\alpha=\sqrt{\pi f\mu\sigma}=\sqrt{\pi\times5\times10^2\times4\pi\times10^{-7}\times4}\ \mathrm{Np/m}=0.1256\mathrm{Np/m}$$

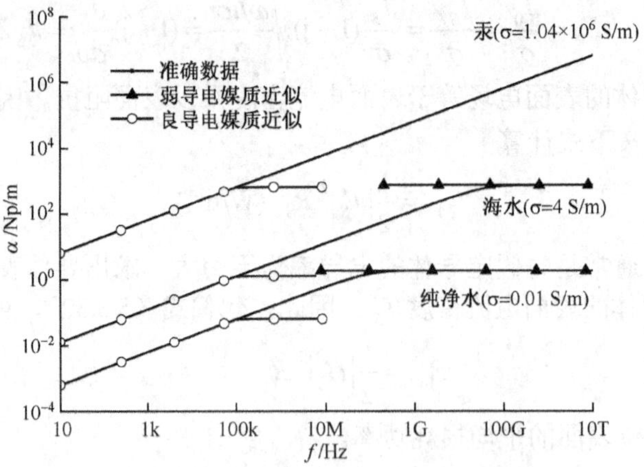

图 5.3.2　不同材料中的趋肤深度关系

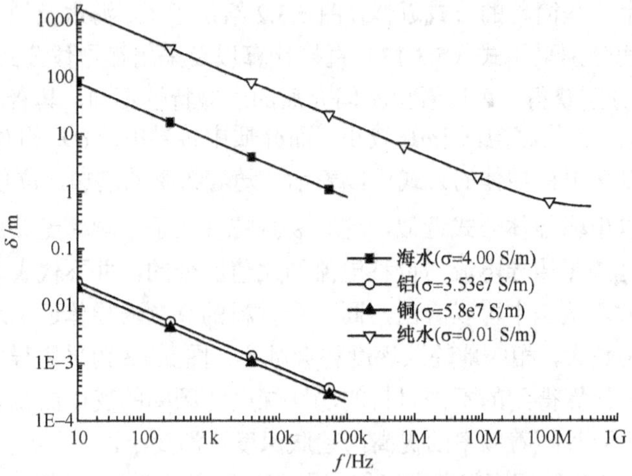

图 5.3.3　不同材料中的趋肤深度关系

相位常数　　$\beta \approx \alpha = 0.1256\ \text{Np/m}$

本征阻抗　　$\tilde{\eta} = \sqrt{\dfrac{\omega\mu}{\sigma}}\mathrm{e}^{\mathrm{j}\frac{\pi}{4}} = \sqrt{\dfrac{10^3\pi\times4\pi\times10^{-7}}{4}}\mathrm{e}^{\mathrm{j}\frac{\pi}{4}}\ \Omega = 0.01\pi\mathrm{e}^{\mathrm{j}\frac{\pi}{4}}\ \Omega$

相速　　$v_\mathrm{p} = \dfrac{\omega}{\beta} = \dfrac{2\pi\cdot10^3}{0.1256}\ \text{m/s} = 5\times10^4\ \text{m/s}$

趋肤深度　　$\delta = \dfrac{1}{\alpha} = 7.96\text{m}$

（2）电磁波工作于 1MHz 频点时

$$\frac{\sigma}{\omega\varepsilon} = \frac{4}{2\pi\cdot10^6\times\left(\dfrac{1}{36\pi}\times10^{-9}\right)\times81} = \frac{8}{9}\times10^3 >> 1$$

此时海水属于良导电媒质。故衰减常数为

$$\alpha = \sqrt{\pi f\mu\sigma} = \sqrt{\pi\times5\times10^5\times4\pi\times10^{-7}\times4}\ \text{Np/m} = 2.98\text{Np/m}$$

相位常数　　$\beta \approx \alpha = 2.98\ \text{Np/m}$

本征阻抗　$\tilde{\eta}=\sqrt{\frac{\omega\mu}{\sigma}}e^{j\frac{\pi}{4}}=\sqrt{\frac{10^6\pi\times4\pi\times10^{-7}}{4}}e^{j\frac{\pi}{4}}\ \Omega=0.316\pi e^{j\frac{\pi}{4}}\ \Omega$

相速　$v_p=\frac{\omega}{\beta}=\frac{2\pi\cdot10^6}{2.98}\ \text{m/s}=2.11\times10^6\text{m/s}$

趋肤深度　$\delta=\frac{1}{\alpha}=0.3356\text{m}$

（3）电磁波工作于 10GHz 频点时

$$\frac{\sigma}{\omega\varepsilon}=\frac{4}{2\pi\cdot10^{10}\times\left(\frac{1}{36\pi}\times10^{-9}\right)\times81}=\frac{8}{9}\times10^{-1}\ll1$$

此时海水属于弱导电媒质。故衰减常数为

$$\alpha\approx\frac{\sigma}{2}\sqrt{\frac{\mu}{\varepsilon}}=\frac{4}{2}\sqrt{\frac{\mu_0}{81\varepsilon_0}}=83.78\text{Np/m}$$

相位常数　$\beta=\omega\sqrt{\mu\varepsilon}=2\pi\times10^{10}\times\frac{9}{3\times10^8}=628\text{rad/m}$

本征阻抗　$\tilde{\eta}\approx\sqrt{\frac{\mu}{\varepsilon}}\left(1+j\frac{\sigma}{2\omega\varepsilon}\right)=\frac{377}{9}\left(1+j\frac{4}{4\pi\times10^{10}\times\frac{1}{36\pi}\times10^{-9}}\right)=\frac{377}{9}(1+j3.6)\Omega$

相速　$v_p=\frac{\omega}{\beta}=\frac{3\cdot10^8}{9}\ \text{m/s}=0.3333\times10^8\text{m/s}$

趋肤深度　$\delta=\frac{1}{\alpha}=0.012\text{m}$

由以上的计算结果可知，电磁波在海水中传播时衰减很快，尤其在高频时，衰减更为严重。若要保持较低衰减，工作频率必须很低，但即使在 1kHz 的低频情况下，衰减仍然很明显。

例 5-3　在进行电磁测量时，为了防止室内的电子设备受外界电磁场的干扰，可采用金属板构造密闭的屏蔽室，通常取板厚度大于 5δ 就能满足要求。电磁屏蔽材料往往采用电导率较高的铜、铝或钢板制成。若要求屏蔽的电磁干扰频率范围从 10kHz 到 100MHz，试计算至少需要多厚的铜板才能达到要求。铜板参数为 $\mu=\mu_0$、$\varepsilon=\varepsilon_0$、$\sigma=5.8\times10^7\ \text{S/m}$。

解：对于频率范围的低端 $f_L=10\text{kHz}$，有

$$\frac{\sigma}{\omega_L\varepsilon}=\frac{5.8\times10^7}{2\pi\times10^4\times\frac{1}{36\pi}\times10^{-9}}=1.04\times10^{14}\gg1$$

对于频率范围的高端 $f_H=100\text{MHz}$，有

$$\frac{\sigma}{\omega_H\varepsilon}=\frac{5.8\times10^7}{2\pi\times10^8\times\frac{1}{36\pi}\times10^{-9}}=1.04\times10^{10}\gg1$$

由此可见，在要求频率范围内均可将铜板视为良导体，故

$$\delta_L=\frac{1}{\sqrt{\pi f_L\mu\sigma}}=\frac{1}{\sqrt{\pi\times10^4\times4\pi\times10^{-7}\times5.8\times10^7}}\ \text{m}=0.66\ \text{mm}$$

$$\delta_{\mathrm{H}}=\frac{1}{\sqrt{\pi f_{\mathrm{H}}\mu\sigma}}=\frac{1}{\sqrt{\pi\times10^{8}\times4\pi\times10^{-7}\times5.8\times10^{7}}}\ \mathrm{m}=6.6\ \mu\mathrm{m}$$

为了满足给定频率范围内的屏蔽要求，铜板的厚度d至少为

$$d=5\delta_{\mathrm{L}}=3.3\ \mathrm{mm}$$

根据高频电磁波在导体中快速衰减并可以有效屏蔽外来电磁波的特点，在微波暗室、混响室等建设中以及微波组件封装和电磁兼容设计中大量使用。

5.3.5 媒质的色散特性及其对电磁波传播的影响

前面讲到导电媒质对电磁波具有衰减特性。同时讲到导电媒质中电磁波的相速度v_{p}是频率的函数，导致导电媒质还具有色散特性，从而对电磁波传播带来影响，成为导电媒质必须考虑的另外一个重要特性[3~8]。

媒质的极化电流也会导致媒质的色散特性。在第 2 章中，我们讨论了电介质的极化特性。物质中负极化电荷在外加电场作用下沿电场反方向移动，而正电荷在外加电场作用下沿电场方向移动，最终形成有序排列的电偶极子并对外呈现二次场的作用。在交变电场的作用下，电偶极子将做往复时谐振荡，形成极化电流$\boldsymbol{J}_P$。原子核由于质量相对较大，其运动距离可以忽略不计，并且由于电子运动速度远小于光速，磁场对它的作用可以忽略。所以广义安培环路定理可推广为

$$\nabla\times\boldsymbol{H}=\boldsymbol{J}+\mathrm{j}\omega\varepsilon\boldsymbol{E}+\boldsymbol{J}_P \tag{5.3.34}$$

同样，我们可以采用等效复介电常数的概念将上式写为

$$\nabla\times\boldsymbol{H}=\mathrm{j}\omega\tilde{\varepsilon}\boldsymbol{E} \tag{5.3.35}$$

其中，$\tilde{\varepsilon}$包含了欧姆损耗和极化损耗的作用。极化电荷在交变电场$E_0\mathrm{e}^{\mathrm{j}\omega t}$作用下位移$x$随时间变化满足如下振荡方程

$$m\left[\frac{\mathrm{d}^2x}{\mathrm{d}t^2}+\xi\frac{\mathrm{d}x}{\mathrm{d}t}+\omega_0x\right]=qE_0\mathrm{e}^{\mathrm{j}\omega t} \tag{5.3.36}$$

其中，ξ为阻尼系数，q,m为带电体的电荷和质量，ω_0为该简谐振子的固有角频率。当外加电场的工作频率ω小于、大于或等于电子的固有震荡频率ω_0时，电介质的复介电常数大小将有很大的变化，设单位体积内振子数为N，若介质中所有振子固有频率和阻尼系数相同，则可以得到由于极化电流引起的复介电常数为

$$\tilde{\varepsilon}=\varepsilon_0+\frac{Nq^2}{m}\frac{1}{\omega_0^2-\omega^2+\mathrm{j}\omega\xi} \tag{5.3.37}$$

需要指出的是：

（1）由于极化损耗的存在，一般媒质的复介电常数$\tilde{\varepsilon}$、相位常数β、相速v_{p}都是频率的函数，因此电磁波存在色散特性；

（2）一般而言，$\xi<\omega_0$，复介电常数中的实部和虚部随频率变化如图 5.3.4 所示；

（3）对于一般的色散媒质，往往会存在很多不同的简谐振子固有角频率和阻尼系数，则等效复介电常数的处理过程将会比较复杂，这里不再赘述。

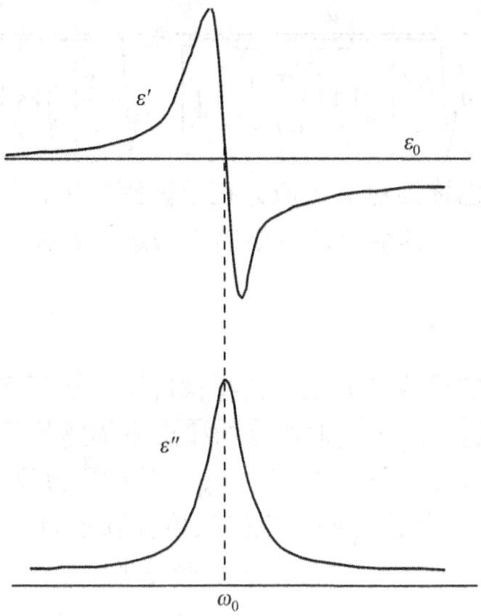

图 5.3.4　介质特性随频率变化关系

自然界中的绝大部分物质属于色散媒质，如人类赖以生存的海洋、河流、土壤，天空中的大气层、电离层等。随着现代信息技术突飞猛进地发展，现代通信和信息技术中出现了高频化和宽带化的趋势，从而导致媒质色散特性对高频、宽带信号传输的影响研究就成为不可回避的技术问题。生物电子科学中所面对的各种动植物机体（包括人体）也都具有明显的色散特性。因此研究和了解色散媒质的电磁传播特性对推动现代通信与信息技术、生物电子科学、材料科学和空间技术等领域的科学与技术的发展及应用都具有极其深远的意义。

所以有耗媒质对电磁波传播的影响包括：

媒质对电磁波的吸收衰减，对于远距离无线通信或探测系统需要提供较高的发射功率，从而保证一定的电磁波覆盖范围。在地质探测雷达应用中，由于大地是有耗媒质，电磁波在传播过程中因媒质吸收而迅速衰减，限制了探地雷达的探测深度。

有耗媒质是一种色散媒质，这使得电磁波的波形在传播过程中发生畸变，从而引起信号的失真。

5.4　相速、能速、群速及信号速度

5.4.1　相速

在研究电磁波的特性与相互作用时，经常要求相位的同步或准同步，因此会涉及相速的概念。对于单一频率的电磁波，无论在简单介质还是色散媒质中传播，其相速都是固定的。但是任何信号都是由多个频率电磁波组成的频谱。在理想媒质中传播的复杂信号，所有频率的电磁波相速与频率无关，相速就是信号传播的速度。在真空中，信号的传播速度等于光速。

在色散媒质中，介电常数或磁导率为频率的函数，不同频率分量的单色波具有不同的相速，在传播过程中各频率分量之间的相位关系将发生变化，从而导致信号的畸变，这就是色散。如前节讲到的导电媒质中的平面波的相速

$$v_p=\frac{\omega}{\beta}=\frac{\omega}{\omega\sqrt{\frac{\mu\varepsilon}{2}\left[\sqrt{1+\left(\frac{\sigma}{\omega\varepsilon}\right)^2}+1\right]}}=\frac{1}{\sqrt{\frac{\mu\varepsilon}{2}\left[\sqrt{1+\left(\frac{\sigma}{\omega\varepsilon}\right)^2}+1\right]}} \tag{5.4.1}$$

就是频率的函数，因而也称为色散媒质。在色散媒质中，继续采用相速表示信号的传播速度将不再合适，需要考虑使用其他更加科学的方法进行表征。

5.4.2 群速

在弱色散媒质或者窄带信号或者近距离传播情况下，由于各个频率分量的相速度差别不大，从而可以应用线性叠加的方法通过群速度的概念来描述信号传播的速度。

设两个+z 方向传播的电磁波，其幅度均为E_m，角频率分别为$\omega+\Delta\omega$和$\omega-\Delta\omega$，对应的相位常数为$\beta+\Delta\beta$和$\beta-\Delta\beta$，从而这两个电磁波可以表示为

$$\begin{aligned}E_1&=E_m e^{j(\omega+\Delta\omega)t}e^{-j(\beta+\Delta\beta)z}\\E_2&=E_m e^{j(\omega-\Delta\omega)t}e^{-j(\beta-\Delta\beta)z}\end{aligned} \tag{5.4.2}$$

从而合成波为

$$E=E_m e^{j\omega t}e^{-j\beta z}\left(e^{j\Delta\omega t-j\Delta\beta z}+e^{-j\Delta\omega t+j\Delta\beta z}\right)=2E_m e^{j\omega t}e^{-j\beta z}\cos(\Delta\omega t-\Delta\beta z) \tag{5.4.3}$$

可见，此时两个电磁波叠加后形成一个包络调制的电磁波，如图 5.4.1 所示。此时我们关心的是包络的传播速度，也就是信号的传播速度。由$\Delta\omega t-\Delta\beta z=$常数，可得群速为

$$v_g=\frac{\Delta\omega}{\Delta\beta} \tag{5.4.4}$$

在弱色散媒质或者窄带信号或者近距离传播情况下，上式分子和分母都是小量，所以可以写为

$$v_g=\frac{d\omega}{d\beta} \tag{5.4.5}$$

利用相速度表达式(5.1.7)，可以得到相速与群速的关系为

$$v_g=\frac{d\omega}{d\beta}=\frac{d\left(v_p\beta\right)}{d\beta}=v_p+\beta\frac{dv_p}{d\beta}=v_p+\frac{\omega}{\beta}\frac{dv_p}{\frac{d\omega}{v_g}}=v_p+\frac{\omega}{\beta}\frac{dv_p}{d\omega}v_g \tag{5.4.6}$$

所以

$$v_g=\frac{v_p}{1-\frac{\omega}{\beta}\frac{dv_p}{d\omega}} \tag{5.4.7}$$

所以有：

（1）当$\frac{dv_p}{d\omega}=0$，即相速与频率无关，此时$v_p=v_g$，称为无色散；

（2）当$\frac{dv_p}{d\omega}<0$，即相速随频率的提高而降低，此时$v_g<v_p$，群速小于相速，称为正常色散；

（3）当$\frac{dv_p}{d\omega}>0$，即相速随频率的提高而增加，此时$v_g>v_p$，群速大于相速，称为反常色散。

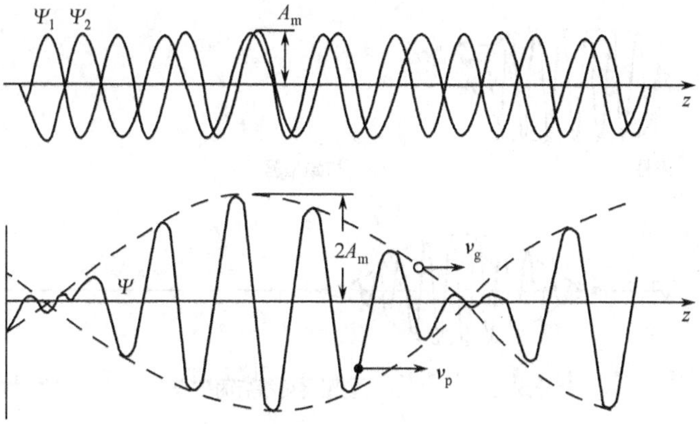

图 5.4.1　波包的传播波形

5.4.3　信号速度

在很多应用场合，我们更加关心信号的传播速度。在弱色散或正常色散区，群速 v_g 即代表了信号速度。但在反常色散区或强色散区域，以上定义的群速已失去代表信号速度 v_s 的意义。因为在反常色散区域群速大于真空光速违反狭义相对论。布里渊(L.Brillouin)详细研究了信号在色散媒质中的传播问题。我们在此只能简单地描述他给出的结论。

按照布里渊的研究结论，如图 5.4.2 所示，调制波形式的初始信号在色散媒质中传播一个较短的距离后，信号波形发生变形，但仍与初始信号相差不大，这时的信号速度仍然可以用群速表示。但在色散媒质中传播了一个较长的距离后，不同频率电磁波相位差加大，波形比较复杂。在信号主体前出现了两个信号的前驱，这两个前驱可能部分重叠，它们的幅度非常小。其后幅度开始增大，导致信号主体的到达。布里渊把这个信号主体的到达的速度定义为信号速度 v_s。

在此不可能给出信号速度 v_s 的简单表达式，但它的物理意义是很明确的。一个具有普通灵敏度的检测器所检测到的信号的速度就是以上定义的 v_s。它永远小于真空光速。在正常色散区信号速度 v_s 接近上述定义的群速 v_g。

5.4.4　能速

电磁波传播过程中，能量的传播速度也是我们需要关注的一个重要概念，能速的定义为

$$\boldsymbol{v}_e = \frac{\boldsymbol{S}_{av}}{w} \tag{5.4.8}$$

式中，$\boldsymbol{S}_{av}$ 为平均能流密度，w 为电磁场平均储能密度。

在色散媒质中，沿 z 方向传播的平面波有

$$\begin{aligned}\boldsymbol{S}_{av} &= \frac{1}{2}\mathrm{Re}(\boldsymbol{E}\times\boldsymbol{H}^*) = \frac{1}{2}\mathrm{Re}(\frac{1}{\eta^*}\boldsymbol{E}\times\boldsymbol{E}^*)\\ &= \frac{1}{2}\mathrm{Re}\left(\sqrt{\frac{\varepsilon_0}{\mu_0}}\sqrt{\varepsilon_r^*}\,|\boldsymbol{E}_0|^2\,\mathrm{e}^{-2\alpha z}\right)\boldsymbol{e}_z\end{aligned} \tag{5.4.9}$$

式中，$\sqrt{\varepsilon_r^*}$ 用实部和虚部表示为 $\sqrt{\varepsilon_r^*} = n' + \mathrm{j}n''$，$|\boldsymbol{E}|^2 = |\boldsymbol{E}_0|^2\,\mathrm{e}^{-2\alpha z}$，因此有

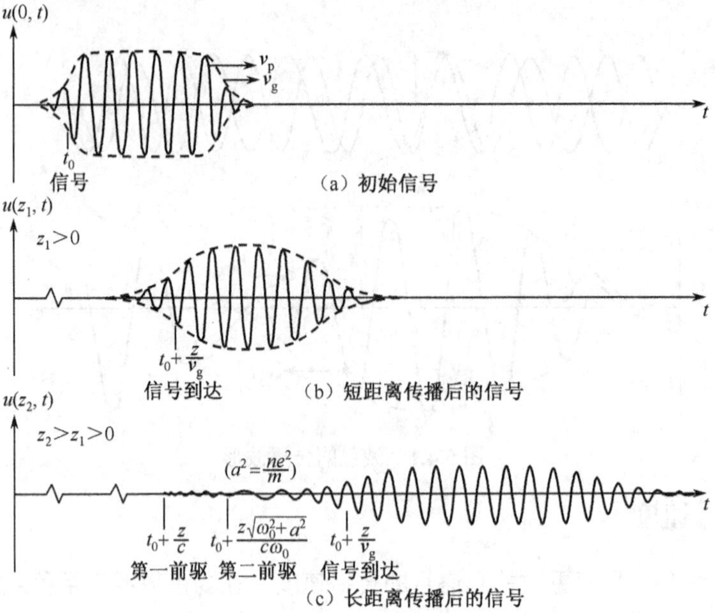

图 5.4.2 信号在色散媒质中的传播

$$\boldsymbol{S}=\frac{1}{2}\sqrt{\frac{\varepsilon_0}{\mu_0}}n'\left|\boldsymbol{E}_0\right|^2\mathrm{e}^{-2\alpha z}\cdot\boldsymbol{e}_z \tag{5.4.10}$$

能速在正常色散区域与群速相当，但不相等，在反常色散区域，二者差别很大。即使当ω接近谐振频率ω_0时，能速v_e仍永远小于光速c，符合狭义相对论。

以上四种速度在色散媒质中差别很大，参照图 5.4.3 发现，这四种速度在大于或小于传播介质的谐振频率时，性能变化也很大，分别具有如下特性：

① 相速：在角频率小于谐振角频率时，相速小于光速；当角频率大于谐振角频率时，相速大于光速；在角频率远大于谐振角频率时，相速约等于光速。

② 群速：当$\dfrac{\mathrm{d}v_p}{\mathrm{d}\omega}<0$，群速小于光速；当$\dfrac{\mathrm{d}v_p}{\mathrm{d}\omega}>0$，群速大于光速；在角频率远大于谐振角频率时，群速约等于光速。

③ 信号速度永远小于等于光速度，只有当角频率约等于谐振角频率或远大于谐振角频率时，信号速度约等于光速。

④ 能速永远小于光速，只有当角频率远大于谐振角频率时，信号速度约等于光速。当角频率约等于谐振角频率时，能速最小。

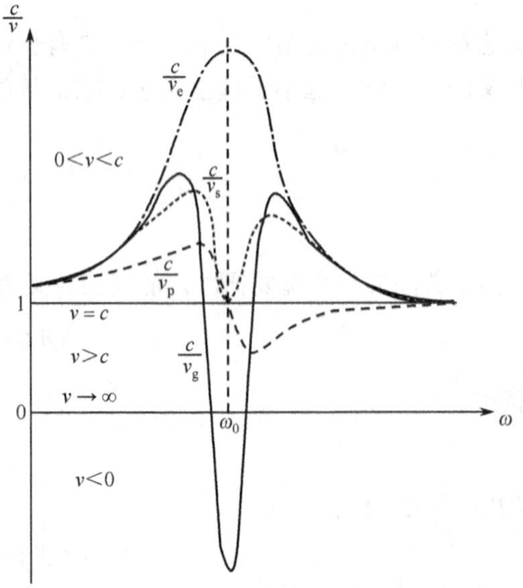

图 5.4.3 四种速度的频谱关系

*5.5 均匀平面波在各向异性媒质中的传播

5.5.1 均匀平面波在磁化等离子体中的传播

以上我们讨论了电磁波在各向同性媒质中的传播规律，而电磁波在各向异性媒质中的传播规律与在各向同性媒质中的传播规律完全不同，从而导致很多新的应用。等离子体[47~49]和铁氧体[50, 51]在恒定磁场的作用下都具有各向异性的特征，在实际应用中具有重要意义。

等离子体就是电离了的气体，它由大量带负电的电子、带正电的离子以及中性粒子组成。等离子体的基本特征之一是带负电的电子与带正电的离子具有相等的电量，因而在宏观上仍然是电中性的。等离子体在自然界广泛存在，例如，太阳的紫外线辐射使高空大气发生电离所形成的电离层、流星遗迹、火箭喷出的废气以及高速飞行器穿越大气层时在周围形成的高温区域等都是等离子体的例子。

电磁波在等离子体中传播时，等离子体中的电子和离子在电磁场的作用下运动形成电流，这种由带电粒子运动形成的电流称为运流电流。我们可以把等离子体等效看成一种特殊的介质，而其等效介电常数由其中的运流电流决定。当一个较强的外加恒定磁场作用于等离子体，使其磁化，这时等离子体的等效介电常数是一个张量。我们可以利用等离子体中的电子运动方程确定其等效的张量介电常数，然后再分析电磁波在等离子体中的传播特性。

1. 磁化等离子体的张量介电常数

由于离子的质量一般比电子大得多，较难在高频电磁场的作用下运动，故运流电流主要是由电子运动形成的。为了简化分析，只考虑电子的运动，并忽略电子与离子、中性粒子间的相互碰撞引起的热损耗。

若等离子体每单位体积内电子数目为 N，则每秒钟通过单位面积的平均电子数目为 Nv，形成的运流密度为

$$\boldsymbol{J}_v = -Ne\boldsymbol{v} \tag{5.5.1}$$

因此，麦克斯韦方程组中复数形式的磁场旋度方程可写为

$$\nabla\times\boldsymbol{H} = \boldsymbol{J}_v + \mathrm{j}\omega\varepsilon_0\boldsymbol{E} = -Ne\boldsymbol{v} + \mathrm{j}\omega\varepsilon_0\boldsymbol{E} = \mathrm{j}\omega\overline{\overline{\varepsilon}}\cdot\boldsymbol{E} \tag{5.5.2}$$

这里 $\overline{\overline{\varepsilon}}$ 是表示等离子体的等效介电常数的张量。

电子的运动速度与外加磁场和入射平面波关系可以根据牛顿第二定律和洛仑兹力公式获得，设沿 z 方向外加恒定磁场 $\boldsymbol{B}_0 = \boldsymbol{e}_z B_0$。在电场 $\boldsymbol{E}$、磁场 $\boldsymbol{B}$ 和外加恒定磁场 $\boldsymbol{B}_0$ 的作用下，电子的运动方程为

$$m\frac{\mathrm{d}\boldsymbol{v}}{\mathrm{d}t} = -e\left[\boldsymbol{E} + \boldsymbol{v}\times\left(\boldsymbol{B}+\boldsymbol{B}_0\right)\right] \tag{5.5.3}$$

式中，$m = 9.106\times10^{-31}\ \text{kg}$，为一个电子的质量，$e = 1.602\times10^{-19}\ \text{C}$，为一个电子的电荷量，$\boldsymbol{v}$ 为电子运动的平均速度。一般 $e\boldsymbol{v}\times\boldsymbol{B}$ 很小，可以忽略不计，主要考虑外加磁通量密度 $\boldsymbol{B}_0$ 的作用，因此式（5.5.3）可简化为

$$m\frac{\mathrm{d}\boldsymbol{v}}{\mathrm{d}t} = -e\left[\boldsymbol{E} + \boldsymbol{v}\times\boldsymbol{B}_0\right] \tag{5.5.4}$$

对于正弦电磁场，式（5.5.4）可展开为

$$\mathrm{j}\omega v_x = -\frac{e}{m}E_x - \omega_{\mathrm{c}} v_y \tag{5.5.5}$$

$$\mathrm{j}\omega v_y = -\frac{e}{m}E_y + \omega_c v_x \tag{5.5.6}$$

$$\mathrm{j}\omega v_z = -\frac{e}{m}E_x \tag{5.5.7}$$

式中

$$\omega_c = \frac{e}{m}B_0 \tag{5.5.8}$$

称为电子的回旋角频率。由式（5.5.3）～式（5.5.5）可解得

$$v_x = \frac{e}{m}\frac{-\mathrm{j}\omega E_x + \omega_c E_y}{\omega_c^2 - \omega^2} \tag{5.5.9}$$

$$v_y = \frac{e}{m}\frac{-\mathrm{j}\omega E_y - \omega_c E_x}{\omega_c^2 - \omega^2} \tag{5.5.10}$$

$$v_z = -\frac{eE_x}{\mathrm{j}\omega m} \tag{5.5.11}$$

写成矩阵形式

$$\begin{bmatrix} v_x \\ v_y \\ v_z \end{bmatrix} = \begin{bmatrix} \dfrac{e}{m}\dfrac{-\mathrm{j}\omega}{\omega_c^2-\omega^2} & \dfrac{e}{m}\dfrac{\omega_c}{\omega_c^2-\omega^2} & 0 \\ \dfrac{e}{m}\dfrac{-\omega_c}{\omega_c^2-\omega^2} & \dfrac{e}{m}\dfrac{-\mathrm{j}\omega}{\omega_c^2-\omega^2} & 0 \\ 0 & 0 & \dfrac{-e}{\mathrm{j}\omega m} \end{bmatrix} \begin{bmatrix} E_x \\ E_y \\ E_z \end{bmatrix} \tag{5.5.12}$$

由式（5.5.9）和式（5.5.10）可以看出，当 $\omega \to \omega_c$ 时，v_x 和 v_y 均趋向无限大，这是由于忽略了电子与离子、中性粒子间的相互碰撞引起的热损耗的缘故。

将式（5.5.12）代入式（5.5.2），可得到

$$\overline{\overline{\varepsilon}} = \begin{bmatrix} \varepsilon_{11} & \varepsilon_{12} & 0 \\ \varepsilon_{21} & \varepsilon_{22} & 0 \\ 0 & 0 & \varepsilon_{33} \end{bmatrix} \tag{5.5.13}$$

其中

$$\varepsilon_{11} = \varepsilon_{22} = \varepsilon_0\left[1 + \frac{\omega_p^2}{\omega_c^2 - \omega^2}\right] \tag{5.5.14}$$

$$\varepsilon_{12} = -\varepsilon_{21} = \mathrm{j}\varepsilon_0\frac{\omega_c\omega_p^2}{\omega(\omega_c^2 - \omega^2)} \tag{5.5.15}$$

$$\varepsilon_{33} = \varepsilon_0\left[1 - \frac{\omega_p^2}{\omega^2}\right] \tag{5.5.16}$$

此处

$$\omega_p = \sqrt{\frac{Ne^2}{m\varepsilon_0\omega^2}} \tag{5.5.17}$$

称为等离子体频率。

可以看出，当不存在外加磁场，即$B_0=0$时，$\omega_c=0$，则$\varepsilon_{12}=\varepsilon_{21}=0$，且$\varepsilon_{11}=\varepsilon_{22}=\varepsilon_{33}$。此时，等离子体的等效介电常数退化为一标量，等离子体呈各向同性特性。所以，外加恒定磁场是等离子体呈现各向异性特性的根本原因。

2. 磁化等离子体中的均匀平面波

由麦克斯韦方程

$$\nabla\times\boldsymbol{H}=\mathrm{j}\omega\overline{\overline{\varepsilon}}\cdot\boldsymbol{E}$$

$$\nabla\times\boldsymbol{E}=-\mathrm{j}\omega\mu_0\cdot\boldsymbol{H}$$

消去磁场$\boldsymbol{H}$，可得到关于电场$\boldsymbol{E}$的波动方程

$$\nabla^2\boldsymbol{E}-\nabla\left(\nabla\cdot\boldsymbol{E}\right)+\omega^2\mu_0\overline{\overline{\varepsilon}}\cdot\boldsymbol{E}=0 \tag{5.5.18}$$

一般情况下，方程（5.5.18）的求解很复杂。这里我们只讨论一种特殊情况，设电磁波为均匀平面波，且沿外加恒定磁场$\boldsymbol{B}_0$方向（即$\boldsymbol{e}_z$方向）传播。于是，电场表达式为

$$\boldsymbol{E}=(\boldsymbol{e}_xE_{xm}+\boldsymbol{e}_yE_{ym})\mathrm{e}^{-\mathrm{j}\beta z} \tag{5.5.19}$$

由于电场$\boldsymbol{E}$仅是坐标z的函数，所以

$$\nabla^2\boldsymbol{E}=\frac{\mathrm{d}^2\boldsymbol{E}}{\mathrm{d}z^2}=-\beta^2\boldsymbol{E}\ ,\quad \nabla\cdot\boldsymbol{E}=0$$

于是，方程（5.5.18）简化为

$$-\beta^2\boldsymbol{E}+\omega^2\mu_0\overline{\overline{\varepsilon}}\cdot\boldsymbol{E}=0$$

写成矩阵形式为

$$\begin{bmatrix}\omega^2\mu_0\varepsilon_{11}-\beta^2 & \omega^2\mu_0\varepsilon_{12} & 0\\ \omega^2\mu_0\varepsilon_{21} & \omega^2\mu_0\varepsilon_{22}-\beta^2 & 0\\ 0 & 0 & \omega^2\mu_0\varepsilon_{33}-\beta^2\end{bmatrix}\begin{bmatrix}E_{xm}\\ E_{ym}\\ 0\end{bmatrix}=0 \tag{5.5.20}$$

电场$\boldsymbol{E}$有非零解的条件是式(5.5.20)的系数行列式等于0。由于电场$\boldsymbol{E}$无z分量，故式(5.5.20)在左上角的2×2子行列式应为0，即

$$\begin{vmatrix}\omega^2\mu_0\varepsilon_{11}-\beta^2 & \omega^2\mu_0\varepsilon_{12}\\ \omega^2\mu_0\varepsilon_{21} & \omega^2\mu_0\varepsilon_{22}-\beta^2\end{vmatrix}=0$$

考虑到$\varepsilon_{11}=\varepsilon_{22}$、$\varepsilon_{12}=-\varepsilon_{21}$，由此可解得

$$\beta^2=\omega^2\mu_0(\varepsilon_{11}\pm\mathrm{j}\varepsilon_{12}) \tag{5.5.21}$$

即相位常数β有两个解，分别为

$$\beta_1=\omega\sqrt{\mu_0(\varepsilon_{11}+\mathrm{j}\varepsilon_{12})}=\omega\sqrt{\mu_0\varepsilon_0\left(1-\frac{\omega_p^2/\omega}{\omega_c+\omega}\right)} \tag{5.5.22}$$

$$\beta_2=\omega\sqrt{\mu_0(\varepsilon_{11}-\mathrm{j}\varepsilon_{12})}=\omega\sqrt{\mu_0\varepsilon_0\left(1+\frac{\omega_p^2/\omega}{\omega_c-\omega}\right)} \tag{5.5.23}$$

对应于$\beta=\beta_1$，由式（5.5.20）可得到

$$E_{ym}=\mathrm{j}E_{xm}$$

即

$$\boldsymbol{E}_1=(\boldsymbol{e}_x+\mathrm{j}\boldsymbol{e}_y)E_{xm}\mathrm{e}^{-\mathrm{j}\beta_1 z} \tag{5.5.24}$$

这是一个沿 $+z$ 轴方向传播的左旋圆极化波。

对应于 $\beta=\beta_2$，由式（5.5.20）可得到

$$E_{ym}=-\mathrm{j}E_{xm}$$

即

$$\boldsymbol{E}_2=(\boldsymbol{e}_x-\mathrm{j}\boldsymbol{e}_y)E_{xm}\mathrm{e}^{-\mathrm{j}\beta_2 z} \tag{5.5.25}$$

这是一个沿 $+z$ 轴方向传播的右旋圆极化波。

由上述讨论可知，当电磁波沿外加磁场方向通过等离子体时，将出现两个圆极化波，一个为左旋，一个为右旋。从式（5.5.22）和式（5.5.23）还可以看出，两个圆极化波的相速不一样。

通过如上方法可以将一个直线极化波可以分解为两个振幅相等、旋转方向相反的圆极化波。在磁化等离子体中，由于两个圆极化波的相速不等，合成电磁波的极化将随传播距离而改变，即电磁波的极化方向在磁化等离子体内以前进方向为轴而不断旋转，这种现象称为法拉第旋转效应，如图 5.5.1 所示。

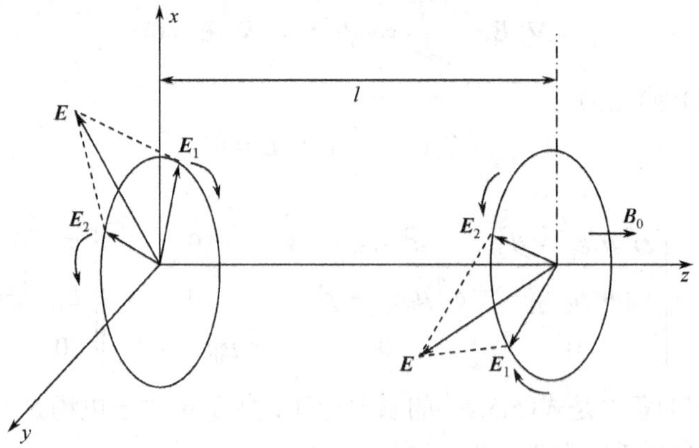

图 5.5.1　法拉第旋转

当外加恒定磁场 $B_0=0,\omega_c=0$，两个圆极化波的相速相等，合成波为直线极化波，没有法拉第旋转效应。此时

$$\beta_1=\beta_2=\omega\sqrt{\mu_0\varepsilon_0\left(1-\frac{\omega_p^2}{\omega^2}\right)}=\omega\sqrt{\mu_0\varepsilon_0\varepsilon_{er}}$$

式中

$$\varepsilon_{er}=1-\frac{\omega_p^2}{\omega^2}=1-\frac{Ne^2}{m\omega^2\varepsilon_0} \tag{5.5.26}$$

称为等离子体的等效相对介电常数。

若以 $e=1.602\times10^{-19}$ C、$m=9.106\times10^{-31}$ kg、$\varepsilon_0=\frac{1}{36\pi}\times10^{-9}$ F/m、$\omega=2\pi f$ 代入式(5.5.26)，可得

$$\varepsilon_{er}=1-81\frac{N}{f^2} \tag{5.5.27}$$

5.5.2 均匀平面波在铁氧体中的传播

铁氧体材料质地硬而脆，具有很高的电阻率。它的相对介电常数在 5 至 25 之间，而相对磁导率可高达数千[50, 51]。

在铁氧体中，原子核周围的电子存在公转和自转两种运动，这两种运动都会产生磁矩。公转磁矩因旋转电子各自轴向不同而相互抵消。自转磁矩在没有外加磁场作用时，这些磁矩相互抵消，因而同样不显现磁性。但当铁氧体置于外加磁场中时，每一磁畴的方向都会转动而与外磁场方向接近平行，产生强大的磁性。

1. 磁化铁氧体的张量磁导率

为了简单起见，首先研究一个电子在自转运动中所受到的影响。电子自转时相当于有电流沿与自转相反的方向流动，因而产生磁矩 $\boldsymbol{p}_{\mathrm{m}}$。设电子转动的角动量为 $\boldsymbol{T}$，则有

$$\boldsymbol{p}_{\mathrm{m}} = -\frac{e}{m}\boldsymbol{T} = -\gamma \boldsymbol{T} \tag{5.5.28}$$

式中，m 为电子的质量，e 为电子的电荷量的绝对值，$\gamma = \dfrac{e}{m}$ 称为荷质比。

当电子置于恒定外磁场 $\boldsymbol{B}_0$ 中，而 $\boldsymbol{p}_{\mathrm{m}}$ 与 $\boldsymbol{B}_0$ 不在同一方向时，外磁场对电子所施的力矩将使电子围绕 $\boldsymbol{B}_0$ 方向以一定的角速度 ω_{c} 做进动，如图 5.5.2 所示。已知外磁场产生的力矩为

$$\boldsymbol{L} = \boldsymbol{p}_{\mathrm{m}} \times \boldsymbol{B}_0$$

另一方面，力矩应等于角动量的时变率，即

$$\boldsymbol{L} = \frac{\mathrm{d}\boldsymbol{T}}{\mathrm{d}t}$$

于是得到

$$\frac{\mathrm{d}\boldsymbol{T}}{\mathrm{d}t} = \boldsymbol{p}_{\mathrm{m}} \times \boldsymbol{B}_0 \tag{5.5.29}$$

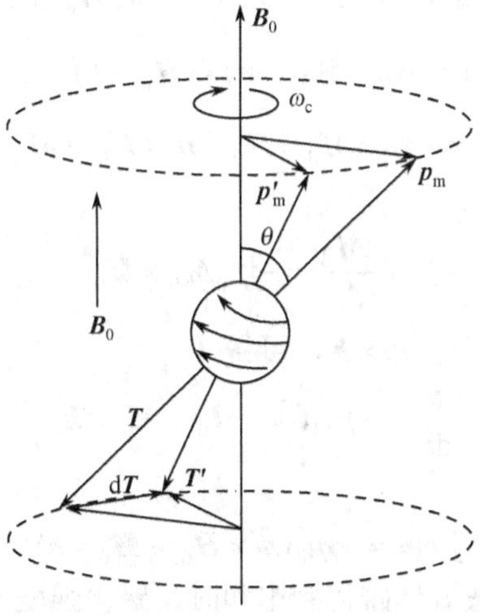

图 5.5.2 在外磁场作用下自旋电子的进动

设 $\boldsymbol{p}_{\mathrm{m}}$ 与 $\boldsymbol{B}_0$ 的夹角为 θ，且在极短的时间 Δt 内角动量的改变为 $\Delta \boldsymbol{T}$。因为进动角为 $\omega_{\mathrm{c}}\Delta t$，则

$$\Delta T = T\sin\theta \times \omega_{\mathrm{c}}\Delta t$$

故角动量的时变率为

$$\frac{\Delta T}{\Delta t}=\omega_c T\sin\theta \tag{5.5.30}$$

由式（5.5.29）和式（5.5.30），得到

$$\omega_c=\frac{|\boldsymbol{p}_m|}{|\boldsymbol{T}|}B_0$$

将式（5.5.28）代入上式，可得

$$\omega_c=\gamma B_0=\frac{e}{m}B_0 \tag{5.5.31}$$

ω_c 又称为拉摩进动频率。

如果没有损耗，这一进动将永远进行下去。由于实际上有能量损耗，进动很快停止，电子的自转轴最后与外磁场平行。

由式（5.5.28）和式（5.5.29），可得

$$\frac{\mathrm{d}\boldsymbol{p}_m}{\mathrm{d}t}=-\gamma\frac{\mathrm{d}\boldsymbol{T}}{\mathrm{d}t}=-\gamma\boldsymbol{p}_m\times\boldsymbol{B}_0 \tag{5.5.32}$$

若铁氧体中每单位体积内有 N 个电子，则磁化强度为 $\boldsymbol{M}=N\boldsymbol{p}_m$，于是可将式（5.5.32）改写为

$$\frac{\mathrm{d}\boldsymbol{M}}{\mathrm{d}t}=-\gamma\boldsymbol{M}\times\boldsymbol{B}_0=-\gamma\mu_0\boldsymbol{M}\times\boldsymbol{H}_0 \tag{5.5.33}$$

此式称为朗道方程。

当电磁波在铁氧体中传播时，除了外加恒定磁场 $\boldsymbol{H}_0$ 外，还有较弱的时变磁场 $\boldsymbol{h}$，即

$$\boldsymbol{H}=\boldsymbol{H}_0+\boldsymbol{h} \tag{5.5.34}$$

相应的磁化强度为

$$\boldsymbol{M}=\boldsymbol{M}_0+\boldsymbol{m} \tag{5.5.35}$$

这里 $\boldsymbol{M}_0$ 为恒定磁场 $\boldsymbol{H}_0$ 所产生的磁化强度，$\boldsymbol{m}$ 为时变磁场 $\boldsymbol{h}$ 所产生的磁化强度。将式（5.5.34）和式（5.5.35）中的 $\boldsymbol{H}$ 和 $\boldsymbol{M}$ 分别替代式（5.5.33）中的 $\boldsymbol{H}_0$ 和 $\boldsymbol{M}$，可得

$$\begin{aligned}\frac{\mathrm{d}}{\mathrm{d}t}(\boldsymbol{M}_0+\boldsymbol{m})&=-\gamma\mu_0(\boldsymbol{M}_0+\boldsymbol{m})\times(\boldsymbol{H}_0+\boldsymbol{h})\\&=-\gamma\mu_0(\boldsymbol{M}_0\times\boldsymbol{H}_0+\boldsymbol{m}\times\boldsymbol{H}_0+\boldsymbol{M}_0\times\boldsymbol{h}+\boldsymbol{m}\times\boldsymbol{h})\end{aligned}$$

又因为无时变磁场时

$$\frac{\mathrm{d}\boldsymbol{M}_0}{\mathrm{d}t}=-\gamma\mu_0\boldsymbol{M}_0\times\boldsymbol{H}_0$$

将以上两式相减，并忽略高阶小量 $\boldsymbol{m}\times\boldsymbol{h}$，可得

$$\frac{\mathrm{d}\boldsymbol{m}}{\mathrm{d}t}=-\gamma\mu_0(\boldsymbol{m}\times\boldsymbol{H}_0+\boldsymbol{M}_0\times\boldsymbol{h}) \tag{5.5.36}$$

对于时谐场，则有

$$\mathrm{j}\omega\boldsymbol{m}=-\gamma\mu_0(\boldsymbol{m}\times\boldsymbol{H}_0+\boldsymbol{M}_0\times\boldsymbol{h}) \tag{5.5.37}$$

当外加磁场 $\boldsymbol{H}_0$ 很强，使铁氧体磁化到饱和时，磁化强度 $\boldsymbol{M}_0$ 和 $\boldsymbol{H}_0$ 平行。设 $\boldsymbol{H}_0=\boldsymbol{e}_zH_0$，则 $\boldsymbol{M}_0=\boldsymbol{e}_z\boldsymbol{M}_0$。这时，式（5.5.37）可展开为

$$\begin{aligned}\mathrm{j}\omega m_x&=-\gamma\mu_0(m_yH_0-M_0h_y)\\\mathrm{j}\omega m_y&=-\gamma\mu_0(-m_xH_0-M_0h_x)\\\mathrm{j}\omega m_z&=0\end{aligned}$$

联立解得

$$\begin{bmatrix} m_x \\ m_y \\ m_z \end{bmatrix} = \begin{bmatrix} \dfrac{\omega_c\omega_m}{\omega_c^2-\omega^2} & \dfrac{j\omega\omega_m}{\omega_c^2-\omega^2} & 0 \\ \dfrac{-j\omega\omega_m}{\omega_c^2-\omega^2} & \dfrac{\omega_c\omega_m}{\omega_c^2-\omega^2} & 0 \\ 0 & 0 & 0 \end{bmatrix} \begin{bmatrix} h_x \\ h_y \\ y_z \end{bmatrix} \tag{5.5.38}$$

式中

$$\omega_m = \mu_0\gamma M_0 \tag{5.5.39}$$

由式(5.5.38)可以看出，当$\omega \to \omega_c$时，m_x和m_y均趋向无限大，因此很小的时谐磁场分量h_x或h_y可以产生很大的磁化强度，这就是磁共振现象。

设$\boldsymbol{b}$表示时变磁场$\boldsymbol{h}$所对应的磁感应强度，则

$$\boldsymbol{b} = \mu_0(\boldsymbol{h} + \boldsymbol{m})$$

将式(5.5.38)代入上式，可得

$$\boldsymbol{b} = \overline{\overline{\mu}} \cdot \boldsymbol{h}$$

这里

$$\overline{\overline{\mu}} = \begin{bmatrix} \mu_{11} & \mu_{12} & 0 \\ \mu_{21} & \mu_{22} & 0 \\ 0 & 0 & \mu_{33} \end{bmatrix} \tag{5.5.40}$$

$$\begin{cases} \mu_{11} = \mu_{22} = \mu_0\left(1 + \dfrac{\omega_c\omega_m}{\omega_c^2-\omega^2}\right) \\ \mu_{12} = -\mu_{21} = j\mu_0\dfrac{\omega\omega_m}{\omega_c^2-\omega^2} \\ \mu_{33} = \mu_0 \end{cases} \tag{5.5.41}$$

由此可见，铁氧体的磁导率为一张量。当无外加磁场时，$\omega_m = 0$，则$\mu_{12} = \mu_{21} = 0$，且$\mu_{11} = \mu_{22} = \mu_{33}$。此时，铁氧体的磁导率为一标量，呈各向同性特性。

2. 磁化铁氧体中的均匀平面波

由麦克斯韦方程

$$\nabla \times \boldsymbol{H} = j\omega\varepsilon\boldsymbol{E}$$

$$\nabla \times \boldsymbol{E} = -j\omega\overline{\overline{\mu}} \cdot \boldsymbol{H}$$

消去电场$\boldsymbol{E}$，可得到关于磁场的波动方程

$$\nabla^2\boldsymbol{H} - \nabla(\nabla \cdot \boldsymbol{H}) + \omega^2\varepsilon\overline{\overline{\mu}} \cdot \boldsymbol{H} = 0 \tag{5.5.42}$$

仿照分析电磁波在等离子体中传播的方法，对于沿外加恒定磁场$\boldsymbol{B}_0$方向（即$\boldsymbol{e}_z$方向）传播的均匀平面波，磁场表达式为

$$\boldsymbol{H} = (\boldsymbol{e}_x H_{xm} + \boldsymbol{e}_y H_{ym})e^{-j\beta z} \tag{5.5.43}$$

方程（5.5.42）可写为

$$\begin{bmatrix} \omega^2\varepsilon\mu_{11}-\beta^2 & \omega^2\varepsilon\mu_{12} & 0 \\ \omega^2\varepsilon\mu_{21} & \omega^2\varepsilon\mu_{22}-\beta^2 & 0 \\ 0 & 0 & \omega^2\varepsilon_0\mu_0-\beta^2 \end{bmatrix}\begin{bmatrix} H_x \\ H_y \\ 0 \end{bmatrix}=0 \tag{5.5.44}$$

由

$$\begin{vmatrix} \omega^2\varepsilon\mu_{11}-\beta^2 & \omega^2\varepsilon\mu_{12} \\ \omega^2\varepsilon\mu_{21} & \omega^2\varepsilon\mu_{22}-\beta^2 \end{vmatrix}=0$$

考虑到 $\mu_{11}=\mu_{22}$、$\mu_{12}=-\mu_{21}$，由此可得

$$\beta^2=\omega^2\varepsilon(\mu_{11}\pm \mathrm{j}\mu_{12}) \tag{5.5.45}$$

即相位常数 β 有两个解，分别为

$$\beta_1=\omega\sqrt{\varepsilon(\mu_{11}+\mathrm{j}\mu_{12})}=\omega\sqrt{\mu_0\varepsilon\left(1+\frac{\omega_{\mathrm{m}}^2}{\omega_{\mathrm{c}}+\omega}\right)} \tag{5.5.46}$$

$$\beta_2=\omega\sqrt{\varepsilon(\mu_{11}-\mathrm{j}\mu_{12})}=\omega\sqrt{\mu_0\varepsilon\left(1+\frac{\omega_{\mathrm{m}}^2}{\omega_{\mathrm{c}}-\omega}\right)} \tag{5.5.47}$$

与电磁波通过等离子体相似，当电磁波沿外加磁场方向通过铁氧体时，将出现两个圆极化波。这两个圆极化波一个左旋、一个右旋，它们的相速不一样，使合成波的极化面不断旋转，产生法拉第旋转效应。当外加恒定磁场 $B_0=0$ 时，$\omega_{\mathrm{c}}=0$、$\omega_{\mathrm{m}}=0$，两个圆极化波的相速相等，合成波为直线极化波，没有法拉第旋转效应。此时

$$\beta_1=\beta_2=\omega\sqrt{\mu_0\varepsilon}$$

习　题　5

5.1　已知在自由空间传播的电磁波电场强度为 $\boldsymbol{E}=\boldsymbol{e}_y 10\sin(6\pi\cdot 10^8\cdot t+2\pi z)\ (\mu\mathrm{V/m})$，试问：

（1）该波是不是均匀平面电磁波？

（2）该波的频率 $f=$？波长 $\lambda=$？相速 $v_{\mathrm{p}}=$？

（3）磁场强度 $\boldsymbol{H}=$？

（4）指出波的传播方向。

5.2　证明在任何无损耗的非铁磁性媒质中有 $k=k_0\sqrt{\varepsilon_{\mathrm{r}}},\eta=\dfrac{\eta_0}{\sqrt{\varepsilon_{\mathrm{r}}}},\lambda=\dfrac{\lambda_0}{\sqrt{\varepsilon_{\mathrm{r}}}},v_{\mathrm{p}}=\dfrac{c}{\sqrt{\varepsilon_{\mathrm{r}}}}$，式中 ε_{r} 是相对介电常数，k_0,η_0,λ_0,c 分别是真空中的平面波的波数、波阻抗、波长和相速。

5.3　一个在自由空间传播的均匀平面波，电场强度是 $\boldsymbol{E}=\boldsymbol{e}_x 10^{-4}\mathrm{e}^{\mathrm{j}(\omega t-20\pi z)}+\boldsymbol{e}_y 10^{-4}\mathrm{e}^{\mathrm{j}(\omega t+\frac{\pi}{2}-20\pi z)}\ (\mathrm{V/m})$，试问：

（1）电磁波的传播方向；

（2）电磁波的频率；

（3）电磁波的极化方式；

（4）磁场强度 $\boldsymbol{H}=$？

（5）沿传播方向单位面积流过的平均功率是多少？

5.4　$-\boldsymbol{e}_y$ 极化方向均匀平面波的磁场强度振幅为 $\frac{1}{3\pi}$ A/m，相位常数为30rad/m，电磁波在自由空间沿 $-\boldsymbol{e}_z$ 方向传播，试写出电场和磁场的复数域和实数域表达式。

5.5　已知无界理想媒质 $(\varepsilon = 9\varepsilon_0, \mu = \mu_0, \sigma = 0)$ 中正弦均匀平面电磁波的频率 $f = 10^8$ Hz，电场强度 $\boldsymbol{E} = \boldsymbol{e}_x 4\mathrm{e}^{-\mathrm{j}kz} + \boldsymbol{e}_y 3\mathrm{e}^{-\mathrm{j}kz+\mathrm{j}\frac{\pi}{3}}$ (V/m)。求：

（1）均匀平面电磁波的相速 v_p、波长 λ、相移常数 k 和波阻抗 η；

（2）电场强度和磁场强度的瞬时值表达式；

（3）与电磁波传播方向垂直的单位面积上通过的平均功率。

5.6　判断下列各点磁场解答式所表示的均匀平面波的传播方向和极化方式。

（1）$\boldsymbol{E} = \boldsymbol{e}_x \mathrm{j}E_1 \mathrm{e}^{\mathrm{j}kz} + \boldsymbol{e}_y \mathrm{j}E_1 \mathrm{e}^{\mathrm{j}kz}$

（2）$\boldsymbol{H} = \boldsymbol{e}_y H_1 \mathrm{e}^{-\mathrm{j}kx} + \boldsymbol{e}_z H_2 \mathrm{e}^{-\mathrm{j}kx} (H_1 \neq H_2 \neq 0)$

（3）$\boldsymbol{E} = \boldsymbol{e}_x E_1 \mathrm{e}^{-\mathrm{j}kz} - \boldsymbol{e}_y \mathrm{j}E_1 \mathrm{e}^{-\mathrm{j}kz}$

（4）$\boldsymbol{E} = (\boldsymbol{e}_x E_0 + \boldsymbol{e}_y A E_0 \mathrm{e}^{\mathrm{j}\phi}) \mathrm{e}^{\mathrm{j}kz}$（$A$ 为常数，$\phi \neq 0, \pm\pi$）

（5）$\boldsymbol{H} = \boldsymbol{e}_x \frac{E_\mathrm{m}}{\eta} \mathrm{e}^{-\mathrm{j}ky} + \boldsymbol{e}_z \mathrm{j}\frac{E_\mathrm{m}}{\eta} \mathrm{e}^{-\mathrm{j}ky}$

（6）$\boldsymbol{E} = \boldsymbol{e}_x E_0 \sin(\omega t - kz) + \boldsymbol{e}_y E_0 \cos(\omega t - kz)$

（7）$\boldsymbol{E} = \boldsymbol{e}_x E_0 \sin(\omega t - kz + \frac{\pi}{4}) + \boldsymbol{e}_y 2E_0 \cos(\omega t - kz - \frac{\pi}{4})$

5.7　旋转方向、振幅和初始相位三个不同参数不同设置下的两个同频圆极化波。试问：

（1）如果旋转方向不同，其他参数相同，其合成波是什么极化？

（2）如果初始相位不同，其他参数相同，其合成波是什么极化？

（3）如果振幅不同，其他参数相同，其合成波是什么极化？

5.8　证明一个直线极化波可以分解为两个振幅相等旋转方向相反的圆极化波。

5.9　证明椭圆极化波 $\boldsymbol{E} = (\boldsymbol{e}_x E_1 + \mathrm{j}\boldsymbol{e}_y E_2)\mathrm{e}^{-\mathrm{j}kz}$ (V/m) 可以分解为两个不等幅的、旋向相反的圆极化波。

5.10　介质的损耗角是 $\tan\delta = \frac{\varepsilon''}{\varepsilon'}$。若已知聚苯乙烯在 $f = 1$GHz 时的 $\tan\delta = 0.0003$，$\varepsilon_\mathrm{r} = 2.54$，$\mu_\mathrm{r} = 1$。试计算电磁波对聚苯乙烯的穿透深度和材料中电、磁场之间的相位差。

5.11　已知海水的 $\sigma = 4$ S/m，$\varepsilon_\mathrm{r} = 81$，$\mu_\mathrm{r} = 1$，其中分别传播 $f = 100$MHz 或 $f = 10$kHz 的平面电磁波时。问 $\alpha = ?$ $\beta = ?$ $v_\mathrm{p} = ?$ $\lambda = ?$ 并判断两个频率下海水是良导电媒质还是弱导电媒质。

5.12　海水的电磁参数是 $\varepsilon_\mathrm{r} = 81$，$\mu_\mathrm{r} = 1$，$\sigma = 4$S/m，频率为 3kHz 和 30MHz 的电磁波在紧切海平面下侧处的电场强度为 1V/m，求：

（1）电场强度衰减为1μV/m 处的深度，应选择哪个频率进行潜水艇的水下通信更为合适？

（2）频率为 3kHz 的电磁波从海平面下侧向海水中传播的平均能流密度。

5.13　频率为 540MHz 的广播信号通过一导电媒质（$\mu_\mathrm{r} = 1, \varepsilon_\mathrm{r} = 2.1, \sigma / \omega\varepsilon = 0.2$）。试求：

（1）衰减常数和相移常数；

（2）相速和波长；

（3）波阻抗。

5.14　如果要求电子仪器的铝外壳（$\mu_r = 1$，$\sigma = 3.54 \times 10^7$ S/m）至少为 5 个趋肤深度，为防止 20kHz～200MHz 的无线电干扰，铝外壳应取多厚？

5.15　证明：电磁波在良导体中传播时场量的衰减约为55dB/λ。

5.16　设一均匀平面电磁波在一良导体内传播，其传播速度为光在自由空间波速的 0.1% 且波长为 0.3mm，设该良导体的磁导率为 μ_0。试确定该平面波的频率及良导体的电导率。

5.17　直线极化电磁波在参数为 $\varepsilon_r = 81$，$\mu_r = 1$，$\sigma = 4\text{S/m}$ 的海水中沿 $\boldsymbol{e}_y$ 方向传播，在 $y = 0$ 处磁场表达式为，$\boldsymbol{H} = \boldsymbol{e}_x 0.1\sin\left(10^{10}\pi t - \pi/3\right)\text{A/m}$。

（1）求衰减常数，相移常数，本证阻抗，相速度，波长；

（2）求出磁场为 0.01A/m 时的位置；

（3）写出电磁场的瞬态表达式。

5.18　已知在 100MHz 时，石墨的趋肤深度为 0.16mm，试求：

（1）石墨的电导率；

（2）1GHz 的电磁波在石墨中传播多长距离其幅度衰减 30dB?

5.19　若均匀平面波在一种色散媒质中传播，该媒质的特性参数是：

$$\varepsilon_r = 1 + \frac{A^2}{B^2 - \omega^2}, \quad \mu_r = 1, \quad \sigma = 0$$

式中，A、B 是有角频率量纲的常数，试求电磁波在该媒质中传播的相速 v_p 和群速 v_g。

第 6 章　均匀平面波的反射与透射

第 5 章中讨论了电磁波在无界均匀介质（自由空间、理想介质、有耗色散介质以及各向异性介质）中的传播问题。由唯一性原理可知，电磁波的传播与分布问题除了与基本方程有关外，还与边界条件密切相关。所以，实际电磁波的传播与分布问题往往会受到自然界中山丘、房屋、海洋等不同介质分界面的影响。对于如上复杂边值问题的求解，可以通过第 3 章讲解的分离变量法、数值方法及其他一些近似方法进行求解。在一定条件下，许多大尺寸交界面上的局部区域可以近似为一个无限大平面，从而可以使得边界条件的处理得到简化。本章主要讨论的内容均为无限大交界平面上的电磁波特性。

6.1　均匀平面波对分界面的垂直入射

6.1.1　均匀平面波对理想导体分界面的垂直入射

如图 6.1.1 所示，假设 $\boldsymbol{e}_x$ 方向入射的均匀平面电磁波，沿 $\boldsymbol{e}_x$ 正方向入射到理想导体表面，极化方向为 $\boldsymbol{e}_y$ 方向的线极化，电场幅度大小为 $E_{\mathrm{m}}^{\mathrm{i}}$，则入射电磁场可以表示为

$$\boldsymbol{E}^{\mathrm{i}} = \boldsymbol{e}_y E_{\mathrm{m}}^{\mathrm{i}} \mathrm{e}^{-\mathrm{j}kx} \tag{6.1.1a}$$

$$\boldsymbol{H}^{\mathrm{i}} = \boldsymbol{e}_z \frac{E_{\mathrm{m}}^{\mathrm{i}}}{\eta} \mathrm{e}^{-\mathrm{j}kx} \tag{6.1.1b}$$

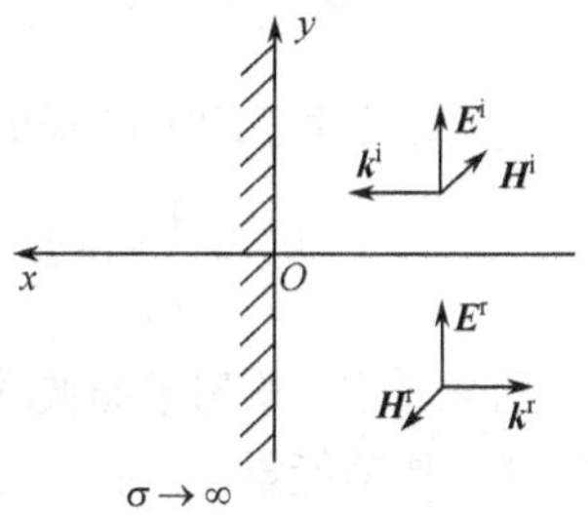

图 6.1.1　均匀平面波垂直入射到理想导体表面

由于电磁波不能进入理想导体内部，入射到导体表面的电磁波将被反射，此时反射电磁波的传播方向与入射电磁波方向相反，为了满足右手螺旋关系，我们暂时假设电场方向不变，而磁场方向反向，如图 6.1.1 所示。此时反射电磁波的一般表达式为

$$\boldsymbol{E}^{\mathrm{r}} = \boldsymbol{e}_y E_{\mathrm{m}}^{\mathrm{r}} \mathrm{e}^{\mathrm{j}kx} \tag{6.1.2a}$$

$$\boldsymbol{H}^{\mathrm{r}} = -\boldsymbol{e}_z \frac{E_{\mathrm{m}}^{\mathrm{r}}}{\eta} \mathrm{e}^{\mathrm{j}kx} \tag{6.1.2b}$$

所以，理想导体表面右边总的电场大小可以表示为

$$\boldsymbol{E}^{\mathrm{tot}} = \boldsymbol{e}_y E_{\mathrm{m}}^{\mathrm{i}} \mathrm{e}^{-\mathrm{j}kx} + \boldsymbol{e}_y E_{\mathrm{m}}^{\mathrm{r}} \mathrm{e}^{\mathrm{j}kx}$$

进一步，在 $x = 0$ 处，总电场需要满足切向电场为 0 的边界条件，即

$$\boldsymbol{E}^{\mathrm{tot}} = \boldsymbol{e}_y \left(E_{\mathrm{m}}^{\mathrm{i}} \mathrm{e}^{-\mathrm{j}kx} + E_{\mathrm{m}}^{\mathrm{r}} \mathrm{e}^{\mathrm{j}kx} \right)\Big|_{x=0} = 0$$

从而可以得到

$$E_{\mathrm{m}}^{\mathrm{r}} = -E_{\mathrm{m}}^{\mathrm{i}} \tag{6.1.3}$$

所以，实际均匀平面波垂直入射到理想导体表面，入射电场与反射电场方向相反或相位

差 180°，而根据右手螺旋关系，磁场方向不变，这与图 6.1.1 所做的假设正好相反。如果在图中假设反射电场与入射电场方向相反，而磁场方向一致，则可以推导求得 $E_{\mathrm{m}}^{\mathrm{r}}=E_{\mathrm{m}}^{\mathrm{i}}$，二者代表的物理含义完全一致。理想导体右边的总的电磁场可以表示为

$$\boldsymbol{E}^{\mathrm{tot}}=\boldsymbol{e}_y E_{\mathrm{m}}^{\mathrm{i}}\left(\mathrm{e}^{-\mathrm{j}kx}-\mathrm{e}^{\mathrm{j}kx}\right)=-\boldsymbol{e}_y 2\mathrm{j}E_{\mathrm{m}}^{\mathrm{i}}\sin kx \tag{6.1.4a}$$

$$\boldsymbol{H}^{\mathrm{tot}}=\boldsymbol{e}_z \frac{E_{\mathrm{m}}^{\mathrm{i}}}{\eta}\left(\mathrm{e}^{-\mathrm{j}kx}+\mathrm{e}^{\mathrm{j}kx}\right)=\boldsymbol{e}_z \frac{2E_{\mathrm{m}}^{\mathrm{i}}}{\eta}\cos kx \tag{6.1.4b}$$

对应的时域表达形式为

$$\boldsymbol{E}^{\mathrm{tot}}(x,t)=\mathrm{Re}\left(\boldsymbol{E}^{\mathrm{tot}}\mathrm{e}^{\mathrm{j}\omega t}\right)=\mathrm{Re}\left(-\boldsymbol{e}_y 2\mathrm{j}E_{\mathrm{m}}^{\mathrm{i}}\sin kx\mathrm{e}^{\mathrm{j}\omega t}\right)=\boldsymbol{e}_y 2E_{\mathrm{m}}^{\mathrm{i}}\sin kx\sin\omega t \tag{6.1.5a}$$

$$\boldsymbol{H}^{\mathrm{tot}}(x,t)=\mathrm{Re}\left(\boldsymbol{H}^{\mathrm{tot}}\mathrm{e}^{\mathrm{j}\omega t}\right)=\mathrm{Re}\left(\boldsymbol{e}_z \frac{2E_{\mathrm{m}}^{\mathrm{i}}}{\eta}\cos kx\mathrm{e}^{\mathrm{j}\omega t}\right)=\boldsymbol{e}_z \frac{2E_{\mathrm{m}}^{\mathrm{i}}}{\eta}\cos kx\cos\omega t \tag{6.1.5b}$$

上式总场表达式与我们前面介绍的均匀平面波时域表达形式完全不同，导致合成场的性质也会与均匀平面波的性质完全不同，不同时间不同位置处电磁场幅度分别如图 6.1.2 所示，并具有如下规律：

① 对于确定的时间 t，总场在空间成正余弦分布，在 $kx=-n\pi$ 处，电场恒定为零，而磁场幅度为最大值；在 $kx=-n\pi-\dfrac{\pi}{2}$ 处，磁场恒定为零，而电场幅度为最大值，电场和磁场的零点以及最大值点相差 $\dfrac{\lambda}{4}$。

② 对于固定的空间位置，电场和磁场随时间是震荡变化的，但相位相差 $\dfrac{\pi}{2}$。

③ 总场的平均坡印廷矢量为

$$\boldsymbol{S}_{\mathrm{av}}=\frac{1}{2}\mathrm{Re}\left(\boldsymbol{E}\times\boldsymbol{H}^{*}\right)=\frac{1}{2}\mathrm{Re}\left(-\boldsymbol{e}_x 2\mathrm{j}E_{\mathrm{m}}^{\mathrm{i}}\sin kx\times\boldsymbol{e}_z\frac{2E_{\mathrm{m}}^{\mathrm{i}}}{\eta}\cos kx\right)=0 \tag{6.1.6}$$

可以看出，均匀平面波垂直入射到理想导体表面形成的总场的平均坡印廷矢量恒定为零，电磁波并不传播能量，只存在电场能量和磁场能量之间的相互转化，我们称这种电磁波为纯驻波。

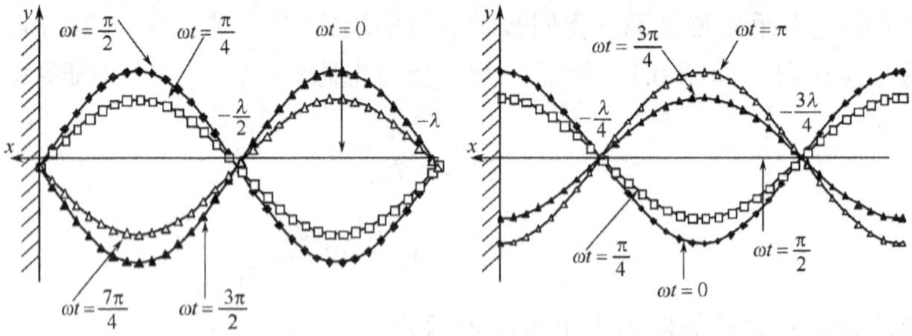

（a）不同时间总电场分布图　　（b）不同时间总磁场分布图

图 6.1.2　合成电场与磁场的时空关系

6.1.2　均匀平面波对理想介质分界面的垂直入射

当均匀平面波从理想介质 $1(\varepsilon_1,\mu_1)$ 垂直照射到与理想介质 $2(\varepsilon_2,\mu_2)$ 的交界面上，电磁波除会发生反射外，部分电磁波将会进入介质 $2(\varepsilon_2,\mu_2)$ 并继续传播，如图 6.1.3 所示。参照 6.1.1 节，可以得到入射波、反射波以及透射波的表达式分别为

$$\boldsymbol{E}^{\mathrm{i}}=\boldsymbol{e}_y E_{\mathrm{m}}^{\mathrm{i}} \mathrm{e}^{-\mathrm{j} k_1 x} \tag{6.1.7a}$$

$$\boldsymbol{H}^{\mathrm{i}}=\boldsymbol{e}_z \frac{E_{\mathrm{m}}^{\mathrm{i}}}{\eta_1} \mathrm{e}^{-\mathrm{j} k_1 x} \tag{6.1.7b}$$

$$\boldsymbol{E}^{\mathrm{r}}=\boldsymbol{e}_y E_{\mathrm{m}}^{\mathrm{r}} \mathrm{e}^{\mathrm{j} k_1 x} \tag{6.1.8a}$$

$$\boldsymbol{H}^{\mathrm{r}}=-\boldsymbol{e}_z \frac{E_{\mathrm{m}}^{\mathrm{r}}}{\eta_1} \mathrm{e}^{\mathrm{j} k_1 x} \tag{6.1.8b}$$

$$\boldsymbol{E}^{\mathrm{t}}=\boldsymbol{e}_y E_{\mathrm{m}}^{\mathrm{t}} \mathrm{e}^{-\mathrm{j} k_2 x} \tag{6.1.9a}$$

$$\boldsymbol{H}^{\mathrm{t}}=\boldsymbol{e}_z \frac{E_{\mathrm{m}}^{\mathrm{t}}}{\eta_2} \mathrm{e}^{-\mathrm{j} k_2 x} \tag{6.1.9b}$$

其中，两种媒质中的波数和波阻抗分别为

$$k_1=\omega\sqrt{\varepsilon_1\mu_1}\text{，}\quad k_2=\omega\sqrt{\varepsilon_2\mu_2}\text{ 及 }\eta_1=\sqrt{\frac{\mu_1}{\varepsilon_1}}\text{，}\quad \eta_2=\sqrt{\frac{\mu_2}{\varepsilon_2}}$$

在理想介质交界面上，电磁波必须满足切向电场连续和切向磁场连续两个边界条件。从而有

$$\boldsymbol{E}^{\mathrm{i}}+\boldsymbol{E}^{\mathrm{r}}\Big|_{x=0}=\boldsymbol{e}_y\left(E_{\mathrm{m}}^{\mathrm{i}}+E_{\mathrm{m}}^{\mathrm{r}}\right)\Big|_{x=0}=\boldsymbol{E}^{\mathrm{t}}\Big|_{x=0}=\boldsymbol{e}_y E_{\mathrm{m}}^{\mathrm{t}}$$

$$\boldsymbol{H}^{\mathrm{i}}+\boldsymbol{H}^{\mathrm{r}}\Big|_{x=0}=\boldsymbol{e}_z\left(E_{\mathrm{m}}^{\mathrm{i}}-E_{\mathrm{m}}^{\mathrm{r}}\right)/\eta_1\Big|_{x=0}=\boldsymbol{H}^{\mathrm{t}}\Big|_{x=0}=\boldsymbol{e}_z E_{\mathrm{m}}^{\mathrm{t}}/\eta_2$$

由此可得

$$E_{\mathrm{m}}^{\mathrm{r}}=\frac{\eta_2-\eta_1}{\eta_2+\eta_1}E_{\mathrm{m}}^{\mathrm{i}}\text{，}\quad E_{\mathrm{m}}^{\mathrm{t}}=\frac{2\eta_2}{\eta_2+\eta_1}E_{\mathrm{m}}^{\mathrm{i}}$$

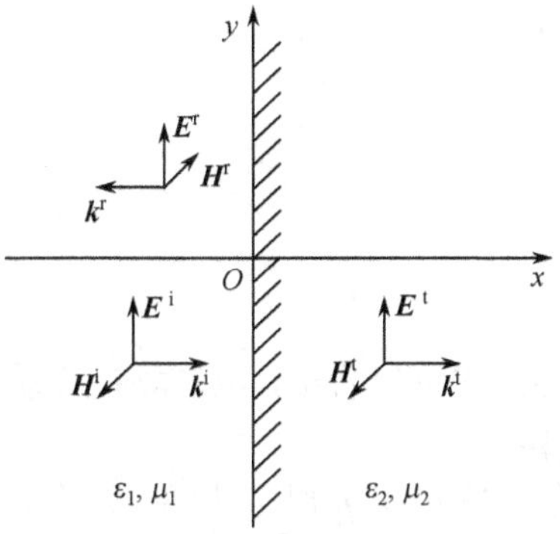

图 6.1.3　平面波垂直入射理想介质交界面

反射波电场幅度和透射波电场幅度与入射波电场幅度的比值可以分别定义为介质分界面上的电场反射系数 Γ 和电场透射系数 τ，即

$$\Gamma=\frac{\eta_2-\eta_1}{\eta_2+\eta_1} \tag{6.1.10}$$

$$\tau=\frac{2\eta_2}{\eta_2+\eta_1} \tag{6.1.11}$$

电场反射系数与电场透射系数之间满足关系 $1+\Gamma=\tau$，它实际代表着电场在分界面上满足的边界条件，当介质交界面位于 $x=d$ 处，则入射、反射和透射电场可分别写为

$$\begin{cases}\boldsymbol{E}^{\mathrm{i}}=\boldsymbol{e}_y E_{\mathrm{m}}^{\mathrm{i}} \mathrm{e}^{-\mathrm{j} k_1(x-d)} \\ \boldsymbol{E}^{\mathrm{r}}=\boldsymbol{e}_y \Gamma E_{\mathrm{m}}^{\mathrm{i}} \mathrm{e}^{\mathrm{j} k_1(x-d)} \\ \boldsymbol{E}^{\mathrm{t}}=\boldsymbol{e}_y \tau E_{\mathrm{m}}^{\mathrm{i}} \mathrm{e}^{\mathrm{j} k_1(x-d)}\end{cases}$$

从而分界面上仍然满足 $1+\Gamma=\tau$。

交界面两侧介质内电磁场可分别表示为

$$\begin{aligned}\boldsymbol{E}_1=\boldsymbol{E}^{\mathrm{i}}+\boldsymbol{E}^{\mathrm{r}}&=\boldsymbol{e}_y E_{\mathrm{m}}^{\mathrm{i}}\left(\mathrm{e}^{-\mathrm{j} k_1 x}+\Gamma \mathrm{e}^{\mathrm{j} k_1 x}\right)=\boldsymbol{e}_y E_{\mathrm{m}}^{\mathrm{i}}\left[(1+\Gamma) \mathrm{e}^{-\mathrm{j} k_1 x}+\Gamma\left(\mathrm{e}^{\mathrm{j} k_1 x}-\mathrm{e}^{-\mathrm{j} k_1 x}\right)\right] \\ &=\boldsymbol{e}_y E_{\mathrm{m}}^{\mathrm{i}}\left[(1+\Gamma) \mathrm{e}^{-\mathrm{j} k_1 x}+2 \mathrm{j} \Gamma \sin k_1 x\right]\end{aligned} \tag{6.1.12}$$

$$\boldsymbol{H}_1=\boldsymbol{H}^{\mathrm{i}}+\boldsymbol{H}^{\mathrm{r}}=\boldsymbol{e}_z\frac{E_{\mathrm{m}}^{\mathrm{i}}}{\eta_1}\left(\mathrm{e}^{-\mathrm{j}k_1x}-\Gamma\mathrm{e}^{\mathrm{j}k_1x}\right)=\boldsymbol{e}_z\frac{E_{\mathrm{m}}^{\mathrm{i}}}{\eta_1}\left[(1+\Gamma)\mathrm{e}^{-\mathrm{j}k_1x}-\Gamma\left(\mathrm{e}^{\mathrm{j}k_1x}+\mathrm{e}^{-\mathrm{j}k_1x}\right)\right]$$
$$=\boldsymbol{e}_z\frac{E_{\mathrm{m}}^{\mathrm{i}}}{\eta_1}\left[(1+\Gamma)\mathrm{e}^{-\mathrm{j}k_1x}-2\mathrm{j}\Gamma\cos k_1x\right] \tag{6.1.13}$$

$$\boldsymbol{E}_2=\boldsymbol{E}^{\mathrm{t}}=\boldsymbol{e}_y\tau E_{\mathrm{m}}^{\mathrm{i}}\mathrm{e}^{-\mathrm{j}k_2x} \tag{6.1.14}$$

$$\boldsymbol{H}_2=\boldsymbol{H}^{\mathrm{t}}=\boldsymbol{e}_z\tau\frac{E_{\mathrm{m}}^{\mathrm{i}}}{\eta_1}\mathrm{e}^{-\mathrm{j}k_2x} \tag{6.1.15}$$

与理想导体表面电磁波的垂直入射情况不同，在理想介质交界面上，电磁波将穿透到介质2中并形成行波继续传播。而介质1中，入射电场与反射电场的合成形成的总场包括两部：第一部分 $\boldsymbol{e}_yE_{\mathrm{m}}^{\mathrm{i}}(1+\Gamma)\mathrm{e}^{-\mathrm{j}k_1x}$ 是幅度为 $E_{\mathrm{m}}^{\mathrm{i}}(1+\Gamma)$，沿+x 方向传播的行波，第二部分 $\boldsymbol{e}_y2\mathrm{j}\Gamma E_{\mathrm{m}}^{\mathrm{i}}\sin k_1x$ 是幅度为 $2\Gamma E_{\mathrm{m}}^{\mathrm{i}}$ 的驻波。总场为上述行波与驻波的叠加，形成行驻波。而合成电场的幅度为

$$\begin{aligned}|\boldsymbol{E}_1|&=\left|E_{\mathrm{m}}^{\mathrm{i}}\right|\left|\mathrm{e}^{-\mathrm{j}k_1x}+\Gamma\mathrm{e}^{\mathrm{j}k_1x}\right|\\&=\left|E_{\mathrm{m}}^{\mathrm{i}}\right|\left|\mathrm{e}^{-\mathrm{j}k_1x}\left(1+\Gamma\mathrm{e}^{-\mathrm{j}2k_1x}\right)\right|\\&=\left|E_{\mathrm{m}}^{\mathrm{i}}\right|\left|1+\Gamma\cos 2k_1x+\mathrm{j}\Gamma\sin 2k_1x\right|\\&=\left|E_{\mathrm{m}}^{\mathrm{i}}\right|\sqrt{1+\Gamma^2+2\Gamma\cos 2k_1x}\end{aligned} \tag{6.1.16}$$

$$|\boldsymbol{H}_1|=\left|\frac{E_{\mathrm{m}}^{\mathrm{i}}}{\eta_1}\right|\sqrt{1+\Gamma^2-2\Gamma\cos 2k_1x} \tag{6.1.17}$$

由上式可以看出，电磁场在介质交界面两边的幅度大小分布如图 6.1.4 所示，并且满足如下规律：

① 当 $\eta_2>\eta_1$ 时，反射系数 $\Gamma>0$，分界面上的反射电场与入射电场同相位。在 $2k_1x=-2n\pi\ (n=0,1,2,\ldots)$ 处，总电场达到最大值 $\left|E_{\mathrm{m}}^{\mathrm{i}}\right|(1+\Gamma)$；在 $2k_1x=-2n\pi-\pi$ 处，总电场达到最小值 $\left|E_{\mathrm{m}}^{\mathrm{i}}\right|(1-\Gamma)$。在介质交界面上，左边的总电场和右边的透射电场都等于最大值 $\left|E_{\mathrm{m}}^{\mathrm{i}}\right|(1+\Gamma)$。

② 当 $\eta_2<\eta_1$ 时，反射系数 $\Gamma<0$，反射电场与入射电场反相位。在 $2k_1x=-2n\pi-\pi$ $(n=0,1,2,3\ldots)$ 处，电场达到最大值 $\left|E_{\mathrm{m}}^{\mathrm{i}}\right|(1-\Gamma)$；在 $2k_1x=-2n\pi$ 处，电场达到最小值 $\left|E_{\mathrm{m}}^{\mathrm{i}}\right|(1+\Gamma)$。在介质交界面上，左边的总电场和右边的透射场都等于最小值 $\left|E_{\mathrm{m}}^{\mathrm{i}}\right|(1+\Gamma)$。

③ 最大值和最小值出现的位置正好与电场错开 $\dfrac{\lambda}{4}$。

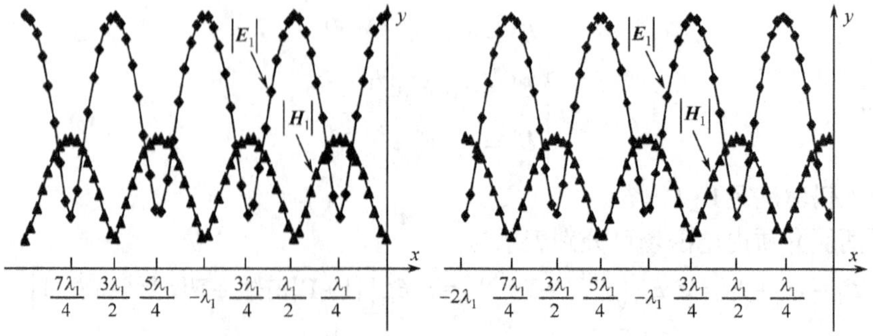

(a) $\eta_2>\eta_1$　　(b) $\eta_2<\eta_1$

图 6.1.4　平面波垂直入射到理想介质表面所得行驻波幅度分布

如上这种行波与驻波的叠加，所形成的波通常称为行驻波。工程上，常用驻波系数（或驻波比）S 来描述合成波的特性，其定义为合成波电场强度的最大值与最小值之比

$$S=\frac{|E_1|_{\max}}{|E_1|_{\min}}=\frac{1+|\Gamma|}{1-|\Gamma|} \tag{6.1.18}$$

反射系数大小可用驻波比表示为

$$|\Gamma|=\frac{S-1}{S+1} \tag{6.1.19}$$

由于反射系数的绝对值在 0 和 1 之间变化，所以驻波比最小值为 1。在微波组件设计中，驻波比越小，说明组件传输性能越好。当驻波比小于 2，反射系数绝对值小于 0.33，则认为基本达到工程要求。

两种媒质中的平均功率密度为

$$\boldsymbol{S}_{1\mathrm{av}}=\frac{1}{2}\mathrm{Re}\left(\boldsymbol{E}_1\times\boldsymbol{H}_1^*\right)=\boldsymbol{e}_x\frac{E_{\mathrm{m}}^{\mathrm{i}\ 2}}{2\eta_1}\left(1-\Gamma^2\right) \tag{6.1.20a}$$

$$\boldsymbol{S}_{2\mathrm{av}}=\frac{1}{2}\mathrm{Re}\left(\boldsymbol{E}_2\times\boldsymbol{H}_2^*\right)=\boldsymbol{e}_x\frac{E_{\mathrm{m}}^{\mathrm{i}\ 2}}{2\eta_2}\tau^2 \qquad (6.1.20\mathrm{a})$$

可以证明，$\boldsymbol{S}_{1\mathrm{av}}=\boldsymbol{S}_{2\mathrm{av}}$。

例 6-1 全球定位系统(GPS)已经在军用和民用电子系统中大量使用，设工作于 1.575GHz 的 GPS 右旋圆极化平面波从自由空间垂直照射到 $\varepsilon_{\mathrm{r}}=2.25$ 的聚乙烯介质材料上，试求：

（1）反射波电磁场复数表达式；

（2）透射波电磁场复数表达式；

（3）判断反射电磁波极化。

解： $k_0={}^{2\pi f}\!/_{c}=33\mathrm{rad/m}$

设+z 方向传播的右旋圆极化入射电磁场表达式为

$$\boldsymbol{E}^{\mathrm{i}}=\left(\boldsymbol{e}_x-\boldsymbol{e}_y\mathrm{j}\right)\mathrm{e}^{-\mathrm{j}k_0z}=\left(\boldsymbol{e}_x-\boldsymbol{e}_y\mathrm{j}\right)\mathrm{e}^{-\mathrm{j}33z}$$

$$\boldsymbol{H}^{\mathrm{i}}=\left(\boldsymbol{e}_y+\boldsymbol{e}_x\mathrm{j}\right)\frac{\mathrm{e}^{-\mathrm{j}k_0z}}{\eta_0}=\left(\boldsymbol{e}_y+\boldsymbol{e}_x\mathrm{j}\right)\frac{\mathrm{e}^{-\mathrm{j}33z}}{120\pi}$$

由聚乙烯的介电常数可以计算得到平面波垂直入射下的电场反射系数和电场透射系数为

$$\Gamma=\frac{\eta_2-\eta_0}{\eta_2+\eta_0}=-0.2 \qquad \tau=\frac{2\eta_2}{\eta_2+\eta_1}=0.8$$

所以反射波电磁场和透射波电磁场为

$$\boldsymbol{E}^{\mathrm{r}}=-0.2\left(\boldsymbol{e}_x-\boldsymbol{e}_y\mathrm{j}\right)\mathrm{e}^{+\mathrm{j}33z} \qquad \boldsymbol{E}^{\mathrm{t}}=\tau\left(\boldsymbol{e}_x-\boldsymbol{e}_y\mathrm{j}\right)\mathrm{e}^{-\mathrm{j}k_2z}=0.8\left(\boldsymbol{e}_x-\boldsymbol{e}_y\mathrm{j}\right)\mathrm{e}^{-\mathrm{j}49.5z}$$

$$\boldsymbol{H}^{\mathrm{r}}=0.2\left(\boldsymbol{e}_y+\boldsymbol{e}_x\mathrm{j}\right)\frac{\mathrm{e}^{+\mathrm{j}33z}}{120\pi} \qquad \boldsymbol{H}^{\mathrm{t}}=\tau\left(\boldsymbol{e}_y+\boldsymbol{e}_x\mathrm{j}\right)\frac{\mathrm{e}^{-\mathrm{j}k_2z}}{\eta_2}=0.8\left(\boldsymbol{e}_y+\boldsymbol{e}_x\mathrm{j}\right)\frac{\mathrm{e}^{-\mathrm{j}49.5z}}{80\pi}$$

其中，k_2,η_2 分别是聚乙烯中电磁波的波数和波阻抗。

可以判断，反射波为左旋圆极化波，反射波发生了旋转反相，合成波变成了椭圆极化波。而透射波仍然为右旋圆极化波。

6.1.3 均匀平面波对导电媒质分界面的垂直入射

当两种或其中一种介质为导电媒质时，电磁波垂直入射下的反射与透射特性公式推导与 6.1.2 节相同，感兴趣的读者可以尝试自己推导或参考文献[3]。所不同的是：① 导电媒质的特征阻抗为复数，因此电场和磁场不同相；② 反射系数和透射系数此时均为复数，反射波、透射波和入射波存在相位差，相位差的大小由介质特性决定，不再是 0°或 180°。

例 6-2 常用 X 波段雷达若工作于 10GHz 频率，沿 $-\boldsymbol{e}_z$ 方向垂直入射到 $z=0$ 的海水 $(\varepsilon_{\mathrm{r}}=81,\mu_{\mathrm{r}}=1,\sigma=4)$ 表面，试求：

（1）电场反射系数和电场透射系数；

（2）海水上方空间的电磁场分布；

（3）海平面下方电磁场分布；

（4）海水的趋肤深度。

解：

（1）海水上方空气的特征阻抗为 $\eta_1=\eta_0=377\Omega$。

海水的特征阻抗

$$\eta_2=\sqrt{\frac{\mu}{\varepsilon}}=\sqrt{\frac{\mu_0}{\varepsilon-\mathrm{j}\sigma/\omega}}=\sqrt{\frac{\mu_0}{81\varepsilon_0-\mathrm{j}4/\left(2\pi\cdot10^{10}\right)}}\approx0.111\eta_0\mathrm{e}^{\mathrm{j}\frac{1}{2}\arctan(0.088889)}$$

反射系数
$$\Gamma=\frac{\eta_2-\eta_1}{\eta_2+\eta_1}=\frac{-0.889}{1.111}=-0.8$$

透射系数
$$\tau=\frac{2\eta_2}{\eta_2+\eta_1}=\frac{0.222}{1.111}=0.2$$

为了近似计算，上述反射系数和透射系数均忽略了损耗的影响。

（2）设沿$-z$ 方向传播的入射场表达式为 $\boldsymbol{E}^{\mathrm{i}}=\boldsymbol{e}_x E_{\mathrm{m}}\mathrm{e}^{\mathrm{j}k_0 z}$，$\boldsymbol{H}^{\mathrm{i}}=\boldsymbol{e}_y\dfrac{E_{\mathrm{m}}}{\eta_0}\mathrm{e}^{\mathrm{j}k_0 z}$。

通过前面求得的电场反射系数可以将反射场表示为

$$\boldsymbol{E}^{\mathrm{r}}=\Gamma\boldsymbol{e}_x E_{\mathrm{m}}\mathrm{e}^{-\mathrm{j}k_0 z}\text{，}\quad\boldsymbol{H}^{\mathrm{r}}=-\Gamma\boldsymbol{e}_y\frac{E_{\mathrm{m}}}{\eta_0}\mathrm{e}^{-\mathrm{j}k_0 z}$$

对应的总场表达式为

$$\boldsymbol{E}_1=\boldsymbol{e}_x E_{\mathrm{m}}\left(\mathrm{e}^{\mathrm{j}k_0 z}+\Gamma\mathrm{e}^{-\mathrm{j}k_0 z}\right)\text{，}\quad\boldsymbol{H}_1=\boldsymbol{e}_y\frac{E_{\mathrm{m}}}{\eta_0}\left(\mathrm{e}^{\mathrm{j}k_0 z}-\Gamma\mathrm{e}^{-\mathrm{j}k_0 z}\right)$$

（3）由电场透射系数可以得到海水中透射波的电磁场为

$$\boldsymbol{E}_2=\boldsymbol{E}^{\mathrm{t}}=\tau\boldsymbol{e}_x E_{\mathrm{m}}\mathrm{e}^{\mathrm{j}k_2 z}\text{，}\quad\boldsymbol{H}_2=\boldsymbol{H}^{\mathrm{t}}=\tau\boldsymbol{e}_y\frac{E_{\mathrm{m}}}{\eta_0}\mathrm{e}^{\mathrm{j}k_2 z}$$

（4）趋肤深度
$$\sigma=\frac{1}{\sqrt{\pi f\mu\sigma}}=0.00252\mathrm{m}$$

由于海水电场反射系数和电场透射系数的虚部相对较小，反射波电场以及透射波电场与入射波电场的相移分别为 179.42°和 2.33°，在海平面两侧，电磁场分布几乎与 6.1.2 节同。当均匀平面波由理想介质入射到 x=0 的一般有耗介质表面时，介质交界面两侧电磁场分布往往如图 6.1.5 所示。

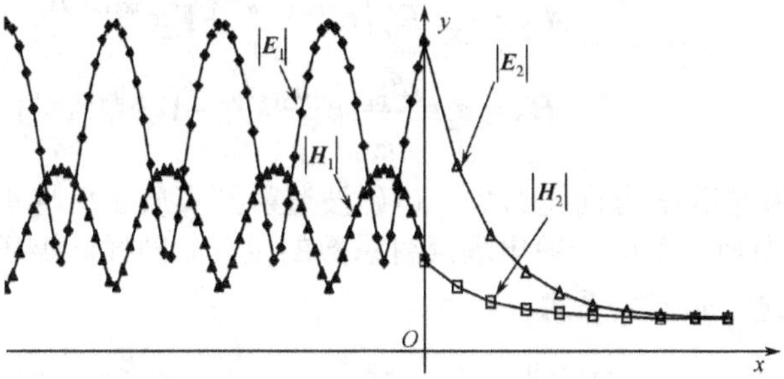

图 6.1.5　有耗媒质表面电磁波分布特性

6.2　均匀平面波对多层介质分界面的垂直入射

6.2.1　多层媒质的反射与透射

如图 6.2.1 所示，首先以三层理想媒质为例，媒质 1 与媒质 2 的分界面位于 $x=0$ 处，媒质 2 与媒质 3 的交界面位于 $x=d$。由于此时电磁波将在介质 2 中发生多次反射并在两个界面上发生多次透射，所以分析难度较大。

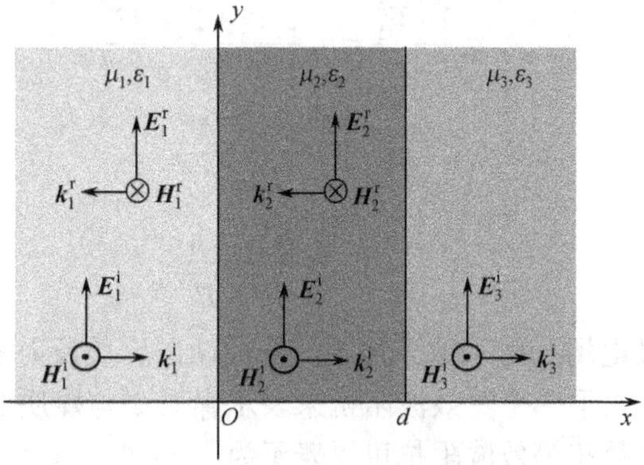

图 6.2.1　电磁波对三层不同媒质的垂直入射

对于如图 6.2.1 所示的媒质 1 中 y 方向极化入射平面波可以表示为

$$\boldsymbol{E}_1^{\mathrm{i}}=\boldsymbol{e}_y E_{\mathrm{m}}\mathrm{e}^{-\mathrm{j}k_1x}\,,\quad \boldsymbol{H}_1^{\mathrm{i}}=\boldsymbol{e}_z\frac{E_{\mathrm{m}}}{\eta_1}\mathrm{e}^{-\mathrm{j}k_1x}$$

则介质 1 中的反射波可表示为

$$\boldsymbol{E}_1^{\mathrm{r}}=\Gamma_1\boldsymbol{e}_y E_{\mathrm{m}}\mathrm{e}^{\mathrm{j}k_1x}\,,\quad \boldsymbol{H}_1^{\mathrm{r}}=-\Gamma_1\boldsymbol{e}_z\frac{E_{\mathrm{m}}}{\eta_1}\mathrm{e}^{\mathrm{j}k_1x}$$

式中，Γ_1 表征介质 1 中所有左行的电磁波与入射电磁波的比值。左行电磁波包括交界面 1 上反射的电磁波和进入媒质 2 后在交界面 3 上多次反射后从交界面 1 透射回介质 1 的电磁波，所以，此处的反射系数 Γ_1，不仅表征了介质 1 与介质 2 的不连续性，还表征了介质 2 与介质 3 的不连续性，是一个广义电场系数的概念。从而，介质 1 中的总电磁场可以表示为

$$\boldsymbol{E}_1=\boldsymbol{e}_y E_{\mathrm{m}}\left(\mathrm{e}^{-\mathrm{j}k_1x}+\Gamma_1\mathrm{e}^{\mathrm{j}k_1x}\right),\quad \boldsymbol{H}_1=\boldsymbol{e}_z\frac{E_{\mathrm{m}}}{\eta_1}\left(\mathrm{e}^{-\mathrm{j}k_1x}-\Gamma_1\mathrm{e}^{\mathrm{j}k_1x}\right) \tag{6.2.1}$$

同样，媒质 2 中的总电磁场可表示为

$$
\begin{aligned}
\boldsymbol{E}_2 &= \boldsymbol{e}_y \tau_1 E_{\mathrm{m}} \left(\mathrm{e}^{-\mathrm{j}k_2(x-d)} + \Gamma_2 \mathrm{e}^{\mathrm{j}k_2(x-d)} \right) \\
\boldsymbol{H}_2 &= \boldsymbol{e}_z \tau_1 \frac{E_{\mathrm{m}}}{\eta_2} \left(\mathrm{e}^{-\mathrm{j}k_2(x-d)} - \Gamma_2 \mathrm{e}^{\mathrm{j}k_2(x-d)} \right)
\end{aligned} \tag{6.2.2}
$$

由于媒质 3 被认为是沿+z 方向无穷大，电磁波透射到媒质 3 后将不会再发生任何反射，所以Γ_2退化为上一小节所讲解的一般电场反射系数的概念。同样，媒质 3 中的透射场也可以通过电场透射系数τ_2建立如下关系式

$$
\boldsymbol{E}_3 = \boldsymbol{E}^{\mathrm{t}} = \boldsymbol{e}_y \tau_1 \tau_2 E_{\mathrm{m}} \mathrm{e}^{-\mathrm{j}k_3(x-d)}, \quad \boldsymbol{H}_3 = \boldsymbol{H}^{\mathrm{t}} = \boldsymbol{e}_z \tau_1 \tau_2 \frac{E_{\mathrm{m}}}{\eta_3} \mathrm{e}^{-\mathrm{j}k_3(x-d)} \tag{6.2.3}
$$

在媒质交界面 2 上 $z=d$ 处，强加切向电场连续和切向磁场连续条件可以得到

$$
\Gamma_2 = \frac{\eta_3 - \eta_2}{\eta_3 + \eta_2} \quad \tau_2 = \frac{2\eta_3}{\eta_3 + \eta_2}
$$

同样，在媒质交界面 1 上，强加切向电场连续和切向磁场连续条件可以得到

$$
\begin{aligned}
1 + \Gamma_1 &= \tau_1 (\mathrm{e}^{\mathrm{j}k_2 d} + \Gamma_2 \mathrm{e}^{-\mathrm{j}k_2 d}) \\
\frac{1}{\eta_1}(1 - \Gamma_1) &= \frac{\tau_1}{\eta_2} (\mathrm{e}^{\mathrm{j}k_2 d} - \Gamma_2 \mathrm{e}^{-\mathrm{j}k_2 d})
\end{aligned} \tag{6.2.4}
$$

由此可得到

$$
\eta_1 \frac{1+\Gamma_1}{1-\Gamma_1} = \eta_2 \frac{\mathrm{e}^{\mathrm{j}k_2 d} + \Gamma_2 \mathrm{e}^{-\mathrm{j}k_2 d}}{\mathrm{e}^{\mathrm{j}k_2 d} - \Gamma_2 \mathrm{e}^{-\mathrm{j}k_2 d}}
$$

令

$$
\eta_{\mathrm{ef}} = \eta_2 \frac{\mathrm{e}^{\mathrm{j}k_2 d} + \Gamma_2 \mathrm{e}^{-\mathrm{j}k_2 d}}{\mathrm{e}^{\mathrm{j}k_2 d} - \Gamma_2 \mathrm{e}^{-\mathrm{j}k_2 d}} \tag{6.2.5}
$$

则

$$
\Gamma_1 = \frac{\eta_{\mathrm{ef}} - \eta_1}{\eta_{\mathrm{ef}} + \eta_1} \tag{6.2.6}
$$

可以看出，上式广义电场反射系数表达式与前面两层介质反射系数表达式形式上相同，所不同的是，表达式中引入了一个等效波阻抗来表示媒质 2 与媒质 3 对分界面 1 反射系数的影响。对应的广义电场系数和等效波阻抗可以表示为

$$
\tau_1 = \frac{1+\Gamma_1}{\mathrm{e}^{\mathrm{j}k_2 d} + \Gamma_2 \mathrm{e}^{-\mathrm{j}k_2 d}} \tag{6.2.7}
$$

$$
\eta_{\mathrm{ef}} = \eta_2 \frac{\eta_3 + \mathrm{j}\eta_2 \tan(k_2 d)}{\eta_2 + \mathrm{j}\eta_3 \tan(k_2 d)} \tag{6.2.8}
$$

对于图 6.2.2 的（n+1）层介质的垂直入射问题可以采用类似的方法解决。设电磁波从左边第一层垂直入射，而计算则从右边开始递推，通过式（6.2.8）和式（6.2.6）求得 n–2 交界面上的等效阻抗和广义电场系数，再求其右边相邻交界面上的等效阻抗和广义电场系数，如此迭代直到求得最右边第一个分界面上的等效波阻抗和广义电场反射系数。

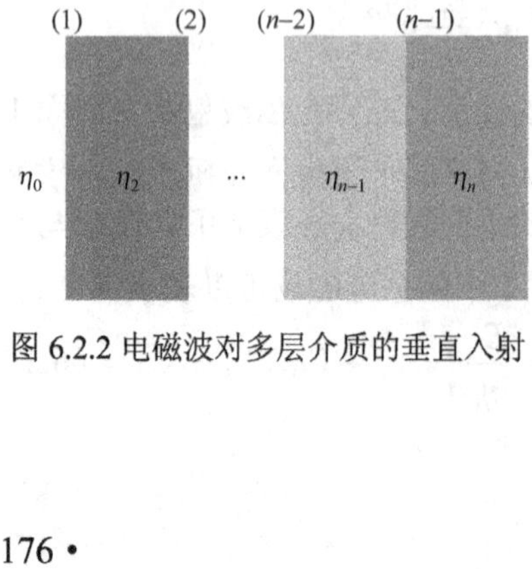

图 6.2.2 电磁波对多层介质的垂直入射

6.2.2 四分之一波长匹配器

由 6.1 节知识可知，当电磁波垂直入射到两种不同介质交界面上时会发生反射，这不利于电磁波的有效传输。对于如图 6.2.1 所示的三层介质情况下的电磁波垂直入射问题，令式（6.2.8）中 $d=\dfrac{\lambda_2}{4}$ 或 $d=\dfrac{(2n+1)\lambda_2}{4}$，则 $k_2 d=\dfrac{\pi}{2}$，$\tan(k_2 d)\to\infty$，$\eta_{\mathrm{ef}}=\eta_2^2/\eta_3$，此时如果取中间层介质的波阻抗 $\eta_2=\sqrt{\eta_1\eta_3}$，则可以得到 $\eta_{\mathrm{ef}}=\eta_1$ 且 $\Gamma_1=0$，从而使得电磁波在交界面 1 上无反射。所以若在这两种介质之间插入一层厚度为 $d=\dfrac{\lambda_2}{4}$ 的介质，并令介质阻抗 $\eta_2=\sqrt{\eta_1\eta_3}$，就能消除介质 1 中的电磁波的反射。因此，这种 $d=\dfrac{\lambda_2}{4}$ 厚度的介质通常用于不同介质间的无反射阻抗匹配，称为 $\dfrac{1}{4}$ 波长匹配层。需要说明的是，从物理意义上讲，此时交界面 1 上并不是没有反射波，而是反射波与从介质 2 中透射过来的波正好叠加抵消，从而使得介质 1 中左行波为零。此时，$\tau_1=\dfrac{1}{\mathrm{j}-\mathrm{j}\Gamma_2}$，媒质 3 中透射波电场幅度 $E_{3\mathrm{m}}=\tau_1\tau_2 E_{\mathrm{m}}=-\mathrm{j}\dfrac{1+\Gamma_2}{1-\Gamma_2}E_{\mathrm{m}}$，电磁波的能量并没有完全透射到媒质 3 中。

单层匹配层的工作频带比较窄，为了进一步拓宽工作频带，可以采用多个 $\dfrac{1}{4}$ 波长匹配层，而每一层的特性阻抗与邻近介质层特性阻抗仍然满足 $\eta_i=\sqrt{\eta_{i-1}\eta_{i+1}}$。这种多层阻抗变换器在微波传输系统中大量使用，但是在微波涂层应用场合，由于难以找到符合阻抗要求的系列介质材料而难于应用。此时可以通过两种阻抗相近的涂层交替涂敷构成周期性多层膜系，通过设计涂层的周期数，同样可以达到阻抗匹配的作用。

例 6-3 频率为 10GHz 的均匀平面电磁波照射到 $\varepsilon_{\mathrm{r}}=3.8$ 的尼龙介质上会发生反射，从而影响电磁波的正常传输，为了提高透波率，在尼龙介质表面增加一层四分之一波长匹配层材料，从而可以提高电磁波的传输性能，试设计此匹配层。

解：已知空气和尼龙的波阻抗分别为

$$\eta_1=\eta_0=377\Omega,\quad \eta_3=\eta_0/\sqrt{\varepsilon_{\mathrm{r}3}}=193.4\Omega$$

所以匹配层的波阻抗为

$$\eta_2=\sqrt{\eta_1\eta_3}=270\Omega$$

相应的介电常数是

$$\varepsilon_{\mathrm{r}2}=\left(\frac{\eta_0}{\eta_2}\right)^2=1.95$$

匹配层厚度为

$$d=\frac{\lambda_2}{4}=\frac{0.03}{4\times\sqrt{1.95}}=0.00537\mathrm{m}$$

通过以上计算可以得知，此时广义电场反射系数为零，达到完全匹配的状态。正如前面所述，这种匹配层是有一定的工作带宽的，对于如上匹配材料，当电磁波的频率发生改变，反射系数会随之发生剧烈变化，如图 6.2.3 所示。当 $\beta_2 d=n\pi+\dfrac{\pi}{2},n=0,1,2,\ldots$ 时都能够达到完全匹配状态，只是 0.00537m 的厚度是最薄的一种情况。

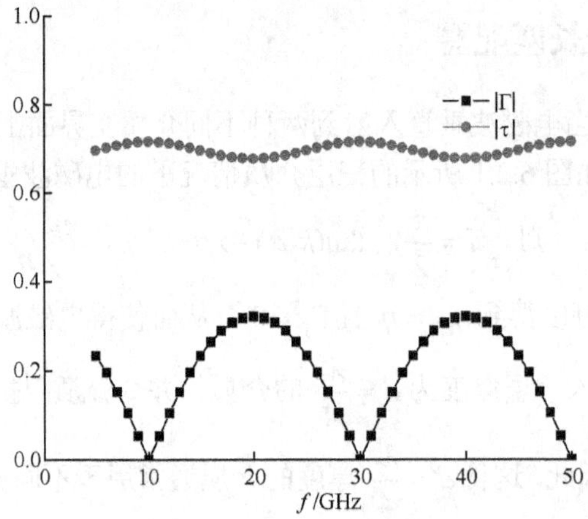

图 6.2.3 $\frac{\lambda_g}{4}$ 匹配层的频响特性

6.2.3 半波长介质窗

如果图 6.2.1 中媒质 1 和媒质 3 是同一种介质，即 $\eta_1=\eta_3$，令式(6.2.8)中 $d=\frac{\lambda_2}{2}$ 或 $d=\frac{(2n+1)\lambda_2}{2}$，则 $k_2d=\pi$，$\tan(k_2d)\to 0$，$\eta_{ef}=\eta_3=\eta_1$，这同样可以得到 $\Gamma_1=0$，从而使得电磁波在交界面 1 上无反射。此时，$\tau_1=\frac{-1}{1+\Gamma_2}$，媒质 3 中透射的电磁波幅度 $E_{3m}=\tau_1\tau_2E_m=-E_m$，电磁波无损耗地通过了厚度为 $\frac{\lambda_2}{2}$ 的介质层，只是相位偏移了 180°。这种介质窗可作为天线罩使用，从而保证天线的性能稳定。

同样，半波介质窗也是有工作带宽的，电磁波只在 $d\approx\frac{(2n+1)\lambda_2}{2}$ 时，反射系数趋近于零而透射系数约等于 1，在其他频段，电磁波的反射将会急剧增加。当电磁波穿过介电常数为 $\varepsilon_{r2}=9$，厚度为 5mm 的介质窗，其反射系数和透射系数的幅度如图 6.2.4 所示。

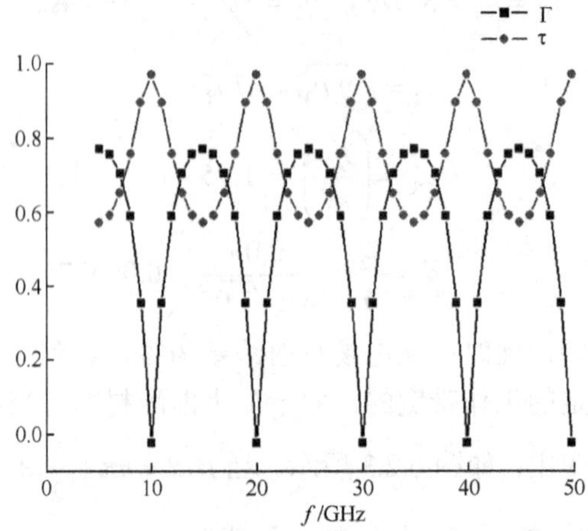

图 6.2.4 介质窗的频响特性

*6.2.4 天线罩简介

在军用和民用电子产品中，会大量使用天线来辐射或接收电磁波信号，而天线的稳定性和可靠性是电子产品的重要性能指标。但是当天线长时间暴露在自然环境中，天线的性能将会因受到环境的影响而恶化，甚至不能正常工作。如船只上的一些没有经过保护的雷达或天线就很容易被强台风刮坏。外露的广播电视天线，常年受到恶劣天气的影响下，容易导致接头松动、漏水、甚至锈蚀而导致广播电视中断。为了保护如上天线免受自然环境的影响，在天线外面加一个天线罩可以使天线免受强风、酸雨、大雪、冰雹的影响。研究表明，通过所增加的天线罩可以将天线系统的无故障工作时间由原来的500小时增加到1500小时，大大延长了电子系统的工作寿命。在航空领域，天线罩还可以在保证系统电性能的前提下，提高飞行器的气动性能。

天线罩按照横截面结构可以分为单层、A-夹层、B-夹层、C-夹层以及更多层结构，一般罩壁都由奇数层组成。

单层罩可以由电气厚度小于 $\lambda/20$ 的薄壁或者半波长介质窗构成，它往往由玻璃纤维增强塑料、陶瓷、合成橡胶以及整块的泡沫塑料等制成。一般民用电子设备往往采用薄壁结构。而性能指标要求较高的飞行器上的天线罩，有时采用半波长介质窗。

为了进一步提高天线罩的性能，有些场合往往需要使用更加复杂的结构。其中，A-夹层就是在两个致密的薄介质蒙皮之间插入低密度的芯子，芯子的厚度要使得两层外蒙皮上的反射相互抵消。A-夹层中的蒙皮往往使用玻璃纤维增强塑料或高频陶瓷等。而芯子往往需要采用低介电常数材料，目前较好的A-夹层结构往往采用泡沫蜂窝结构降低芯子的等效介电常数。可见，A-夹层是半波介质窗结构的推广形式，一般用于飞行器上的鼻锥天线罩或流线型天线罩。

为了提高天线罩的透波特性、插入相移、工作带宽及入射角度宽度等性能指标，往往还会采用其他夹层的天线罩，具体内容读者可以参考文献[52]。

6.3 均匀平面波对理想导体的斜入射

6.3.1 菲涅耳反射定律

由于均匀平面波的电场方向在入射方向的切平面内，当电磁波垂直入射到交界面上时，电磁场正好都在交界面的切向方向，所以在6.2节中可以方便地应用切向电磁场的边界条件。然而，垂直入射情况只是实际工程中遇到的一个特例，对于绝大部分电磁波的反射与透射问题，入射角度往往是任意方向的，此时电磁场相对于交界面既具有切向分量又具有法向分量，分析过程比较复杂。

在图6.3.1中，设 $z<0$ 半空间为理想导体，电磁波以任意角度 θ^{i} 从空气入射到导体表面，并沿 θ^{r} 方向反射，则入射波电场和反射波电场可以表示为

$$\boldsymbol{E}^{\mathrm{i}}=\boldsymbol{E}_{\mathrm{m}}^{\mathrm{i}}\mathrm{e}^{-\mathrm{j}\boldsymbol{k}^{\mathrm{i}}\cdot\boldsymbol{r}}=\boldsymbol{E}_{\mathrm{m}}^{\mathrm{i}}\mathrm{e}^{-\mathrm{j}k^{\mathrm{i}}(x\sin\theta^{\mathrm{i}}-z\cos\theta^{\mathrm{i}})}\qquad \boldsymbol{E}^{\mathrm{r}}=\boldsymbol{E}_{\mathrm{m}}^{\mathrm{r}}\mathrm{e}^{-\mathrm{j}\boldsymbol{k}^{\mathrm{r}}\cdot\boldsymbol{r}}=\boldsymbol{E}_{\mathrm{m}}^{\mathrm{r}}\mathrm{e}^{-\mathrm{j}k^{\mathrm{r}}(x\sin\theta^{\mathrm{r}}+z\cos\theta^{\mathrm{r}})}$$

其中，k^{i}，k^{r} 是波矢量 $\boldsymbol{k}^{\mathrm{i}}$，$\boldsymbol{k}^{\mathrm{r}}$ 对应的波数，且 $k^{i}=k^{r}=k$，$\boldsymbol{E}_{\mathrm{m}}^{\mathrm{i}}$，$\boldsymbol{E}_{\mathrm{m}}^{\mathrm{r}}$ 分别为包含极化信息的入射波电场和反射波的电场幅度。

众所周知，理想导体表面切向电场为零，即

$$e_z \times (E^{\rm i} + E^{\rm r}) = e_z \times (E_{\rm m}^{\rm i} {\rm e}^{-{\rm j}k^{\rm i} x \sin\theta^{\rm i}} + E_{\rm m}^{\rm r} {\rm e}^{-{\rm j}k^{\rm r} x \sin\theta^{\rm r}}) = 0$$

要使得上式成立，要求入射电场与反射电场切向分量大小相等且方向相反，并且还要求 $k^{\rm i} \sin\theta^{\rm i} = k^{\rm r} \sin\theta^{\rm r}$。由于 $k^{\rm i} = k^{\rm r}$，所以 $\theta^{\rm i} = \theta^{\rm r} = \theta$，即反射角等于入射角，这就是著名的菲涅耳反射定律。

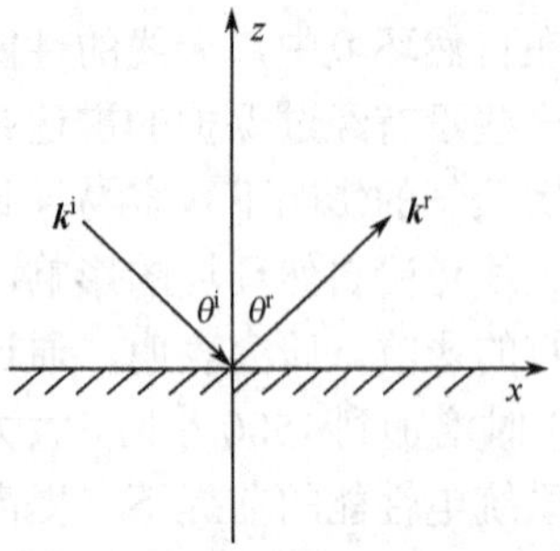

图 6.3.1　入射波在分界面上的反射

以上确定了电磁波的反射角等于入射角，然而反射波电场幅度大小却没有完全确定。为了求解电磁波斜入射下的反射电场大小，定义入射平面为入射电磁波的波矢量与交界面的法向构成的平面。任意极化和任意角度入射的电磁波其电场可以分解成垂直于入射平面的垂直极化波和平行于入射面的平行极化波。这两个极化分量的反射场不同，平面波的斜入射问题分析与该电磁波的极化紧密相关。本节将分别对垂直极化波和平行极化波对理想导体斜入射情况下的反射特性进行介绍。

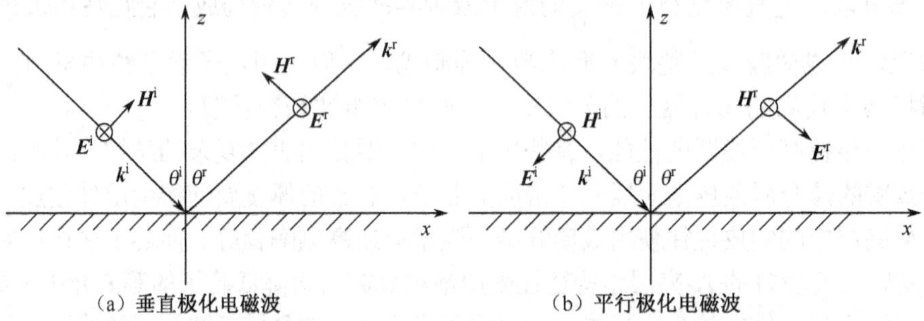

图 6.3.2　平面波斜入射到理想导体

6.3.2　垂直极化波的斜入射

如图 6.3.2(a)所示的垂直极化波由自由空间斜入射到理想导体表面，入射波电磁场的表达式可以写为如下形式

$$E^{\rm i} = e_y E_{\rm m}^{\rm i} {\rm e}^{-{\rm j}k^{\rm i} \cdot r} = e_y E_{\rm m}^{\rm i} {\rm e}^{-{\rm j}k(x\sin\theta - z\cos\theta)} \tag{6.3.1}$$

$$H^{\rm i} = (e_x \cos\theta + e_z \sin\theta)\frac{E_{\rm m}^{\rm i}}{\eta}{\rm e}^{-{\rm j}k^{\rm i} \cdot r} = (e_x \cos\theta + e_z \sin\theta)\frac{E_{\rm m}^{\rm i}}{\eta}{\rm e}^{-{\rm j}k(x\sin\theta - z\cos\theta)} \tag{6.3.2}$$

假设反射波电场方向与入射波电场方向相同，如图 6.3.2(a)所示，相应的反射波电磁场表示式为

$$E^{\rm r} = e_y E_{\rm m}^{\rm r} {\rm e}^{-{\rm j}k^{\rm i} \cdot r} = e_y E_{\rm m}^{\rm r} {\rm e}^{-{\rm j}k(x\sin\theta + z\cos\theta)} \tag{6.3.3}$$

$$H^{\rm r} = (-e_x \cos\theta + e_z \sin\theta)\frac{E_{\rm m}^{\rm r}}{\eta}{\rm e}^{-{\rm j}k^{\rm r} \cdot r} = (-e_x \cos\theta + e_z \sin\theta)\frac{E_{\rm m}^{\rm r}}{\eta}{\rm e}^{-{\rm j}k(x\sin\theta + z\cos\theta)} \tag{6.3.4}$$

金属导体表面必须强加切向电场为零的边界条件。在垂直极化电磁波入射下，入射波电场和反射波电场相对于导体表面都是切向。所以

$$E = E^{\rm i} + E^{\rm r} = e_y E_{\rm m}^{\rm i} {\rm e}^{-{\rm j}k(x\sin\theta)} + e_y E_{\rm m}^{\rm r} {\rm e}^{-{\rm j}k(x\sin\theta)} = 0$$

从而可以得到垂直极化波的电场反射系数为

$$\Gamma_{\perp}=\frac{E_{\mathrm{m}}^{\mathrm{r}}}{E_{\mathrm{m}}^{\mathrm{i}}}=-1 \tag{6.3.5}$$

相应的 $z>0$ 空间总场表达式为

$$\begin{aligned}\boldsymbol{E}&=\boldsymbol{E}^{\mathrm{i}}+\boldsymbol{E}^{\mathrm{r}}=\boldsymbol{e}_y E_{\mathrm{m}}^{\mathrm{i}}\mathrm{e}^{-\mathrm{j}k(x\sin\theta-z\cos\theta)}-\boldsymbol{e}_y E_{\mathrm{m}}^{\mathrm{i}}\mathrm{e}^{-\mathrm{j}k(x\sin\theta+z\cos\theta)}\\&=\boldsymbol{e}_y\mathrm{j}2E_{\mathrm{m}}^{\mathrm{i}}\mathrm{e}^{-\mathrm{j}kx\sin\theta}\sin(kz\cos\theta)\end{aligned} \tag{6.3.6}$$

$$\begin{aligned}\boldsymbol{H}&=\boldsymbol{H}^{\mathrm{i}}+\boldsymbol{H}^{\mathrm{r}}\\&=(\boldsymbol{e}_x\cos\theta+\boldsymbol{e}_z\sin\theta)\frac{E_{\mathrm{m}}^{\mathrm{i}}}{\eta}\mathrm{e}^{-\mathrm{j}k(x\sin\theta-z\cos\theta)}-(-\boldsymbol{e}_x\cos\theta+\boldsymbol{e}_z\sin\theta)\frac{E_{\mathrm{m}}^{\mathrm{i}}}{\eta}\mathrm{e}^{-\mathrm{j}k(x\sin\theta+z\cos\theta)}\\&=\frac{2E_{\mathrm{m}}^{\mathrm{i}}}{\eta}\mathrm{e}^{-\mathrm{j}kx\sin\theta}\left[\boldsymbol{e}_x\cos\theta\cos(kz\cos\theta)+\boldsymbol{e}_z\mathrm{j}\sin\theta\sin(kz\cos\theta)\right]\end{aligned} \tag{6.3.7}$$

从上述两个总场表达式可以看出，垂直极化均匀平面波斜入射到理想导体表面，合成场具有如下特点：

① 合成电磁波沿平行于分界面的方向传播，即在 $\boldsymbol{e}_x$ 方向为行波，且相速 $v_{\mathrm{p}x}=\dfrac{\omega}{k_{\mathrm{i}x}}=\dfrac{v_{\mathrm{p}}}{\sin\theta}\geqslant v_{\mathrm{p}}$。在垂直于导体表面的 $\boldsymbol{e}_z$ 方向为纯驻波，电场波节点在 $z=\dfrac{n\pi}{k\cos\theta}$ 处，波腹点在 $z=\dfrac{n\pi+\dfrac{\pi}{2}}{k\cos\theta}$ 处（n=0,1,2,…）；

② 在 x 为常数的等相位平面上，由于电磁波的幅度仍然受到坐标变量 z 的影响，所以是非均匀平面波；

③ 在传播方向（即 $\boldsymbol{e}_x$ 方向）不存在电场分量，但存在磁场分量，故称这种电磁波为横电波，简称 TE 波。

6.3.3 平行极化波的斜入射

如图 6.3.2(b)所示的平行极化电磁波从自由空间斜入射到理想导体表面，入射波电磁场的表达式可以写为如下形式

$$\boldsymbol{H}^{\mathrm{i}}=\boldsymbol{e}_y\frac{E_{\mathrm{m}}^{\mathrm{i}}}{\eta}\mathrm{e}^{-\mathrm{j}\boldsymbol{k}^{\mathrm{i}}\cdot\boldsymbol{r}}=\boldsymbol{e}_y\frac{E_{\mathrm{m}}^{\mathrm{i}}}{\eta}\mathrm{e}^{-\mathrm{j}k(x\sin\theta-z\cos\theta)} \tag{6.3.8}$$

$$\boldsymbol{E}^{\mathrm{i}}=(-\boldsymbol{e}_x\cos\theta-\boldsymbol{e}_z\sin\theta)E_{\mathrm{m}}^{\mathrm{i}}\mathrm{e}^{-\mathrm{j}\boldsymbol{k}^{\mathrm{i}}\cdot\boldsymbol{r}}=(-\boldsymbol{e}_x\cos\theta-\boldsymbol{e}_z\sin\theta)E_{\mathrm{m}}^{\mathrm{i}}\mathrm{e}^{-\mathrm{j}k(x\sin\theta-z\cos\theta)} \tag{6.3.9}$$

此处假设磁场方向不变，相应的反射波电磁场表示式为

$$\boldsymbol{H}^{\mathrm{r}}=\boldsymbol{e}_y\frac{E_{\mathrm{m}}^{\mathrm{r}}}{\eta}\mathrm{e}^{-\mathrm{j}\boldsymbol{k}^{\mathrm{r}}\cdot\boldsymbol{r}}=\boldsymbol{e}_y\frac{E_{\mathrm{m}}^{\mathrm{r}}}{\eta}\mathrm{e}^{-\mathrm{j}k(x\sin\theta+z\cos\theta)} \tag{6.3.10}$$

$$\boldsymbol{E}^{\mathrm{r}}=(\boldsymbol{e}_x\cos\theta-\boldsymbol{e}_z\sin\theta)E_{\mathrm{m}}^{\mathrm{r}}e^{-\mathrm{j}\boldsymbol{k}^{\mathrm{r}}\cdot\boldsymbol{r}}=(\boldsymbol{e}_x\cos\theta-\boldsymbol{e}_z\sin\theta)E_{\mathrm{m}}^{\mathrm{r}}\mathrm{e}^{-\mathrm{j}k(x\sin\theta+z\cos\theta)} \tag{6.3.11}$$

与 6.3.2 节中垂直极化电磁波不同，平行极化电磁波斜入射金属导体表面，电场既有与分界面平行的分量，也有与导体垂直的分量，必须强加与导体表面平行的切向电场为零的边界条件，所以可以得到平行极化平面波的电场反射系数为

$$\Gamma_{//}=1 \tag{6.3.12}$$

相应的 $z>0$ 空间总场表达式为

$$\boldsymbol{E}=\boldsymbol{E}^{\mathrm{i}}+\boldsymbol{E}^{\mathrm{r}}=-2E_{\mathrm{m}}^{\mathrm{i}}\mathrm{e}^{-\mathrm{j}k(x\sin\theta)}[\boldsymbol{e}_x\mathrm{j}\cos\theta\sin(kz\cos\theta)+\boldsymbol{e}_z\sin\theta\cos(kz\cos\theta)] \tag{6.3.13}$$

$$\boldsymbol{H}=\boldsymbol{H}^{\mathrm{i}}+\boldsymbol{H}^{\mathrm{r}}=\boldsymbol{e}_y\frac{2E_{\mathrm{m}}^{\mathrm{i}}}{\eta}\mathrm{e}^{-\mathrm{j}k(x\sin\theta)}\cos(kz\cos\theta) \tag{6.3.14}$$

从上述两个总场表达式可以看出，平行极化均匀平面波斜入射到理想导体表面，合成场具有如下特点：

① 与垂直极化相同，合成电磁波同样沿平行于分界面的方向传播，即在 $\boldsymbol{e}_x$ 方向为行波，且相速满足 $v_{\mathrm{p}x}=\dfrac{\omega}{k_{\mathrm{i}x}}=\dfrac{v_{\mathrm{p}}}{\sin\theta}\geqslant v_{\mathrm{p}}$ 关系。在垂直于导体表面的 $\boldsymbol{e}_z$ 方向也是纯驻波，但在 $z=\dfrac{n\pi}{k\cos\theta}$ 处和 $z=\dfrac{n\pi+\dfrac{\pi}{2}}{k\cos\theta}$ 处 $(n=0,1,2,\dots)$ 不是电场而是磁场分别达到最大值和最小值；

② 在 x 为常数的等相位平面上，由于电磁波的幅度同样受到坐标变量 z 的影响，所以是非均匀平面波；

③ 在传播方向（即 $\boldsymbol{e}_x$ 方向）不存在磁场分量，但存在电场分量，故称这种电磁波为横磁波，简称 TM 波。

6.4 均匀平面波对媒质的斜入射

仿照 6.2.1 节的推导过程可以得到，均匀平面波对理想介质分界面斜入射时，菲涅耳反射定律同样适用，即 $\theta^{\mathrm{i}}=\theta^{\mathrm{r}}$。部分电磁波会透射到介质内部，其透射波与分界面法向夹角 θ^{t} 满足

$$\frac{\sin\theta^{\mathrm{t}}}{\sin\theta^{\mathrm{i}}}=\frac{k_1}{k_2}=\frac{n_1}{n_2} \tag{6.4.1}$$

这就是电磁波的折射定律，称为斯涅尔折射定律。式中

$$n_1=\frac{c}{v_1}=c\sqrt{\varepsilon_1\mu_1}\,,n_2=\frac{c}{v_2}=c\sqrt{\varepsilon_2\mu_2}$$

分别为媒质 1 和媒质 2 的折射率。

在两种介质的斜入射情况下，电磁波的电场反射系数与电场透射系数同样与入射电磁波的极化密切相关，所以下面对如图 6.3.3 所示的垂直极化电磁波和平行极化电磁波的反射与透射问题分别进行讨论，其他任意极化电磁波的斜入射问题可以分解为如上两种极化电磁波的组合。

6.4.1 垂直极化波对理想介质的斜入射

如图 6.4.1(a)所示的垂直极化电磁波斜入射到理想介质表面，分界面两侧的电磁场可以分别表示为

$$\boldsymbol{E}_1=\boldsymbol{E}^{\mathrm{i}}+\boldsymbol{E}^{\mathrm{r}}=\boldsymbol{e}_yE_{\mathrm{m}}^{\mathrm{i}}\mathrm{e}^{-\mathrm{j}k_1(x\sin\theta^{\mathrm{i}}-z\cos\theta^{\mathrm{i}})}+\Gamma_{\perp}\boldsymbol{e}_yE_{\mathrm{m}}^{\mathrm{i}}\mathrm{e}^{-\mathrm{j}k_1(x\sin\theta^{\mathrm{i}}+z\cos\theta^{\mathrm{i}})} \tag{6.4.2}$$

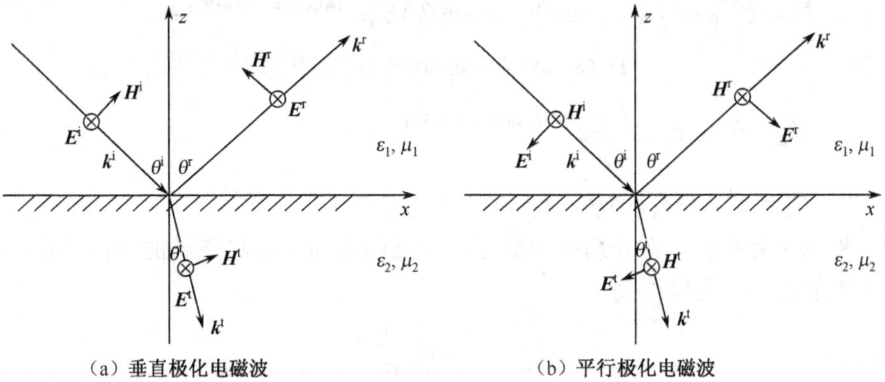

图 6.3.3　平面波斜入射到媒质分界面

$$\boldsymbol{H}_1 = \boldsymbol{H}^{\mathrm{i}} + \boldsymbol{H}^{\mathrm{r}} = (\boldsymbol{e}_x \cos\theta^{\mathrm{i}} + \boldsymbol{e}_z \sin\theta^{\mathrm{i}})\frac{E_{\mathrm{m}}^{\mathrm{i}}}{\eta_1}\mathrm{e}^{-\mathrm{j}k_1(x\sin\theta^{\mathrm{i}} - z\cos\theta^{\mathrm{i}})} + \Gamma_{\perp}(-\boldsymbol{e}_x \cos\theta^{\mathrm{i}} + \boldsymbol{e}_z \sin\theta^{\mathrm{i}})\frac{E_{\mathrm{m}}^{\mathrm{i}}}{\eta_1}\mathrm{e}^{-\mathrm{j}k_1(x\sin\theta^{\mathrm{i}} + z\cos\theta^{\mathrm{i}})} \tag{6.4.3}$$

$$\boldsymbol{E}_2 = \boldsymbol{E}^{\mathrm{t}} = \boldsymbol{e}_y \tau_{\perp} E_{\mathrm{m}}^{\mathrm{i}} \mathrm{e}^{-\mathrm{j}k_2(x\sin\theta^{\mathrm{t}} - z\cos\theta^{\mathrm{t}})} \tag{6.4.4}$$

$$\boldsymbol{H}_2 = \boldsymbol{H}^{\mathrm{t}} = (\boldsymbol{e}_x \cos\theta^{\mathrm{i}} + \boldsymbol{e}_z \sin\theta^{\mathrm{i}})\tau_{\perp}\frac{E_{\mathrm{m}}^{\mathrm{i}}}{\eta_2}\mathrm{e}^{-\mathrm{j}k_2(x\sin\theta^{\mathrm{t}} - z\cos\theta^{\mathrm{t}})} \tag{6.4.5}$$

根据边界条件，在介质交界面上，电场的切向分量和磁场的切向分量必须连续，结合斯涅尔折射定律，可以得到

$$1 + \Gamma_{\perp} = \tau_{\perp}$$

$$\frac{1}{\eta_1}(1 - \Gamma_{\perp})\cos\theta^{\mathrm{i}} = \frac{1}{\eta_2}\tau_{\perp}\cos\theta^{\mathrm{t}}$$

从而可以得到垂直极化电磁波斜入射到理想介质交界面上，对应的电场反射系数和电场透射系数分别为

$$\Gamma_{\perp} = \frac{\eta_2 \cos\theta^{\mathrm{i}} - \eta_1 \cos\theta^{\mathrm{t}}}{\eta_2 \cos\theta^{\mathrm{i}} + \eta_1 \cos\theta^{\mathrm{t}}} \tag{6.4.6}$$

$$\tau_{\perp} = \frac{2\eta_2 \cos\theta^{\mathrm{i}}}{\eta_2 \cos\theta^{\mathrm{i}} + \eta_1 \cos\theta^{\mathrm{t}}} \tag{6.4.7}$$

6.4.2　平行极化波对理想介质的斜入射

如图 6.4.1(b)所示的平行极化电磁波斜入射到理想介质表面，分界面两侧的电磁场可以分别表示为

$$\boldsymbol{H}_1 = \boldsymbol{H}^{\mathrm{i}} + \boldsymbol{H}^{\mathrm{r}} = \boldsymbol{e}_y \frac{E}{\eta_1}\mathrm{e}^{-\mathrm{j}k_1(x\sin\theta^{\mathrm{i}} - z\cos\theta^{\mathrm{i}})} + \Gamma_{//}\boldsymbol{e}_y \frac{E_{\mathrm{m}}^{\mathrm{i}}}{\eta_1}\mathrm{e}^{-\mathrm{j}k_1(x\sin\theta^{\mathrm{i}} + z\cos\theta^{\mathrm{i}})} \tag{6.4.8}$$

$$\boldsymbol{E}_1=\boldsymbol{E}^{\mathrm{i}}+\boldsymbol{E}^{\mathrm{r}}=(-\boldsymbol{e}_x\cos\theta^{\mathrm{i}}-\boldsymbol{e}_z\sin\theta^{\mathrm{i}})E_{\mathrm{m}}^{\mathrm{i}}\mathrm{e}^{-\mathrm{j}k_1(x\sin\theta^{\mathrm{i}}-z\cos\theta^{\mathrm{i}})}+\Gamma_{//}(\boldsymbol{e}_x\cos\theta^{\mathrm{i}}-\boldsymbol{e}_z\sin\theta^{\mathrm{i}})E_{\mathrm{m}}^{\mathrm{i}}\mathrm{e}^{-\mathrm{j}k_1(x\sin\theta^{\mathrm{i}}+z\cos\theta^{\mathrm{i}})} \tag{6.4.9}$$

$$\boldsymbol{H}_2=\boldsymbol{H}^{\mathrm{t}}=\boldsymbol{e}_y\tau_{//}\frac{E_{\mathrm{m}}^{\mathrm{i}}}{\eta_2}\mathrm{e}^{-\mathrm{j}k_2(x\sin\theta^{\mathrm{t}}-z\cos\theta^{\mathrm{t}})} \tag{6.4.10}$$

$$\boldsymbol{E}_2=\boldsymbol{E}^{\mathrm{t}}=(-\boldsymbol{e}_x\cos\theta^{\mathrm{t}}-\boldsymbol{e}_z\sin\theta^{\mathrm{t}})\tau_{//}E_{\mathrm{m}}^{\mathrm{i}}\mathrm{e}^{-jk_2(x\sin\theta^{\mathrm{t}}-z\cos\theta^{\mathrm{t}})} \tag{6.4.11}$$

同样，根据边界条件，在介质交界面上，电场的切向分量和磁场的切向分量必须连续，结合斯涅尔折射定律，可以得到

$$\frac{1}{\eta_1}(1+\Gamma_{//})=\frac{1}{\eta_2}\tau_{//}$$

$$(1-\Gamma_{//})\cos\theta^{\mathrm{i}}=\tau_{//}\cos\theta^{\mathrm{t}}$$

从而可以得到平行极化电磁波斜入射到理想介质交界面上，对应的电场反射系数和电场透射系数分别为

$$\Gamma_{//}=\frac{\eta_1\cos\theta^{\mathrm{i}}-\eta_2\cos\theta^{\mathrm{t}}}{\eta_1\cos\theta^{\mathrm{i}}+\eta_2\cos\theta^{\mathrm{t}}} \tag{6.4.12}$$

$$\tau_{//}=\frac{2\eta_2\cos\theta^{\mathrm{i}}}{\eta_1\cos\theta^{\mathrm{i}}+\eta_2\cos\theta^{\mathrm{t}}} \tag{6.4.13}$$

如上垂直极化或平行极化电磁波斜入射到理想介质交界面上，由各自的电场反射系数和电场透射系数表达式可以看出，反射场和透射场与入射场的相位只存在同相和反相两种情况。如果分界面两侧有一种或两种介质为有耗媒质，电场反射系数和电场透射系数的表达式仍然如式（6.4.6）、式（6.4.7）或式（6.4.12）、式（6.4.13）所示，所不同的是，由于特征阻抗η_2，η_1至少有一个为复数，所以反射系数和透射系数均为复数，从而使得反射场和透射场相对于入射场的相位变化变得复杂了。

6.4.3 全反射与全折射

1．全反射

对于常见的非磁性材料，$\mu_{\mathrm{r}_1}\approx\mu_{\mathrm{r}_2}\approx1$，此时斯涅尔折射定律可以简化为

$$\frac{\sin\theta^{\mathrm{t}}}{\sin\theta^{\mathrm{i}}}=\frac{n_1}{n_2}=\sqrt{\frac{\varepsilon_1}{\varepsilon_2}} \tag{6.4.14}$$

在式(6.4.12) 和式(6.4.13)两边同时除以η_1或η_2，并将式(6.4.14)代入，平行极化电磁波的电场反射系数和电场透射系数可以分别写成

$$\Gamma_{//}=\frac{(\varepsilon_2/\varepsilon_1)\cos\theta^{\mathrm{i}}-\sqrt{\varepsilon_2/\varepsilon_1-\sin^2\theta^{\mathrm{i}}}}{(\varepsilon_2/\varepsilon_1)\cos\theta^{\mathrm{i}}+\sqrt{\varepsilon_2/\varepsilon_1-\sin^2\theta^{\mathrm{i}}}}=\frac{\tan\left(\theta^{\mathrm{t}}-\theta^{\mathrm{i}}\right)}{\tan\left(\theta^{\mathrm{t}}+\theta^{\mathrm{i}}\right)} \tag{6.4.15}$$

$$\tau_{//}=\frac{2\sqrt{\varepsilon_2/\varepsilon_1}\cos\theta^{\mathrm{i}}}{(\varepsilon_2/\varepsilon_1)\cos\theta^{\mathrm{i}}+\sqrt{\varepsilon_2/\varepsilon_1-\sin^2\theta^{\mathrm{i}}}}=\frac{2\sin\theta^{\mathrm{t}}\cdot\sin\theta^{\mathrm{i}}}{\sin\left(\theta^{\mathrm{i}}+\theta^{\mathrm{t}}\right)\cos\left(\theta^{\mathrm{i}}-\theta^{\mathrm{t}}\right)} \tag{6.4.16}$$

对于垂直极化电磁波，式（6.4.6）和式（6.4.7）同样可以写成

$$\Gamma_{\perp}=\frac{\cos\theta^{\mathrm{i}}-\sqrt{\varepsilon_2/\varepsilon_1-\sin^2\theta^{\mathrm{i}}}}{\cos\theta^{\mathrm{i}}+\sqrt{\varepsilon_2/\varepsilon_1-\sin^2\theta^{\mathrm{i}}}}=\frac{\sin\left(\theta^{\mathrm{t}}-\theta^{\mathrm{i}}\right)}{\sin\left(\theta^{\mathrm{t}}+\theta^{\mathrm{i}}\right)} \tag{6.4.17}$$

$$\tau_{\perp}=\frac{2\cos\theta^{\mathrm{i}}}{\cos\theta^{\mathrm{i}}+\sqrt{\varepsilon_2/\varepsilon_1-\sin^2\theta^{\mathrm{i}}}}=\frac{2\sin\theta^{\mathrm{t}}\cdot\sin\theta^{\mathrm{i}}}{\sin\left(\theta^{\mathrm{t}}+\theta^{\mathrm{i}}\right)} \tag{6.4.18}$$

由式(6.4.14)可以看出，当$\varepsilon_1<\varepsilon_2$，即电磁波从光疏介质入射到光密介质时，$\theta^{\mathrm{t}}<\theta^{\mathrm{i}}$，反射系数和透射系数均为实数。

当$\varepsilon_1>\varepsilon_2$即电磁波从光密介质入射到光疏介质时，$\theta^{\mathrm{t}}>\theta^{\mathrm{i}}$且透射角随着入射角的增加而增加。当$\sin\theta^{\mathrm{i}}\leqslant\sqrt{\dfrac{\varepsilon_2}{\varepsilon_1}}$时，电场反射系数和电场透射系数仍为实数。当入射角度达到$\sin\theta^{\mathrm{i}}=\sqrt{\dfrac{\varepsilon_2}{\varepsilon_1}}$时，即

$$\sin\theta^{\mathrm{t}}=\sqrt{\frac{\varepsilon_1}{\varepsilon_2}}\sin\theta^{\mathrm{i}}=1$$

此时，透射角度为$\theta^{\mathrm{t}}=\dfrac{\pi}{2}$，说明透射波沿分界面方向传播。由垂直极化和平行极化波的反射系数表达式（6.4.17）和（6.4.15）可以得到

$$\left|\Gamma_{\perp}\right|=\left|\Gamma_{/\!/}\right|=1$$

故将这种现象称为全反射。使得透射角$\theta^{\mathrm{t}}=\dfrac{\pi}{2}$的入射角度称为临界角，记作$\theta_{\mathrm{c}}$，即

$$\theta_{\mathrm{c}}=\arcsin(\sqrt{\frac{\varepsilon_2}{\varepsilon_1}})$$

当入射角度$\theta^{\mathrm{i}}>\theta_{\mathrm{c}}$时，有

$$\cos\theta^{\mathrm{t}}=\sqrt{\frac{\varepsilon_2}{\varepsilon_1}-\sin^2\theta^{\mathrm{i}}}=-\mathrm{j}\sqrt{\sin^2\theta^{\mathrm{i}}-\frac{\varepsilon_2}{\varepsilon_1}}=-\mathrm{j}\alpha$$

为纯虚数，由式（6.4.15）和式（6.4.17）可以推导得到$\left|\Gamma_{\perp}\right|=\left|\Gamma_{/\!/}\right|=1$，但相对于入射波，反射波具有一定的相位移，电磁波发生全反射。

需要指出的是，当$\theta^{\mathrm{i}}\geqslant\theta_{\mathrm{c}}$发生全反射时，$\tau_{\perp}$，$\tau_{/\!/}$都不为 0。也就是说，发生全反射时，媒质 2 中仍然存在电磁波。而且由于此时$\sin\theta^{\mathrm{t}}>1$，$\cos\theta^{\mathrm{t}}$为纯虚数。由式(6.4.16)和式(6.4.18)可以得到，透射场在交界面法向方向呈指数规律衰减，因此透射波主要分布于分界面附近，故称这种波为表面波。

透射波的等相位面为x=常数的平面，而等幅度面是z=常数的平面。等相位面上幅度是不均匀的，所以在全反射情况下，透射波是非均匀平面波。

电磁波在媒质与空气分界面上会发生全反射是实现表面波传输的基础。当电磁波以某一角度入射到该介质中，并保证入射波在上下表面的入射角大于临界角从而发生全反射，电磁波将被约束在介质板中，并沿 x 方向传播。以上原理同样适用于其他形式的介质传输系统，这种传播系统统称为介质波导，如激光通信中采用的光纤就是一种介质波导。

2．全透射

当平面波从介质1入射到介质2时，如果反射系数等于0，则电磁波全部透射到介质2中，这种现象称为全透射。

对于常见的非磁性材料，令平行极化的反射系数$\Gamma_{//}=0$，从而可以得到

$$\left(\frac{\varepsilon_2}{\varepsilon_1}\right)\cos\theta^{\mathrm{i}}-\sqrt{\frac{\varepsilon_2}{\varepsilon_1}-\sin^2\theta^{\mathrm{i}}}=0$$

即

$$\left(\frac{\varepsilon_2}{\varepsilon_1}\right)^2(1-\sin^2\theta^{\mathrm{i}})=\frac{\varepsilon_2}{\varepsilon_1}-\sin^2\theta^{\mathrm{i}}$$

由此可以得到

$$\theta^{\mathrm{i}}=\arcsin(\sqrt{\frac{\varepsilon_2}{\varepsilon_1+\varepsilon_2}})$$

上述使得平行极化电磁波发生全透射的入射角度，称为布儒斯特角，记作θ_{B}，即

$$\theta_{\mathrm{B}}=\arcsin(\sqrt{\frac{\varepsilon_2}{\varepsilon_1+\varepsilon_2}})$$

对于垂直极化波，要求$\Gamma_{\perp}=0$，只有当$\varepsilon_2=\varepsilon_1$时才能满足条件。这表明，垂直极化波入射到非磁性介质分界面上，不会发生全透射现象。所以对于一个任意极化波，当它以布儒斯特角入射到两种介质交界面上时，平行极化波发生全透射，而反射波中只有垂直极化波，从而可以起到极化滤波的作用，所以布儒斯特角又称作极化角。

*6.5　电磁散射与雷达隐身

以上讨论的反射与透射都是基于交界面为无限大平面，当一般复杂物体被电磁波照射时，电磁波能量将朝各个方向散射，这种散射场与入射场之和就构成空间的总场。散射场包括因介质波阻抗突变而在物体表面上产生的反射以及由于边缘、尖顶等物体表面不连续性引起的绕射等。从感应电流的观点来看，散射场来自于物体表面上感应电磁流和电荷的二次辐射。散射能量的空间分布称为散射方向图，它取决于物体的形状、大小、结构和材料特性，以及入射波的频率、极化等。产生电磁散射的物体通常称为目标或散射体。

雷达是迄今为止最为有效的远程电子探测设备，它根据目标对雷达波的散射能量来判定目标的存在与否并确定目标的位置。雷达的工作频段覆盖了3MHz~300GHz的频率范围，但大多数雷达工作在微波波段，特别是X波段（8～12GHz）和Ku波段（12～18GHz），它们是机载雷达最主要的工作频段。

6.5.1　雷达横截面（RCS）

定量表征目标散射强弱的物理量称为目标对入射雷达波的有效散射截面积，通常称为目标的雷达散射截面积或雷达截面（Radar Cross Section，RCS）[53~58]，它是目标的一种假想面积，用符号σ来表示。通常雷达发射天线和接收天线距离目标很远，即到目标的距离远大于目标的最大线尺寸，因此入射到目标处的雷达波可认为是平面波，而目标则基本上是点散射

体。假想点散射体的散射强度和雷达截面积都随目标的姿态角而变化，即雷达截面不是一个常数，而是与角度密切相关的一种目标特性。对于三维目标，σ 的理论定义是

$$\sigma = 4\pi \lim_{R\to\infty} R^2 \frac{\left|\boldsymbol{E}^{\mathrm{s}}\right|^2}{\left|\boldsymbol{E}^{\mathrm{i}}\right|^2} = 4\pi \lim_{R\to\infty} R^2 \frac{\left|\boldsymbol{H}^{\mathrm{s}}\right|^2}{\left|\boldsymbol{H}^{\mathrm{i}}\right|^2} \tag{6.5.1}$$

式中，$\boldsymbol{E}^{\mathrm{i}}$、$\boldsymbol{H}^{\mathrm{i}}$ 分别表示入射雷达波在目标处的电磁场，$\boldsymbol{E}^{\mathrm{s}}$、$\boldsymbol{H}^{\mathrm{s}}$ 表示散射雷达波在雷达处的电磁场，R 为目标到雷达天线的距离。由于$\left|\boldsymbol{E}^{\mathrm{s}}\right|^2$、$\left|\boldsymbol{H}^{\mathrm{s}}\right|^2$表示了散射波功率密度（即单位面积上的散射波功率），由此可见，目标雷达截面的意义是：当目标各向同性散射时，总散射功率与单位面积入射波功率之比。这个比值具有面积(m^2)的量纲，它的大小表示目标截获了多大面积的入射波功率，并将它均匀散射到各个方向而产生了大小为$\left|\boldsymbol{E}^{\mathrm{s}}\right|$、$\left|\boldsymbol{H}^{\mathrm{s}}\right|$的散射场。式（6.5.1）中的 R^2 项使 σ 具有面积的量纲(m^2)。对于三维目标，散射场$\left|\boldsymbol{E}^{\mathrm{s}}\right|$或$\left|\boldsymbol{E}^{\mathrm{s}}\right|$在远区按$1/R$衰减，因此式（6.5.1）中出现的 R^2 抵消了距离的影响，即雷达截面与距离无关。

雷达截面是下列因素的函数：

（1）目标结构。即目标的形状、尺寸和材料的电参数（$\varepsilon',\varepsilon'',\mu'$和$\mu''$）不同的目标，散射场不同。

（2）目标相对于入射和散射方向的姿态角。σ 通常可表示为 $\sigma=\sigma(\theta,\phi)$，式中，$(\theta,\phi)$ 表示球坐标下的视角。对于大多数雷达，辐射天线和接收天线几乎位于同一点上，所测量到的散射场称为单站散射，可获得单站 RCS。当散射方向不是指向辐射天线时，称为双站散射，可以得到双站 RCS，目标对辐射天线和接收天线方向之间的夹角称为双站角 γ。

（3）入射波的频率和波形。同一目标对于不同的雷达频率呈现不同 RCS。根据目标几何尺寸 L 与波长 λ 的相对关系可分为 3 种散射情况：① 低频区或瑞利区。此时目标尺寸相对于波长小很多，可假定入射波沿散射体基本上没有相位变化。② 当入射波长和物体尺寸是同一数量级时，σ 随频率变化剧烈，表现出很强的震荡特性，称为谐振区。③ 当散射体长度 $L>>\lambda$，称为高频区或光学区，高频散射是一种局部现象，目标的总散射场可由各个独立散射中心的散射场叠加而得。

（4）入射场和接收天线的极化形式。不同极化的电磁波散射特性完全不同，这可以参考第 5 章关于极化信息的论述及其参考文献，这里不再赘述。

6.5.2 RCS 预估技术

本章前面四节介绍了均匀平面波在金属导体和介质分界面上反射波或透射波的求解方法，该方法严格意义上只能对分界面是无限大平面情况进行分析。对于均匀平面波照射到复杂目标的电磁散射特性，可以采用某些近似方法进行求解。若目标尺寸 $L\leqslant\lambda$，可以采用第 3 章中讲到的数值方法进行求解，当目标尺寸远大于电磁波波长，即 $L>>\lambda$，可以采用各种高频近似方法进行分析，主要包括：① 几何光学(GO)法；② 物理光学(PO)法；③ 几何绕射理论(GTD)；④ 物理绕射理论(PTD)；⑤ 高斯波束(GB)法。以上高频方法及其他一些高频近似方法的相关详细内容可以参阅文献[53,54]，本节只对几何光学方法进行简单的介绍。

由于 $L>>\lambda$，GO 方法采用若干截面较小的射线管代替电磁波的入射、反射和透射，如图 6.5.1 所示，每一个射线管遵循菲涅耳定律。GO 方法作了如下近似：① 忽略射线管与射线

管之间的耦合；② 认为目标上射线照不到的地方场为零，即阴影区域。目标总的散射场是由所有散射管中场叠加得到。这完全是等同于光学的分析方法，所以称作为几何光学法。

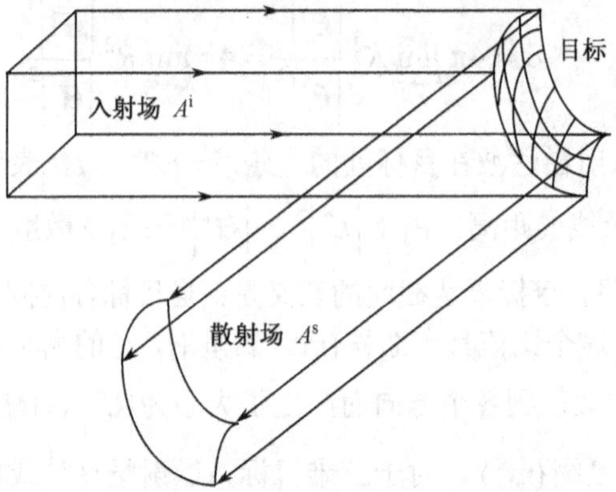

图 6.5.1　目标散射的射线示意图

对于特定的离散面元 $\mathrm{d}A$，设入射电磁波和散射电磁波的能流大小分别为 p^{i}，p^{s}，由能量守恒定律可以知道，在每一个射线管中，通过任意横截面的功率流大小相等，即 $p^{\mathrm{i}}=p^{\mathrm{s}}$。由于面元具有一定的曲率半径，导致散射管横截面积和入射管横截面积大小不同，分别记为 $\mathrm{d}A^{\mathrm{s}}$，$\mathrm{d}A^{\mathrm{i}}$。则入射和散射的能流密度大小分别为

$$S^{\mathrm{i}}=p^{\mathrm{i}}/\mathrm{d}A^{\mathrm{i}}$$

$$S^{\mathrm{s}}=p^{\mathrm{s}}/\mathrm{d}A^{\mathrm{s}}$$

则后向散射 RCS 可以表示为

$$\sigma=4\pi\lim_{R\to\infty}R^2\frac{\left|\boldsymbol{E}_{\mathrm{s}}\right|^2}{\left|\boldsymbol{E}_{\mathrm{i}}\right|^2}=4\pi\lim_{R\to\infty}R^2\frac{S^{\mathrm{s}}}{S^{\mathrm{i}}}=4\pi\lim_{R\to\infty}R^2\frac{\mathrm{d}A^{\mathrm{i}}}{\mathrm{d}A^{\mathrm{s}}}=4\pi\lim_{R\to\infty}R^2\frac{A^{\mathrm{i}}}{A^{\mathrm{s}}} \tag{6.5.2}$$

所以，根据 GO 方法，目标的 RCS 与入射管横截面积和散射管面积的比值有关，而该比值又与目标的曲率半径 ρ_1，ρ_2 有关。经过推导，可以得到几何光学法计算目标 RCS 的近似公式为

$$\sigma=\pi\rho_1\rho_2 \tag{6.5.3}$$

其中，曲率半径 ρ_1，ρ_2 可以由目标方程得到。在高频区域，目标的散射场近似与目标的曲率半径有关，与入射波频率没有关系。对于一个半径为 a 的金属球，由式（6.5.3）可以得到 $\sigma=\pi a^2$。

几何光学理论具有计算简单，应用方便等优点，但是计算精度受到下列因素制约：

① RCS 决定于镜面点处的曲率半径，所以对平板或单曲率表面如圆柱等目标，由该式求解，将得到一个无限大的结果，因为此时表面的一个或两个曲率半径为无限大。

② 几何光学法要求散射体表面光滑，即曲率半径 $\rho>>\lambda$，因此对于棱边、拐角和尖顶是不能用几何光学方法处理的。

③ 在焦散区或源区，射线管截面积变为零，由几何光学计算的场变为无限大，因此在这些区域不能应用几何光学。

④ 认为阴影区域场为零，这与实际情况不符。

6.5.3 目标材料隐身技术

在飞机等重要武器平台设计中，通过减小军事目标 RCS，可使敌方雷达探测距离锐减，盲区加大，预警时间缩短，从而提高己方武器平台的突防能力和生存概率，成为当今目标隐身技术中一个重要的研究内容和技术手段。例如，当σ降低 20dB 和 40dB 时，雷达作用距离分别降低至原来的 31.6%和 10%。目前，为了减小目标的 RCS，主要有吸波材料隐身和外形结构隐身两种技术途径[54,59~61]。吸波材料通过将敌方电磁波能量转化为热能并吸收，是抑制目标镜面反射最有效地方法，也是最先获得实际应用的隐身技术手段。外形隐身是通过外形设计，将照射的电磁波反射到其他相对不重要的角域空间，减少回波的场强，达到隐身的目的。

雷达吸波材料（RAM）的基本特点在于材料的折射率$n=\sqrt{\mu_r\varepsilon_r}$是复数，在磁效应和电效应的材料中，正是$\mu_r$和$\varepsilon_r$的虚部引起吸收损耗。

对于电吸收材料，微波能量的损耗来自于材料的有限电导率。在早期生产的吸收材料中，碳是最基本的吸收剂原料，因为碳具有良好的导电性。这种材料大多用于实验目的，例如微波暗室等。由于这种材料太笨重，太脆弱，在作战环境中很难应用于各种飞行目标和武器平台。

广泛应用于作战环境的是磁吸收材料，主要由磁偶极矩产生电磁损耗，而铁的化合物则是其基本成分。例如，铁氧化物（铁氧体）和羰基铁都已被广泛应用。由于磁性材料通常只有电吸收材料厚度的几分之一，因此具有体积小的优点，但由于含铁的成分，其重量也较大。引起微波能量损耗的吸收剂通常混合在填充料和黏合剂中，这样构成的复合结构可满足一定范围内的电磁特性要求。

RAM 吸收电磁波的基本要求是：

① 入射波最大限度地进入材料内部而不在其前表面上反射，即材料的匹配特性；

② 进入材料内部的电磁波能迅速地被材料吸收衰减掉，即材料的衰减特性。

为实现电磁波无反射，可以通过设计材料的波阻抗使其与空气阻抗相匹配；而实现第二个要求的方法则是使材料具有很高的电磁损耗，即材料应具有足够大的介电常数虚部(有限电导率)或足够大的磁导率虚部。正如许多工程问题一样，这两个要求经常是互相矛盾的。另一方面，从工程实用角度来看，还要求 RAM 具有厚度薄、重量轻、吸收频带宽、坚固耐用、易于施工和价格便宜等特点，这些力学性能和成本的要求通常也是与电磁吸收性能的要求相互矛盾的，因而在设计和研制 RAM 时必须对其厚度、材料参数与结构进行优化，对带宽和材料性能进行折中。

6.5.4 目标结构隐身技术

外形隐身技术的历史没有吸波材料那么长，但它的发展却十分迅速，应用十分广泛，目前已成为隐身技术中最重要和最有效的技术途径。例如美国 F-117A 飞机就是采用以外形技术为主、吸波材料为辅的隐身方案。由于外形技术与飞行器气动性能直接相关，有时会影响其飞行速度和机动性能等，因此二者必须进行折中处理。

外形隐身的方法是修改目标的表面和边缘，使其强散射方向偏离单站雷达来波方向而散射至威胁相对较小的空域中去，这不可能在全部立体角范围内对所有观察角都做到这一点。从外形隐身技术的机理来讲，某个角度范围内的 RCS 缩减必然伴随着另外一些角域内的 RCS

增加。因此，外形隐身技术的首要条件是要确定威胁区域。如果所有方向的威胁都是同等重要的，则外形技术是无能为力的。但对于实际的飞行目标通常都可以确定出其最重要和次重要的威胁区域，因而可以很好地利用外形隐身技术来获得有效地 RCS 缩减。

为了说明外形隐身技术的效果，在频率为 10GHz 平面波垂直照射下，我们将半径为 1m 金属球分别与边长为 2m 和 $\sqrt{2}$ m 的两个正方形金属平板的后向镜像散射 RCS 进行比较。

球的 RCS　　$\sigma = \pi a^2 = 3.14159\text{m}^2$

边长为 2m 平板　　$\sigma = \dfrac{\pi S^2}{\lambda^2} = 558.5\text{m}^2$

边长为 $\sqrt{2}$ m 平板　　$\sigma = \dfrac{\pi S^2}{\lambda^2} = 129.6\text{m}^2$

可以看出来，平板的后向镜面散射比球的镜面散射要大得多，所以在隐身设计中，需要避免重要位置的平板结构后向镜面散射。

习　题　6

6.1　自由空间一振幅为 $\boldsymbol{E} = \boldsymbol{e}_x 100\text{e}^{\text{j}3\pi z}\,\mu\text{V/m}$ 的均匀平面波，垂直入射到无损耗的理想介质 $(\mu_\text{r} = 1，\ \varepsilon_\text{r} = 4)$ 上，求反射场和透射场的复振幅。

6.2　频率为 f=300MHz 的线极化均匀平面电磁波，其电场强度振幅值为 2V/m，从空气垂直入射到 $\varepsilon_\text{r} = 4$，$\mu_\text{r} = 1$ 的理想介质平面上，求：

（1）反射系数、透射系数、驻波比；

（2）入射波、反射波和透射波的电场和磁场；

（3）入射电场能流密度、反射电场能流密度和透射电场能流密度。

6.3　均匀平面电磁波频率 f=100MHz，从空气正入射到 x=0 的理想导体平面上，设入射波电场沿 y 方向，振幅 $\boldsymbol{E}_\text{m} = 6\text{mV/m}$。试写出：（1）入射波的电场和磁场；（2）反射波的电场和磁场；（3）在空气中合成波的电场和磁场；（4）空气中离理想导体表面最近的电场波腹点的位置；（5）空气中离理想导体表面最近的磁场波腹点的位置。

6.4　电场强度 $\boldsymbol{E}^\text{i} = \boldsymbol{e}_x E_0 \sin\omega(t - \dfrac{z}{v_1})$ 的平面波，由空气垂直入射到无限大玻璃 $(\varepsilon_\text{r} = 4,$ $\mu_\text{r} = 1)$ 表面（$z = 0$ 处），试求：

（1）反射波电场 $\boldsymbol{E}^\text{r}$、磁场 $\boldsymbol{H}^\text{r}$；

（2）折射波电场 $\boldsymbol{E}^\text{t}$、磁场 $\boldsymbol{H}^\text{t}$。

6.5　一个圆极化的均匀平面波，电场 $\boldsymbol{E} = (\boldsymbol{e}_x + \text{j}\boldsymbol{e}_y)E_0\text{e}^{-\text{j}\pi z}$ 垂直入射到 $z = 0$ 处的理想导体表面。试求：

（1）反射波电场表达式；

（2）合成波电场表达式；

（3）合成波沿 z 方向传播的平均功率流密度。

6.6　一右旋圆极化波由空气向一理想介质平面(z=0)垂直入射，媒质的电磁参数为 $\varepsilon_2 = 9\varepsilon_0, \varepsilon_1 = \varepsilon_0, \mu_1 = \mu_2 = \mu_0$。试求反射波、透射波的电场强度及平均坡印亭矢量；它们各是何种极化波？

6.7　设均匀平面波从空气垂直入射到相对介电常数$\varepsilon_r > 1$的非铁磁理想介质分界面上，则：

（1）该分界面是电场的波节点还是磁场的波节点？

（2）空气一侧合成场的驻波比SWR＝？

（3）入射波的能流密度为$1\,W/m^{-2}$，那么反射波和透射波的能流密度分别是多少？

6.8　一均匀平面波从自由空间垂直入射到某无限厚介质板平面z=0时，在自由空间形成行驻波，测得驻波系数为2.7，且在介质板上出现波节点。求介质板的介电常数。

6.9　一平面波f=10^6Hz，垂直入射到平静的湖面上，计算透射功率占入射功率的百分比。（湖水$\sigma = 10^{-3}\,\Omega$/m，$\varepsilon_r = 81$，$\mu_r = 1$）

6.10　最简单的天线罩是单层介质板。若已知介质板的$\varepsilon_r = 2.8$，试问：

（1）介质板应多厚才使得$f = 3$GHz电磁波无反射；

（2）当频率为3.1GHz和2.9GHz时，电场反射系数的模值有多大？

6.11　频率为10GHz的机载雷达有一个$\varepsilon_r = 2.25$、$\mu_r = 1$的介质薄板构成的天线罩。假设其介质损耗可以忽略不计，为使它对垂直入射到其上的电磁波不产生反射，该板应取多厚？

6.12　$\varepsilon_{r3} = 5$、$\mu_{r3} = 1$的照相机镜头玻璃上涂一层薄膜可以消除红外线（$\lambda_0 = 0.75\mu m$）的反射，试确定介质薄膜的厚度和相对介电常数。设玻璃和薄膜可视为理想介质。

6.13　在真空中，有一个厚度为5μm的铜板，电场强度振幅为10V/m、频率为100MHz的平面波垂直入射到铜板表面，求真空中和铜板内的电场幅度值。

6.14　工作频率为10kHz的平行极化电磁波在空气中以$\theta = 30^\circ$斜入射到海面，已知海水的电参数为ε_r=81,$\mu_r = 1, \sigma = 4$。（1）求透射角；（2）求电场透射系数；（3）若电磁波透射到海水中后衰减了30dB，则电磁波传播了多少距离？

6.15　已知一个垂直极化电磁波以$\theta = 60^\circ$从媒质1($\varepsilon_r = 9.6, \mu_r = 1, \sigma = 0$)入射到媒质2(真空)中，求电场反射系数和电场透射系数。

6.16　圆极化波自理想介质Ⅰ(μ_1, ε_1)斜入射到理想介质Ⅱ(μ_2, ε_2)，

（1）有可能发生全透射现象吗？如果可能，请写出入射角应满足的条件。

（2）有可能发生全反射现象吗？如果可能，请写出入射角应满足的条件。

6.17　计算电磁波由下列各种媒质斜入射到它们与自由空间的交界面上的全反射临界角：蒸馏水($\varepsilon_r = 81.1$)、玻璃($\varepsilon_r = 9$)、石英($\varepsilon_r = 5$)、聚苯乙烯($\varepsilon_r = 2.55$)、石油($\varepsilon_r = 2.1$)。

6.18　月球卫星往月球上发射无线电波，测得布儒斯特角为60°，求月球表面物质的相对介电常数ε_r。

6.19　直线极化波由空气斜入射到位于$x = 0$的理想导体平面上，其入射波电场强度为$\boldsymbol{E}^i = \boldsymbol{e}_y 20 e^{j(4x-2z)}$V/m。求：

（1）入射波方向；

（2）入射角θ^i；

（3）反射波磁场强度表达式。

6.20　求光线自玻璃($n = 1.5$)到空气的临界角和布儒斯特角。并证明在一般情况下，临界角θ_c总大于布儒斯特角θ_B。

第 7 章 导行电磁波

当电磁波斜入射到导体或介质表面时，将形成沿界面传播的电磁波，因此导体或介质在一定条件下可以引导电磁波，这时电磁波主要是在导体以外的空间或介质体内传播的，只有很小部分电磁能量透入导体表层内或介质外。一般将能传输电磁能量的线路称为传输线，工作在微波波段的传输线统称为微波传输线。微波传输线的作用是引导电磁波从一处定向传输到另一处，故又称为导波系统；将被限制在某一特定区域内、沿一定的途径传播的电磁波称为导行电磁波。均匀导波系统是指横截面几何形状、壁结构和所填充媒质在轴线方向都不改变的导波系统。

7.1 导行电磁波的概念

微波传输线的种类很多[3~8,62,63,75]，常用的有双导线、同轴线、矩形波导、圆形波导、带状线、微带线、介质波导等，如图 7.1.1 所示。微波传输线有两个最基本的要求：在一定频带范围内保证单模传输和沿线能量传输损耗很小。

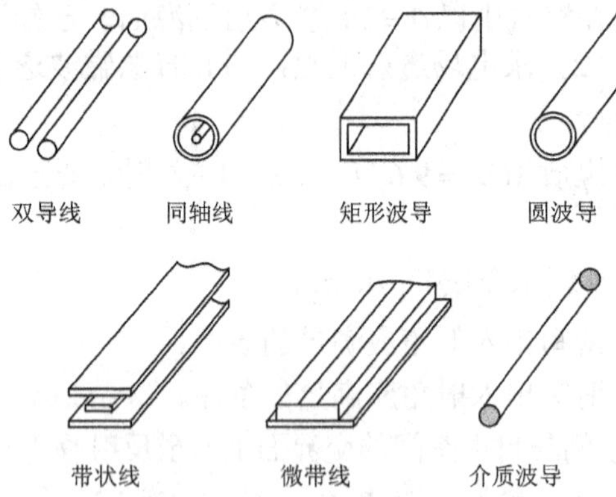

图 7.1.1 常见的导波系统

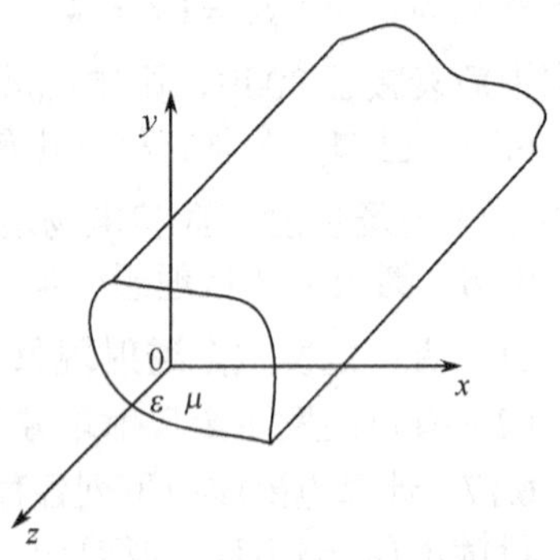

图 7.1.2 截面为任意形状的均匀导波系统

导行波场的求解问题实质上属于电磁场边值问题，即在给定边界条件下解电磁场波动方程，从而得到导波系统中的电磁场分布和电磁波的传播问题以及谐振腔中场分布及相关参数。本节只讨论导行波的一般形式，即只分析波动方程通解的一般性质，不考虑传输系统的具体边界条件。

图 7.1.2 是截面为任意形状的无限长均匀导波系统，令其沿 z 轴放置。为讨论简单又不失一般性，可作如下假设：导波系统内壁由理想导体构成；导波系统内的电场和磁场分布只与坐标 x、y 有关，与坐标 z 无关；导波系统内填充的是介电常数 ε、磁导率 μ 的无耗理想媒质；所讨论的区域内没有源分布；波导内的电磁场是时谐场，角频率为 ω。

设波导中电磁波沿 $+z$ 方向传播，其电磁场量可在直角坐标系中表示为

$$\boldsymbol{E}(x,y,z)=\boldsymbol{E}(x,y)\mathrm{e}^{-\gamma z}=(\boldsymbol{e}_x E_x(x,y)+\boldsymbol{e}_y E_y(x,y)+\boldsymbol{e}_z E_z(x,y))\mathrm{e}^{-\gamma z} \tag{7.1.1a}$$

$$\boldsymbol{H}(x,y,z)=\boldsymbol{H}(x,y)\mathrm{e}^{-\gamma z}=(\boldsymbol{e}_x H_x(x,y)+\boldsymbol{e}_y H_y(x,y)+\boldsymbol{e}_z H_z(x,y))\mathrm{e}^{-\gamma z} \tag{7.1.1b}$$

式中，γ 称为传播常数，表征导波系统中电磁场的传播特性，在无耗媒质中 $\gamma = \mathrm{j}\beta$。

无源区内的麦克斯韦方程组为

$$\nabla \times \boldsymbol{E}(x,y,z) = -\mathrm{j}\omega\mu \boldsymbol{H}(x,y,z) \tag{7.1.2a}$$

$$\nabla \times \boldsymbol{H}(x,y,z) = \mathrm{j}\omega\varepsilon \boldsymbol{E}(x,y,z) \tag{7.1.2b}$$

将式（7.1.1）代入式（7.1.2），可得 x、y、z 三个分量的 6 个标量方程为

$$\frac{\partial E_z}{\partial y} + \gamma E_y = -\mathrm{j}\omega\mu H_x$$

$$\frac{\partial E_z}{\partial x} + \gamma E_x = \mathrm{j}\omega\mu H_y$$

$$\frac{\partial E_y}{\partial x} - \frac{\partial E_x}{\partial y} = -\mathrm{j}\omega\mu H_z$$

$$\frac{\partial H_z}{\partial y} + \gamma H_y = \mathrm{j}\omega\varepsilon E_x$$

$$\frac{\partial H_z}{\partial x} + \gamma H_x = -\mathrm{j}\omega\varepsilon E_y$$

$$\frac{\partial H_y}{\partial x} - \frac{\partial H_x}{\partial y} = \mathrm{j}\omega\varepsilon E_z$$

经过简单运算可得到用两个纵向场分量 E_z 和 H_z 来表示的横向场量 E_x、E_y、H_x、H_y 的表达式，即

$$E_x = -\frac{1}{k_{\mathrm{c}}^2}\left(\gamma \frac{\partial E_z}{\partial x} + \mathrm{j}\omega\mu \frac{\partial H_z}{\partial y}\right) \tag{7.1.3a}$$

$$E_y = -\frac{1}{k_{\mathrm{c}}^2}\left(\gamma \frac{\partial E_z}{\partial y} - \mathrm{j}\omega\mu \frac{\partial H_z}{\partial x}\right) \tag{7.1.3b}$$

$$H_x = \frac{1}{k_{\mathrm{c}}^2}\left(\mathrm{j}\omega\varepsilon \frac{\partial E_z}{\partial y} - \gamma \frac{\partial H_z}{\partial x}\right) \tag{7.1.3c}$$

$$H_y = -\frac{1}{k_{\mathrm{c}}^2}\left(\mathrm{j}\omega\varepsilon \frac{\partial E_z}{\partial x} + \gamma \frac{\partial H_z}{\partial y}\right) \tag{7.1.3d}$$

式中，传播常数 $\gamma = \sqrt{k_{\mathrm{c}}^2 - k^2}$，波数 $k = \omega\sqrt{\mu\varepsilon} = \dfrac{2\pi}{\lambda}$，截止波数 k_{c} 由截面形状尺寸等参数决定。由式（7.1.3）可知，波导中的横向场分量可由纵向场分量确定。

将式（7.1.1）代入第 4 章的正弦电磁波的波动方程

$$\frac{\partial^2 E_z}{\partial x^2} + \frac{\partial^2 E_z}{\partial y^2} + \frac{\partial^2 E_z}{\partial z^2} + k^2 E_z = 0 \tag{7.1.4a}$$

$$\frac{\partial^2 H_z}{\partial x^2} + \frac{\partial^2 H_z}{\partial y^2} + \frac{\partial^2 H_z}{\partial z^2} + k^2 H_z = 0 \tag{7.1.4b}$$

得到式（7.1.1）中的纵向分量(z 分量) $E_z(x,y)$ 和 $H_z(x,y)$ 满足方程

$$\left(\frac{\partial^2}{\partial x^2} + \frac{\partial^2}{\partial y^2}\right)E_z(x,y) + k_{\mathrm{c}}^2 E_z(x,y) = 0 \tag{7.1.5a}$$

$$\left(\frac{\partial^2}{\partial x^2}+\frac{\partial^2}{\partial y^2}\right)H_z(x,y)+k_c^2H_z(x,y)=0 \tag{7.1.5b}$$

利用分离变量法求解该方程即可得出纵向场分量的表达式，再根据式（7.1.3）可得出波导中的横向场分量。

在其他坐标系中，可利用类似方法进行求解。这种先由纵向场分量的波动方程求解纵向场分量，然后由它与横向场分量的关系求解横向场分量的方法称为纵向场法。

相应地，可定义截止波长 λ_c 和截止频率 f_c 为

$$\lambda_c=\frac{2\pi}{k_c} \tag{7.1.6a}$$

$$f_c=\frac{v}{\lambda_c} \tag{7.1.6b}$$

传播常数可写为

$$\gamma=\alpha+j\beta=\sqrt{k_c^2-k^2}=k\sqrt{\left(\frac{k_c}{k}\right)^2-1}=\frac{2\pi}{\lambda}\sqrt{\left(\frac{\lambda}{\lambda_c}\right)^2-1} \tag{7.1.7}$$

由此可见，当 k_c 为正实数时，有下面两种情况。

（1）当 $\lambda<\lambda_c$（或 $f>f_c$）时，$\gamma=j\beta$，β 称为电磁波的相位常数。此时 $k>k_c$

$$\beta=\frac{2\pi}{\lambda}\sqrt{1-\left(\frac{\lambda}{\lambda_c}\right)^2}=\frac{2\pi f}{v}\sqrt{1-\left(\frac{f_c}{f}\right)^2} \tag{7.1.8}$$

对应的，导行波的解为

$$\boldsymbol{E}(x,y,z,t)=\boldsymbol{E}(x,y)e^{j(\omega t\pm\beta z)}$$

称这种状态为传输状态。

（2）当 $\lambda>\lambda_c$（或 $f<f_c$）时，$\gamma=\alpha$，α 称为衰减常数。此时 $k<k_c$

$$\alpha=\frac{2\pi}{\lambda}\sqrt{\left(\frac{\lambda}{\lambda_c}\right)^2-1}=\frac{2\pi f}{v}\sqrt{\left(\frac{f_c}{f}\right)^2-1} \tag{7.1.9}$$

对应的，导行波的解为

$$\boldsymbol{E}(x,y,z,t)=\boldsymbol{E}(x,y)e^{-\alpha z}e^{j\omega t}$$

显然，这种场的振幅 $E(x,y)e^{-\alpha z}$ 沿 $\pm z$ 轴按指数规律衰减，空间相位不变，故不能沿 z 轴传输，只是一种时变的正弦振荡，传输系统呈截止状态。所以，$\lambda>\lambda_c$（或 $f<f_c$）是传输系统中波的截止条件。

因此，$\gamma=\sqrt{k_c^2-k^2}$ 中 k 与 k_c 的关系是波导传输线能否能够传输电磁波的判据。当 $k>k_c$ 时，$\lambda<\lambda_c$，$\gamma=j\beta$，波能沿 z 方向传输；当 $k<k_c$ 时，$\lambda>\lambda_c$，波不能沿 z 方向传输。所以，波导具有高通滤波器特性。

通常根据纵向场分量 E_z 和 H_z 存在与否，对波导中传播的电磁波进行如下分类：

① 横电磁波又称为 TEM 波，这种波既无 E_z 分量又无 H_z 分量；

② 横磁波又称为 TM 波，这种波包含了非零的 E_z 分量，但 $H_z=0$；

③ 横电波又称为 TE 波，这种波包含了非零的 H_z 分量，但 $E_z=0$。

7.1.1 TEM 波

由于横电磁波（TEM 波）的 $E_z=0$，$H_z=0$，所以电场和磁场仅有横向分量。由式（7.1.3）可知，必有 $k_c=0$，即 $f_c=0$，否则只能得到零解。这表明 TEM 波在任何频率下都能满足 $f>f_c$，从而都能传输，没有截止现象。

因为 $f_c=0$，可得 TEM 波的传播常数 γ 为

$$\gamma=j\beta=jk=j\omega\sqrt{\mu\varepsilon} \tag{7.1.10}$$

TEM 波的相速为

$$v_p=\frac{1}{\sqrt{\mu\varepsilon}}$$

波阻抗为

$$Z_{TEM}=\frac{E_x}{H_y}=\frac{\gamma}{j\omega\varepsilon}=\frac{\beta}{\omega\varepsilon}=\sqrt{\frac{\mu}{\varepsilon}}=\eta$$

在自由空间，$\varepsilon=\varepsilon_0$，$\mu=\mu_0$，则

$$Z_{TEM}=\sqrt{\frac{\mu_0}{\varepsilon_0}}=\eta_0=120\pi=377\Omega$$

电场与磁场的关系

$$\boldsymbol{H}=\frac{1}{Z_{TEM}}\boldsymbol{e}_z\times\boldsymbol{E}$$

根据上述分析可知，导波系统中的 TEM 波的传播特性与无界空间的均匀平面波的传播特性相同。

由于 TEM 磁场只有横向分量，磁力线应在横向平面内闭合，根据麦克斯韦方程组可得，在波导内应存在纵向的传导电流或位移电流。但是，对于单导体波导，其内没有回路，所以纵向传导电流为零；又因为 TEM 波的纵向电场 $E_z=0$，所以也没有纵向的位移电流，因此并不是任何传输系统中都能传输 TEM 波，单导体波导系统就不能传输 TEM 波。TEM 波只能存在于多导体系统中。在一定条件下，多导体系统中也可以存在一系列 TE 或 TM 波。不同波型的波阻抗是不同的。

7.1.2 TE 与 TM 波

1. 横电波（TE 波）

横电波（TE 波）又称磁波（H 波），其 $E_z=0$，$H_z\neq0$，电场无纵向分量，只有横向分量；磁场有纵向分量。故由式（7.1.3）得到 TE 波的纵向场分量与横向场分量关系

$$E_x=-\frac{j\omega\mu}{k_c^2}\frac{\partial H_z}{\partial y} \tag{7.1.11a}$$

$$E_y=\frac{j\omega\mu}{k_c^2}\frac{\partial H_z}{\partial x} \tag{7.1.11b}$$

$$H_x=-\frac{\gamma}{k_c^2}\frac{\partial H_z}{\partial x} \tag{7.1.11c}$$

$$H_y=-\frac{\gamma}{k_c^2}\frac{\partial H_z}{\partial y} \tag{7.1.11d}$$

TE 波的波阻抗

$$Z_{\text{TE}}=\frac{E_x}{H_y}=\frac{\text{j}\omega\mu}{\gamma}=\frac{\omega\mu}{\beta}=\frac{\omega\mu}{\sqrt{\omega^2\mu\varepsilon-k_{\text{c}}^2}} \tag{7.1.12}$$

在自由空间，$\varepsilon=\varepsilon_0$，$\mu=\mu_0$，则

$$Z_{\text{TE}}=\frac{\omega\mu_0}{\beta}=377\frac{\lambda_{\text{g}}}{\lambda_0}\Omega$$

其中

$$\lambda_{\text{g}}=\frac{2\pi}{\beta}=\frac{\lambda}{\sqrt{1-\left(\frac{\lambda}{\lambda_{\text{c}}}\right)^2}} \tag{7.1.13}$$

λ_{g} 称为导波系统的相波长或波导波长，它表示纵向相距 λ_{g} 点上场的相位差为 2π，故 TE 波的空间周期及其相移都由 λ_{g} 决定，而不是 λ。必须指出，工作波长 λ 与工作频率 f 一一对应，它与传输系统的尺寸、形状无关。一般说的波源或电磁波的波长均指 λ，而 λ_{c} 与传输系统的尺寸、形状等参数有关。

此时的相速为

$$v_{\text{p}}=f\lambda_{\text{g}}=\frac{c}{\sqrt{1-\left(\frac{\lambda}{\lambda_{\text{c}}}\right)^2}}$$

其中，c 为光速。可见，波的相速与频率有关，因此电磁波在这类导波系统中传播时有色散现象，称为色散波。由传播条件可知，此色散波的相速大于光速，称为快波。众所周知，一切能量速度不可能大于光速，因此，相速不代表能速。而其群速

$$v_{\text{g}}=\frac{\text{d}\omega}{\text{d}\beta}=c\sqrt{1-\left(\frac{\lambda}{\lambda_{\text{c}}}\right)^2}$$

代表能量传播速度，它是小于光速的。

相速大于光速的原因是由于电磁波在导波系统内壁上不断反射向前传播。相速是等相位面的移动速度，而群速是电磁波能量的传播速度。

TE 波电场和磁场的关系为

$$\boldsymbol{E}=-Z_{\text{TE}}(\boldsymbol{e}_z\times\boldsymbol{H}) \tag{7.1.14}$$

在实际工作中，为了方便，通常称

$$G=\sqrt{1-\left(\frac{k_{\text{c}}}{k}\right)^2}=\sqrt{1-\left(\frac{\lambda}{\lambda_{\text{c}}}\right)^2}=\sqrt{1-\left(\frac{f_{\text{c}}}{f}\right)^2}$$

为波型因子或波导因子。

2．横磁波（TM 波）

横磁波（TM 波）又称电波（E 波），其 $E_z\neq 0$，$H_z=0$，电场有纵向分量；磁场无纵向分量，只有横向分量。故由式（7.1.3）得到 TM 波的纵向场分量与横向场分量关系

$$E_x = -\frac{\gamma}{k_c^2}\frac{\partial E_z}{\partial x} \tag{7.1.15a}$$

$$E_y = -\frac{\gamma}{k_c^2}\frac{\partial E_z}{\partial y} \tag{7.1.15b}$$

$$H_x = \frac{j\omega\varepsilon}{k_c^2}\frac{\partial E_z}{\partial y} \tag{7.1.15c}$$

$$H_y = -\frac{j\omega\varepsilon}{k_c^2}\frac{\partial E_z}{\partial x} \tag{7.1.15d}$$

TM 波的波阻抗

$$Z_{TM} = \frac{E_x}{H_y} = \frac{\gamma}{j\omega\varepsilon} = \frac{\beta}{\omega\varepsilon} = \frac{\sqrt{\omega^2\mu\varepsilon - k_c^2}}{\omega\varepsilon} \tag{7.1.16}$$

在自由空间，$\varepsilon = \varepsilon_0$，$\mu = \mu_0$，则

$$Z_{TM} = \frac{\beta}{\omega\varepsilon_0} = 377\frac{\lambda_0}{\lambda_g}\Omega$$

TM 波电场和磁场的关系为

$$\boldsymbol{H} = \frac{1}{Z_{TM}}(\boldsymbol{e}_z \times \boldsymbol{E}) \tag{7.1.17}$$

金属空芯波导内可以存在 TM 波和 TE 波，它们的传播常数由k^2和k_c^2决定。对于不同形状、不同大小的波导，其截止波数k_c的表示不同；同一个波导中，如果传播的波的类型不同，其截止波数k_c也不同。

由式（7.1.12）和式（7.1.16）可见，当$f < f_c$，即$\omega^2\mu\varepsilon < k_c^2$时，$Z_{TE}$及$Z_{TM}$均为虚数，表明横向电场与横向磁场相位相差$\frac{\pi}{2}$，因此，沿$z$方向没有能量流动，电磁波的传播被截止。

7.2 矩形波导

矩形波导是横截面为矩形的空心金属波导管，如图 7.2.1 所示。设波导内壁尺寸为$a \times b$，其中填充电磁参数为ε、μ的理想媒质，波导壁为理想导体。由于矩形波导是单导体波导，故不能传输 TEM 波。根据波动方程，结合矩形波导的边界条件可求得矩形波导中 TE 波和 TM 波的场分布以及它们在波导中的传播特性。

7.2.1 矩形波导中 TM 波的场分布

对于 TM 波，因为$E_z \neq 0$，$H_z = 0$，由式（7.1.13）可知，波导内的电磁场量由E_z确定。在给定的矩形波导中，E_z满足下面的波动方程及边界条件

$$\nabla^2 E_z + k^2 E_z = 0 \tag{7.2.1}$$

$$E_z\Big|_{x=0} = E_z\Big|_{x=a} = E_z\Big|_{y=0} = E_z\Big|_{y=b} = 0 \tag{7.2.2}$$

由于矩形波导的边界都与直角坐标系的坐标平面平行，所以可用直角坐标系中的分离变量求解。

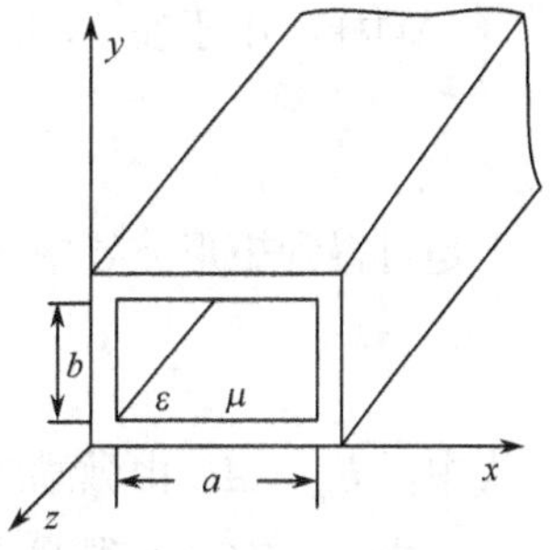

图 7.2.1 矩形波导

由均匀波导系统假设条件可设

$$E_z(x,y,z)=E_z(x,y)\mathrm{e}^{-\gamma z} \tag{7.2.3}$$

代入式（7.2.1），得

$$\left(\frac{\partial^2}{\partial x^2}+\frac{\partial^2}{\partial y^2}\right)E_z(x,y)+k_{\mathrm{c}}{}^2E_z(x,y)=0 \tag{7.2.4}$$

利用分离变量法，设

$$E_z(x,y)=X(x)Y(y) \tag{7.2.5}$$

将式（7.2.5）代入式（7.2.4），得

$$Y\frac{\mathrm{d}^2X}{\mathrm{d}x^2}+X\frac{\mathrm{d}^2Y}{\mathrm{d}y^2}=-k_{\mathrm{c}}^2XY$$

上式两边除以 XY，得

$$\frac{1}{X}\frac{\mathrm{d}^2X}{\mathrm{d}x^2}+k_{\mathrm{c}}^2=-\frac{1}{Y}\frac{\mathrm{d}^2Y}{\mathrm{d}y^2} \tag{7.2.6}$$

式（7.2.6）中左边仅为 x 的函数，右边仅为 y 的函数，但 x、y 均为独立变量，故必须是方程两边都等于常数才有可能。于是，由式（7.2.6）可分离出两个常微分方程

$$\frac{1}{X}\frac{\mathrm{d}^2X}{\mathrm{d}x^2}+k_x^2=0 \tag{7.2.7a}$$

$$\frac{1}{Y}\frac{\mathrm{d}^2Y}{\mathrm{d}y^2}+k_y^2=0 \tag{7.2.7b}$$

且

$$k_x^2+k_y^2=k_{\mathrm{c}}^2 \tag{7.2.8}$$

其解为

$$X(x)=A\sin k_xx+B\cos k_xx \tag{7.2.9a}$$

$$Y(x)=C\sin k_yy+D\cos k_yy \tag{7.2.9b}$$

因此

$$E_z(x,y,z)=(A\sin k_xx+B\cos k_xx)(C\sin k_yy+D\cos k_yy)\mathrm{e}^{-\gamma z}$$

代入边界条件，在 $x=0$ 和 $x=a$ 的导体面上，$E_z=0$，故得

$$B=0\text{，}\ k_x=\frac{m\pi}{a}\ \text{（}m=1,2,3,\ldots\text{）}$$

同样，由于在 $y=0$ 和 $y=b$ 的导体面上，$E_z=0$，有

$$D=0\text{，}\ k_y=\frac{n\pi}{b}\ \text{（}n=1,2,3,\ldots\text{）}$$

于是可得到矩形波导中 TM 波的纵向场分量

$$E_z(x,y,z)=E_{\mathrm{m}}\sin\left(\frac{m\pi}{a}x\right)\sin\left(\frac{n\pi}{b}y\right)\mathrm{e}^{-\gamma z} \tag{7.2.10}$$

式中，$E_{\mathrm{m}}=AC$ 由激励源强度决定。

由式（7.2.8）得截止波数

$$k_{\mathrm{c}}=\sqrt{k_x^2+k_y^2}=\sqrt{\left(\frac{m\pi}{a}\right)^2+\left(\frac{n\pi}{b}\right)^2} \tag{7.2.11}$$

将纵向电场代入式（7.1.3）可得 TM 波的场分量表示式

$$E_x(x,y,z)=-\frac{\gamma}{k_c^2}\frac{m\pi}{a}E_m\cos\left(\frac{m\pi}{a}x\right)\sin\left(\frac{n\pi}{b}y\right)e^{-\gamma z} \tag{7.2.12a}$$

$$E_y(x,y,z)=-\frac{\gamma}{k_c^2}\frac{n\pi}{b}E_m\sin\left(\frac{m\pi}{a}x\right)\cos\left(\frac{n\pi}{b}y\right)e^{-\gamma z} \tag{7.2.12b}$$

$$H_x(x,y,z)=\frac{j\omega\varepsilon}{k_c^2}\frac{n\pi}{b}E_m\sin\left(\frac{m\pi}{a}x\right)\cos\left(\frac{n\pi}{b}y\right)e^{-\gamma z} \tag{7.2.12c}$$

$$H_y(x,y,z)=-\frac{j\omega\varepsilon}{k_c^2}\frac{m\pi}{a}E_m\cos\left(\frac{m\pi}{a}x\right)\sin\left(\frac{n\pi}{b}y\right)e^{-\gamma z} \tag{7.2.12d}$$

$$E_z(x,y,z)=E_m\sin\left(\frac{m\pi}{a}x\right)\sin\left(\frac{n\pi}{b}y\right)e^{-\gamma z} \tag{7.2.12e}$$

$$H_z(x,y,z)=0 \tag{7.2.12f}$$

式中，对于不同的 m 、n 值，表示不同的场分布。m 、n 分别表示场沿 x 、y 方向的半驻波数，不同的 m 、n 对应不同的波型，并以 TM_{mn} 波或 E_{mn} 波表示。但 m 、n 均不能为零，其中任何一个为零都将导致场的消失。TM_{11} 是 TM 波中的最低波型，其他可能存在的 TM_{mn} 则为 TM 波的高次波型。传输波型又称为传输模式。

由式（7.2.11）可得 TM 波截止频率和截止波长分别为

$$f_c=\frac{v}{2\pi}\sqrt{\left(\frac{m\pi}{a}\right)^2+\left(\frac{n\pi}{b}\right)^2}$$

$$\lambda_c=\frac{2}{\sqrt{\left(\frac{m}{a}\right)^2+\left(\frac{n}{b}\right)^2}}$$

7.2.2 矩形波导中 TE 波的场分布

对于 TE 波，因为 $E_z=0$，$H_z\neq 0$，由式（7.1.13）可知，波导内的电磁场量由 H_z 确定。在给定的矩形波导中，H_z 满足下面的波动方程及边界条件

$$\nabla^2 H_z+k^2H_z=0 \tag{7.2.13}$$

$$\frac{\partial H_z}{\partial x}\Big|_{x=0}=\frac{\partial H_z}{\partial x}\Big|_{x=a}=\frac{\partial H_z}{\partial y}\Big|_{y=0}=\frac{\partial H_z}{\partial y}\Big|_{y=b}=0 \tag{7.2.14}$$

仿照前面对 TM 波的讨论，可以得到 TE 波的纵向场分量

$$H_z(x,y,z)=H_m\cos\left(\frac{m\pi}{a}x\right)\cos\left(\frac{n\pi}{b}y\right)e^{-\gamma z}\quad (m,n=0,1,2,\cdots) \tag{7.2.15}$$

式中，H_m 由激励源强度决定。

截止波数

$$k_c=\sqrt{k_x^2+k_y^2}=\sqrt{\left(\frac{m\pi}{a}\right)^2+\left(\frac{n\pi}{b}\right)^2}$$

利用完全相同的方法可得 TE 波的场分量表示式

$$E_x(x,y,z)=\frac{\mathrm{j}\omega\mu}{k_c^2}\frac{n\pi}{b}H_m\cos\left(\frac{m\pi}{a}x\right)\sin\left(\frac{n\pi}{b}y\right)e^{-\gamma z} \tag{7.2.16a}$$

$$E_y(x,y,z)=-\frac{\mathrm{j}\omega\mu}{k_c^2}\frac{m\pi}{a}H_m\sin\left(\frac{m\pi}{a}x\right)\cos\left(\frac{n\pi}{b}y\right)e^{-\gamma z} \tag{7.2.16b}$$

$$H_x(x,y,z)=\frac{\gamma}{k_c^2}\frac{m\pi}{a}H_m\sin\left(\frac{m\pi}{a}x\right)\cos\left(\frac{n\pi}{b}y\right)e^{-\gamma z} \tag{7.2.16c}$$

$$H_y(x,y,z)=\frac{\gamma}{k_c^2}\frac{n\pi}{b}H_m\cos\left(\frac{m\pi}{a}x\right)\sin\left(\frac{n\pi}{b}y\right)e^{-\gamma z} \tag{7.2.16d}$$

$$E_z(x,y,z)=0 \tag{7.2.16e}$$

$$H_z(x,y,z)=H_m\cos\left(\frac{m\pi}{a}x\right)\cos\left(\frac{n\pi}{b}y\right)e^{-\gamma z} \tag{7.2.16f}$$

对于不同的 m、n 值，场分布不同，对应不同的波型，以 TE_{mn} 波或 H_{mn} 波表示。m、n 不能同时为零，否则各场分量均为零。若 $a>b$，则 TE_{10} 波是最低次波型，其余为高次波型。当 m 和 n 不为零时，TE_{mn} 和 TM_{mn} 具有相同的截止波长（或截止频率），但它们的场分布并不相同。这种具有截止波长相同而模式不同的现象称为简并现象，对应的模式称为简并模式。一般情况下，应避免简并模式的出现，但有时也可以为工程所用。

7.2.3 矩形波导中波的传播特性

对 TM 和 TE 两种模式，因 $k_c\neq0$，因此，传播常数

$$\gamma=\sqrt{k_c^2-k^2}=\sqrt{k_c^2-\omega^2\mu\varepsilon} \tag{7.2.17}$$

对每一个给定的 TM 或 TE 模，当频率由低到高变化时，其 γ 值都会出现以下三种情况。

（1）当 $k^2<k_c^2$ 时，传播常数 γ 为实数，矩形波导中不能传播相应模式的波。此时

$$\gamma=\sqrt{k_c^2-k^2}=\sqrt{\left[\left(\frac{m\pi}{a}\right)^2+\left(\frac{n\pi}{b}\right)^2\right]-\omega^2\mu\varepsilon} \tag{7.2.18}$$

相应的相位常数 β、波导波长 λ_g 不存在，而波阻抗 Z_{TE}、Z_{TM} 为纯虚数。

（2）当 $k^2>k_c^2$ 时，传播常数 γ 为虚数，波导中有沿+z 方向传播的波。此时

$$\gamma=\sqrt{k_c^2-k^2}=\mathrm{j}\sqrt{\omega^2\mu\varepsilon-\left[\left(\frac{m\pi}{a}\right)^2+\left(\frac{n\pi}{b}\right)^2\right]}=\mathrm{j}\beta$$

因此相位常数

$$\beta=\sqrt{k^2-k_c^2}=\sqrt{\omega^2\mu\varepsilon-\left[\left(\frac{m\pi}{a}\right)^2+\left(\frac{n\pi}{b}\right)^2\right]} \tag{7.2.19}$$

波导波长

$$\lambda_g=\frac{2\pi}{\beta}=\frac{2\pi}{\sqrt{\omega^2\mu\varepsilon-\left[\left(\frac{m\pi}{a}\right)^2+\left(\frac{n\pi}{b}\right)^2\right]}} \tag{7.2.20}$$

相速

$$v_{\mathrm{p}}=\frac{\omega}{\beta}=\frac{\omega}{\sqrt{\omega^{2}\mu\varepsilon-\left[\left(\frac{m\pi}{a}\right)^{2}+\left(\frac{n\pi}{b}\right)^{2}\right]}} \tag{7.2.21}$$

（3）当 $k_{\mathrm{c}}=k$ 时，传播常数 γ 为零，此时

$$\gamma=\sqrt{k_{\mathrm{c}}^{2}-k^{2}}=\sqrt{k_{\mathrm{c}}^{2}-\omega^{2}\mu\varepsilon}=0$$

为临界情况，矩形波导中也不能传播相应模式的波。

令

$$k_{\mathrm{c}}=k=\omega_{\mathrm{c}}\sqrt{\mu\varepsilon}$$

式中

$$\omega_{\mathrm{c}}=\frac{k_{\mathrm{c}}}{\sqrt{\mu\varepsilon}}=\frac{1}{\sqrt{\mu\varepsilon}}\sqrt{\left(\frac{m\pi}{a}\right)^{2}+\left(\frac{n\pi}{b}\right)^{2}}$$

称为截止角频率。相应的截止频率为

$$f_{\mathrm{c}}=\frac{\omega_{\mathrm{c}}}{2\pi}=\frac{k_{\mathrm{c}}}{2\pi\sqrt{\mu\varepsilon}}=\frac{\sqrt{\left(\frac{m\pi}{a}\right)^{2}+\left(\frac{n\pi}{b}\right)^{2}}}{2\pi\sqrt{\mu\varepsilon}} \tag{7.2.22}$$

截止波长为

$$\lambda_{\mathrm{c}}=\frac{v}{f_{\mathrm{c}}}=\frac{2\pi}{k_{\mathrm{c}}}=\frac{2\pi}{\sqrt{\left(\frac{m\pi}{a}\right)^{2}+\left(\frac{n\pi}{b}\right)^{2}}} \tag{7.2.23}$$

对于不同的模式，相应的截止波长也不相同。为便于比较，对于给定尺寸 $a\times b=$ $23\,\mathrm{mm}\times 10\,\mathrm{mm}$ 的矩形波导，根据式（7.2.23）取不同的 m 和 n，计算出各模式的截止波长 $(\lambda_{\mathrm{c}})_{mn}$ 之值，在同一坐标轴上绘出截止波长分布图，如图 7.2.2 所示。截止波长最长的模式即为前面讨论的 TE_{10} 模，称为最低次模、主模或基模，其余模式称为高次模。

由图 7.2.2 可知，截止波长分布图可分为三个区：对于横截面尺寸 $2b<a$ 的矩形波导，当电磁波的波长 $\lambda>\lambda_{\mathrm{cTE_{10}}}=2a$ 时，波导内的各种模式都截止，电磁波不能在波导中传播，称为截止区；当电磁波的波长 $\lambda<\lambda_{\mathrm{cTE_{20}}}=a$ 时，波导内会有很多模式传输，且 λ 越小，存在的传输模式越多，称为多模区；当电磁波的波长 $a<\lambda<2a$ 时，波导内只传输一种 TE_{10} 模式，称为单模区。判断矩形波导内有哪些传输模式存在的主要依据是式（7.2.23）和传输条件。

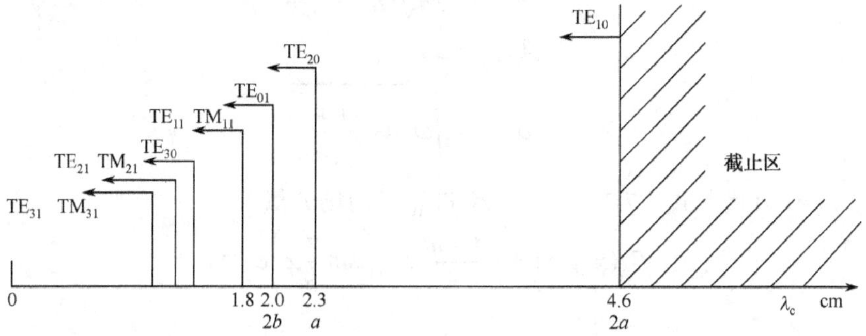

图 7.2.2　矩形波导中的截止波长分布图

在矩形波导中存在TM_{mn}和TE_{mn}的截止波长相同的现象。对于这种λ_c相同，而场分布不同的两种模式，称它们互为简并。如TE_{11}和TM_{11}就是简并模。

例 7-1 一矩形波导的尺寸为$a=7\text{cm}$，$b=3\text{cm}$，波长$\lambda=5\text{cm}$的电磁波进入该波导时，能传播哪些 TM 波型？

解： 由传播条件可知，需截止波长大于电磁波的波长，故有

$$\lambda_c=\frac{2\pi}{\sqrt{\left(\frac{m\pi}{a}\right)^2+\left(\frac{n\pi}{b}\right)^2}}=\frac{2\pi}{\sqrt{\left(\frac{m\pi}{7\times10^{-2}}\right)^2+\left(\frac{n\pi}{3\times10^{-2}}\right)^2}}>\lambda=5\times10^{-2}$$

解得：$\left(\frac{m}{7}\right)^2+\left(\frac{n}{3}\right)^2<\frac{4}{25}$，且$m,n\neq0$。

当$m=1$时，$n\leqslant1.12$，所以得

$$\lambda_{cTM_{11}}=\frac{2\pi}{\sqrt{\left(\frac{1\pi}{7\times10^{-2}}\right)^2+\left(\frac{1\pi}{3\times10^{-2}}\right)^2}}>\lambda=5\times10^{-2}$$

当$m=2$时，$n\leqslant0.84$，无传输模式。

因此该波导只能够传输波长为$\lambda=5\text{cm}$的TM_{11}波型电磁波。

7.2.4 矩形波导中的主模

1．场分量表示和场结构

当工作频率和波导尺寸给定后，矩形波导中可以传播的电磁波模式可由条件$f>f_c$进行判断。若$a>b$，在矩形波导的众多传播模式当中，TE_{10}模的截止频率最低，称为矩形波导中的主模。微波工程中，通常都使用该模式。TE_{10}模具有以下优点：

- 可以实现单模传输；
- 具有最宽的工作频带；
- 在同一截止频率波长下，TE_{10}波的波导尺寸最小（a最小，b无关，可尽量缩小）；
- 电磁场结构简单，电场只有E_y分量，可实现单方向极化；
- 在给定频率下，对于同一比值$\frac{b}{a}$，TE_{10}模有最小衰减，其传播特性参数为

$$k_{cTE_{10}}=\frac{\pi}{a} \tag{7.2.24}$$

$$f_{cTE_{10}}=\frac{1}{2a\sqrt{\varepsilon\mu}} \tag{7.2.25}$$

$$\lambda_{cTE_{10}}=2a \tag{7.2.26}$$

$$\beta_{TE_{10}}=\sqrt{\omega^2\mu\varepsilon-\left(\frac{\pi}{a}\right)^2} \tag{7.2.27}$$

将$m=1$、$n=0$代入式（7.2.16），可得TE_{10}模的场分量

$$E_y(x,y,z)=-\frac{j\omega\mu a}{\pi}H_m\left(\sin\frac{\pi}{a}x\right)e^{-j\beta z} \tag{7.2.28a}$$

$$H_x(x,y,z) = \mathrm{j}\frac{\beta a}{\pi} H_{\mathrm{m}} \sin\left(\frac{\pi}{a}x\right) \mathrm{e}^{-j\beta z} \tag{7.2.28b}$$

$$H_z(x,y,z) = H_{\mathrm{m}} \cos\left(\frac{\pi}{a}x\right) \mathrm{e}^{-\mathrm{j}\beta z} \tag{7.2.28c}$$

$$E_x(x,y,z) = E_z(x,y,z) = H_y(x,y,z) = 0 \tag{7.2.28d}$$

瞬时表达式为

$$E_y(x,y,z,t) = \frac{\omega\mu a}{\pi} H_{\mathrm{m}} \sin\left(\frac{\pi}{a}x\right) \sin(\omega t - \beta z) \tag{7.2.29a}$$

$$H_x(x,y,z,t) = -\frac{\beta a}{\pi} H_{\mathrm{m}} \sin\left(\frac{\pi}{a}x\right) \sin(\omega t - \beta z) \tag{7.2.29b}$$

$$H_z(x,y,z,\mathrm{t}) = H_{\mathrm{m}} \cos\left(\frac{\pi}{a}x\right) \cos(\omega t - \beta z) \tag{7.2.29c}$$

$$E_x(x,y,z,t) = E_z(x,y,z,t) = H_y(x,y,z,t) = 0 \tag{7.2.29d}$$

用电力线和磁力线可以形象地描绘出各种传输模式（波型）在波导内的电磁场分布情况（称为场结构），这样便于加深对传输模式场分布的印象和各种实际问题的分析。通常固定某一时刻t，只研究该时刻的场结构。

分析 TE_{10} 模的场分量有以下特点：

（1）在横截面 xOy 上

① 电力线仅沿 y 方向（只有 E_y 分量），且在 $x=\frac{a}{2}$ 处，E_y 最大，电力线密度最大，越靠近波导壁，电力线密度越小，在 $x=0$、$x=a$ 的两窄壁上，E_y 为零，无电力线；E_y 分量大小与 y 无关，表现在 y 方向均匀。

② 磁力线平行于 x 轴（只有 H_x 分量，无 H_y 分量），在 $x=\frac{a}{2}$ 处，H_x 最强，在 $x=0$、$x=a$ 的两窄壁上，H_x 为零，磁力线在此转变；沿 y 方向 H_x 均匀分布，磁力线密度均匀。

（2）在纵截面 xOz 上

① 磁场由 H_x 和 H_z 组成，其形状为变形椭圆，越靠近波导壁，越趋于矩形。H_x、H_z 沿 z 向有相位差 $\frac{\pi}{2}$，即最大值沿 z 轴偏移 $\frac{\lambda_{\mathrm{g}}}{4}$。

② 电场的横向分量 E_y 和磁场的横向分量 H_x 相位相同，即最大值（或最小值）点一致。

（3）在纵截面 yOz 上

电场和磁场与 y 无关，即沿 y 均匀分布，而沿 z 轴都呈现周期性分布，只是横向场（E_y 和 H_x）与纵向场(H_z)之间相位相差 $\frac{\pi}{2}$。

图 7.2.3 给出了 t=0 时，xOy、yOz 和 xOz 平面 TE_{10} 模的场结构图。可以看到沿 x 轴方向，场有一次周期性变化，形成一个力线网，而沿 y 轴没有变化，这就是 TE_{10} 模的 $m=1$、$n=0$ 的意义所在。

2. 壁电流

当电磁波在波导中传播时，波导内壁上会产生高频感应电流，此电流的大小和分布取决于波导壁附近的磁场分布。根据理想导体表面的边界条件，分布于波导壁上的壁电流密度

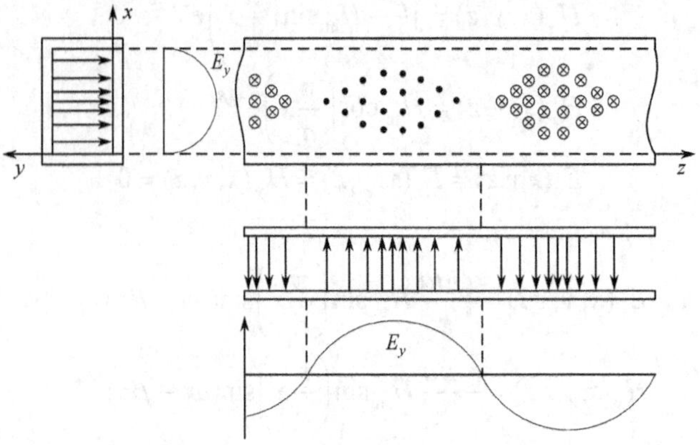

(a) TE_{10}模的电场分布

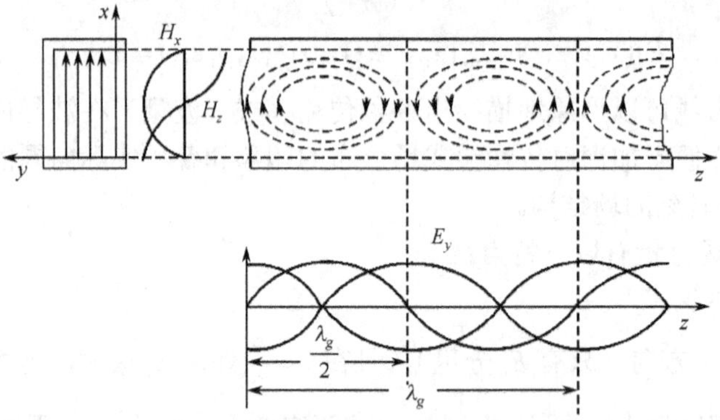

(b) TE_{10}模的磁场分布

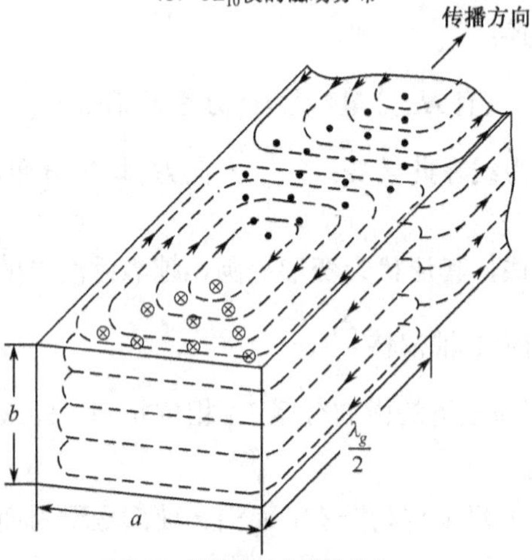

(c) TE_{10}模的立体电磁场分布

图 7.2.3　TE_{10}模的场图

$\boldsymbol{J}_S$ 等于导体表面附近媒质中的切向磁场，即

$$\boldsymbol{J}_S = \boldsymbol{e}_\mathrm{n} \times \boldsymbol{H}$$

式中，$\boldsymbol{e}_\mathrm{n}$ 为波导内壁的外法线方向单位矢量，$\boldsymbol{H}$ 是波导内壁上的磁场强度。

将TE_{10}模磁场的各分量代入上式就可得到矩形波导中传播TE_{10}模时的各波导内壁上的电流分布（设$t=0$）。

在 $x=0$ 窄壁上

$$\boldsymbol{J}_S=\boldsymbol{e}_x\times\boldsymbol{H}\big|_{x=0}=-\boldsymbol{e}_yH_z\big|_{x=0}=-\boldsymbol{e}_yH_{\mathrm{m}}\cos\beta z$$

在 $x=a$ 窄壁上

$$\boldsymbol{J}_S=-\boldsymbol{e}_x\times\boldsymbol{H}\big|_{x=a}=\boldsymbol{e}_yH_z\big|_{x=a}=-\boldsymbol{e}_yH_{\mathrm{m}}\cos\beta z$$

在 $y=0$ 宽壁上

$$\boldsymbol{J}_S=\boldsymbol{e}_y\times\boldsymbol{H}\big|_{y=0}=-\boldsymbol{e}_xH_z\big|_{y=0}-\boldsymbol{e}_zH_z\big|_{y=0}=\boldsymbol{e}_xH_{\mathrm{m}}\cos\left(\frac{\pi}{\mathrm{a}}x\right)\cos\beta \mathrm{z}-\boldsymbol{e}_z\frac{\beta a}{\pi}H_{\mathrm{m}}\sin\left(\frac{\pi}{a}x\right)\sin\beta z$$

在 $y=b$ 宽壁上

$$\boldsymbol{J}_S=-\boldsymbol{e}_y\times\boldsymbol{H}\big|_{y=b}=\boldsymbol{e}_xH_z\big|_{y=b}+\boldsymbol{e}_zH_z\big|_{y=b}=-\boldsymbol{e}_xH_{\mathrm{m}}\cos\left(\frac{\pi}{a}x\right)\cos\beta \mathrm{z}+\boldsymbol{e}_z\frac{\beta a}{\pi}H_{\mathrm{m}}\sin\left(\frac{\pi}{a}x\right)\sin\beta z$$

根据以上计算结果，得到如图 7.2.4 所示的波导内壁的电流分布：在两窄壁上，无纵向电流，横向电流为常量；在两宽壁上，纵向电流沿 x 方向按正弦分布，横向电流沿 x 方向按余弦分布，且横向电流与纵向电流间有 $\frac{\pi}{2}$ 的相位差，在 z 方向分别按正弦和余弦分布。

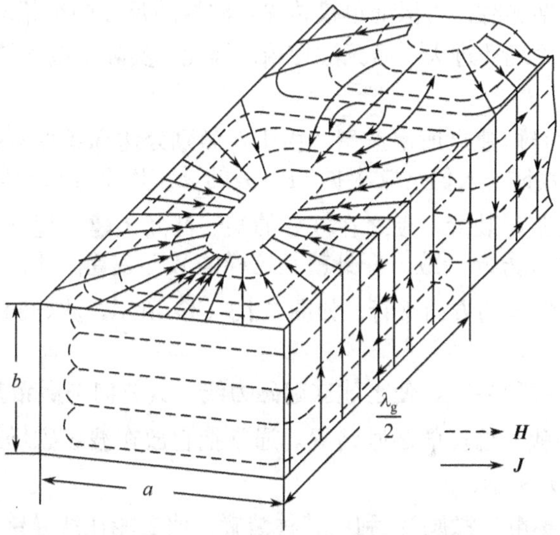

图 7.2.4　矩形波导中的 TE_{10} 模的管壁电流

研究波导的壁电流分布具有重要的实际意义。在实际应用中，波导之间进行连接时，应尽可能保证连接处壁电流畅通，不至于引起波导内电磁波的反射。当波导中传播 TE_{10} 模时，在波导宽壁中央（$x=\frac{a}{2}$）处，纵向电流为零，因此沿此线开一纵向槽，将不会切断管壁电流，即不会引起波导内电磁场的改变，据此可制作波导测量线等微波元件。若需要从一个波导中耦合出一定能量激励另一个波导时，或将波导开缝隙作为天线使用时，则应把槽开在最大限度切断管壁电流的位置。

3．单模传输和激励

TE_{10} 模的截止波长为 $2a$，在波导尺寸给定的情况下，电磁波的工作波长 λ 应满足

$$\lambda<2a$$

为保证在矩形波导中用 TE_{10} 模单模传输，消除其他任何高次波型，因此要求

$$\lambda > \lambda_{c\text{次低型模}}$$

根据矩形波导的截止波长分布图可知，矩形波导的次低型波可能是 TE_{20} 或 TE_{01}，其截止波长分别为 $2b$、a。因此

$$2b < \lambda \text{ 且 } a < \lambda$$

这样，电磁波的工作波长 λ 必须满足

$$2b < \lambda \text{ 且 } a < \lambda < 2a$$

在频率固定的条件下，选择波导尺寸应满足

$$\frac{\lambda}{2} < a < \lambda, \quad 0 < b < \frac{\lambda}{2}$$

至于窄壁尺寸的下限取决于传输功率、容许的波导衰减及重量等。将可获知，窄壁减小会使传输衰减增大。当然，窄壁小一些可以减轻波导重量且节约金属材料。

工程上常取

$$a = 0.75\lambda, \quad b = (0.4 \sim 0.5)a \tag{7.2.30}$$

可见，当工作波长增加时，为保证单模传输，波导的尺寸必须相应地加大。若频率过低，工作波长过长，会使波导尺寸过大，而无法使用。因此，实际中金属波导适用于 3000MHz 以上的微波波段。

所谓激励就是在波导内建立所需波型，由于在激励处边界条件复杂，很难得出严格的理论分析结果。在实际应用时，人们常常根据 TE_{10} 波的场结构来寻求一些激励方法，主要包括：

（1）电激励：利用某种装置，使之在波导的某一截面上建立起电力线，其方向与所希望的波型（TE_{10}）的电力线方向一致。探针就是这样的激励装置，通常把它放在波导电场最强处，并与所希望的波型的电场方向平行，如图 7.2.5（a）所示，波导同轴转换器就是基于如上原理设计的。

（2）磁激励：利用某种装置，使之建立起磁力线，其方向与所希望的波型（TE_{10}）的磁力线方向一致。耦合环就是这样的激励装置，通常把它放在波导磁场最强处，环平面与磁力线垂直，如图 7.2.5（b）所示。

（3）小孔耦合（也称电流激励）：利用某种装置，使之能在波导壁上建立起高频电流，在某一截面上，此电流方向与分布同所希望的波型（TE_{10}）一致，如在波导壁上开一小孔或缝隙即为此装置，如图 7.2.5（c）所示。

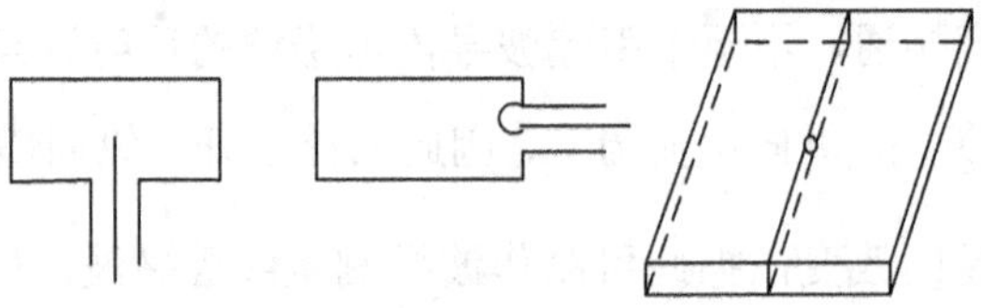

（a）电激励　（b）磁激励　（c）小孔耦合

图 7.2.5　TE_{10} 模激励方式

为了在波导内激励 TE_{10} 模，较广泛采用电耦合方式。将连续振荡的同轴线构成的探针沿 TE_{10} 模电力线方向插入波导内，由于 TE_{10} 模在矩形波导的宽壁中心处电场最强，因此将探针置于该处可获得强耦合。但是，在激励处产生的不是单一的 TE_{10} 模，而是有复杂的场结构，

当波导尺寸满足单模传输条件时，其他高次型波在沿波导传输时很快就被衰减掉。

例 7-2 有一内充空气、截面尺寸为 $a\times b$（$b<a<2b$）的矩形波导，以主模工作在 3GHz。若要求工作频率至少高于主模截止频率的 20%和至少低于次高模截止频率的 20%。试求：(1) 波导尺寸 a 和 b 的设计；(2) 根据设计的尺寸，计算在工作频率时的工作波长、相速、波导波长和波阻抗。

解：(1) 根据单模传输的条件，工作波长大于主模的截止波长而小于次高模的截止波长。对于 $a\times b$（$b<a<2b$）的矩形波导，其主模为 TE_{10}，相应的截止波长 $\lambda_{cTE_{10}}=2a$。当波导尺寸 $a<2b$ 时，其高次模为 TE_{01} 模。相应的截止波长 $\lambda_{cTE_{01}}=2b$，对应的截止频率为

$$f_{cTE_{10}}=\frac{1}{2a\sqrt{\mu\varepsilon}},\quad f_{cTE_{01}}=\frac{1}{2b\sqrt{\mu\varepsilon}}$$

根据题意，应有

$$\frac{3\times10^9-f_{cTE_{10}}}{f_{cTE_{10}}}\geqslant 20\%,\quad \frac{f_{cTE_{01}}-3\times10^9}{f_{cTE_{01}}}\geqslant 20\%$$

可求得满足要求的波导尺寸为

$$a\geqslant 0.06\text{m},\quad b\leqslant 0.04\text{m},\text{ 且 } a<2b$$

(2) 若取 $a=0.06\text{m}$，$b=0.04\text{m}$，此时

工作波长

$$\lambda=\frac{c}{f}=0.1\text{m}$$

$$\lambda_{cTE_{10}}=2a=0.12\text{m}$$

相速

$$v_p=\frac{c}{\sqrt{1-\left(\frac{\lambda}{\lambda_c}\right)^2}}=\frac{3\times10^8}{\sqrt{1-\left(\frac{0.1}{0.12}\right)^2}}=5.42\times10^8\text{ m/s}$$

波导波长

$$\lambda_g=\frac{\lambda}{\sqrt{1-\left(\frac{\lambda}{\lambda_c}\right)^2}}=\frac{0.1}{\sqrt{1-\left(\frac{0.1}{0.12}\right)^2}}=0.182\text{m}$$

波阻抗

$$Z_{TE_{10}}=\frac{\eta_0}{\sqrt{1-\left(\frac{\lambda}{\lambda_c}\right)^2}}=\frac{120\pi}{\sqrt{1-\left(\frac{0.1}{0.12}\right)^2}}=682\Omega$$

4. 传输功率与衰减

根据坡印廷定理，可知矩形波导中传输 TE_{10} 模时，平均坡印廷矢量为

$$\boldsymbol{S}_{av}=\frac{1}{2}\text{Re}(\boldsymbol{E}\times\boldsymbol{H}^*)=\frac{1}{2}\text{Re}[\boldsymbol{e}_x(E_yH_z^*-H_y^*E_z)+\boldsymbol{e}_y(E_zH_x^*-E_xH_z^*)+\boldsymbol{e}_z(E_xH_y^*-H_x^*E_y^*)]$$

其中，纵向分量 S_z 是通过波导壁横截面单位面积的功率流，而横向分量 S_x 和 S_y 是沿 x、y 方向传输的能量流密度。由于波导壁的存在，在 x、y 方向将形成驻波，并将部分能量损耗在壁

上。因此相应的传输功率为

$$P=\frac{1}{2}\int_0^a\int_0^b(E_xH_y^*-H_x^*E_y^*)\,\mathrm{d}x\,\mathrm{d}y=-\frac{1}{2}\int_0^a\int_0^b E_yH_x^*\,\mathrm{d}x\,\mathrm{d}y$$

$$=\frac{1}{2Z_{\mathrm{TE}_{10}}}\int_0^a\int_0^b E_{\mathrm{m}}^2\sin^2\left(\frac{\pi}{a}\right)\mathrm{d}x\,\mathrm{d}y=\frac{ab}{4Z_{\mathrm{TE}_{10}}}E_{\mathrm{m}}^2 \qquad (7.2.31)$$

式中，$E_{\mathrm{m}}=\dfrac{\omega\mu a}{\pi}H_{\mathrm{m}}$ 是 E_y 分量在波导宽边中心处的振幅值。在波导发生击穿时，此值达到最大，称为电场击穿强度，并用 E_{br} 表示。这时沿波导传输的功率即为波导允许传输的最大功率，亦称功率容量，即

$$P_{\mathrm{br}}=\frac{ab}{4Z_{\mathrm{TE}_{10}}}E_{\mathrm{br}}^2$$

若波导以空气填充，因为空气的击穿场强为 30kV/cm，故空气填充的矩形波导的功率容量为

$$P_{\mathrm{br}}=0.6ab\sqrt{1-\left(\frac{\lambda}{2a}\right)^2}\ \mathrm{MW}$$

显然，波导尺寸越大，允许传输的功率也越大；对于尺寸一定的波导，频率越高，则允许传输的功率越大；截止波长越长，传输功率越大。而当负载不匹配时，由于形成驻波，电场振幅变大，因此功率容量会变小。然而，实际上不能采用极限功率传输，因为波导中还可能存在反射波和局部电场不均匀等问题。一般取容许功率为

$$P=\left(\frac{1}{3}\sim\frac{1}{5}\right)P_{\mathrm{br}}$$

当电磁波沿传输方向传播时，由于波导金属壁并非理想导体，波导内填充的介质并非理想的无耗介质，故存在导体和介质热损耗，必然会引起能量或功率的递减。对于空气波导，由于空气介质损耗很小，可以忽略不计，而导体损耗是不可忽略的。

设导行波沿 z 方向传输时的衰减常数为 α，则沿线电场、磁场按 $\mathrm{e}^{-\alpha z}$ 规律变化，即

$$E(z)=E_{\mathrm{m}}\mathrm{e}^{-\alpha z}\mathrm{e}^{\mathrm{j}(\omega t-\beta z)}$$

$$H(z)=H_{\mathrm{m}}\mathrm{e}^{-\alpha z}\mathrm{e}^{\mathrm{j}(\omega t-\beta z)}$$

经单位长度波导后，场强衰减 e^{α} 倍，传输功率将按以下规律变化

$$P=P_{\mathrm{m}}\mathrm{e}^{-2\alpha z}$$

P_{m} 是波导输入端的传输功率。上式两边对 z 求导得

$$\frac{\mathrm{d}P}{\mathrm{d}z}=-2\alpha P_{\mathrm{m}}\mathrm{e}^{-2\alpha z}=-2\alpha P$$

因沿线功率减少率等于传输系统单位长度上的损耗功率 P_{LC}，即

$$P_{\mathrm{LC}}=-\frac{\mathrm{d}P}{\mathrm{d}z}$$

因此

$$\alpha=\frac{P_{\mathrm{LC}}}{2P}\quad \mathrm{Np/m} \qquad (7.2.32)$$

即可求得衰减常数 α。

在计算波导壁的损耗功率时，可利用壁上高频电流的热损耗来求得。由于不同的导行模

有不同的电流分布，损耗也不同。当矩形波导传输 TE_{10} 模时，在波导两宽边上的损耗功率为

$$P_{La} = 2\int_0^a \frac{1}{2}[|J_{Sx}|^2 + |J_{Sz}|^2]R_S \mathrm{d}z = R_S \frac{1}{{\mu_0}^2}\left(\frac{\pi}{a}\right)^4 \frac{a}{2} + R_S\left(\frac{\pi\beta}{a\mu_0}\right)^2 \frac{a}{2}$$

在波导两窄边上的损耗功率为

$$P_{Lb} = 2\int_0^b \frac{R_S}{2}|J_{Sy}|^2 \mathrm{d}y = R_S \frac{b}{{\mu_0}^2}\left(\frac{\pi}{a}\right)^4$$

式中，R_S 为波导壁的表面电阻。利用式（7.2.32）可得矩形波导 TE_{10} 模的衰减常数公式

$$\alpha = \frac{P_{LC}}{2P} = \frac{P_{La}+P_{Lb}}{2P} = R_S \frac{\left(\frac{1}{\mu_0}\frac{\pi}{a}\right)^2\left\{\left(\frac{\pi}{a}\right)^2 b + \left[\beta^2 + \left(\frac{\pi}{a}\right)^2\right]\frac{a}{2}\right\}}{2\left[\frac{ab}{4}\left(\frac{\pi}{a}\omega\right)^2 \frac{1}{c\mu_0}\sqrt{1-\left(\frac{\lambda}{\lambda_c}\right)^2}\right]}$$

$$= R_S \frac{1}{b}\sqrt{\frac{\varepsilon_0}{\mu_0}} \frac{\left[1+2\frac{b}{a}\left(\frac{\lambda}{\lambda_c}\right)^2\right]}{\sqrt{1-\left(\frac{\lambda}{\lambda_c}\right)^2}}$$

$$= \frac{8.686R_S}{120\pi b\sqrt{1-\left(\frac{\lambda}{2a}\right)^2}}\left[1+2\frac{b}{a}\left(\frac{\lambda}{2a}\right)^2\right] \quad \mathrm{dB/m}$$

由上式可以看出：

① 衰减与波导的材料有关，因此要选电导率高的非铁磁材料，使 R_S 尽量小。

② 衰减与工作频率有关。给定矩形波导尺寸，随着频率的提高，α 先是减小，出现最小点，然后稳步上升，可求得最小点对应频率为

$$f = \sqrt{3}f_c$$

③ 在电磁波频率不变的情况下，保持波导宽壁 a 不变，增大波导高度 b 能使衰减变小；反之亦然。所以，波导的传输功率正比于波导横截面积。但当 $b > \frac{a}{2}$ 时单模工作频带变窄，故衰减与频带应综合考虑。

*7.3 圆 柱 波 导

圆柱形波导是指横截面为圆形的金属管，如图 7.3.1 所示。圆柱形波导可作为传输系统用于多路通信中，也常用来构成圆柱形谐振腔、旋转关节等各种元件。设波导的半径为 a，波导内填充参数 ε 和 μ 的理想媒质，波导管壁由理想导体构成。并设电磁波沿 $+z$ 方向传播，波导内的电磁场为时谐场，其角频率为 ω，选取圆柱坐标系，采用纵向场法求解波导内电磁场。

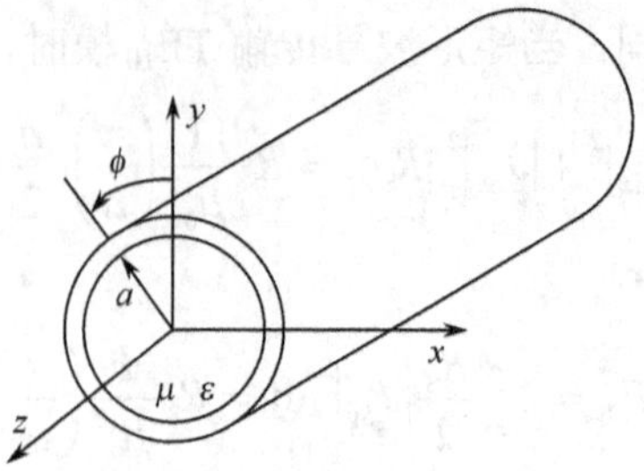

图 7.3.1　圆柱形波导

仿照式（7.1.3）的推导，可得到圆柱坐标系下用纵向场分量 E_z 和 H_z 来表示其横向场分量的关系式

$$E_\rho = -\frac{1}{\gamma^2+k^2}\left(\gamma\frac{\partial E_z}{\partial \rho} + \mathrm{j}\frac{\omega\mu}{\rho}\frac{\partial H_z}{\partial \phi}\right) \tag{7.3.1a}$$

$$E_\phi = \frac{1}{\gamma^2+k^2}\left(-\gamma\frac{\partial E_z}{\partial \phi} + \mathrm{j}\omega\mu\frac{\partial H_z}{\partial \rho}\right) \tag{7.3.1b}$$

$$H_\rho = \frac{1}{\gamma^2+k^2}\left(\mathrm{j}\frac{\omega\varepsilon}{\rho}\frac{\partial E_z}{\partial \phi} - \gamma\frac{\partial H_z}{\partial \rho}\right) \tag{7.3.1c}$$

$$H_\phi = -\frac{1}{\gamma^2+k^2}\left(\mathrm{j}\omega\varepsilon\frac{\partial E_z}{\partial \rho} + \frac{\gamma}{\rho}\frac{\partial H_z}{\partial \phi}\right) \tag{7.3.1d}$$

由于圆柱形波导是单导体波导，其中不能传播 TEM 波，只能传播 TM 波或 TE 波。

7.3.1　圆柱形波导中 TM 波的场分布

对于 TM 波，$H_z = 0$，E_z 满足的方程

$$\left(\frac{\partial^2}{\partial\rho^2} + \frac{1}{\rho}\frac{\partial}{\partial\rho} + \frac{1}{\rho^2}\frac{\partial^2}{\partial\rho^2}\right)E_z(\rho,\phi) + k_\mathrm{c}^2 E_z(\rho,\phi) = 0$$

式中，$k_\mathrm{c}^2 = \gamma^2 + k^2$。

应用分离变量法，令

$$E_z(\rho,\phi) = R(\rho)\Phi(\phi)$$

代入上述标量亥姆霍兹方程，并逐项乘以 $\dfrac{\rho^2}{R\Phi}$，得

$$\frac{1}{R}\left(\frac{\rho^2\mathrm{d}^2R}{\mathrm{d}\rho^2} + \rho\frac{\mathrm{d}R}{\mathrm{d}\rho} + k_\mathrm{c}^2\rho^2R\right) = -\frac{1}{\Phi}\frac{\mathrm{d}^2\Phi}{\mathrm{d}\phi^2}$$

上式左边是 ρ 的函数，右边是 ϕ 的函数，此式要成立，需等式两边等于一个共同的常数。令此常数为 m^2，则得到如下两个常微分方程

$$\frac{\rho^2\mathrm{d}^2R}{\mathrm{d}\rho^2} + \rho\frac{\mathrm{d}R}{\mathrm{d}\rho} + (k_\mathrm{c}^2\rho^2 - m^2)R = 0$$

$$\frac{\mathrm{d}^2\Phi}{\mathrm{d}\phi^2} + m^2\Phi = 0$$

其解分别为

$$\Phi(\phi)=A_1\cos m\phi+A_2\sin m\phi=A\begin{matrix}\cos m\phi\\ \sin m\phi\end{matrix}$$

$$R(\rho)=B_1\,\mathrm{J}_m(k_c\rho)+B_2\,\mathrm{N}_m(k_c\rho)$$

式中，A_1、A_2、B_1、B_2、A 为积分常数，$\mathrm{J}_m(k_c\rho)$ 是第一类 m 阶贝塞尔函数，$\mathrm{N}_m(k_c\rho)$ 是第二类 m 阶贝塞尔函数。因圆波导结构呈轴对称，分布函数沿坐标 ϕ 即可按 $\cos m\phi$ 变化，也可按 $\sin m\phi$ 变化，两项仅在极化面上相差 $\frac{\pi}{2}$，其场形完全一样，故解仅取其中之一即可。这就是说，圆柱形波导的波型是极化简并的，只有那些具有角对称（即 $m=0$）的波型才没有极化简并。在圆波导中，$0\leqslant\phi\leqslant2\pi$ 间的场和 $2\pi\leqslant\phi\leqslant4\pi$ 间的场完全一样，因此 m 必须为整数。

因此得到

$$E_z(\rho,\phi)=[B_1\,\mathrm{J}_m(k_c\rho)+B_2\,\mathrm{N}_m(k_c\rho)]A\begin{matrix}\cos m\phi\\ \sin m\phi\end{matrix}$$

由于当 $\rho\to0$ 时，$\mathrm{N}_m(k_c\rho)\to-\infty$，而 $E_z(\rho,\phi)$ 应为有限值，故 B_2 必须为零。因此上式可写为

$$E_z(\rho,\phi)=E_\mathrm{m}\,\mathrm{J}_m(k_c\rho)\begin{matrix}\cos m\phi\\ \sin m\phi\end{matrix}$$

式中，E_m 由激励源强度决定。

当 $\rho=a$ 时，根据理想导体的边界条件，$E_z=0$，得

$$\mathrm{J}_m(k_c a)=0$$

用 v_{mn} 表示贝塞尔函数的根，即

$$v_{mn}=a\sqrt{k^2+\gamma^2}=ak_c$$

是 m 阶贝塞尔函数的第 n 个根，n 为任意正整数。一般来说，v_{mn} 有无穷多个值，不同的 m、n，有不同的 v_{mn}，也就对应不同的 TM 波，并以 TM_{mn} 或 E_{mn} 表示。m、n 的物理意义与矩形波导中的 m、n 的意义相似，m 表示场沿角向按三角函数分布的周期数或波导圆周上场重复的次数，n 表示场沿径向按贝塞尔函数或其导数变化出现的零值数目（不含 $\rho=0$ 处）。这样，圆柱形波导中 TM 波的截止波长为

$$\lambda_c=\frac{2\pi a}{v_{mn}}\tag{7.3.2}$$

与圆柱形波导的半径成正比，与 m 阶贝塞尔函数第 n 个根成反比。附录D中表D.1列出部分 v_{mn} 的解。

可得圆柱形波导中 TM 波的场分量为

$$E_z=E_\mathrm{m}\,\mathrm{J}_m\left(\frac{v_{mn}}{a}\rho\right)\begin{matrix}\cos m\phi\\ \sin m\phi\end{matrix}\tag{7.3.3a}$$

$$E_\rho=-\mathrm{j}\frac{\beta a}{v_{mn}}E_\mathrm{m}\,\mathrm{J}'_m\left(\frac{v_{mn}}{a}\rho\right)\begin{matrix}\cos m\phi\\ \sin m\phi\end{matrix}\tag{7.3.3b}$$

$$E_\phi=\mathrm{j}\frac{m\beta a^2}{v_{mn}}E_\mathrm{m}\,\mathrm{J}_m\left(\frac{v_{mn}}{a}\rho\right)\begin{matrix}\sin m\phi\\ -\cos m\phi\end{matrix}\tag{7.3.3c}$$

$$H_\rho = -\mathrm{j}\frac{\omega\varepsilon a^2 m}{v_{mn}^2 \rho} E_\mathrm{m} \mathrm{J}_m\left(\frac{v_{mn}}{a}\rho\right) \begin{matrix} \sin m\phi \\ -\cos m\phi \end{matrix} \tag{7.3.3d}$$

$$H_\phi = -\mathrm{j}\frac{\omega\varepsilon a}{v_{mn}} E_\mathrm{m} \mathrm{J}'_m\left(\frac{v_{mn}}{a}\rho\right) \begin{matrix} \cos m\phi \\ \sin m\phi \end{matrix} \tag{7.3.3e}$$

$$H_z = 0 \tag{7.3.3f}$$

式中，$\mathrm{J}'_m\left(\frac{v_{mn}}{a}\rho\right)$是 m 阶贝塞尔函数的导数。

7.3.2 圆柱形波导中 TE 波的场分布

与讨论 TM 波类似，可得到圆柱形波导中 TE 波的场分量

$$H_z = H_\mathrm{m} \mathrm{J}_m\left(\frac{\mu_{mn}}{a}\rho\right) \begin{matrix} \cos m\phi \\ \sin m\phi \end{matrix} \tag{7.3.4a}$$

$$H_\rho = -\mathrm{j}\frac{\beta}{k_\mathrm{c}} H_\mathrm{m} \mathrm{J}'_m\left(\frac{\mu_{mn}}{a}\rho\right) \begin{matrix} \cos m\phi \\ \sin m\phi \end{matrix} \tag{7.3.4b}$$

$$H_\phi = \mathrm{j}\frac{m\beta}{k_\mathrm{c}^2 \rho} H_\mathrm{m} \mathrm{J}_m\left(\frac{\mu_{mn}}{a}\rho\right) \begin{matrix} \sin m\phi \\ -\cos m\phi \end{matrix} \tag{7.3.4c}$$

$$E_\rho = \mathrm{j}\frac{\omega\mu m}{k_\mathrm{c}^2 \rho} H_\mathrm{m} \mathrm{J}_m\left(\frac{\mu_{mn}}{a}\rho\right) \begin{matrix} \sin m\phi \\ -\cos m\phi \end{matrix} \tag{7.3.4d}$$

$$E_\phi = \mathrm{j}\frac{\omega\mu}{k_\mathrm{c}} H_\mathrm{m} \mathrm{J}'_m\left(\frac{\mu_{mn}}{a}\rho\right) \begin{matrix} \cos m\phi \\ \sin m\phi \end{matrix} \tag{7.3.4e}$$

$$E_z = 0 \tag{7.3.4f}$$

式中，$\mu_{mn} = ak_\mathrm{c} = a\sqrt{k^2+\gamma^2}$ 是 m 阶贝塞尔函数导数的第 n 个根，即满足

$$\mathrm{J}'_m(a\sqrt{k^2+\gamma^2}) = 0$$

圆柱形波导中 TE 波的截止波长为

$$\lambda_\mathrm{c} = \frac{2\pi a}{\mu_{mn}} \tag{7.3.5}$$

附录 D 中表 D.2 列出部分 μ_{mn} 值。

画出圆柱形波导中截止波长分布图，如图 7.3.2 所示。

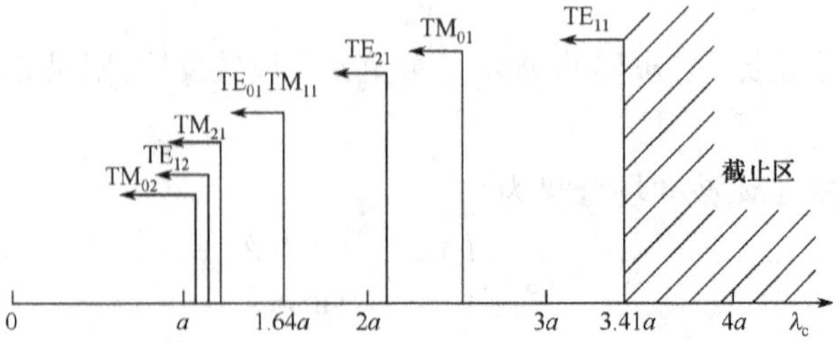

图 7.3.2 圆柱形波导中的截止波长分布图

从图 7.3.2 中可以看出：

(1) 圆柱形波导和矩形波导一样，也具有高通特性，因此圆柱形波导中也能传输 $\lambda < \lambda_\mathrm{c}$ 的模，且因 λ_c 与圆柱形波导的半径成正比，所以尺寸越小，λ_c 越小。传输模式的相位常数也需要满足 $\beta^2 = \omega^2\mu\varepsilon - k_\mathrm{c}^2$。

（2）当$2.62a < \lambda < 3.41a$时，圆柱形波导中只能传输 TE_{11} 模，可实现单模传输，它是圆柱形波导中的主模。

（3）圆柱形波导中存在模式的双重简并：E-H 简并和极化简并。$\lambda_{cTM_{1n}} = \lambda_{cTE_{0n}}$，即不同模式具有相同的截止波长，因此 TE_{0n} 模和 TM_{1n} 模存在模式简并现象，这种简并称为 E-H 简并，这和矩形波导中的模式简并相同；由 TE 波和 TM 波的场分量表示式可知，当$m \neq 0$时，对于同一个模 TM_{mn} 或 TE_{mn} 都有两个场结构，存在极化简并，这是圆柱形波导中特有的。

7.3.3 圆柱形波导中的三种典型模式

TE_{11} 模、TE_{01} 模和 TM_{01} 模是圆柱形波导中的三种典型模式，它们的截止波长分别为

$$\lambda_{cTE_{11}} = 3.41a, \quad \lambda_{cTM_{01}} = 2.62a, \quad \lambda_{cTE_{01}} = 1.64a$$

1．圆柱形波导的主模 TE_{11} 模

TE_{11} 模的截止波长最长，是圆波导中的主模，其场分布如图 7.3.3 所示。由于该模的极化面不稳定，存在极化简并，难以实现单模传输。且圆波导中 TE_{11} 的单模工作频带宽度比矩形波导中 TE_{01} 模的单模工作频带宽度窄，故在实用中不用圆波导作为传输线。但是，利用 TE_{11} 模的极化简并可以构成一些特殊的波导元器件，如极化衰减器、极化变换器和微波铁氧体环行器等。由于圆波导中的 TE_{11} 模的场分布与矩形波导中的 TE_{01} 的场分布类似，因此容易实现从矩形波导到圆波导的变换。

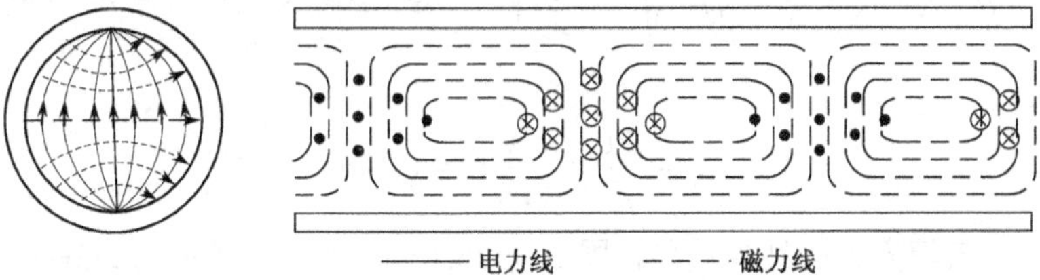

图 7.3.3　圆波导中的 TE_{11} 模

2．圆对称模 TM_{01} 模

TM_{01} 模是圆波导中的第一个高次模，不存在极化简并，也不存在 E-H 简并，其场分布如图 7.3.4 所示。由图可见，TM_{01} 模的场分布具有轴对称性，电磁场沿ϕ方向无变化，并只有纵向电流，故将两段工作在 TM_{01} 模的圆波导作相对运动，不影响其中电磁波的传输，所以它适合于用作微波天线馈线系统中的旋转关节的工作模式。但由于 TM_{01} 模不是圆导波中的主模，故在使用过程中应设法抑制主模 TE_{11}。

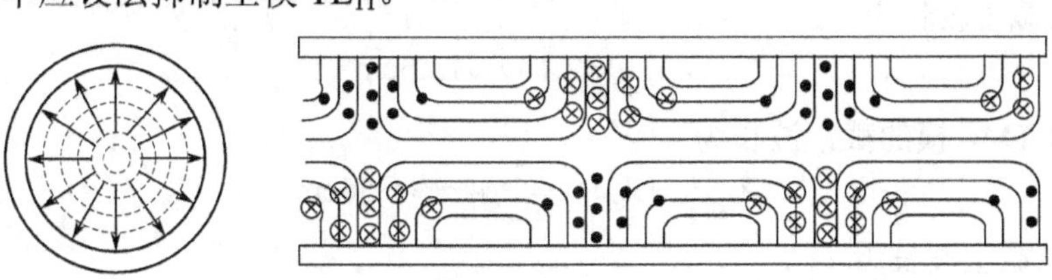

图 7.3.4　圆波导中 TM_{01} 模的场分布

3．低损耗模 TE_{01} 模

TE_{01} 模是圆波导中的高次模，不存在极化简并，但与 TM_{11} 存在 E-H 简并，其场分布如图 7.3.5 所示。由图可见，TE_{01} 也具有轴对称性，电场和磁场沿ϕ方向均无变化；电场只有E_ϕ分量，波导横截面上的电力线是一些同心圆；在波导壁附近只有H_z分量，因此波导管壁电流

无纵向分量，而且当传输功率一定时，随着频率的增高，管壁的热损耗将下降，故其损耗相对于其他模式来说是最低的。TE_{01} 模的这一特点适合于用作高 Q 值谐振腔的工作模式和毫米波远距离传输波导。圆波导中的 TE_{01} 模是目前毫米波波导传输的最佳模式。在毫米波波段，标准圆波导 TE_{01} 模的衰减为矩形波导中 TE_{01} 模衰减的 $\frac{1}{4} \sim \frac{1}{8}$。目前圆波导中的 TE_{01} 模不但用于通信干线中，也用于电子设备的连接和雷达天线的馈线。同样，由于 TE_{01} 模不是圆波导中的主模，故在使用过程中应设法抑制其他模式。

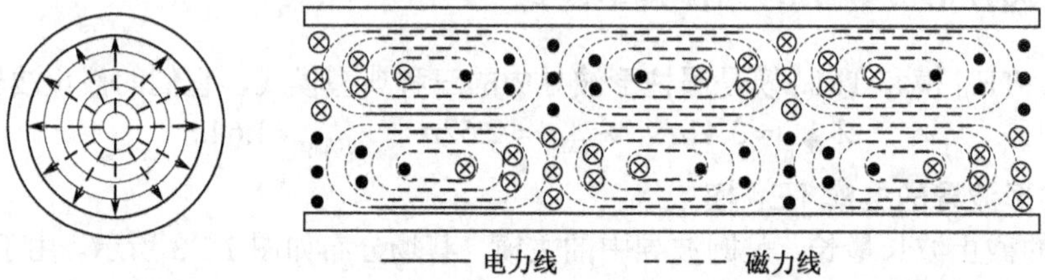

图 7.3.5　圆波导中 TE_{01} 模的场分布

例 7-3　一空气填充的圆柱形波导中的 TE_{01} 模，已知 $\lambda/\lambda_c = 0.7$，工作频率 $f = 3000\text{MHz}$，求波导波长。

解：

$$\beta = \sqrt{k^2 - k_c^2} = \omega\sqrt{\mu\varepsilon}\sqrt{1-\left(\frac{\lambda}{\lambda_c}\right)^2} = 2\pi f\sqrt{\mu_0\varepsilon_0}\sqrt{1-0.7^2} = 44.9\,\text{rad/m}$$

故

$$\lambda_g = \frac{2\pi}{\beta} = \frac{2\pi}{44.9}\text{m} = 0.14\text{m}$$

例 7-4　一空气填充的圆柱形波导，周长为 25.1cm，其工作频率为 3GHz，求该波导内可能传播的模式。

解：工作波长为

$$\lambda = c/f = 10\,\text{cm}$$

截止波长大于工作波长（$\lambda_c > \lambda$）的模式可以传播。

该波导的半径为

$$a = \frac{l}{2\pi} = \frac{25.1}{2\times 3.14}\text{cm} \approx 4\text{cm}$$

TE_{11} 模的截止波长为

$$\lambda_{cTE_{11}} = 3.13a \approx 13.6\text{cm}$$

TE_{01} 模和 TM_{11} 模的截止波长为

$$\lambda_{cTE_{01}} = \lambda_{cTM_{11}} = 1.64a \approx 6.56\text{cm}$$

TM_{01} 模的截止波长为

$$\lambda_{cTM_{01}} = 2.62a \approx 10.48\text{cm}$$

TE_{21} 模的截止波长为

$$\lambda_{cTE_{21}} = 2.06a \approx 8.24\text{cm}$$

其余模式的截止波长都小于 10cm，所以该圆柱形波导中可能传播的模式为 TE_{11} 和 TM_{01}。

7.4 同 轴 波 导

同轴波导是一种由内、外导体构成的双导体导波系统，也称为同轴线，其形状如图 7.4.1 所示。内导体直径为d，外导体的内直径为D，内外导体之间填充电磁参数为ε、μ的理想介质，内外导体为理想导体。同轴波导是一种宽频带的微波传输线。同轴波导存在有内导体，可传输任意波长的 TEM 模，但是同轴波导也可看作为一种圆波导，因此除了传输 TEM 波以外，还可存在 TE 波及 TM 波。为了抑制这些非 TEM 波成分，必须根据工作频率适当地设计同轴线的尺寸。

微波技术中用的同轴波导，按其结构可分为两种。

（1）硬同轴线

外导体是根铜管，内导体是一根铜棒或铜管，内外导体之间的媒质通常为空气，每隔一定距离用高频介质环等支撑，使内外导体同轴。

（2）软同轴线，又称为同轴电缆

内导体是单根或多股绞成的铜线，外导体由细铜丝编织而成。中间充填高频介质（如聚乙烯成聚四氟乙烯等低损耗塑料），使内外导体同轴。高频同轴电缆使用方便，可以弯曲，缺点是损耗较大，功率容量小。

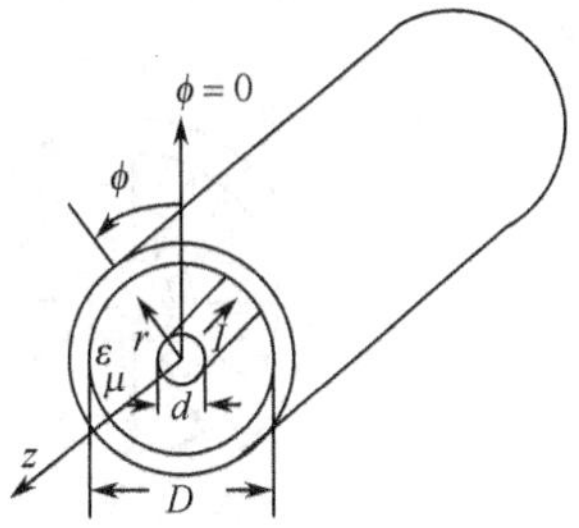

图 7.4.1　同轴波导

7.4.1　同轴波导中的 TEM 模场分布及传输特性

设电磁波沿 +z 方向传播，相应的场为时谐场。对于 TEM 波，$E_z=0$，$H_z=0$，电场和磁场都在横截面内，同轴波导内的电磁场可设为

$$\boldsymbol{E}(\rho,\phi,z)=\boldsymbol{E}(\rho,\phi)\mathrm{e}^{-\gamma z}$$

$$\boldsymbol{H}(\rho,\phi,z)=\boldsymbol{H}(\rho,\phi)\mathrm{e}^{-\gamma z}$$

设有恒定电流I流过同轴波导的内导体，根据安培环路定理，有

$$H_\phi(\rho)=\frac{I}{2\pi\rho}$$

由 TEM 模的波阻抗的定义$Z_{\mathrm{TEM}}=\dfrac{E_\rho(\rho)}{H_\phi(\rho)}$，可得

$$E_\rho(\rho)=Z_{\mathrm{TEM}}H_\phi(\rho)=\frac{Z_{\mathrm{TEM}}I}{2\pi\rho}$$

对于同轴线 TEM 模而言，又有

$$Z_{\mathrm{TEM}}=\frac{\beta^2}{\omega\varepsilon}=\eta=\sqrt{\frac{\mu}{\varepsilon}}=\sqrt{\frac{\mu_0\mu_r}{\varepsilon_0\varepsilon_r}}$$

对于非铁磁性介质$\mu_{\mathrm{r}}=1$，所以同轴波导 TEM 模波阻抗为

$$Z_{\mathrm{TEM}}=\sqrt{\frac{\mu_0}{\varepsilon_0\varepsilon_{\mathrm{r}}}}=\frac{\sqrt{\dfrac{\mu_0}{\varepsilon_0}}}{\sqrt{\varepsilon_{\mathrm{r}}}}=\frac{120\pi}{\sqrt{\varepsilon_{\mathrm{r}}}}\Omega$$

因此，同轴波导 TEM 模的场分量为

$$E_\rho(\rho,\phi,z)=\frac{60}{\sqrt{\varepsilon_r}}\frac{I}{\rho}e^{-\gamma z} \tag{7.4.1a}$$

$$H_\phi(\rho,\phi,z)=\frac{I}{2\pi\rho}e^{-\gamma z} \tag{7.4.1b}$$

$$E_\phi=E_z=H_\rho=H_z=0 \tag{7.4.1c}$$

同轴波导中的 TEM 模的场分布如图 7.4.2 所示。其电场方向由内导体指向外导体，且与两导体表面垂直；磁场是一族以内导体为轴线的同心圆；越靠近内导体表面，电磁场越强，故内导体表面的电流密度较外导体内表面的电流密度要大得多，因此其热损耗主要发生在截面尺寸较小的内导体上。

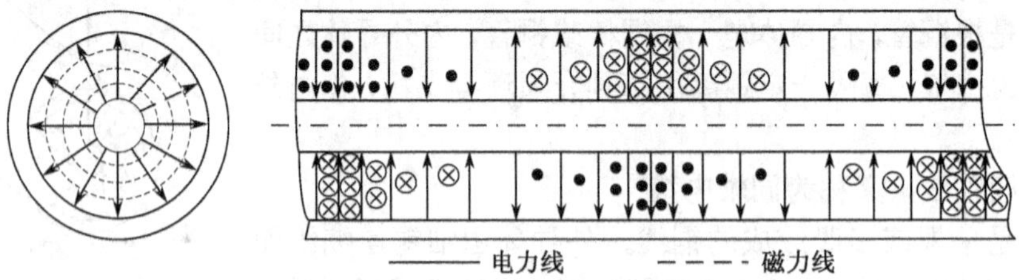

图 7.4.2　同轴波导中的 TEM 模的场分布

内外导体之间的电位差为

$$U=\int_{\frac{d}{2}}^{\frac{D}{2}}E_\rho(\rho)\cdot d\rho=\int_{\frac{d}{2}}^{\frac{D}{2}}\frac{60}{\sqrt{\varepsilon_r}}\frac{I}{\rho}d\rho=\frac{60I}{\sqrt{\varepsilon_r}}\ln\frac{D}{d}$$

则同轴波导的特性阻抗为

$$Z_c=\frac{U}{I}=\frac{\frac{60I}{\sqrt{\varepsilon_r}}\ln\frac{D}{d}}{I}=\frac{60}{\sqrt{\varepsilon_r}}\ln\frac{D}{d} \tag{7.4.2}$$

可见，同轴波导的特性阻抗与波导内填充介质的电特性、内外导体的直径比有关。

电磁波沿同轴波导传播的平均功率为

$$P=\frac{1}{2}\oint_S \mathrm{Re}(\boldsymbol{E}\times\boldsymbol{H}^*\cdot d\boldsymbol{S})=\frac{1}{2}\int_{\frac{d}{2}}^{\frac{D}{2}}\int_0^{2\pi}\frac{30}{\pi\sqrt{\varepsilon_r}}\frac{I^2}{\rho}d\rho d\phi=\frac{30I^2\ln\frac{D}{d}}{\sqrt{\varepsilon_r}}$$

传输功率随 D 的增加而增加，随 d 的增加而减小。

单位长度外导体所消耗的平均功率为

$$P_{L1}=\frac{1}{2}\int_0^{2\pi}R_S\left|J_S^2\right|_{\rho=\frac{D}{2}}\cdot\frac{D}{2}d\phi=\frac{1}{2}\int_0^{2\pi}R_S(H_t\cdot H_t^*)\big|_{\rho=\frac{D}{2}}\cdot\frac{D}{2}d\phi=\sqrt{\frac{\omega\mu_1}{2\delta_1}}\frac{I^2}{2\pi D}$$

单位长度内导体所消耗的平均功率为

$$P_{L2}=\sqrt{\frac{\omega\mu_1}{2\delta_1}}\frac{I^2}{2\pi d}$$

因此，导体衰减为

$$\alpha_c = \frac{P_L}{2P} = \sqrt{\frac{\omega\varepsilon}{2\delta_1}} \frac{\left(\frac{1}{D}+\frac{1}{d}\right)}{\ln\frac{D}{d}} \text{Np/m} \tag{7.4.3}$$

可见随着频率升高，导体损耗增大；随着尺寸 D、d 的减小，导体衰减增大。由于 $d < D$，因此内导体直径在导体衰减中起主要作用，并且 d 越小，围绕在内导体的场越强，损耗在内导体的能量越多，故不能用减小内导体的方法增加传输功率。

对式（7.4.3）取极值，可得导体衰减常数在 $\frac{D}{d} = 3.591$ 时最小。此时相应同轴波导的特性阻抗为

$$Z_c = \frac{U}{I} = \frac{377}{\sqrt{\varepsilon_r}}\Omega \tag{7.4.4}$$

7.4.2 同轴波导中的高次模

当工作频率过高时，在同轴波导中将出现一系列高次模：TM 模和 TE 模。同轴波导中的 TM 模和 TE 模的分析方法与圆柱形波导中 TM 模和 TE 模的分析方法相似，满足同样的波动方程，所不同的只是 $\rho = 0$ 已经在工作区域之外，因此边界条件不同。

1．TM 模

纵向电场的表达式为

$$E_z = [B_1 \mathrm{J}_m(k_c\rho) + B_2 \mathrm{N}_m(k_c\rho)] \begin{matrix} \cos m\phi \\ \sin m\phi \end{matrix} \mathrm{e}^{-\mathrm{j}\beta z}$$

对于同轴波导，$\rho = 0$ 不是波的传播区域，故 $B_2 \neq 0$。根据导体边界条件，$\rho = \frac{d}{2}$、$\rho = \frac{D}{2}$ 处 $E_z = 0$，因此

$$B_1 \mathrm{J}_m\left(k_c \frac{d}{2}\right) + B_2 \mathrm{N}_m\left(k_c \frac{d}{2}\right) = 0$$

$$B_1 \mathrm{J}_m\left(k_c \frac{D}{2}\right) + B_2 \mathrm{N}_m\left(k_c \frac{D}{2}\right) = 0$$

消去 B_1、B_2，可得 TM 模特征方程

$$\frac{\mathrm{J}_m\left(k_c \frac{d}{2}\right)}{\mathrm{J}_m\left(k_c \frac{D}{2}\right)} = \frac{\mathrm{N}_m\left(k_c \frac{d}{2}\right)}{\mathrm{N}_m\left(k_c \frac{D}{2}\right)}$$

上式是一个超越方程，其解有有限多个，每个解得根决定一个 k_c 值，即确定相应的波型及其截止波长 λ_c。求解时通常采用图解法或数值法。由于具有实际意义的是那些最大的截止波长，因此只对最大 k_c 值的方程求解，得

$$k_c \approx \frac{2n\pi}{D-d} \quad (n = 1,2,3,\cdots)$$

因此，同轴波导中 TM_{mn} 模的截止波长近似为

$$\lambda_c \approx \frac{1}{n}(D-d) \quad (n = 1,2,3,\cdots)$$

最低波型 TM_{01} 模的截止波长近似为

$$\lambda_c \approx (D-d)$$

2. TE 模

纵向电场的表达式为

$$H_z = [A_1 J_m(k_c\rho) + A_2 N_m(k_c\rho)] \begin{matrix} \cos m\phi \\ \sin m\phi \end{matrix} e^{-j\beta z}$$

根据导体边界条件，$\rho = \frac{d}{2}$、$\rho = \frac{D}{2}$ 处 $\frac{\partial H_z}{\partial \rho} = 0$，因此

$$A_1 J'_m\left(k_c \frac{d}{2}\right) + A_2 N'_m\left(k_c \frac{d}{2}\right) = 0$$

$$A_1 J'_m\left(k_c \frac{D}{2}\right) + A_2 N'_m\left(k_c \frac{D}{2}\right) = 0$$

对应的 TE 模特征方程

$$\frac{J'_m\left(k_c \frac{d}{2}\right)}{J'_m\left(k_c \frac{D}{2}\right)} = \frac{N'_m\left(k_c \frac{d}{2}\right)}{N'_m\left(k_c \frac{D}{2}\right)}$$

采用近似解，得 TE_{mn} 模

$$k_c \approx \frac{4m}{D+d} \quad (m = 1,2,3,\cdots)$$

$$\lambda_c \approx \frac{\pi}{2m}(D+d) \quad (m = 1,2,3,\cdots)$$

最低波型 TE_{11} 模的截止波长近似为

$$\lambda_c \approx \frac{\pi}{2}(D+d)$$

图 7.4.3 所示为同轴波导几个较低阶的模式分布图。

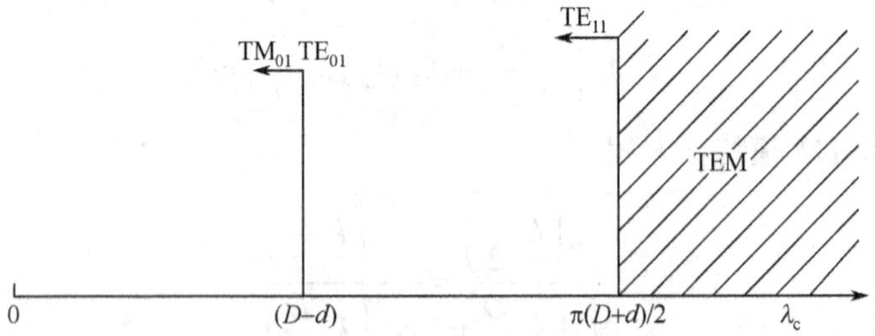

图 7.4.3 同轴波导中的模式分布图

TE_{11} 模是同轴波导中的最低型高次模，设计同轴波导的尺寸时，只要能抑制 TE_{11} 模，就能保证同轴波导在给定工作频带内只传输 TEM 模，因此同轴波导传输 TEM 模的条件是

$$\lambda_{min} \geqslant \lambda_{cTE_{11}} \approx \frac{\pi}{2}(D+d), \quad D+d \leqslant \frac{2\lambda_{min}}{\pi}$$

即

$$d < 0.68 \frac{\lambda_{min}}{1+\frac{D}{d}} \tag{7.4.5}$$

由此可见，为了消除同轴线中的高次模，随着频率升高，同轴线的尺寸必须相应地减小。但尺寸过小，损耗增加，且限制了传输功率。同轴线的传输频率并无下限，这也是TEM波传输线的共性。

要最终确定尺寸，还必须确定$\frac{D}{d}$的值。功率容量最大时选择$\frac{D}{d}=1.649$，这时，相应的空气同轴波导的特性阻抗为30Ω，有最大功率容量；当要求传输损耗最小时选择$\frac{D}{d}=3.591$，相应的空气同轴波导的特性阻抗为76.71Ω，有最小的衰减常数；当要求耐压最高时选择$\frac{D}{d}=2.72$。

目前，微波技术中常用的同轴波导有75Ω、50Ω两种。前者主要考虑衰减最小，后者则折中考虑了功率容量最大和衰减常数最小两种要求。

7.5 传输线理论

传输线理论又称长线理论。英国著名科学家 William Thomson（威廉姆·汤姆逊）在1856~1866年大西洋海底电缆连通过程中，首次发现微波传输线上电压和电流不仅是时间的函数，也是空间的函数，其信号的传输、反射与低频有很大的不同。经过仔细研究，发现当传输线长与波长相比拟或超过波长时，必须作为分布参数电路处理。

7.5.1 传输线方程及其解

分布参数电路是相对于集总参数电路而言的。在低频电路中，常常认为电磁能量只储存或消耗在各电路元件（电容、电感，电阻）上，而各元件之间则用既无电阻又无电感的理想导线连接着，这些导线与电路其他部分之间的电容也都不考虑。由这些集总参数元件组成的电路，就是所谓的集总参数电路，此时，电子设备的尺寸远小于波长，可以认为稳定状态的电压和电流效应是在整个系统各处同时建立起来的，即有限长的传输线上各点的电流（或电压）的大小和相位可近似认为相同。当传输线传输高频电流时会出现以下分布参数效应：电流流过导线使导线发热，表明导线本身有分布电阻；双导线之间绝缘不完善而出现漏电流，表明导线之间处处有漏电导；导线之间有电压，导线间存在电场，表明导线之间有分布电容；导线中通过电流时周围出现磁场，表明导线上存在分布电感。由于频率较高，传输信号的波长与传输线长度可比拟（称为长线），传输线上各点的电流（或电压）的大小和相位各不相同，即传输线上的电压和电流将不仅是时间的函数，同时还是距离的函数，其上电压、电流和阻抗等物理量的变化就不能沿用集总参数电路理论，而必须作为分布参数电路处理了。

如果传输线的分布参数是沿线均匀分布的，不随位置而变化，则称为均匀传输线或均匀长线。根据传输线上的分布参数是否均匀分布，可将传输线分为均匀传输线和不均匀传输线两种。

1．传输线方程

传输线方程也称电报方程，通过建立传输线的物理模型，推导得出传输线上电压、电流所满足的一维波动方程。图7.5.1表示了传输线的电路模型。

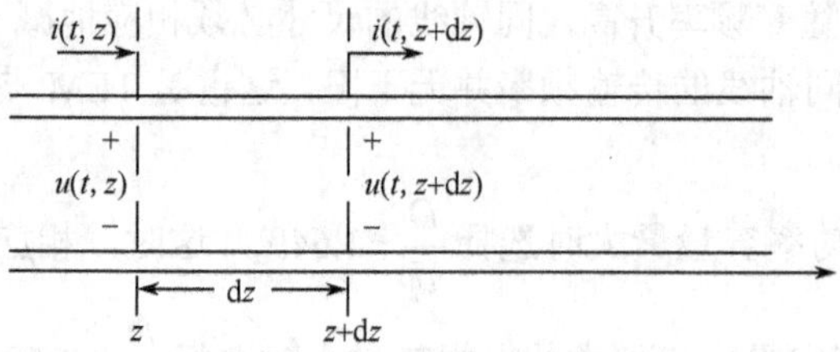

图 7.5.1　传输线电路模型

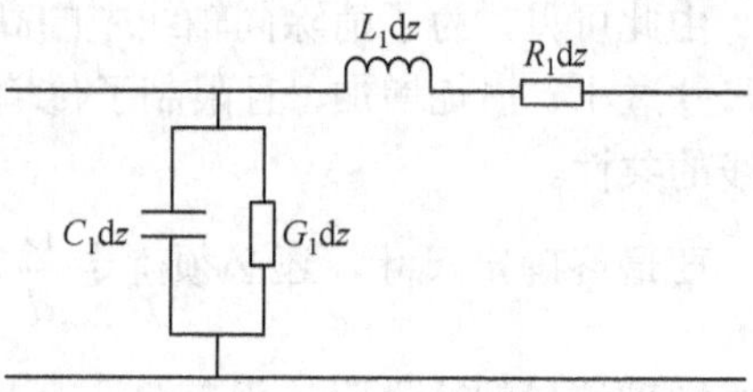

图 7.5.2　线元 dz 的等效电路

选取信源端为坐标原点（$z=0$），已知距终端 z 处的电压和电流分别为 $u(t,z)$ 和 $i(t,z)$，经过 dz 段后的电压和电流分别为 $u(t,z+\mathrm{d}z)$ 和 $i(t,z+\mathrm{d}z)$。由于传输线本身是分布参数电路，可将均匀传输线划分为许多个微分段 dz，将每个微分段看作集总参数电路，并把它等效为一个 Γ 形网络（T 形网络或 π 形网络），如图 7.5.2 所示。设 R_1、L_1、G_1、C_1 为单位长度的分布电阻、分布电感、分布电导、分布电容。

根据基尔霍夫定理，从传输线的 z 到 $z+\mathrm{d}z$ 处，应有

$$u(t,z)=u(t,z+\mathrm{d}z)+L_1\mathrm{d}z\frac{\partial i(t,z)}{\partial t}+R_1\mathrm{d}z\cdot i(t,z)$$

$$i(t,z)=i(t,z+\mathrm{d}z)+G_1\mathrm{d}z\cdot u(t,z+\mathrm{d}z)+C_1\mathrm{d}z\frac{\partial u(t,z+\mathrm{d}z)}{\partial t}$$

整理后，则有

$$\frac{u(t,z)-u(t,z+\mathrm{d}z)}{\mathrm{d}z}=L_1\frac{\partial i(t,z)}{\partial t}+R_1\cdot i(t,z)$$

$$\frac{i(t,z)-i(t,z+\mathrm{d}z)}{\mathrm{d}z}=G_1\cdot u(t,z+\mathrm{d}z)+C_1\frac{\partial u(t,z+\mathrm{d}z)}{\partial t}$$

对上述两式分别取 $\mathrm{d}z\to 0$ 的极限，则有

$$-\frac{\partial u}{\partial z}=R_1 i+L_1\frac{\partial i}{\partial t}$$

$$-\frac{\partial i}{\partial z}=G_1 u+C_1\frac{\partial u}{\partial t}$$

对于时谐的电压和电流，存在

$$-\frac{\mathrm{d}U(z)}{\mathrm{d}z}=R_1 I(z)+\mathrm{j}\omega L_1 I(z)=(R_1+\mathrm{j}\omega L_1)I(z)=ZI(z)$$

$$-\frac{\mathrm{d}I(z)}{\mathrm{d}z}=G_1 U(z)+\mathrm{j}\omega C_1 U(z)=(G_1+\mathrm{j}\omega C_1)U(z)=YU(z)$$

式中，$U(z)$、$I(z)$ 分别为 $u(t,z)$ 和 $i(t,z)$ 的复振幅，$Z=R_1+\mathrm{j}\omega L_1$、$Y=G_1+\mathrm{j}\omega C_1$ 则分别代表传输线上单位长度的串联阻抗和并联导纳。

上式两端对 z 求导，得

$$-\frac{\mathrm{d}^2U(z)}{\mathrm{d}z^2}=Z\frac{\partial I(z)}{\partial z}=-ZYU(z)=-\gamma^2U(z)$$

$$-\frac{\mathrm{d}^2I(z)}{\mathrm{d}z^2}=Y\frac{\partial U(z)}{\partial z}=-ZYI(z)=-\gamma^2I(z)$$

整理得

$$\frac{\mathrm{d}^2U(z)}{\mathrm{d}z^2}-\gamma^2U(z)=0 \tag{7.5.1a}$$

$$\frac{d^2I(z)}{dz^2}-\gamma^2 I(z)=0 \tag{7.5.1b}$$

称为传输线上电压波和电流波动方程，式中

$$\gamma=\sqrt{ZY}=\sqrt{(R_1+j\omega L_1)(G_1+j\omega C_1)}=\alpha+j\beta \tag{7.5.2}$$

称为传播常数，通常是一个复数，其实部α为衰减常数，虚部β为相位常数。

2．传输线方程的解

式（7.5.1）是标准的二阶齐次微分方程，其通解为

$$U(z)=A_1e^{\gamma z}+A_2e^{-\gamma z} \tag{7.5.3a}$$

$$I(z)=B_1e^{\gamma z}+B_2e^{-\gamma z} \tag{7.5.3b}$$

式中，A_1、A_2、B_1、B_2由传输线边界条件决定。因为

$$\frac{dU(z)}{dz}=A_1\gamma e^{\gamma z}-A_2\gamma e^{-\gamma z}$$

所以

$$I(z)=-\frac{A_1\gamma}{Z}e^{\gamma z}+\frac{A_2\gamma}{Z}e^{-\gamma z}$$

令$\dfrac{Z}{\gamma}=Z_0$代入上式，可得

$$I(z)=\frac{1}{Z_0}(-A_1e^{\gamma z}+A_2e^{-\gamma z}) \tag{7.5.4}$$

式中，$Z_0=\dfrac{Z}{\gamma}=\sqrt{\dfrac{Z}{Y}}=\sqrt{\dfrac{R_1+j\omega L_1}{G_1+j\omega C_1}}$，具有阻抗的量纲，称为传输线的特性阻抗。

式（7.5.3a）和式（7.5.4）为传输线上的电压和电流分布表示式，它们都包含两项：一项含有因子$e^{\gamma z}$，代表沿$-z$方向（由负载到信号源）传播的行波，称为反射波；一项含有因子$e^{-\gamma z}$，代表$+z$方向（由信号源到负载）传播的行波，称为入射波。沿线任何一点的电压与电流值都是该处的入射波与反射波的叠加，图7.5.3表示了沿线入射波与反射波的瞬时分布图。假设A_1、A_2为实数，当Z_0为实数时，电压入射波与电流入射波相位相同，电压反射波与电流反射波相位相反。

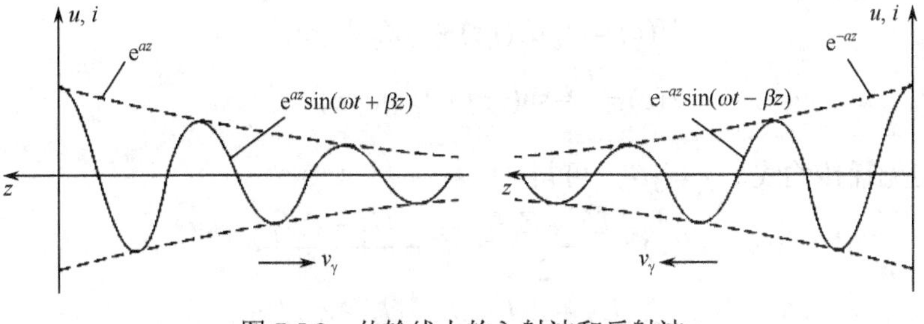

图 7.5.3　传输线上的入射波和反射波

如果坐标原点($z=0$)取在末端，即负载端，则式（7.5.3a）和式（7.5.4）中的前一项为入射波，后一项为反射波。所以，入射波和反射波的表达式主要决定于坐标原点($z=0$)的选取，传输方向是不变的。

设传输线的长度为L，下面讨论两种给定条件下方程的解。

（1）已知终端电压和终端电流，首先将坐标原点($z=0$)选取在始端，则有

$$U(L)=U_L，\quad I(L)=I_L \tag{7.5.5}$$

将式（7.5.5）代入式（7.5.3）和式（7.5.4）中，得

$$A_1 e^{\gamma L} + A_2 e^{-\gamma L} = U_L, \quad \frac{1}{Z_0}(-A_1 e^{\gamma L} + A_2 e^{-\gamma L}) = I_L$$

联立求解得

$$A_1 = \frac{U_L - I_L Z_0}{2} e^{-\gamma L}, \quad A_2 = \frac{U_L + I_L Z_0}{2} e^{\gamma L}$$

于是

$$U(z) = \frac{U_L - I_L Z_0}{2} e^{\gamma(z-L)} + \frac{U_L + I_L Z_0}{2} e^{-\gamma(z-L)}$$

$$I(z) = \frac{1}{Z_0}\left[-\frac{U_L - I_L Z_0}{2} e^{\gamma(z-L)} + \frac{U_L + I_L Z_0}{2} e^{-\gamma(z-L)}\right]$$

上式表明，当已知传输线终端电压和终端电流时，线上任意一点 z 的电压和电流与 $z-L$ 有关。因此应用中，常常采用坐标代换，令 $z' = L - z$，则上式变为

$$U(L-z') = \frac{U_L - I_L Z_0}{2} e^{-\gamma z'} + \frac{U_L + I_L Z_0}{2} e^{\gamma z'}$$

$$I(L-z') = \frac{1}{Z_0}\left(-\frac{U_L - I_L Z_0}{2} e^{-\gamma z'} + \frac{U_L + I_L Z_0}{2} e^{\gamma z'}\right)$$

当 $z' = 0$ 时即为负载端，$L - z'$ 代表距负载端 z' 位置处。所以上式可记为

$$U(z) = \frac{U_L + I_L Z_0}{2} e^{\gamma z} + \frac{U_L - I_L Z_0}{2} e^{-\gamma z} \tag{7.5.6a}$$

$$I(z) = \frac{1}{Z_0}\left(\frac{U_L + I_L Z_0}{2} e^{\gamma z} - \frac{U_L - I_L Z_0}{2} e^{-\gamma z}\right) \tag{7.5.6b}$$

此时，负载端为坐标原点。第一项表示入射波，第二项代表表示反射波。并记为

$$U(z) = U_{\rm i}(z) + U_{\rm r}(z) = A_1 e^{\gamma z} + A_2 e^{-\gamma z} \tag{7.5.7a}$$

$$I(z) = I_{\rm i}(z) + I_{\rm r}(z) = \frac{A_1}{Z_0} e^{\gamma z} - \frac{A_2}{Z_0} e^{-\gamma z} \tag{7.5.7b}$$

上式还可用双曲函数表示

$$U(z) = U_L \,\mathrm{ch}(\gamma z) + I_L Z_0 \,\mathrm{sh}(\gamma z) \tag{7.5.8a}$$

$$I(z) = \frac{U_L}{Z_0} \mathrm{sh}(\gamma z) + I_L \,\mathrm{ch}(\gamma z) \tag{7.5.8b}$$

对于均匀无耗传输线，$\gamma = \mathrm{j}\beta$，可得

$$U(z) = \frac{U_L + Z_0 I_L}{2} e^{\mathrm{j}\beta z} + \frac{U_L - Z_0 I_L}{2} e^{-\mathrm{j}\beta z}$$

$$I(z) = \frac{U_L + Z_0 I_L}{2Z_0} e^{\mathrm{j}\beta z} - \frac{U_L - Z_0 I_L}{2Z_0} e^{-\mathrm{j}\beta z}$$

应用 Euler（欧拉）公式，可得三角函数表示形式

$$U(z) = U_L \cos\beta z + \mathrm{j} Z_0 I_L \sin\beta z \tag{7.5.9a}$$

$$I(z) = I_L \cos\beta z + \mathrm{j}\frac{U_L}{Z_0} \sin\beta z \tag{7.5.9b}$$

在实际应用中，通常是给定传输线的特性阻抗和传输线的终端负载端接情况。因此，这种情况在分析和计算传输线的特性时应用最多。

（2）已知始端电压和电流，此时将坐标原点（$z=0$）选取在始端，即

$$U(0)=U_0,\quad I(0)=I_0 \tag{7.5.10}$$

将式（7.5.10）代入式（7.5.3a）和式（7.5.4）中，得

$$U_0=A_1+A_2,\quad I_0=\frac{1}{Z_0}(-A_1+A_2)$$

联立求解得

$$A_1=\frac{U_0-I_0Z_0}{2},\quad A_2=\frac{U_0+I_0Z_0}{2} \tag{7.5.11}$$

于是

$$U(z)=\frac{U_0-I_0Z_0}{2}\mathrm{e}^{\gamma z}+\frac{U_0+I_0Z_0}{2}\mathrm{e}^{-\gamma z} \tag{7.5.12a}$$

$$I(z)=\frac{1}{Z_0}\left(-\frac{U_0-I_0Z_0}{2}\mathrm{e}^{\gamma z}+\frac{U_0+I_0Z_0}{2}\mathrm{e}^{-\gamma z}\right) \tag{7.5.12b}$$

用三角函数表示为

$$U(z)=U_0\cos\gamma z-\mathrm{j}Z_0I_0\sin\gamma z \tag{7.5.13a}$$

$$I(z)=-\mathrm{j}\frac{U_0}{Z_0}\sin\gamma z+I_0\cos\gamma z \tag{7.5.13b}$$

7.5.2　传输线的特性参数

传输线的特性参数主要有传输线的特性阻抗、传播常数、相速和波长，它们决定于传输线的尺寸、填充的媒质及工作频率。

1．特性阻抗 Z_0

传输线的特性阻抗 Z_0 定义为传输线上电压入射波与电流入射波之比，或电压反射波与电流反射波之比的负值。即

$$Z_0=\frac{U_\mathrm{i}}{I_\mathrm{i}}=-\frac{U_\mathrm{r}}{I_\mathrm{r}}=\sqrt{\frac{R_1+\mathrm{j}\omega L_1}{G_1+\mathrm{j}\omega C_1}} \tag{7.5.14}$$

可见，特性阻抗就是传输线对一个行波所呈现的阻抗，Z_0 定义为行波电压与行波电流之比，即 Z_0 始终是正值。而且在一般情况下，Z_0 是复数，它与传输线的几何尺寸、填充介质有关，也与频率有关。

对于微波传输线（信号源的频率很高）或低损耗传输线，$R_1 << \omega L_1$、$G_1 << \omega C_1$ 或 $R_1=0$、$G_1=0$，则传输线的特性阻抗 Z_0 可近似看作常数，即

$$Z_0=\sqrt{\frac{L_1}{C_1}} \tag{7.5.15}$$

例如：（1）平行双导线的单位长度的电容 $C_1=\dfrac{\pi\varepsilon}{\ln(2D/d)}$、单位长度的电感 $L_1=\dfrac{\mu}{\pi}\ln\dfrac{2D}{d}$，代入式（7.5.15）得

$$Z_0=\frac{120}{\sqrt{\varepsilon_\mathrm{r}}}\ln\frac{2D}{d} \tag{7.5.16}$$

其中，d 为导线的直径，D 为两线中心之间的距离。

平行双导线的特性阻抗值一般为$250\sim700\Omega$，常用的是600Ω、400Ω、300Ω等。

（2）同轴线的单位长度的电容$C_1=\dfrac{2\pi\varepsilon}{\ln(2D/d)}$，单位长度的电感$L_1=\dfrac{\mu}{2\pi}\ln\dfrac{D}{d}$，代入式（7.5.15）得

$$Z_0=\frac{60}{\sqrt{\varepsilon_r}}\ln\frac{D}{d} \tag{7.5.17}$$

其中，d为内导体的直径，D为外导体的直径。

同轴线的特性阻抗值一般为$40\sim100\Omega$，常用的是50Ω和75Ω。

2. 传播常数γ

传输线的传播常数γ的一般表示为

$$\gamma=\alpha+\mathrm{j}\beta=\sqrt{ZY}=\sqrt{(R_1+\mathrm{j}\omega L_1)(G_1+\mathrm{j}\omega C_1)} \tag{7.5.18}$$

因此，γ一般为复数，它表示行波单位长度振幅和相位的变化。γ的实部α称为传输线的衰减常数，单位为奈培/米（Np/m）或分贝/米（dB/m），它表示传输线单位长度上行波电压（或电流）振幅衰减e^{α}倍。γ的虚部β称为传输线的相位常数，单位为弧度/米（rad/m），它表示传输线单位长度上行波电压（或电流）相位滞后的弧度数。α和β的计算式分别为

$$\alpha=\sqrt{\frac{1}{2}\left[\sqrt{(R_1^2+\omega^2L_1^2)(G_1^2+\omega^2C_1^2)}-(\omega^2L_1C_1-R_1G_1)\right]} \tag{7.5.19a}$$

$$\beta=\sqrt{\frac{1}{2}\left[\sqrt{(R_1^2+\omega^2L_1^2)(G_1^2+\omega^2C_1^2)}+(\omega^2L_1C_1-R_1G_1)\right]} \tag{7.5.19b}$$

可以看出，α和β均与频率有关。在微波情况下，由于$\omega L_1>>R_1$、$\omega C_1>>G_1$，γ可简化为

$$\gamma=\left(\frac{R_1}{2}\sqrt{\frac{C_1}{L_1}}+\frac{G_1}{2}\sqrt{\frac{L_1}{C_1}}\right)+\mathrm{j}\omega\sqrt{L_1C_1}$$

即

$$\alpha=\frac{R_1}{2}\sqrt{\frac{C_1}{L_1}}+\frac{G_1}{2}\sqrt{\frac{L_1}{C_1}}=\frac{R_1}{2Z_0}+\frac{G_1Z_0}{2}=\alpha_c+\alpha_d \tag{7.5.20a}$$

$$\beta=\omega\sqrt{L_1C_1} \tag{7.5.20b}$$

式中，$\alpha_c=\dfrac{R_1}{2Z_0}$为导体衰减常数，$\alpha_d=\dfrac{G_1Z_0}{2}$为介质衰减常数。

对于均匀无耗传输线，$R_1=0$，$G_1=0$，则

$$\alpha=0 \tag{7.5.21a}$$

$$\beta=\omega\sqrt{L_1C_1} \tag{7.5.21b}$$

3. 相速

相速的定义与电磁波的相速定义一样，指行波等相位面移动的速度

$$v_p=\frac{\omega}{\beta}$$

对于无耗传输线，将式（7.5.21b）代入上式，得

$$v_p=\frac{\omega}{\beta}=\frac{1}{\sqrt{L_1C_1}} \tag{7.5.22}$$

4．波长

波长的定义也与电磁波的波长定义相同，即同一时刻两个相邻的等相位点之间的距离

$$\lambda=\frac{2\pi}{\beta}$$

实际上，与 v_p 相对应的波长一般称为相波长 λ_p。

传输线上相波长 λ_p 与工作波长 λ 的关系为

$$\lambda_p=\frac{2\pi}{\beta}=\frac{2\pi}{\omega\sqrt{L_1C_1}}=\frac{c}{f\sqrt{\varepsilon_r}}=\frac{\lambda}{\sqrt{\varepsilon_r}} \tag{7.5.23}$$

7.5.3 传输线的工作参数

传输线的工作参数是指随传输线所接负载的不同而变化的量，主要有传输线的反射系数、输入阻抗和驻波系数。

1．反射系数 $\Gamma(z)$

反射系数 $\Gamma(z)$ 定义为反射波电压 $U_r(z)$ 与入射波电压 $U_i(z)$ 之比。因此均匀无耗传输线上距离终端 z 处的电压反射系数的表达式为

$$\Gamma(z)=\frac{U_r(z)}{U_i(z)}=\frac{A_2e^{-j\beta z}}{A_1e^{j\beta z}}=\frac{A_2}{A_1}e^{-2j\beta z}=\Gamma_Le^{-j2\beta z} \tag{7.5.24}$$

式中，Γ_L 为负载反射系数（$z=0$）。且

$$\Gamma_L=\frac{U_L-I_LZ_0}{U_L+I_LZ_0}=\frac{Z_L-Z_0}{Z_L+Z_0}=\left|\frac{Z_L-Z_0}{Z_L+Z_0}\right|e^{j\phi_L}=|\Gamma_L|e^{j\phi_L} \tag{7.5.25}$$

其中，ϕ_L 表示负载反射系数的辐角，又称初始相位；$|\Gamma_L|$ 是负载反射系数的模值。

又可得

$$\Gamma(z)=\Gamma_Le^{-j2\beta z}=|\Gamma_L|e^{j(\phi_L-2\beta z)}=|\Gamma(z)|e^{j\phi} \tag{7.5.26}$$

这说明，当传输线的特性阻抗和终端负载给定后，均匀无耗传输线上各处的反射系数的模值 $|\Gamma(z)|$ 不变，且 $0\leqslant|\Gamma(z)|\leqslant1$；其辐角随位置变化，总是滞后负载反射系数的 $2\beta z$。

用同样的方法可定义电流反射系数

$$\Gamma(z)=\frac{I_r(z)}{I_i(z)}=-\frac{U_L-I_LZ_0}{U_L+I_LZ_0}e^{-2\beta z}=-\Gamma_Le^{-2\beta z}$$

可见，电流反射系数与电压反射系数只相差一负号，通常采用电压来定义反射系数。

用反射系数表示沿线电压、电流的表达式为

$$U(z)=U_i(z)[1+\Gamma(z)] \tag{7.5.27a}$$

$$I(z)=I_i(z)[1-\Gamma(z)] \tag{7.5.27b}$$

2．输入阻抗 $Z_{in}(z)$

当均匀无耗传输线终端接负载阻抗 Z_L 时，距离终端 z 处向负载方向去的输入阻抗 $Z_{in}(z)$ 定义为该处的电压 $U(z)$ 与电流 $I(z)$ 之比，即

$$Z_{in}(z)=\frac{U(z)}{I(z)}=\frac{U_L\cos\beta z+jZ_0I_L\sin\beta z}{I_L\cos\beta z+j\dfrac{U_L}{Z_0}\sin\beta z}=Z_0\frac{Z_L\cos\beta z+jZ_0\sin\beta z}{Z_0\cos\beta z+jZ_L\sin\beta z}$$

化简后为

$$Z_{in}(z)=Z_0\frac{Z_L+jZ_0\tan\beta z}{Z_0+jZ_L\tan\beta z} \tag{7.5.28}$$

可见，传输线上任一点的输入阻抗与负载阻抗和位置有关，也与频率有关，且一般为复数。

负载阻抗 Z_L 经过传输线 z 后变换成 $Z_{in}(z)$，说明微波传输线对于阻抗有变换器的作用。如当 $z=(2n+1)\frac{\lambda}{4}$（$n=0,1,2,\cdots$）时，有

$$Z_{in}\left[(2n+1)\frac{\lambda}{4}\right]=\frac{Z_0^2}{Z_L} \tag{7.5.29}$$

当负载阻抗 Z_L 为容性时，经过 $\frac{\lambda}{4}$ 无损耗传输线的输入阻抗变为感性，反之亦然，这种性质称为 $\frac{\lambda}{4}$ 阻抗变换性。

阻抗变换具有周期性，如 $z=\frac{n\lambda}{2}$（$n=1,2,\cdots$）时，有

$$Z_{in}\left(\frac{n\lambda}{2}\right)=Z_L \tag{7.5.30}$$

即经过 $\frac{\lambda}{2}$ 无损耗传输线的输入阻抗不变，这种性质称为 $\frac{\lambda}{2}$ 阻抗还原性。

传输线上任一点的输入阻抗还可以由该处的反射系数表示，这在传输线阻抗的测量和计算中有着重要的意义。

$$Z_{in}(z)=\frac{U(z)}{I(z)}=\frac{U_i[1+\Gamma(z)]}{I_i[1-\Gamma(z)]}=Z_0\frac{1+\Gamma(z)}{1-\Gamma(z)} \tag{7.5.31}$$

当不同长度的传输线终端开路或短路时，研究其输入阻抗具有实用意义，可以构成不同电抗值的电抗元件或谐振器，这在微波电路中广泛使用。

（1）终端短路

此时 $Z_L=0$，由式（7.5.28）得

$$Z_{ins}(z)=jZ_0\tan\beta z \tag{7.5.32}$$

由上式可知，终端短路的无耗传输线的输入阻抗为纯电抗，可以是电感性的，也可以是电容性的，视 z 的值而定。图 7.5.4（a）给出了 $Z_{ins}(z)$ 随 z 的变化曲线。从图中可以看出，传输线具有 LC 谐振回路的性质，根据长度的不同，它可以显示出容抗或感抗。在微波技术中，我们常采用等效的 LC 电路来表示传输线段，以帮助我们了解它的性质。对于终端短路传输线，其输入阻抗在 $\frac{(2n-1)\lambda}{4}$（$n=1,2,\cdots$）处相当于低频电路中的并联谐振；输入阻抗在 $\frac{n\lambda}{2}$（$n=1,2,\cdots$）处相当于低频电路中的串联谐振；当传输线长度小于 $\frac{\lambda}{4}$ 时，输入阻抗呈电感性，当传输线长度大于 $\frac{\lambda}{4}$ 而小于 $\frac{\lambda}{2}$ 时，输入阻抗呈电容性。

（2）终端开路

这时 $Z_L=\infty$，由式（7.5.28）得

$$Z_{ino}(z)=-jZ_0\cot\beta z \tag{7.5.33}$$

终端开路的无耗传输线的输入阻抗也呈纯电抗，图 7.5.4（b）给出了 $Z_{ino}(z)$ 随 z 的变化曲线。由图可知：对于终端开路传输线，其输入阻抗在 $\frac{(2n-1)\lambda}{4}$（$n=1,2,\cdots$）相当于低频电路中的串联谐振；输入阻抗在 $\frac{n\lambda}{2}$（$n=1,2,\cdots$）相当于低频电路中的并联谐振；当传输线长度小于 $\frac{\lambda}{4}$ 时，输入阻抗呈电容性，当传输线长度大于 $\frac{\lambda}{4}$ 而小于 $\frac{\lambda}{2}$ 时，输入阻抗呈电感性。

把式（7.5.32）与式（7.5.33）比较，可知开路线的输入阻抗与短路线的变化相同，唯一的区别是路线的输入阻抗曲线沿 z 轴移动了一个距离 $\frac{\lambda}{4}$。

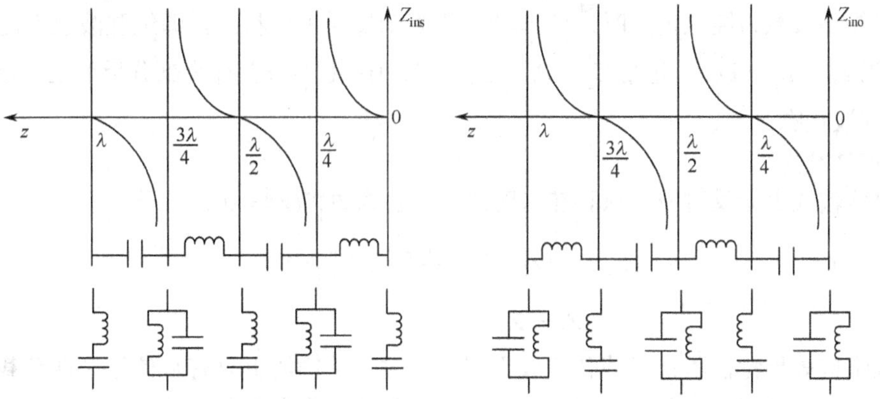

图 7.5.4　输入阻抗曲线

由式（7.5.32）和式（7.5.33）可得到

$$Z_{ino}(z)\cdot Z_{ins}(z)=Z_0^2 \tag{7.5.34}$$

根据这一关系式可采用“开路—短路法”确定 Z_0。

3. 驻波系数

一般情况下，传输线上存在入射波和反射波，它们相互干涉形成行驻波。入射波与反射波同相叠加达到最大值，反相叠加达到最小值。传输线上电压最大值与电压最小值之比，称为电压驻波系数或电压驻波比（VSWR），用 S 表示，即

$$S=\frac{U_{max}}{U_{min}}=\frac{|U_i|+|U_r|}{|U_i|-|U_r|}=\frac{1+|\Gamma(z)|}{1-|\Gamma(z)|} \tag{7.5.35}$$

传输线上电流最大值与电流最小值之比，称为电流驻波系数或电流驻波比，且电流驻波系数与电压驻波系数的值是一样的。驻波系数是相当重要的参数。因为在微波中常常是通过对驻波系数的测量，以及对电压最小值位置的测定，来确定负载的反射系数 Γ_L 和阻抗 Z_L 的归一值。

对于无耗传输线，已知 $|\Gamma(z)|=|\Gamma_L|$，所以

$$S=\frac{1+|\Gamma_L|}{1-|\Gamma_L|} \tag{7.5.36}$$

可见，无耗传输线上的驻波系数与 z 无关。由于 $0\leqslant|\Gamma_L|\leqslant 1$，故 $1\leqslant\rho<\infty$。

定义驻波系数的倒数为行波系数，即

$$K=\frac{1}{S}=\frac{1-|\Gamma_L|}{1+|\Gamma_L|} \tag{7.5.37}$$

7.5.4 传输线的工作状态

当传输线终端接不同性质的负载阻抗 Z_L 时，传输线上有三种不同的工作状态。

- 当 $Z_L=Z_0$（负载阻抗等于特性阻抗）时，$\Gamma_L=0$，称为无反射工作状态，即行波状态。
- 当 $Z_L=0$（终端短路）时，$\Gamma_L=-1$；当 $Z_L=\infty$（终端开路）时，$\Gamma_L=1$；当 $Z_L=\pm jX_L$（终端负载为纯电抗）时，$|\Gamma_L|=1$。称为全反射工作状态，即纯驻波状态。
- 当 $Z_L=R_L\pm jX_L$（包括 $Z_L=R_L\neq Z_0$）时，$0<|\Gamma_L|<1$，称为部分反射工作状态，即行驻波状态。

1．行波状态

此时传输线上无反射波，只存在入射波，反射系数 $|\Gamma(z)|=0$。由于

$$U_r(z)=\frac{U_L-I_LZ_0}{2}e^{-j\beta z}=0$$

求得

$$Z_L=Z_0$$

即当负载阻抗等于特性阻抗（或传输线无限长）时，传输线上只有从信号源向负载方向传输的入射波，传输线工作在行波状态。此时，负载阻抗吸收全部入射波功率而无反射，负载与传输线匹配，称为“匹配负载”。所以行波状态又称匹配工作状态。

根据终端负载条件，此时传输线上的电压、电流为

$$U(z)=U_i(z)=\frac{U_L+I_LZ_0}{2}e^{j\beta z}$$

$$I(z)=I_i(z)=\frac{U_L+I_LZ_0}{2Z_0}e^{j\beta z}$$

写成瞬时形式

$$u(t,z)=\frac{U_L+I_LZ_0}{2}\cos(\omega t+\beta z+\theta) \tag{7.5.38a}$$

$$i(t,z)=\frac{U_L+I_LZ_0}{2Z_0}\cos(\omega t+\beta z+\theta) \tag{7.5.38b}$$

式中，θ 为初始相位。

传输线上任一点的输入阻抗

$$Z_{in}(z)=\frac{U(z)}{I(z)}=Z_0 \tag{7.5.39}$$

即沿线的输入阻抗均等于传输线的特性阻抗。

由上面的关系式可得出行波状态下沿传输线的电压、电流及输入阻抗分布曲线，如图 7.5.5 所示。

可见，行波状态下，无耗传输线上电压、电流的振幅不随距离而变，而相位具有滞后效应，即波在向前传输的过程中，相位连续滞后，这是行波前进的必然结果。

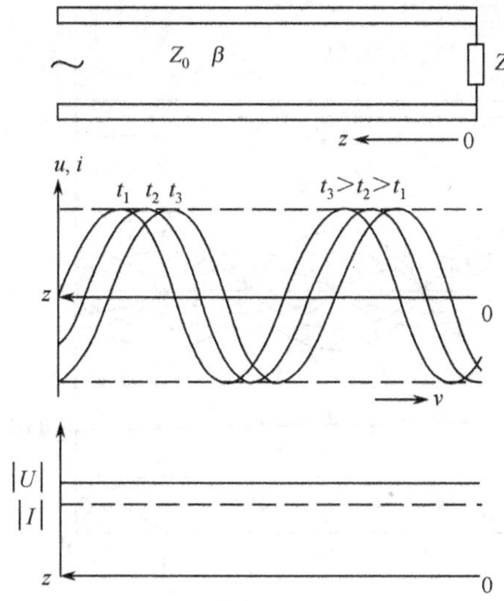

图 7.5.5 传输线上的行波状态

综上所述，行波状态下的无耗传输线有如下特点：

① 沿线各点的电压、电流振幅不变；

② 沿线电压与电流同相；

③ 沿线各点的输入阻抗均不随距离而变，其值等于特性阻抗。

2. 纯驻波状态

当传输线终端短路（$Z_L=0$）、开路（$Z_L=\infty$）或接纯电抗负载$Z_L=\pm jX_L$时，终端的入射波全部被反射。沿线入射波与反射波叠加形成纯驻波分布。其实质是负载没有吸收有功功率，入射波功率全部以反射波的形式返回系统。这三种负载的驻波特性都一样，只是纯驻波在线上分布的位置不同。下面仅就终端短路（$Z_L=0$）情况进行分析。

由于$Z_L=0$，因而$U_L=0$，有

$$U(z)=U_L\cos\beta z+jZ_0I_L\sin\beta z=jZ_0I_L\sin\beta z$$

$$I(z)=I_L\cos\beta z+j\frac{U_L}{Z_0}\sin\beta z=I_L\cos\beta z$$

沿线电压和电流的幅值随位置而不同，其瞬时形式为

$$u(t,z)=Z_0I_L\sin\beta z\cos\left(\omega t+\theta+\frac{\pi}{2}\right) \tag{7.5.40a}$$

$$i(t,z)=I_L\cos\beta z\cos(\omega t+\theta) \tag{7.5.40b}$$

此时短路线上的输入阻抗为

$$Z_{in}(z)=\frac{U(z)}{I(z)}=\frac{jZ_0I_L\sin\beta z}{I_L\cos\beta z}=jZ_0\tan\beta z=\pm jX \tag{7.5.41}$$

即终端短路的传输线上，各点的输入阻抗均为纯电抗，且随频率和距离变化，当频率一定时，阻抗随距离做周期性变化，其周期为$\dfrac{\lambda}{2}$。

传输线终端短路时，电压、电流沿线的瞬时分布如图 7.5.6 所示。

由图 7.5.6 可知，纯驻波状态下的无耗传输线有如下特点：

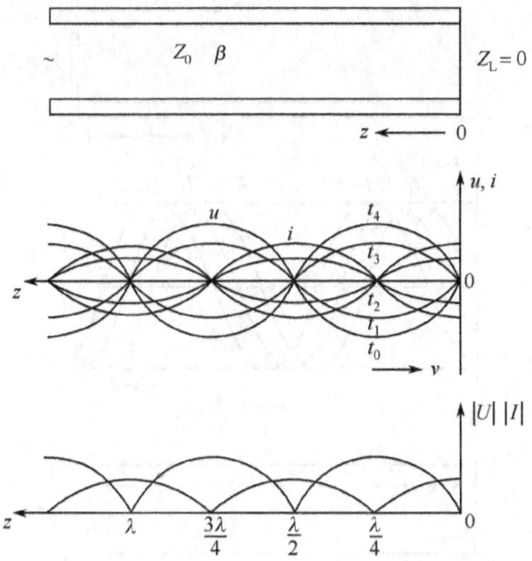

图 7.5.6　终端短路线上的驻波电压和电流

① 当坐标 z 固定时，传输线上各点的 u 和 i 随时间变化的相位相差 $\dfrac{\pi}{2}$，即有 $\dfrac{T}{4}$ 的相位差；当时间 t 固定时，传输线上各点的 u 和 i 随坐标 z 变化的相位也相差 $\dfrac{\pi}{2}$，即空间位置上也有 $\dfrac{\lambda}{4}$ 的相移。因此某一时刻沿线电压达到最大值处电流为零，反之亦然，这说明纯驻波状态下没有功率传输。

② 纯驻波是在满足全反射条件下，由两个相向传输的行波叠加而成的。沿线各点的 u 和 i 只随时间作正弦变化，是一种简谐振荡，而不以波的形式沿线传输。

③ 传输线上电压和电流的振幅随位置 z 而不同，入射波和反射波同相叠加处出现最大值，称为电压（或电流）波腹点，反相叠加处出现零值，称为电压（或电流）波节点。波腹点与波节点位置固定，两个相邻波腹点（或波节点）之间的距离为 $\dfrac{\lambda}{2}$，波腹点与波节点相距 $\dfrac{\lambda}{4}$。

④ 沿线各点的输入阻抗为纯电抗。

3．行驻波状态

当传输线终端负载为一般阻抗时，即 $Z_L = R_L \pm jX_L$ 或 $Z_L = R_L \neq Z_0$，终端反射系数为 $0<|\Gamma_L|<1$，线上将同时存在入射波和反射波，且两者的振幅不等，叠加后形成行驻波状态。

对于无损耗传输线，线上的电压、电流表示为

$$\begin{aligned} U(z) &= U_i(z)+U_r(z) = U_L e^{j\beta z} + \Gamma_L U_L e^{-j\beta z} \\ &= U_L e^{j\beta z} + 2\Gamma_L U_L \frac{e^{j\beta z}+e^{-j\beta z}}{2} - \Gamma_L U_L e^{j\beta z} \\ &= U_L e^{j\beta z}(1-\Gamma_L) + 2\Gamma_L U_L \cos(\beta z) \end{aligned} \tag{7.5.42a}$$

$$\begin{aligned} I(z) &= I_i(z)+I_r(z) = I_L e^{j\beta z} + I_L e^{-j\beta z} \\ &= I_L e^{j\beta z}(1-\Gamma_L) + j2\Gamma_L I_L \sin(\beta z) \end{aligned} \tag{7.5.42b}$$

可见，传输线上的电压、电流由两部分组成：第一部分代表由信号源向负载传输的单向行波；第二部分代表驻波，传输线上的电压和电流是行波分量和驻波分量的叠加，因此称为行驻波状态。行波分量与驻波分量的大小取决于反射系数。也可用驻波系数表示为

$$S=\frac{U_{\max}}{U_{\min}}=\frac{I_{\max}}{I_{\min}}=\frac{1+|\Gamma_L|}{1-|\Gamma_L|} \tag{7.5.43}$$

图 7.5.7 给出了行驻波状态下的电压、电流振幅分布。

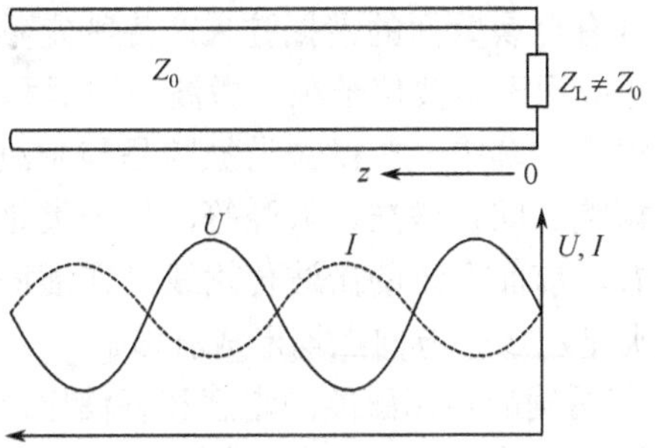

图 7.5.7　行驻波状态下的电压、电流振幅分布

例 7-5　考虑一根无耗传输线。当负载阻抗 $Z_L = 40 - j30\Omega$ 时。

（1）欲使线上驻波比最小，则线的特性阻抗应为多少？

（2）求出该最小的驻波比及相应的电压反射系数。

（3）确定距负载最近的电压最小点位置。

解：（1）因为

$$S=\frac{1+|\Gamma(z)|}{1-|\Gamma(z)|}$$

若驻波比 S 最小，就要求反射系数 $|\Gamma(z)|$ 最小。对于无耗传输线

$$|\Gamma(z)|=|\Gamma_L|=\left|\frac{Z_L-Z_0}{Z_L+Z_0}\right|=\left[\frac{(R_L-Z_0)^2+X_L^2}{(R_L+Z_0)^2+X_L^2}\right]^{\frac{1}{2}}$$

其最小值可由 $\frac{\mathrm{d}|\Gamma(z)|}{\mathrm{d}Z_0}=0$ 求得

$$Z_0=(R_L^2+X_L^2)^{\frac{1}{2}}=50\Omega$$

（2）代入 $Z_0=50\Omega$，可得反射系数

$$|\Gamma(z)|_{\min}=\left|\frac{Z_L-50}{Z_L+50}\right|=\frac{1}{3}$$

所以

$$S=\frac{1+|\Gamma(z)|_{\min}}{1-|\Gamma(z)|_{\min}}=\frac{1+\frac{1}{3}}{1-\frac{1}{3}}=2$$

（3）终端反射系数

$$\Gamma_L=\frac{Z_L-Z_0}{Z_L+Z_0}=\frac{(40-50)-j30}{(40+50)-j30}=0.333e^{-j90^\circ}$$

电压的第一个波节点应在

$$2\times\frac{2\pi}{\lambda}z_1-\theta_L=180^\circ$$

即

$$\frac{4\pi}{\lambda}z_1+90^\circ=180^\circ$$

得

$$z_1=0.125\lambda$$

7.6 谐 振 腔

在微波频段，通常采用具有金属壁面的谐振腔来产生特定频率的高频振荡。微波谐振腔是一种基本的微波元件，广泛应用于微波信号源、微波滤波器和微波测量技术中。

微波谐振腔的结构形式很多，其中一类微波谐振腔是与微波传输线的类型对应的，如矩形微波谐振腔、圆柱微波谐振腔、同轴微波谐振腔等，另一类是非传输线型谐振腔，如开腔谐振器等。从电磁波角度来看，前面介绍的微波传输线是在横截面上形成驻波，而在传输方向上形成行波，微波谐振腔则是在 3 个方向上均形成驻波。

和低频 LC 振荡回路具有明确的存储磁能的电感和存储电能的电容不同，微波谐振腔中无法截然分开存储电能、磁能的区域，它是分布参数谐振系统，因此电感、电容等参数没有意义，也无法测量。微波谐振腔主要利用谐振频率和固有品质因数 Q 值来描述储能与损耗的关系，由于没有辐射损耗，因此其 Q 值相对较高。微波谐振腔的谐振频率与模式有关，每个具体谐振模式的固有品质因数 Q 值是不同的。

矩形谐振腔是由一段两端用导体板封闭起来的矩形波导构成的，如图 7.6.1 所示。腔体长度为 l，横截面尺寸为 $a \times b$，矩形腔中谐振模式可以看成是矩形波导中相同的传输模式在两端短路板之间来回反射叠加而成。因此可以从矩形波导的电磁场分布出发导出矩形谐振腔的电磁场分布。因为 TM 模和 TE 模都能存在于矩形波导内，所以，TM 模和 TE 模也同样可以存在于矩形谐振腔中。

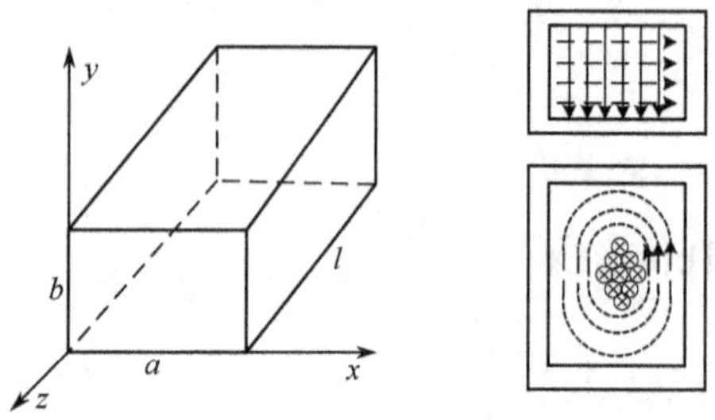

图 7.6.1　矩形谐振腔及谐振模的场结构

在传输线理论中，我们知道两端短路的半波长传输线能够维持驻波，也就是说传输线在这一频率上发生谐振。因此谐振腔长度为 $\frac{\lambda_{g0}}{2}$ 的整数倍，即

$$l = p\frac{\lambda_{g0}}{2}\quad (p = 1, 2, \cdots) \tag{7.6.1}$$

式中，λ_{g0} 称为矩形波导谐振腔相波长（即波导波长）。

假设 z 轴为参考的“传播方向”。由于在 $z=0$ 和 $z=l$ 处存在导体壁，在波导中即有沿 $+z$ 轴的入射波，又存在沿 $-z$ 轴的反射波，且两个波的振幅模值大小相等，从而形成完整的驻波。

1. TM_{mnp} 模

在矩形波导中，沿 $+z$ 方向传播的 TM_{mn} 模的场分量为

$$E_x(x,y,z) = -\frac{j\beta}{k_c^2}\frac{m\pi}{a}E_m\cos\left(\frac{m\pi}{a}x\right)\sin\left(\frac{n\pi}{b}y\right)e^{-j\beta z} \tag{7.6.2a}$$

$$E_y(x,y,z) = -\frac{j\beta}{k_c^2}\frac{n\pi}{b}E_m\sin\left(\frac{m\pi}{a}x\right)\cos\left(\frac{n\pi}{b}y\right)e^{-j\beta z} \tag{7.6.2b}$$

$$H_x(x,y,z) = \frac{j\omega\varepsilon}{k_c^2}\frac{n\pi}{b}E_m\sin\left(\frac{m\pi}{a}x\right)\cos\left(\frac{n\pi}{b}y\right)e^{-j\beta z} \tag{7.6.2c}$$

$$H_y(x,y,z)=-\frac{\mathrm{j}\omega\varepsilon}{k_c^2}\frac{m\pi}{a}E_m\cos\left(\frac{m\pi}{a}x\right)\sin\left(\frac{n\pi}{b}y\right)\mathrm{e}^{-\mathrm{j}\beta z} \tag{7.6.2d}$$

$$E_z(x,y,z)=E_m\sin\frac{m\pi}{a}x\sin\frac{n\pi}{b}y\mathrm{e}^{-\mathrm{j}\beta z} \tag{7.6.2e}$$

$$H_z(x,y,z)=0 \tag{7.6.2f}$$

该模式的电磁波被位于 $z=l$ 处的端面反射，然后沿 $-z$ 方向传播，相应的行波因子为 $\mathrm{e}^{\mathrm{j}\beta z}$，这时入射波和反射波叠加将形成以 $\sin\beta z$ 或 $\cos\beta z$ 表示的驻波分布。在 $z=0$ 和 $z=l$ 处，由边界条件，要求电场的切向分量为零，磁场的法向分量为零，即 $E_x=0$、$E_y=0$、$H_z=0$。因此

$$\sin\beta_{mn}l=0$$

$$\beta=\frac{p\pi}{l}\qquad(p=0,1,2,\cdots)$$

于是形成矩形谐振腔内 TM_{mnp} 模的场分布

$$\begin{aligned}E_x(x,y,z)&=-\frac{1}{k_c^2}\frac{m\pi}{a}\frac{p\pi}{l}E_m\cos\left(\frac{m\pi}{a}x\right)\sin\left(\frac{n\pi}{b}y\right)\left(\mathrm{e}^{-\mathrm{j}\left(\frac{p\pi}{l}z\right)}-\mathrm{e}^{\mathrm{j}\left(\frac{p\pi}{l}z\right)}\right)\\&=-\frac{2}{k_c^2}\frac{m\pi}{a}\frac{p\pi}{l}E_m\cos\left(\frac{m\pi}{a}x\right)\sin\left(\frac{n\pi}{b}y\right)\sin\left(\frac{p\pi}{l}z\right)\end{aligned} \tag{7.6.3a}$$

$$\begin{aligned}E_y(x,y,z)&=-\frac{1}{k_c^2}\frac{n\pi}{b}\frac{p\pi}{l}E_m\sin\left(\frac{m\pi}{a}x\right)\cos\left(\frac{n\pi}{b}y\right)\left(\mathrm{e}^{-\mathrm{j}\left(\frac{p\pi}{l}z\right)}-\mathrm{e}^{\mathrm{j}\left(\frac{p\pi}{l}z\right)}\right)\\&=-\frac{2}{k_c^2}\frac{n\pi}{b}\frac{p\pi}{l}E_m\sin\left(\frac{m\pi}{a}x\right)\cos\left(\frac{n\pi}{b}y\right)\sin\left(\frac{p\pi}{l}z\right)\end{aligned} \tag{7.6.3b}$$

$$\begin{aligned}E_z(x,y,z)&=E_m\sin\left(\frac{m\pi}{a}x\right)\sin\left(\frac{n\pi}{b}y\right)\left(\mathrm{e}^{-\mathrm{j}\left(\frac{p\pi}{l}z\right)}+\mathrm{e}^{\mathrm{j}\left(\frac{p\pi}{l}z\right)}\right)\\&=2E_m\sin\left(\frac{m\pi}{a}x\right)\sin\left(\frac{n\pi}{b}y\right)\cos\left(\frac{p\pi}{l}z\right)\end{aligned} \tag{7.6.3c}$$

$$\begin{aligned}H_x(x,y,z)&=\frac{\mathrm{j}\omega\varepsilon}{k_c^2}\frac{n\pi}{b}E_m\sin\left(\frac{m\pi}{a}x\right)\cos\left(\frac{n\pi}{b}y\right)\left(\mathrm{e}^{-\mathrm{j}\left(\frac{p\pi}{l}z\right)}+\mathrm{e}^{\mathrm{j}\left(\frac{p\pi}{l}z\right)}\right)\\&=\frac{\mathrm{j}2\omega\varepsilon}{k_c^2}\frac{n\pi}{b}E_m\sin\left(\frac{m\pi}{a}x\right)\cos\left(\frac{n\pi}{b}y\right)\cos\left(\frac{p\pi}{l}z\right)\end{aligned} \tag{7.6.3d}$$

$$\begin{aligned}H_y(x,y,z)&=-\frac{\mathrm{j}\omega\varepsilon}{k_c^2}\frac{m\pi}{a}E_m\cos\left(\frac{m\pi}{a}x\right)\sin\left(\frac{n\pi}{b}y\right)\left(\mathrm{e}^{-\mathrm{j}\left(\frac{p\pi}{l}z\right)}+\mathrm{e}^{\mathrm{j}\left(\frac{p\pi}{l}z\right)}\right)\\&=-\frac{\mathrm{j}2\omega\varepsilon}{k_c^2}\frac{m\pi}{a}E_m\cos\left(\frac{m\pi}{a}x\right)\sin\left(\frac{n\pi}{b}y\right)\cos\left(\frac{p\pi}{l}z\right)\end{aligned} \tag{7.6.3e}$$

$$H_z(x,y,z)=0 \tag{7.6.3f}$$

由 $\beta_{mn}^2=k_{mnp}^2-k_{cmn}^2$，$k_{cmn}^2=\left(\frac{m\pi}{a}\right)^2+\left(\frac{n\pi}{b}\right)^2$，$\beta_{mn}=\frac{p\pi}{l}$ 得

$$k_{mnp}^2=\left(\frac{m\pi}{a}\right)^2+\left(\frac{n\pi}{b}\right)^2+\left(\frac{p\pi}{l}\right)^2 \tag{7.6.4}$$

可见，p 相当于沿谐振腔长度上的半波数，即与 m、n 具有相同的意义。由场分量表达式可看出，磁场的相位与电场的相位相差 ±90°，在无耗空腔谐振器中总是这样的，它类似于无耗 LC 电路中电压和电流之间相差 ±90°。

与之对应的频率即为谐振腔的谐振频率

$$f_{mnp} = \frac{k_{mnp}}{2\pi\sqrt{\mu\varepsilon}} = \frac{1}{\sqrt{\mu\varepsilon}}\sqrt{\left(\frac{m}{2a}\right)^2 + \left(\frac{n}{2b}\right)^2 + \left(\frac{p}{2l}\right)^2} \tag{7.6.5}$$

谐振波长

$$\lambda_{mnp} = \frac{2}{\sqrt{\left(\frac{m}{a}\right)^2 + \left(\frac{n}{b}\right)^2 + \left(\frac{p}{l}\right)^2}} \tag{7.6.6}$$

2. TE_{mnp} 模

对于 TE_{mnp} 模的驻波分量的复数表示，可由矩形波导中 TE_{mn} 模的场分量导出，其方法与导出 TM_{mnp} 模驻波场分量相同。得

$$E_x(x,y,z) = \frac{2\omega\mu}{k_c^2}\frac{n\pi}{b}H_m\cos\left(\frac{m\pi}{a}x\right)\sin\left(\frac{n\pi}{b}y\right)\sin\left(\frac{p\pi}{l}z\right) \tag{7.6.7a}$$

$$E_y(x,y,z) = -\frac{2\omega\mu}{k_c^2}\frac{m\pi}{a}H_m\sin\left(\frac{m\pi}{a}x\right)\cos\left(\frac{n\pi}{b}y\right)\sin\left(\frac{p\pi}{l}z\right) \tag{7.6.7b}$$

$$E_z(x,y,z) = 0 \tag{7.6.7c}$$

$$H_x(x,y,z) = \mathrm{j}\frac{2}{k_c^2}\frac{m\pi}{a}\frac{p\pi}{l}H_m\sin\left(\frac{m\pi}{a}x\right)\cos\left(\frac{n\pi}{b}y\right)\cos\left(\frac{p\pi}{l}z\right) \tag{7.6.7d}$$

$$H_y(x,y,z) = \mathrm{j}\frac{2}{k_c^2}\frac{n\pi}{b}\frac{p\pi}{l}H_m\cos\left(\frac{m\pi}{a}x\right)\sin\left(\frac{n\pi}{b}y\right)\cos\left(\frac{p\pi}{l}z\right) \tag{7.6.7e}$$

$$H_z(x,y,z) = -\mathrm{j}2H_m\cos\left(\frac{m\pi}{a}x\right)\cos\left(\frac{n\pi}{b}y\right)\sin\left(\frac{p\pi}{l}z\right) \tag{7.6.7f}$$

式中，k_c 的表达式与 TM_{mnp} 模相同。具有相同谐振频率的不同模式称为简并模。对于给定尺寸的谐振腔，谐振频率最低的模式称为主模。

例 7-6 有一填充空气的矩形谐振腔，其沿 x、y、z 方向的尺寸分别为：（1）$a>b>l$；（2）$a>l>b$；（3）$a=b=l$。试确定相应的主模及其谐振频率。

解：选择 z 轴作为参考的传播方向，对于 TM_{mnp} 模，由其场分量的表达式（7.6.3）可知，m、n 不能为零，而 p 可以为零。对于 TE_{mnp} 模，由其场分量的表示式（7.6.7）可知，m、n 均可为零（但不能同时为零），而 p 不能为零。因此，可能的最低阶模式为

$$TM_{110}、TE_{011}、TE_{101}$$

相应的谐振频率由式（7.6.5）给出。

（1）当 $a>b>l$ 时，最低谐振频率为

$$f_{110} = \frac{c}{2}\sqrt{\frac{1}{a^2}+\frac{1}{b^2}}$$

式中，c 为自由空间的波速。于是得 TM_{110} 为主模。

（2）当 $a>l>b$ 时，最低谐振频率为

$$f_{101}=\frac{c}{2}\sqrt{\frac{1}{a^2}+\frac{1}{l^2}}$$

于是得 TE_{011} 为主模。

（3）当 $a=b=l$ 时，TM_{110}、TE_{011}、TE_{101} 的谐振频率相同，即

$$f_{110}=f_{101}=f_{011}=\frac{c}{\sqrt{2}a}$$

3．矩形谐振腔的品质因素

谐振腔可以储存电场能量和磁场能量。在实际的谐振腔中，由于腔壁的电导率是有限的，它的表面电阻不为零，这样将导致能量的损耗。为了衡量谐振器件的损耗大小，通常使用品质因素 Q 值描述，其定义为

$$Q=2\pi\frac{W}{W_T} \tag{7.6.8}$$

式中，W 为谐振腔中的总储能，也就是电场储能的时间最大值或磁场储能的时间最大值；W_T 为一个周期内谐振腔中损耗的能量。因此，Q 是衡量谐振腔内储能与耗能比例的一种质量指标，故称为品质因数。

设 $P_{\rm L}$ 为谐振腔内的时间平均功率损耗，则一个周期 $T=\dfrac{2\pi}{\omega}$ 内谐振腔损耗的能量为 $W_T=P_{\rm L}\dfrac{2\pi}{\omega}$，得

$$Q=2\pi\frac{W}{P_{\rm L}\dfrac{2\pi}{\omega}}=\omega\frac{W}{P_{\rm L}} \tag{7.6.9}$$

假设腔体内部的介质是无耗的，则谐振时

$$W=W_{\rm e}=\frac{\varepsilon}{2}\int_V E\cdot E^*{\rm d}V=\frac{\varepsilon}{2}\int_V|E|^2{\rm d}V=W_{\rm m}=\frac{\mu}{2}\int_V H\cdot H^*{\rm d}V=\frac{\mu}{2}\int_V|H|^2{\rm d}V \tag{7.6.10}$$

式中，V 指整个腔内体积。

如果腔内的介质是无耗的，则损耗就是腔壁的导体损耗，损耗功率为

$$P_L=\frac{R_{\rm S}}{2}\oint_S H_{\rm t}\cdot H_{\rm t}^*{\rm d}S=\frac{R_{\rm S}}{2}\oint_S|H_{\rm t}|^2{\rm d}S \tag{7.6.11}$$

式中，S 为整个腔内壁，$H_{\rm t}$ 为腔内壁表面切向磁场，而腔内壁的表面电阻 $R_{\rm S}$ 为

$$R_{\rm S}=\sqrt{\frac{\omega\mu_0}{2\sigma}}=\sqrt{\frac{\pi {\rm f}\mu_0}{\sigma}}=\frac{\delta}{2}\omega\mu_0 \tag{7.6.12}$$

式中，σ 为电导率，δ 为趋肤深度。

可得不考虑介质损耗时的谐振腔固有品质因数为

$$Q=\frac{\omega\mu_0}{R_{\rm S}}\frac{\int_V|H|^2{\rm d}V}{\oint_S|{\rm H_t}|^2{\rm d}S}=\frac{2}{\delta}\frac{\int_V|H|^2{\rm d}V}{\oint_S|H_{\rm t}|^2{\rm d}S} \tag{7.6.13}$$

例 7-7 计算矩形谐振腔中 TE_{101} 模的 Q 值。

解： 由式（7.6.5），令 $m=1$、$n=0$、$p=1$，得

$$k^2=\left(\frac{\pi}{a}\right)^2$$

则 TE_{101} 的场分量分别为

$$E_y(x,y,z) = -\frac{2\omega\mu a}{\pi} H_m \sin\left(\frac{\pi}{a}x\right)\sin\left(\frac{\pi}{l}z\right)$$

$$H_x(x,y,z) = j2\frac{a}{l} H_m \sin\left(\frac{\pi}{a}x\right)\cos\left(\frac{\pi}{l}z\right)$$

$$H_z(x,y,z) = -j2H_m \cos\left(\frac{\pi}{a}x\right)\sin\left(\frac{\pi}{l}z\right)$$

$$E_x(x,y,z)=0\text{，}\ E_z(x,y,z)=0\text{，}\ H_y(x,y,z)=0$$

代入式（7.6.13），得

$$Q = \frac{\omega\mu}{R_S}\frac{\int_V |H|^2 \mathrm{d}V}{\oint_S |H_t|^2 \mathrm{d}S} = \frac{\omega\mu}{R_S}\frac{\int_V \left(|H_x|^2+|H_z|^2\right)\mathrm{d}V}{2\left[\int_0^a\int_0^b |H_x|^2_{z=0}\mathrm{d}x\mathrm{d}y + \int_0^b\int_0^l |H_z|^2_{x=0}\mathrm{d}y\mathrm{d}z + \int_0^a\int_0^l (|H_x|^2+|H_z|^2)_{y=0}\mathrm{d}x\mathrm{d}z\right]}$$

$$= \frac{\omega\mu}{R_S}\int_0^a\int_0^b\int_0^l 4H_m^2\left[\left(\frac{a}{l}\right)^2\sin^2\left(\frac{\pi}{a}x\right)\cos^2\left(\frac{\pi}{l}z\right)+\cos^2\left(\frac{\pi}{a}x\right)\sin^2\left(\frac{\pi}{l}z\right)\right]\mathrm{d}x\mathrm{d}y\mathrm{d}z\,/$$

$$2\left\{\int_0^a\int_0^b 4H_m^2\left(\frac{a}{l}\right)^2\sin^2\left(\frac{\pi}{a}x\right)\mathrm{d}x\mathrm{d}y + \int_0^b\int_0^l 4H_m^2\sin^2\left(\frac{\pi}{l}z\right)\mathrm{d}y\mathrm{d}z + \right.$$

$$\left.\int_0^a\int_0^l 4H_m^2\left[\left(\frac{a}{l}\right)^2\sin^2\left(\frac{\pi}{a}x\right)\cos^2\left(\frac{\pi}{l}z\right)+\cos^2\left(\frac{\pi}{a}x\right)\sin^2\left(\frac{\pi}{l}z\right)\right]\mathrm{d}x\mathrm{d}z\right\}$$

$$= \frac{\omega\mu}{R_S}\frac{H_m^2(a^2+l^2)ab/l}{\frac{4H_m^2}{l^2}[2b(a^3+l^3)+al(a^2+l^2)]}$$

$$= \frac{abl}{\delta}\frac{(a^2+l^2)}{2b(a^3+l^3)+al(a^2+l^2)}$$

习　题　7

7.1　为什么一般矩形波导测量线的纵槽开在波导的中线上？

7.2　试证明工作波长 λ、波导波长 λ_g 和截止波长 λ_c 满足以下关系

$$\lambda = \frac{\lambda_g\lambda_c}{\sqrt{\lambda_g^2+\lambda_c^2}}$$

7.3　何谓波导的色散特性？其原因是什么？

7.4　设矩形波导中传输 TE_{10} 模，求填充介质（介电常数为 ε）时的截止频率及波导波长。

7.5　已知矩形波导的横截面尺寸为 $a\times b = 23\times 10\text{mm}^2$，试求当工作波长 $\lambda = 10\text{mm}$ 时，波导中能传输哪些波型？$\lambda = 30\text{mm}$ 时呢？

7.6　一矩形波导的横截面尺寸为 $a\times b = 23\times 10\text{mm}^2$ 由紫铜制作，传输电磁波的频率为 f=10GHz。试计算：当波导内为空气填充，且传输 TE10 波时，每米衰减多少分贝？

7.7　试设计 $\lambda = 10\text{cm}$ 的矩形波导。材料用紫铜，内充空气，并且要求 TE_{10} 模的工作频率

至少有 30%的安全因子，即$0.7f_{c2} \geqslant f \geqslant 1.3f_{c1}$，此处$f_{c1}$和$f_{c2}$分别表示波和 TE_{10}相邻高阶模式的截止频率。

7.8　矩形波导的前半段填充空气，后半段填充介质（介电常数为ε），问当波从空气段入射介质段时，反射波场量和透射波场量各为多大？

7.9　在尺寸为$a \times b = 22.86 \times 10.16\ \text{mm}^2$的矩形波导中，传输 TE_{10}模，工作频率 10GHz。

（1）求截止波长λ_c、波导波长λ_g和波阻抗$Z_{TE_{10}}$。

（2）若波导的宽边尺寸增大一倍，上述参数如何变化？还能传输什么模式？

（3）若波导的窄边尺寸增大一倍，上述参数如何变化？还能传输什么模式？

7.10　在矩形波导中传输 TE_{10}模，求填充介质（介电常数为ε）时的截止波长和波导波长。在圆柱形波导中传输最低模式时，若波导填充介质（介电常数为ε）时，λ_c和λ_g将如何变化？

7.11　已知工作波长为 18mm，信号通过尺寸为$a \times b$=7.112mm×3.556mm 的矩形波导，现转换到圆波导 TE_{01}模传输，要求圆波导与上述矩形波导相速相等，试求圆波导的直径；若过渡到圆波导后要求传输 TE_{11}模且相速一样，再求圆波导的直径。

7.12　已知在圆波导中，TE_{mn}波由于管壁不是理想导体而引起的衰减常数α_c为

$$\alpha_c = \frac{R_s}{\alpha\eta\sqrt{1-\left(\dfrac{f_c}{f}\right)^2}}\left(\frac{f_c}{f}\right)^2$$

求证：衰减的最小值出现在$f = \sqrt{3}f_c$处。

7.13　试证波导谐振腔对于任何模式的谐振波长λ_r均可表示为

$$\lambda_r = \frac{\lambda_c}{\sqrt{1+\left(\dfrac{l\lambda_c}{2d}\right)^2}} \qquad l = 1,2,3,\cdots$$

式中，λ_c为截止波长，d为谐振腔的长度。

7.14　设计一矩形谐振腔，使在 1GHz 和 1.5GHz 分别谐振于两个最低模式 TE_{101}和 TE_{011}上。

7.15　由空气填充的矩形谐振腔，其尺寸为$a \times b \times c = 25 \times 12.5 \times 60\ \text{mm}^3$，谐振于 TE_{102}模式。若在腔内填充介质，则在同一工作频率将谐振于 TE_{103}模式，求介质的相对介电常数ε_r应为多少？

7.16　平行双线传输线的线间距 D=8cm，导线的直径 d=1cm，周围是空气，试计算：

（1）分布电感和分布电容；

（2）f=600MHz 时的相位系数和特性阻抗（R_1=0，G_1=0）。

7.17　同轴线的外导体半径 b=23mm，内导体半径 a=10mm，填充介质分别为空气和$\varepsilon_r = 2.25$的无耗介质，试计算其特性阻抗。

7.18　在构造均匀传输线时，用聚乙烯（$\varepsilon_r = 2.25$）作为电介质。假设不计损耗。

（1）对于 300Ω 的平行双线，若导线的半径为 0.6mm，则线间距应选多少？

（2）对于 75Ω 的同轴线，若内导体的半径为 0.6mm，则外导体的半径应选多少？

7.19　试以传输线输入端电压U_1和电流I_1以及传输线的传播系数Γ和特性阻抗Z_0表示线上任意一点的电压分布$U(z)$和电流分布$I(z)$。

（1）用指数函数表示；

（2）用双曲函数表示。

7.20　一根特性阻抗为 50Ω、长度为 2m 的无耗传输线工作于频率 200MHz，终端接有阻抗 $Z_L = 40 + j30\Omega$，试求其输入阻抗。

7.21　一根 75Ω 的无损传输线，终端接有负载阻抗 $Z_L = R_L + jX_L$。

（1）欲使线上的电压驻波比等于 3，则 R_L 和 X_L 有什么关系？

（2）若 $R_L=150\Omega$，求 X_L 等于多少？

（3）求在（2）情况下，距负载最近的电压最小点位置。

7.22　有一段特性阻抗为 $Z_0 = 500\Omega$ 的无耗传输线，当终端短路时，测得始端的阻抗为 250Ω 的感抗，求该传输线的最小长度；如果该线的终端为开路，长度又为多少？

7.23　求如图 7.1 所示的分布参数电路的输入阻抗和各段的反射系数及驻波比。

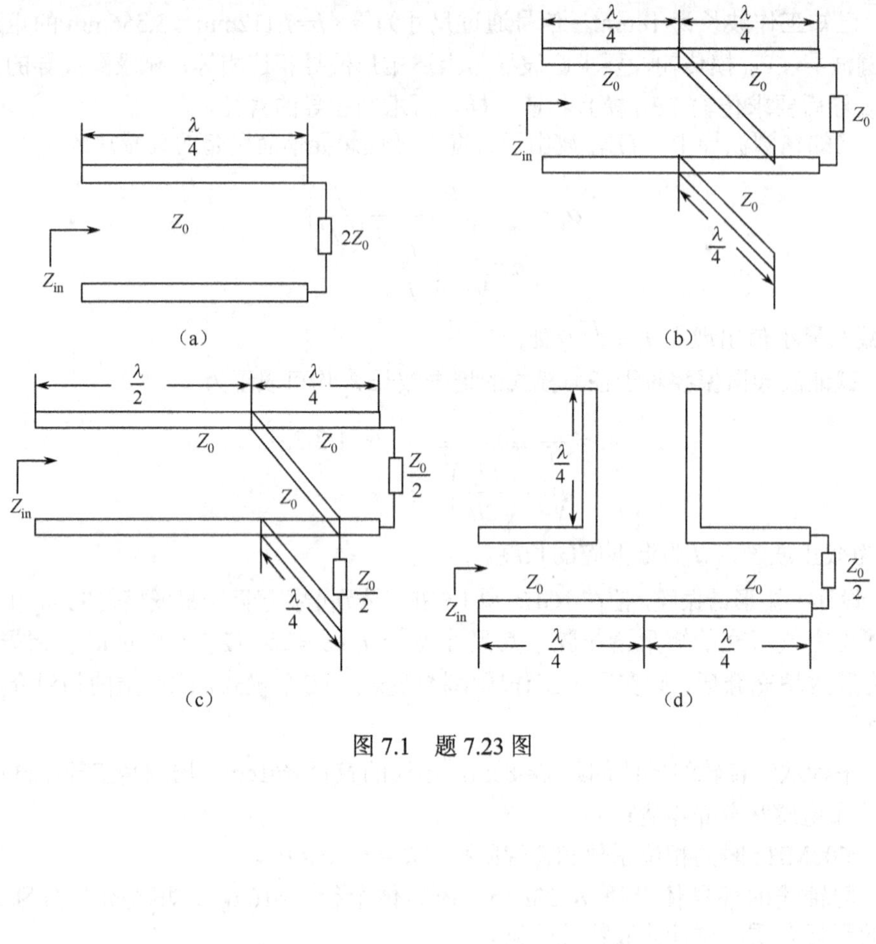

图 7.1　题 7.23 图

第 8 章　电磁辐射与电磁兼容

8.1　电磁波的辐射与接收

麦克斯韦方程组表明：时变电磁场的电力线不一定要起始于正电荷终止于负电荷，磁力线也不一定要围绕于传导电流；位移电流（即时变电场）可在其周围空间产生闭合的磁力线，而时变磁场又可以在其周围产生闭合的电力线，从而产生了脱离导线而在空间自由传播的场（称为辐射场或辐射波）。这种以波的形式向远处传播并不再返回的过程（除非有障碍物）就是电磁辐射。

在靠空间传播的电磁波传递信息的无线电技术设备或系统（如广播、通信、电视、导航、雷达以及电子对抗、遥测等）中，天线是必不可少的重要组成部分[64~68]。根据 IEEE 有关天线术语的标准定义，天线定义为“辐射或接收无线电波的装置”。它是电磁波的出口和入口，其设计直接影响着整个系统的性能。

由于天线的基本功能是辐射或接收无线电波，而辐射与接收是相反的能量转换过程，因此天线具有可逆性，既一个天线即可用作发射天线又可作为接收天线。并且可以证明：在一般情况下，天线无论用作发射还是接收，其基本特性不变，这称为天线的收发互易性。

8.1.1　辐射理论基础

空间电磁波的场源是天线上的时变电流和电荷，天线上时变电流激发电磁场，电磁场反过来影响天线上的电流分布。所以，天线的辐射问题本质上是一个边值问题，需要应用天线满足的边界条件求解麦克斯韦方程，就能同时确定空间中的电磁波的波形和天线上的电流分布。这种问题的求解一般是比较复杂的，有时甚至无法求解。因此经常采用近似解法，将其视为一个分布型问题，先近似得出天线上的场源分布，再根据场源分布（或等效场源分布）来求外场。在工程上通常是给定天线的电流分布来确定天线的辐射场。

在第 4 章中已经引入了时变电磁场的标量位 φ 和矢量位 $\boldsymbol{A}$。对于时谐场，在洛伦兹规范下，标量位 φ 和矢量位 $\boldsymbol{A}$ 满足的方程为

$$\nabla^2\varphi-\mu\varepsilon\frac{\partial^2\varphi}{\partial t^2}=-\frac{\rho}{\varepsilon} \tag{8.1.1a}$$

$$\nabla^2\boldsymbol{A}-\mu\varepsilon\frac{\partial^2\boldsymbol{A}}{\partial t^2}=-\mu\boldsymbol{J} \tag{8.1.1b}$$

相应场量计算公式为

$$\boldsymbol{E}=-\frac{\partial\boldsymbol{A}}{\partial t}-\nabla\varphi \qquad \boldsymbol{H}=\frac{1}{\mu}\nabla\times\boldsymbol{A}$$

显然式（8.1.1a）和式（8.1.1b）具有相似的形式，只是式（8.1.1b）是矢量方程。在直角坐标系中，矢量方程式（8.1.1b）可分解为三个分量的标量方程，每一个标量方程与式（8.1.1a）在形式上都是完全相同的，所以只要求出其中之一的方程解就可得出 φ 和 $\boldsymbol{A}$。

设标量位 φ 是由体积元 $\Delta V'$ 内的电荷元 $\Delta q=\rho\Delta V'$ 产生的，$\Delta V'$ 之外不存在电荷，则式（8.1.1a）在 $\Delta V'$ 之外变为

$$\nabla^2\varphi-\mu\varepsilon\frac{\partial^2\varphi}{\partial t^2}=0 \tag{8.1.2}$$

将Δq视为点电荷，其产生的场具有球对称性，φ仅与r、t有关，与θ、ϕ无关。

在球坐标系下，式（8.1.2）可展开为

$$\frac{1}{r^2}\frac{\partial}{\partial r}\left(r^2\frac{\partial\varphi}{\partial r}\right)-\mu\varepsilon\frac{\partial^2\varphi}{\partial t^2}=0 \tag{8.1.3}$$

设其解为$\varphi(r,t)=\dfrac{U(r,t)}{r}$，代入式（8.1.3）可得

$$\frac{\partial^2U(r,t)}{\partial r^2}-\frac{1}{v}\frac{\partial^2U(r,t)}{\partial t^2}=0 \tag{8.1.4}$$

其中$v=\dfrac{1}{\sqrt{\mu\varepsilon}}$。该方程的通解为

$$U(r,t)=f\left(t-\frac{r}{v}\right)+g\left(t+\frac{r}{v}\right) \tag{8.1.5}$$

式中，$f\left(t-\dfrac{r}{v}\right)$和$g\left(t+\dfrac{r}{v}\right)$分别表示以$\left(t-\dfrac{r}{v}\right)$和$\left(t+\dfrac{r}{v}\right)$为变量的任意函数。$\Delta q$周围的场为

$$\varphi(r,t)=\frac{1}{r}f\left(t-\frac{r}{v}\right)+\frac{1}{r}g\left(t+\frac{r}{v}\right)$$

第一项代表向外辐射的波，第二项代表向内汇聚的波。在讨论发射天线的电磁波辐射问题时，取$g=0$，故

$$\varphi(r,t)=\frac{1}{r}f\left(t-\frac{r}{v}\right) \tag{8.1.6}$$

将式（8.1.6）同位于原点的准静态电荷元$\rho\Delta V'$产生的标量位$\Delta\varphi(r)=\dfrac{\rho(0,t)\Delta V'}{4\pi\varepsilon r}$比较，可得

$$\Delta\varphi(\boldsymbol{r},t)=\frac{\rho\left(0,t-\dfrac{r}{v}\right)\Delta V'}{4\pi\varepsilon r}=\frac{1}{r}\Delta f\left(t-\frac{r}{v}\right) \tag{8.1.7}$$

若电荷元$\rho\Delta V'$不在原点，而是位于$\boldsymbol{r}'$，则在场点$\boldsymbol{r}$处产生的标量位为

$$\Delta\varphi(\boldsymbol{r},t)=\frac{1}{4\pi\varepsilon}\frac{\rho\left(\boldsymbol{r}',t-\dfrac{|\boldsymbol{r}-\boldsymbol{r}'|}{v}\right)'}{|\boldsymbol{r}-\boldsymbol{r}'|}\Delta V'$$

由场的叠加性可得体积V'内分布的电荷产生的标量位为

$$\varphi(\boldsymbol{r},t)=\frac{1}{4\pi\varepsilon}\int_{V'}\frac{\rho\left(\boldsymbol{r}',t-\dfrac{|\boldsymbol{r}-\boldsymbol{r}'|}{v}\right)'}{|\boldsymbol{r}-\boldsymbol{r}'|}\mathrm{d}V' \tag{8.1.8}$$

上式表明，t时刻点$\boldsymbol{r}$处的标量位，不是决定于同一时刻的电荷分布，而是决定于较早时刻$t'=t-\dfrac{|\boldsymbol{r}-\boldsymbol{r}'|}{v}$的电荷分布，即观察点的位场变化滞后于源的变化，滞后的时间为$\dfrac{|\boldsymbol{r}-\boldsymbol{r}'|}{v}$，恰好是电磁波传播$|\boldsymbol{r}-\boldsymbol{r}'|$距离所需的时间，其传播速度为$v$。这种现象称为滞后现象，将式（8.1.8）表示的标量位$\varphi(r,t)$称为滞后位。

同理矢量滞后位可由下式表示

$$\boldsymbol{A}(\boldsymbol{r},t)=\frac{\mu}{4\pi}\int_{V'}\frac{\boldsymbol{J}\left(\boldsymbol{r}',t-\frac{|\boldsymbol{r}-\boldsymbol{r}'|}{v}\right)}{|\boldsymbol{r}-\boldsymbol{r}'|}\mathrm{d}V' \tag{8.1.9}$$

对于正弦时变场，式（8.1.8）和式（8.1.9）的复数形式为

$$\varphi(\boldsymbol{r})=\frac{1}{4\pi\varepsilon}\int_{V'}\frac{\rho(\boldsymbol{r}')\mathrm{e}^{-\mathrm{j}k|\boldsymbol{r}-\boldsymbol{r}'|}}{|\boldsymbol{r}-\boldsymbol{r}'|}\mathrm{d}V' \tag{8.1.10}$$

$$\boldsymbol{A}(\boldsymbol{r})=\frac{\mu}{4\pi}\int_{V'}\frac{\boldsymbol{J}(\boldsymbol{r}')\mathrm{e}^{-\mathrm{j}k|\boldsymbol{r}-\boldsymbol{r}'|}}{|\boldsymbol{r}-\boldsymbol{r}'|}\mathrm{d}V' \tag{8.1.11}$$

式中，$k=\omega\sqrt{\mu\varepsilon}=\frac{2\pi}{\lambda}$ 为波数。

由于 φ 和 $\boldsymbol{A}$ 之间满足 $\nabla\times\boldsymbol{A}=-\mathrm{j}\omega\mu\varepsilon\varphi$（洛伦兹规范），因此只须求出 $\boldsymbol{A}$ 就可解出全部电磁场。又由于 $\boldsymbol{A}$ 是由 $\boldsymbol{J}$ 决定的，所以只要知道 $\boldsymbol{J}$ 就可以计算出电磁场。通常 $\boldsymbol{J}$ 是按物理概念或某种近似方法确定的。

在线性媒质中，所有源共同作用所激发的滞后位 $\boldsymbol{A}$ 必等于它们分别作用时激发的滞后位之和，即

$$\boldsymbol{A}=\frac{\mu}{4\pi}\int_{V'}(\boldsymbol{J}_1+\boldsymbol{J}_2+\cdots+\boldsymbol{J}_n)\frac{\mathrm{e}^{-\mathrm{j}k|r-r'|}}{|r-r'|}\mathrm{d}V'=\sum_{n=1}^{N}\boldsymbol{A}_n \tag{8.1.12}$$

且场量 $\boldsymbol{E}$、$\boldsymbol{H}$ 与滞后位 $\boldsymbol{A}$ 也是线性关系。因此不管源的位置、频率如何，其共同作用激发的总的电磁场等于单独作用产生的电磁场之和，这是研究天线辐射问题的一个重要定理，称为迭加原理。根据迭加原理，可以把一个复杂天线分成许多最基本的辐射单元，先计算辐射单元在空间产生的电磁场，然后迭加即可求得复杂天线所产生的电磁场。

8.1.2 电基本振子的辐射

电基本振子又称电偶极子，是指一段载有高频电流的短细导线，其长度 l 远小于波长 λ，在振子各点的电流可视为等幅同相。虽然在实际的长导线中，线电流的大小和相位不同，但其上的电流分布可以看成是由许多首尾相连的一系列电基本振子的电流组成，每一段（$l<<\lambda$）电基本振子上的电流都可分别看作常数，故电基本振子又称为电流元。如果确定了电流元在空间产生的电磁场，就可以算出任意线状导体构成的天线所激发的电磁场。

电基本振子的电磁场可以利用滞后位法来计算。

如图 8.1.1 所示，置于无限大理想介质中的电基本振子沿 z 轴放置，中心为坐标原点，长度为 l，横截面为 ΔS。设线元上的电流随时间作正弦变化，表示为 $i(t)=I\cos\omega t=\mathrm{Re}[I\mathrm{e}^{\mathrm{j}\omega t}]$，现求距原点 $\boldsymbol{r}$ 处的场强。

已知

$$\boldsymbol{J}\mathrm{d}V'=\boldsymbol{e}_z\frac{I}{\Delta S'}\Delta S'\mathrm{d}z'=\boldsymbol{e}_z I\mathrm{d}z'$$

用 $\boldsymbol{e}_z I\mathrm{d}z'$ 代替 $\boldsymbol{J}\mathrm{d}V'$，得载流元在 P 点产生的矢量位为

$$\boldsymbol{A}(\boldsymbol{r})=\frac{\mu_0}{4\pi}\int_l\frac{\boldsymbol{e}_z I}{|\boldsymbol{r}-\boldsymbol{r}'|}\mathrm{e}^{-\mathrm{j}k|\boldsymbol{r}-\boldsymbol{r}'|}\mathrm{d}z' \tag{8.1.13}$$

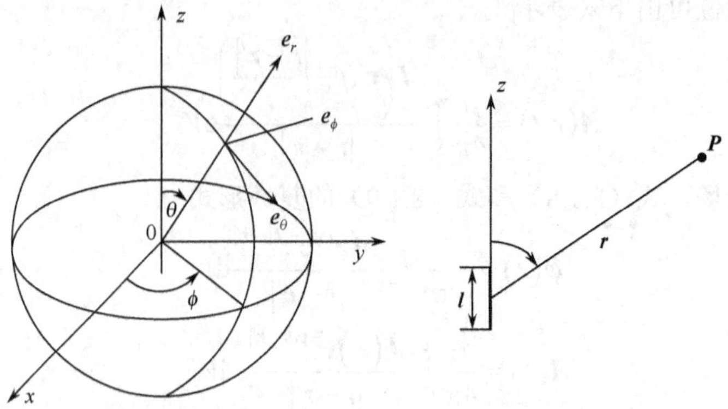

图 8.1.1　电基本振子

考虑$l \ll \lambda$，式（8.1.13）近似为

$$\boldsymbol{A}(\boldsymbol{r}) = \boldsymbol{e}_z \frac{\mu_0 Il}{4\pi r} \mathrm{e}^{-\mathrm{j}kr} \tag{8.1.14}$$

由于电基本振子沿 z 轴放置，电流只有 z 向分量，所以滞后位 $\boldsymbol{A}$ 也有且仅有 z 向分量，故可用 A_z 表示。在球坐标系中的三个坐标分量分别为

$$A_r = A_z \cos\theta = \frac{\mu_0 Il}{4\pi r} \cos\theta \mathrm{e}^{-\mathrm{j}kr} \tag{8.1.15a}$$

$$A_\theta = -A_z \sin\theta = -\frac{\mu_0 Il}{4\pi r} \sin\theta \mathrm{e}^{-\mathrm{j}kr} \tag{8.1.15b}$$

$$A_\phi = 0 \tag{8.1.15c}$$

由此 P 点的磁场强度为

$$\boldsymbol{H} = \frac{1}{\mu_0} \nabla \times \boldsymbol{A} = \frac{1}{\mu_0} \begin{vmatrix} \dfrac{\boldsymbol{e}_r}{r^2 \sin\theta} & \dfrac{\boldsymbol{e}_\theta}{r\sin\theta} & \dfrac{\boldsymbol{e}_\phi}{r} \\ \dfrac{\partial}{\partial r} & \dfrac{\partial}{\partial \theta} & \dfrac{\partial}{\partial \phi} \\ A_r & rA_\theta & r\sin\theta A_\phi \end{vmatrix}$$

将式（8.1.15）代入上式，得

$$H_r = 0 \tag{8.1.16a}$$

$$H_\theta = 0 \tag{8.1.16b}$$

$$H_\phi = \frac{k^2 Il \sin\theta}{4\pi} \left[\frac{\mathrm{j}}{kr} + \frac{1}{(kr)^2} \right] \mathrm{e}^{-\mathrm{j}kr} \tag{8.1.16c}$$

根据麦克斯韦方程，电基本振子以外的空间中 $\boldsymbol{J} = 0$，$\rho = 0$，故 P 点的电场强度为

$$\boldsymbol{E} = \frac{1}{\mathrm{j}\omega\varepsilon_0} \nabla \times \boldsymbol{H} = \frac{1}{\mathrm{j}\omega\varepsilon_0} \begin{vmatrix} \dfrac{\boldsymbol{e}_r}{r^2 \sin\theta} & \dfrac{\boldsymbol{e}_\theta}{r\sin\theta} & \dfrac{\boldsymbol{e}_\phi}{r} \\ \dfrac{\partial}{\partial r} & \dfrac{\partial}{\partial \theta} & \dfrac{\partial}{\partial \phi} \\ H_r & rH_\theta & r\sin\theta H_\phi \end{vmatrix}$$

将式（8.1.16）代入上式，得

$$E_r=\frac{2k^3 Il\cos\theta}{4\pi\omega\varepsilon_0}\left[\frac{1}{(kr)^2}-\frac{\mathrm{j}}{(kr)^3}\right]\mathrm{e}^{-\mathrm{j}kr} \tag{8.1.17a}$$

$$E_\theta=\frac{k^3 Il\sin\theta}{4\pi\omega\varepsilon_0}\left[\frac{\mathrm{j}}{kr}+\frac{1}{(kr)^2}-\frac{\mathrm{j}}{(kr)^3}\right]\mathrm{e}^{-\mathrm{j}kr} \tag{8.1.17b}$$

$$E_\phi=0 \tag{8.1.17c}$$

以上分析结果表明，电基本振子在周围空间建立的电磁场有三个相互正交的分量，电场有沿 r 和 θ 方向的两个分量 E_r 和 E_θ，磁场只有一个沿 ϕ 方向的分量 H_ϕ，电磁和磁场相互垂直。每一个不为零的场分量均由若干项组成，每一项都随距离 r 的增大而减小，但减小的速率不同，分别与 $\frac{1}{r}$，$\frac{1}{r^2}$，$\frac{1}{r^3}$ 成正比，即在不同距离 r 区域内，各项的相对大小也不同。如果按照距离电基本振子的远近，将周围空间划分为不同的区域，可以得到不同区域的电磁场的简化表达式。通常将振子周围空间划分为三个区域：$kr \ll 1$ 为近区，$kr \gg 1$ 为远区，介于两者之间的为中间区。其中中间区仅在个别场合（如分析邻近天线的耦合）下才需要考虑，且分析较为复杂。这里对近区场和远区场的场结构及性质分别加以分析。

1．近区场

$kr \ll 1$ 即 $r \ll \frac{\lambda}{2\pi}$ 的区域称为近区，在此区域中

$$\frac{1}{kr} \ll \frac{1}{(kr)^2} \ll \frac{1}{(kr)^3}，\ 且\ \mathrm{e}^{-\mathrm{j}kr}\approx 1$$

此时在式（8.1.16）和式（8.1.17）中，主要是 $\frac{1}{kr}$ 的高次幂起作用，即电基本振子的电磁场主要由 $\frac{1}{r^2}$ 和 $\frac{1}{r^3}$ 的高次项决定，其余各项均可忽略，故得

$$H_\phi \approx \frac{Il\sin\theta}{4\pi r^2} \tag{8.1.18a}$$

$$E_r \approx -\mathrm{j}\frac{Il\cos\theta}{2\pi\omega\varepsilon_0 r^3} \tag{8.1.18b}$$

$$E_\theta \approx -\mathrm{j}\frac{Il\sin\theta}{4\pi\omega\varepsilon_0 r^3} \tag{8.1.18c}$$

分析式（8.1.18）可得如下重要结论：

① 在近区，电场 E_θ、E_r 和静电场问题中的电偶极子的电场相似，磁场 H_ϕ 和恒定磁场问题中的电流元的磁场相似，所以近区场为准静态场。

② 由于场强与 $\frac{1}{r^2}$ 或 $\frac{1}{r^3}$ 成正比，近区场随距离的增大而快速减小，所以离天线较远时，可认为近区场近似为零。

③ 电场与磁场相位相差 90°，坡印廷矢量为虚数，平均坡印廷矢量为零，即在近区场没有电磁功率的向外辐射，电磁能量仅是在场源与场之间来回振荡，在一个周期内，场源供给场的能量等于从场返回场源的能量，这种场称为感应场。

2. 远区场

$kr >> 1$ 即 $r >> \frac{\lambda}{2\pi}$ 的区域称为远区。在此区域中

$$\frac{1}{kr} >> \frac{1}{(kr)^2} >> \frac{1}{(kr)^3}$$

此式在式（8.1.16）和式（8.1.17）中，主要是 $\frac{1}{kr}$ 项起作用，即电基本振子的电磁场主要由 $\frac{1}{r}$ 项决定，其余项均可忽略。故得

$$H_\phi \approx \mathrm{j}\frac{Ilk}{4\pi r}\sin\theta \mathrm{e}^{-\mathrm{j}kr} \tag{8.1.19a}$$

$$E_\theta \approx \mathrm{j}\frac{Ilk^2}{4\pi\omega\varepsilon_0 r}\sin\theta \mathrm{e}^{-\mathrm{j}kr} \tag{8.1.19b}$$

$$E_r \approx 0, E_\phi = H_r = H_\theta = 0 \tag{8.1.19c}$$

代入 $k^2 = \omega^2\varepsilon_0\mu_0$，$\omega = 2\pi f = 2\pi\frac{c}{\lambda}$，则式（8.1.19）中不为零的分量可表示为

$$H_\phi = \mathrm{j}\frac{\pi Il}{2r\lambda}\sin\theta \mathrm{e}^{-\mathrm{j}kr} \tag{8.1.20a}$$

$$E_\theta = \mathrm{j}\frac{60\pi Il}{r\lambda}\sin\theta \mathrm{e}^{-\mathrm{j}kr} \tag{8.1.20b}$$

分析式（8.1.20）可得如下重要结论：

① 远区场为辐射场，电磁波沿径向辐射。远区场的平均坡印廷矢量为

$$\boldsymbol{S}_{\mathrm{av}} = \frac{1}{2}\mathrm{Re}\left[\boldsymbol{E}\times\boldsymbol{H}^*\right] = \frac{1}{2}\mathrm{Re}\left[\boldsymbol{e}_\theta E_\theta \times \boldsymbol{e}_\phi H_\phi^*\right] = \boldsymbol{e}_r\frac{1}{2}\mathrm{Re}\left[E_\theta H_\phi^*\right]$$

② 远区场为横电磁波（TEM 波）。远区只有横向电场分量 E_θ 和横向磁场分量 H_ϕ，它们在空间上相互垂直，在时间上同相位，且垂直于传播方向。E_θ 和 H_ϕ 的比值为

$$\frac{E_\theta}{H_\phi} = 120\,\pi = \eta_0$$

说明空间任一点的电场与磁场的比值是一常数，等于媒质的本征阻抗，因而在研究天线辐射场时，只要研究其中的一个量即可，通常计算电场强度。

③ 远区场是非均匀球面波。辐射场的相位决定于 $\mathrm{e}^{-\mathrm{j}kr}$ 因子，故在距离相同 r 值的球面上，各点场强具有相同的相位，因此其远区辐射场具有球面波的特性。但是在该等相位面上，电场（或磁场）的振幅并不处处相等，是辐射方向 θ 的函数（而与 ϕ 角无关），故为非均匀球面波。

④ 辐射场的强度与电基本振子上的电流强度 I 成正比，与电基本振子的几何长度和波长的比值 $\frac{l}{\lambda}$（称为电长度）成正比。

⑤ 辐射场的强度与距离 r 成反比。这是由于辐射场是以球面波的形式向外扩散，当距离 r 增大时，辐射能量分布到更大的球面面积上。

⑥ 远区辐射场具有方向性。方向性因子 $\sin\theta$ 表示在球面 r 上，辐射强度随 θ 取不同值（即在不同 θ 方向上）而变化。在 $\theta = 90^\circ$ 的赤道平面上辐射最强，$\sin\theta = 1$；在 $\theta = 0^\circ$ 和 $\theta = 180^\circ$ 的轴线方向上辐射为零，$\sin\theta = 0$。

电基本振子的平均辐射功率可以用平均坡印廷矢量在闭合曲面上进行积分的方法来计算。为了计算方便，以电基本振子为球心，用一个半径 r 充分大的球面将电基本振子包围起来，假设球面内的媒质是无损耗的理想媒质且无其他场源产生的场。电基本振子辐射出来的能量必然全部通过这个球面，因此电基本振子辐射的平均功率 P_r 为

$$P_r = \oint_S \boldsymbol{S}_{\text{av}} \cdot \boldsymbol{e}_{\text{n}} \mathrm{d}S = \frac{1}{2}\oint_S \mathrm{Re}\left[\boldsymbol{E} \times \boldsymbol{H}^*\right] \cdot \boldsymbol{e}_{\text{n}} \mathrm{d}S \tag{8.1.21}$$

式中，$\boldsymbol{S}_{\text{av}}$ 为平均坡印廷矢量，上标“*”表示复数的共轭值，$\boldsymbol{e}_{\text{n}}$ 是闭曲面 S 上单位外法线矢量。一般来说，P_r 是个复功率，其中的无功分量和天线的近区场有关。r 延伸到远区，这时球面上任一点的电磁和磁场矢量互相垂直且同相，则平均坡印廷矢量

$$\boldsymbol{S}_{\text{av}} = \boldsymbol{e}_r \frac{1}{2}\frac{\left|E_\theta\right|^2}{\eta_0} = \boldsymbol{e}_r \frac{1}{2}\eta_0 \left|H_\phi\right|^2$$

$\boldsymbol{e}_r$ 为沿半径增加方向的单位矢量。由式（8.1.21）积分得到一实功率，即

$$P_r = \oint_S \frac{\left|E_\theta\right|^2}{240\pi}\mathrm{d}S = \frac{1}{240\pi}\int_{\phi=0}^{2\pi}\int_{\theta=0}^{\pi}\left|E_\theta\right|^2 r^2 \sin\theta \mathrm{d}\theta \mathrm{d}\phi \tag{8.1.22}$$

对于电基本振子，略去相位因子，电场强度的表示式为

$$E_\theta = \frac{60\pi Il}{r\lambda}\sin\theta$$

代入式（8.1.22），可得出自由空间电基本振子的总辐射功率为

$$P_r = \frac{1}{240\pi}\int_0^{2\pi}\int_0^{\pi}\left(\frac{60\pi Il}{r\lambda}\left|\sin\theta\right|\right)^2 r^2 \sin\theta \,\mathrm{d}\theta \,\mathrm{d}\phi = 40\pi^2 I^2 \left(\frac{l}{\lambda}\right)^2 \tag{8.1.23}$$

从上式可以看出：

① 电流 I 越大，辐射功率越大。因为场是场源激发的。

② 振子的电长度 $\dfrac{l}{\lambda}$ 越大，辐射功率越大。这说明当 l 一定时，频率越高，就能更有效地辐射电磁波。

③ 辐射功率与距离 r 无关。这是因为我们假定空间媒质不消耗功率且在空间无其他场源。

由于辐射出去的电磁能量不再返回波源，因此可以把电基本振子的辐射功率看成被一个等效电阻所“吸收”，这个等效电阻就称为辐射电阻，记作 R_r，其阻值大小可以说明天线辐射能力强弱。若两个天线通以相同电流，则 R_r 大的天线，辐射能力就强。所谓辐射电阻不是一个真正的电阻器，而是虚构的。

设辐射电阻消耗的功率等于平均辐射功率，像普通电路一样可以得到

$$P_r = \frac{1}{2}\left|I\right|^2 R_r = \frac{1}{2}I_{\text{m}}^2 R_r \tag{8.1.24}$$

式中，R_r 称为该天线归于电流 I_{m} 的辐射电阻，这里 I_{m} 是振幅值。将上式代入式（8.1.23）得电基本振子的辐射电阻为

$$R_r = 80\pi^2\left(\frac{l}{\lambda}\right)^2 \tag{8.1.25}$$

显然，电基本振子辐射电阻 R_r 的大小决定于其电长度 $\dfrac{l}{\lambda}$。

例 8-1 已知基本振子的辐射功率为 P_r，设电基本振子的长度 $l = 0.1\lambda$，试计算：

（1）远区场中任意点$P(r,\theta,\phi)$处的电场和磁场的振幅；

（2）当电流振幅值为 2mA 时的辐射功率和辐射电阻；

解：（1）$k=\dfrac{2\pi}{\lambda}$，$I=I_{\mathrm{m}}\mathrm{e}^{\mathrm{j}\phi}$，利用式（8.1.20b），远区辐射场的电场强度振幅为

$$E_{\mathrm{m}}=\frac{60\pi I_{\mathrm{m}}l}{r\lambda}\sin\theta$$

由式（8.1.23）有
$$\frac{I_{\mathrm{m}}l}{\lambda}=\sqrt{\frac{P_r}{40\pi^2}}$$

代入上式，可得
$$E_{\mathrm{m}}=\frac{3\sqrt{10P_r}\sin\theta}{r}$$

同理，可得磁场强度的振幅为
$$H_{\mathrm{m}}=\frac{3\sqrt{10P_r}\sin\theta}{120\pi r}=\frac{\sqrt{10P_r}\sin\theta}{40\pi r}$$

（2）由式（8.1.25）可得辐射电阻为

$$R_r=80\pi^2\left(\frac{l}{\lambda}\right)^2=80\pi^2\times(0.1)^2=7.8957\,\Omega$$

由式（8.1.24）可得辐射功率为

$$P_r=\frac{1}{2}I_{\mathrm{m}}^2R_r=\frac{1}{2}(2\times10^{-3})^2\times7.8975=15.791\,\mu\mathrm{W}$$

8.1.3 磁基本振子的辐射

1．电磁对偶性

在自然界中，到目前为止还没有发现有单独磁荷存在，当然也不存在磁流。但为了使麦克斯韦方程组具有完全对称的形式，人为地引入磁荷和磁流的概念能给分析问题带来很大的方便。例如，对于小电流环天线来说，把它当作磁流元来计算远区辐射场，比直接根据天线上的电流分布来计算，要简单得多。

引入磁荷和磁流概念后，麦克斯韦方程组可写成如下形式

$$\nabla\times\boldsymbol{H}=J_{\mathrm{e}}+\mathrm{j}\omega\varepsilon\boldsymbol{E} \tag{8.1.26a}$$

$$\nabla\times\boldsymbol{E}=-\boldsymbol{J}_{\mathrm{m}}-\mathrm{j}\omega\mu\boldsymbol{H} \tag{8.1.26b}$$

$$\nabla\cdot\boldsymbol{H}=\frac{\rho_{\mathrm{m}}}{\mu} \tag{8.1.26c}$$

$$\nabla\cdot\boldsymbol{E}=\frac{\rho_{\mathrm{e}}}{\varepsilon} \tag{8.1.26d}$$

式中，下标 m 表示“磁量”，式中下标 e 表示“电量”。式（8.1.26a）等式右边为正号，表示电流与磁场之间满足右手螺旋关系；式（8.1.26b）等式右边为负号，表示磁流与电场之间满足左手螺旋关系。

根据叠加原理，电磁场可看成由电型源（电荷与电流）和磁型源（磁荷与磁流）共同产生的结果，即

$$\boldsymbol{E}=\boldsymbol{E}_{\mathrm{e}}+\boldsymbol{E}_{\mathrm{m}}，\quad \boldsymbol{H}=\boldsymbol{H}_{\mathrm{e}}+\boldsymbol{H}_{\mathrm{m}}$$

代入（8.1.26），可得$\boldsymbol{E}_{\mathrm{e}}$、$\boldsymbol{E}_{\mathrm{m}}$、$\boldsymbol{H}_{\mathrm{e}}$、$\boldsymbol{H}_{\mathrm{m}}$分别满足的麦克斯韦方程组

$$\nabla\times \boldsymbol{H}_{\rm e}=\boldsymbol{J}_{\rm e}+{\rm j}\omega\varepsilon \boldsymbol{E} \qquad \nabla\times \boldsymbol{E}_{\rm e}=-{\rm j}\omega\mu \boldsymbol{H}$$

$$\nabla\cdot \boldsymbol{H}_{\rm e}=0 \qquad \nabla\cdot \boldsymbol{E}_{\rm e}=\frac{\rho_{\rm e}}{\varepsilon} \tag{8.1.27}$$

和

$$\nabla\times \boldsymbol{H}_{\rm m}={\rm j}\omega\varepsilon \boldsymbol{E} \qquad \nabla\times \boldsymbol{E}_{\rm m}=-\boldsymbol{J}_{\rm m}-{\rm j}\omega\mu \boldsymbol{H}$$

$$\nabla\cdot \boldsymbol{H}_{\rm m}=\frac{\rho_{\rm m}}{\mu} \qquad \nabla\cdot \boldsymbol{E}_{\rm m}=0 \tag{8.1.28}$$

可见式（8.1.27）与式（8.1.28）完全相同，这说明电与磁存在对偶性。其对偶量的对偶关系为

$$\boldsymbol{E}_{\rm e}\Leftrightarrow \boldsymbol{H}_{\rm m}，\ \boldsymbol{H}_{\rm e}\Leftrightarrow -\boldsymbol{E}_{\rm m}，\ \boldsymbol{J}_{\rm e}\Leftrightarrow \boldsymbol{J}_{\rm m}，\ \varepsilon\Leftrightarrow\mu，\ \rho_{\rm e}\Leftrightarrow\rho_{\rm m}$$

描述电和磁两种不同现象的方程具有同样的数学形式，它们的解也将有相同的数学形式。当然，对偶性的概念全部基于方程的数学对称性，一般称形式相同的方程为对偶性方程，而对偶式中占有同样位置的量叫对偶量。在电磁场中利用对偶关系求出对偶量的场分布，称为对偶原理（也称二重性原理）。

根据电磁对偶性，对于磁荷和磁流所激发的电磁场，其表达式必然为

$$\boldsymbol{E}=-\frac{1}{\varepsilon}\nabla\times \boldsymbol{A}_{\rm m} \tag{8.1.29a}$$

$$\boldsymbol{H}=-{\rm j}\omega \boldsymbol{A}_{\rm m}+\frac{1}{{\rm j}\omega\mu\varepsilon}\nabla(\nabla\cdot \boldsymbol{A}_{\rm m}) \tag{8.1.29b}$$

$$\boldsymbol{A}_{\rm m}=\frac{\varepsilon}{4\pi}\int_V \frac{\boldsymbol{J}_{\rm m}{\rm e}^{{\rm j}\omega\left(t-\frac{r}{v}\right)}}{r}{\rm d}V \tag{8.1.29c}$$

为了书写方便，上式略去了 E、$\boldsymbol{H}$ 的下标，称 $\boldsymbol{A}_{\rm m}$ 为滞后矢量电位。

2．磁基本振子的辐射

所谓磁基本振子是指无限小的线性磁流单元，也称为磁偶极子。一个通有均匀电流 $I=I_{\rm m}\cos\omega t$ 的半径为 b 的细线小环，周长 $l<<\lambda$，如图 8.1.2 所示。

其磁偶极矩矢量为

$$\boldsymbol{p}_{\rm m}=\boldsymbol{e}_z I\pi b^2=\boldsymbol{e}_z p_{\rm m}$$

式中，πb^2 是小环的面积。

根据电磁对偶性原理，可得

$$E_r=E_\theta=H_\phi=0 \tag{8.1.30a}$$

$$E_\phi=-{\rm j}\frac{\omega\mu_0 k^2 p_{\rm m}}{4\pi}\sin\theta\left[\frac{\rm j}{kr}+\frac{1}{(kr)^2}\right]{\rm e}^{-{\rm j}kr} \tag{8.1.30b}$$

$$H_r={\rm j}\frac{k^3 p_{\rm m}}{2\pi}\sin\theta\left[\frac{1}{(kr)^2}-\frac{\rm j}{(kr)^3}\right]{\rm e}^{-{\rm j}kr} \tag{8.1.30c}$$

$$H_\theta={\rm j}\frac{k^3 p_{\rm m}}{2\pi}\sin\theta\left[\frac{1}{kr}+\frac{1}{(kr)^2}-\frac{\rm j}{(kr)^3}\right]{\rm e}^{-{\rm j}kr} \tag{8.1.30d}$$

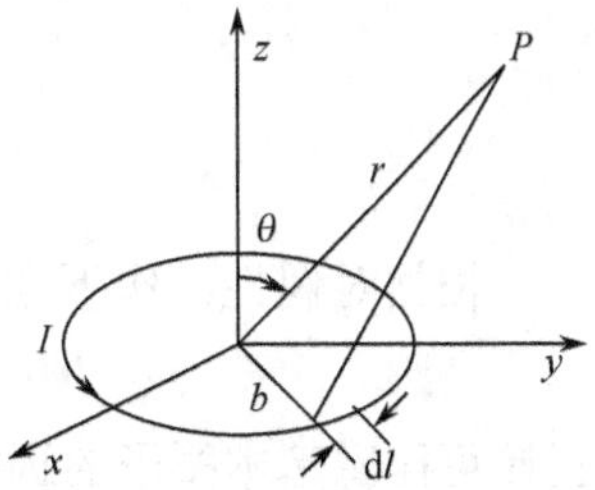

图 8.1.2　磁基本振子

讨论远区场时，可略去 $\frac{1}{r^2}$、$\frac{1}{r^3}$ 项，因此式（8.1.30）可写为

$$E_\phi = \frac{\omega\mu_0 p_m}{2r\lambda}\sin\theta e^{-jkr} \tag{8.1.31a}$$

$$H_\theta = -\frac{1}{\eta_0}\frac{\omega\mu_0 p_m}{2r\lambda}\sin\theta e^{-jkr} \tag{8.1.31b}$$

由此可得出与电基本振子类似的结论，即磁基本振子也辐射球面波，且方向性与电基本振子相同，只是场分量是E_ϕ和H_θ，而非E_θ和H_ϕ，所以在最大辐射方向上电场极化方向与电基本振子正好交叉90°。

对于几何尺寸远小于波长的电流小环，如周长远小于$\frac{\lambda}{4}$，其方向图和环的实际形状无关，因此任意形状小细环都可以视为磁基本振子。

例 8-2 利用电磁对偶性原理推导磁基本振子的远区辐射场。

解：引入假想的磁荷和磁流概念后，载流细导线小圆环可等效为相距$\mathrm{d}l$、两端磁荷分别为$+q_m$和$-q_m$的磁偶极子，其磁偶极距

$$\boldsymbol{p}_m = q_m \mathrm{d}\boldsymbol{l} = \boldsymbol{e}_z q_m \mathrm{d}l = \boldsymbol{e}_z \mu IS$$

磁基本振子对应的磁流为

$$i_m = \frac{\mathrm{d}q_m}{\mathrm{d}t} = \frac{\mu S}{\mathrm{d}l}\frac{\mathrm{d}i}{\mathrm{d}t} = \frac{\mu S}{\mathrm{d}l}\frac{\mathrm{d}}{\mathrm{d}t}[I\cos(\omega t)] = \mathrm{j}\frac{\omega\mu S}{\mathrm{d}l}I$$

定义磁偶极子对应的磁流元为$I_m\mathrm{d}l$，则它与电流环的关系为

$$I_m\mathrm{d}l = \mathrm{j}\omega\mu SI = \mathrm{j}k\eta IS = \mathrm{j}\frac{2\pi}{\lambda}\eta IS$$

因此，有

$$IS = -\mathrm{j}\frac{\lambda}{2\pi\eta}I_m\mathrm{d}l, \quad p_m = \mu IS = -\mathrm{j}\frac{\mu\lambda}{2\pi\eta}I_m\mathrm{d}l$$

代入（8.1.31），可得磁基本振子产生的远区场为

$$E_\varphi = -\mathrm{j}\frac{I_m l}{2r\lambda}\sin\theta e^{-jkr} \tag{8.1.32a}$$

$$H_\theta = \mathrm{j}\frac{I_m l}{2r\lambda\eta}\sin\theta e^{-jkr} \tag{8.1.32b}$$

式（8.1.32）也可以根据对偶原理，直接代换得到。已知自由空间电基本振子的辐射场为

$$E_\theta = \mathrm{j}\frac{60\pi Il}{r\lambda}\sin\theta e^{-jkr}$$

$$H_\phi = \mathrm{j}\frac{Il}{2r\lambda}\sin\theta e^{-jkr}$$

根据对偶性，作下列代换

$$\boldsymbol{E}_\theta \to \boldsymbol{H}_\theta, \quad \boldsymbol{H}_\varphi \to -\boldsymbol{E}_\varphi, \quad \boldsymbol{I} \to \boldsymbol{I}_m$$

直接可得磁基本振子的远区辐射场为

$$H_\theta = \mathrm{j}\frac{I_m l}{2r\lambda}\frac{1}{120\pi}\sin\theta e^{-jkr}$$

$$E_\varphi = \mathrm{j}\frac{(-I_m)l}{2r\lambda}\sin\theta e^{-jkr}$$

8.1.4 电磁波的接收

在通常情况下，发射端距接收端的距离与波长相比很大，作用到接收天线处的电磁波可认为是平面电磁波，平面波在天线上的感应电动势大小与波的电场指向（极化）以及天线所在位置有关。图 8.1.3 示出长为 l、中间两端点接负载 Z_L 的电基本振子。假设一般情况下空间传播来的平面波的极化面（电场矢量与传播方向所构成的平面）和振子平面并不平行，波前进的方向与振子轴的夹角为 θ。显然，来波电场可分为两个分量：一个分量垂直于电磁波传播方向与天线轴构成的平面，记为 E_1；另一个分量在上述平面内，记为 E_2。只有沿天线导体表面切线方向的电场分量 $E_z = E_2 \sin\theta$ 才能在天线上感应起电流，而与天线导体表面相垂直的分量 $E_2 \cos\theta$ 及 E_1 都不能在天线上感应起电流。

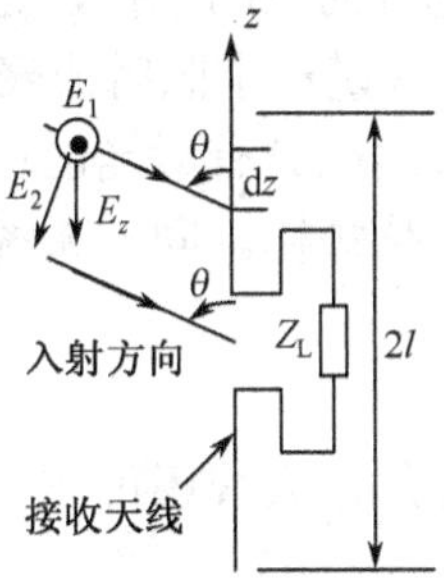

图 8.1.3 天线接收天线电波原理

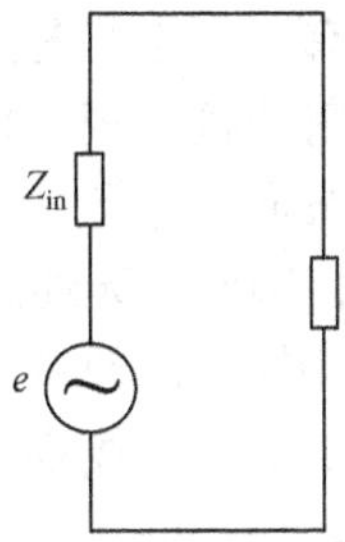

图 8.1.4 接收振子等效电路

在这个切向分量的作用下，天线元段 dz 上将产生感应电动势为 $\mathrm{d}e = -E_z \mathrm{d}z$，该电势在振子上激励起电流 $I(z)$。如果将 dz 看成是一个处于接收状态的电基本振子，则可以看出无论电基本振子用于发射还是接收，其方向性都是一样的。由于 $l \leqslant \lambda$，振子上电流是相同的并等于流过负载的电流，此时振子上的电流又必然向空间再次辐射建立二次场，所以振子具有一定的辐射阻抗和输入阻抗。从路的观点建立起图 8.1.4 所示的等效电路，振子相当于具有内阻抗（即输入阻抗）的源与负载构成的闭合回路，流过负载的电流 $I(z)$ 为

$$I(z) = \frac{e}{Z_{\text{in}} + Z_L} = \frac{E_2 l \sin\theta}{Z_{\text{in}} + Z_L}$$

式中，Z_{in} 为振子的输入阻抗，忽略天线损耗时，输入阻抗等于辐射阻抗，即 $Z_{\text{in}} = R_r$，故

$$I(z) = \frac{E_2 l \sin\theta}{R_r + Z_L}$$

由此得出电基本振子的接收特性：来波电场只有在振子用作发射时的极化面内的分量才能被接收，所以振子用作接收时也有极化特性，而且与发射时的极化特性相同，其接收电流大小与外来波的入射方向有关，也就是说接收时有方向性，并与作为发射时的方向特性相同；另外，振子用作发射和接收时具有相同的辐射阻抗和输入阻抗。可见，电基本振子的辐射特性和接收特性是相同的，即具有互易性。

直接由天线接收电磁波的过程来分析接收天线特性的方法为感应电动势法。这种方法对几个极简单的天线（如电流元、电流小环等）是简便的。一般来说，直接分析接收天线比分析发射天线复杂。如线天线，在发射状态时起作用的源仅是输入端的一个集中电动势，而在接收时起作用的源是天线导体上的分布电动势，在工程上常采用近似方法。

8.1.5 天线的基本概念

发射天线的作用是将高频电流能量（或导波能量）转换成电磁波能量，接收天线的作用是接收到的电磁波能量（仅接收一部分功率）转换成高频电流能量（或导波能量）。可见天线应具有如下基本功能：

（1）天线应能完成高频电流（或导行波）能量与空间传播的电磁波能量之间的相互转换，因此它是一个转换器；发射天线是发射机的一个阻抗负载，而接收天线在电磁波作用下则是接收机的有内阻的源。为了有效地将功率辐射到空间或将天线接收到的功率传送到接收设备中去，天线要求是一个阻抗匹配器件。

（2）天线应能使电磁波能量集中到所规定的方向或区域内传播。并抑制其他不需要方向的辐射，或对所需方向的来波有最大接收，而抑制其他方向来的干扰，这就是说天线在辐射或接收电磁波时需要有一定的方向性。从该角度说，天线是一个照射或聚焦器件。

（3）天线应能辐射或接收规定极化的电磁波，即天线应具有适当的极化。天线极化通常定义为：在最大辐射方向上电场矢量的取向随时间的变化规律。同一系统中的收发天线一般采用相同的极化形式。因此，天线还是一个极化器件。

（4）天线应有足够的工作频带。

几乎在所有的情况下，天线都具有上述的功能。此外，天线还可作为扫描器件、空间滤波器、数据处理器等。

为了有效地实现天线的功能，首要因素是天线的电尺寸（或电长度），即天线的最大几何尺寸与波长的比值。波的辐射依靠变化的电场和变化的磁场间的相互转化，则变化的快慢决定所产生辐射场的强弱，也就是决定了辐射能量的多少。当天线的几何尺寸一定时，波长越短即工作频率越高，可能辐射的能量就越多。第二个因素是天线的几何形状。实际上，任何没有完全屏蔽好的电磁振荡系统都会有辐射。但是，能够辐射电磁波的器件并不一定可用来做天线。例如高频振荡系统中的电容器，绝大部分电磁能量集中在两极板之间，仅在其边缘上有微弱的辐射效应，平行双线传输线也是如此，它们的结构都是“封闭”的，和自由空间的耦合很弱，其辐射仅被看作能量的泄漏，如果把电容器极板（或平行双线）拉开，就大大增加了系统与空间的耦合，从而增强了辐射。例如平行双线传输线，由于两根导线上的电流方向相反，如图 8.1.5（a）所示两线间的距离又远小于工作波长，对应线段上的电流在离他们较远的周围空间中的任一点处产生的场基本上相互抵消，其结果是：在周围空间，其辐射场接近于零，电磁能量以束缚场的形式集中在平行双线附近。这种结构成为封闭结构，和自由空间的耦合很弱，其辐射仅被看作能量的泄漏。如果把平行双线张开，如图 8.1.5（b）所示，张开的两臂上对应线段的电流方向相同，它们周围空间产生的场，将在某些方向上部分迭加甚至完全迭加（虽然在另一些方向上可能部分相消甚至抵消为零），因此可产生较强的辐射。影响辐射的第三个重要因素是天线上的电流（或口径上的场）分布情况。显然，空间在任意点的辐射场必然和天线上的电流分布密切相关。

天线的分类方法很多，例如按用途可分为通信天线、导航天线、雷达天线、广播天线、测向天线等；按使用波段可分为长波天线、中波天线、短波天线、超短波天线和微波天线等。这样的分类便于分析和讨论天线的性能，因而成为教科书中广泛采用的分类方法。此外还可按照天线工作特性来分类，如按聚焦特性可分为强方向性天线和弱方向性天线，定向和全向天线；按工作频带，可分为宽频带、窄频带天线和超宽频带天线；按极化形式，可分为线极化和圆极化天线等；按馈电方式可分为对称和不对称天线；按工作原理可分为驻波天线、行波天线、阵列天线等；按天线的主要结构形式可分为线天线（辐射体由截面半径远小于波长的金属导线构成）和面天线（类似光学或声学系统，天线的主要结构呈面状），这也是教科书中常采用的一种分类方法。

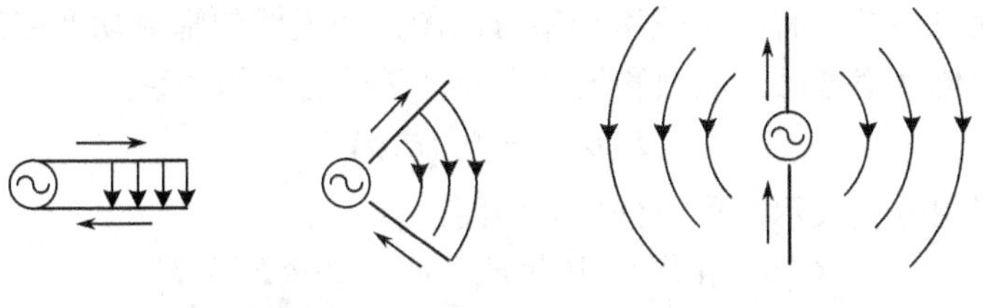

（a）　　（b）

图 8.1.5　电磁波的辐射能力与导线的长度和形状有关

随着无线电技术的发展，又出现了许多新型天线[69~74]，如缝隙天线、微带天线、表面波天线、有源天线及共形阵等，而且天线的功能也有了新的突破，已经研制出除了能完成上述几项基本功能外还具有信号加工和处理能力的天线系统，如单脉冲天线、相控阵天线、综合孔径天线、自适应天线和智能天线等。智能天线已成为第三代移动通信的核心技术。

8.2　天线的基本参数

天线的主要特征包括辐射特性和能量转换特性，它把经馈线从发射机输送过来的信号能量以电磁波形式向周围空间辐射出去，同时实现将能量集中在一定的立体角内辐射。因此天线参数主要有方向参数（方向图波瓣宽度、方向系数、旁瓣电平等）、能量参数（天线输入阻抗、天线效率、增益系数等）、极化参数、频率参数等。

下面将对天线的电参数作简单讨论。

8.2.1　方向性函数和方向图

由式（8.1.20）可知，电基本振子的辐射场强正比于电流 I 和振子电长度 $\dfrac{l}{\lambda}$，反比于距离 r，其大小还与辐射方向有关。在不同的方向（θ 和 ϕ）上，相同距离处电基本振子的辐射是不同的，人们把这样的辐射特性称为天线的方向性，用函数 $f(\theta,\phi)$ 表示，称为天线的场方向性函数，定义

$$F(\theta,\phi)=\left|\frac{E_{(\theta,\phi)}}{E_{\max}}\right|_{r=\text{常数}} \tag{8.2.1}$$

为归一化场方向性函数，式中 $E_{\max}$ 表示最大辐射方向上的场强大小。所有的天线都有方向性，只是不同天线的方向性函数形式有所不同。

为了形象地表示这种方向性，常常把天线的辐射场强和空间辐射方向的相对关系用曲线表示出来，称为天线的辐射方向图（简称方向图）。在工程上若不作特别说明，天线方向图通常是指场强方向图，是以天线为中心、以距离 $r\to\infty$ 为半径作球面，按照球面上各点的相对辐射场强给出的对应图形，称为立体方向图。在工程设计和测试中往往只需用几个特征平面的二维方向图（称为平面方向图）就能表征天线在整个空间的辐射状况。原则上通常都是取

两个正交平面上的方向图，分别称为E面方向图和H面方向图。对于线天线，E面是包含天线导线轴的平面，H面是垂直于天线导线轴的平面；对于面天线，E面是与天线口面上电场矢量平行的平面，H面是与天线口面上磁场矢量平行的平面。平面方向图可以在直角坐标中画出，也可以画在极坐标上。在画方向图时，又往往把最大辐射方向的场强取为 1，这样的方向图称为归一化方向图。有时也采用功率方向图，即天线的辐射功率密度和空间辐射方向的关系曲线。归一化功率方向性函数和场强方向性函数之间的关系为

$$P(\theta,\phi)=F^{2}(\theta,\phi) \tag{8.2.2a}$$

方向图也可以用分贝表示，称为分贝方向图，有

$$P(\theta,\phi)(\mathrm{dB})=10\lg P(\theta,\phi)=20\lg F(\theta,\phi) \tag{8.2.2b}$$

它说明任一方向的功率密度（或场强电平）相对于最大值下降的分贝数。

例 8-3 绘制电基本振子方向图。

解：显然，电基本振子的方向性函数为

$$F(\theta,\phi)=\frac{f(\theta,\phi)}{f\left(\dfrac{\pi}{2},\phi\right)}=\sin\theta$$

由此方向性函数可绘制出E面方向图、H面方向图、立体方向图，如图 8.2.1 所示。

在E面上，在不同方向的各点（保持距离r不变）处的场强随θ按正弦规律变化，在$\theta=0^{\circ}$和180°的方向上场强为零，而在$\theta=90^{\circ}$方向上场强值最大，于是得到电基本振子E面方向图，如图 8.2.1（a）所示。在H面上，方向函数与ϕ无关，在不同方向ϕ的各点（保持距离r不变）处的场强不随ϕ变化而变化，电基本振子H平面方向图是一个圆，如图 8.2.1（b）所示。可见，E面方向图呈“∞”字形，而H面方向图呈圆形。空间立体图形则是由“∞”字形曲线绕振子旋转一周构成的回旋体曲面，如图 8.2.1（c）所示。

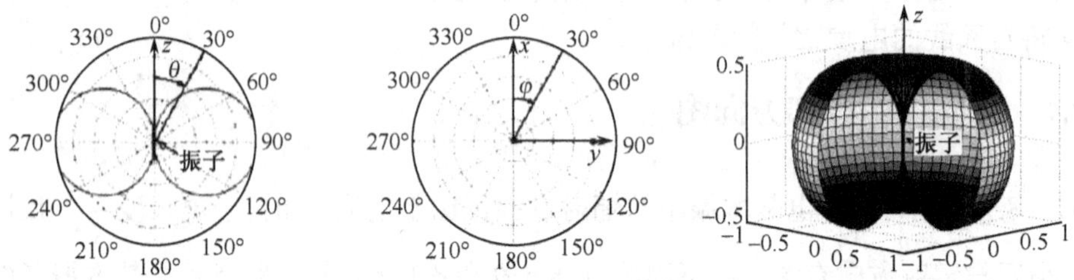

（a）E面方向图　　（b）H面方向图　　（c）立体方向图

图 8.2.1　电基本振子方向图

实际的天线方向图呈现多个波瓣，分别称为主瓣、旁瓣和后瓣，如图 8.2.2 所示。主瓣就是含有最大辐射方向的波瓣，除主瓣外的其他波瓣统称为副瓣（包括旁瓣和后瓣），位于主瓣正后方的波瓣又称为后瓣。为了定量分析天线方向图，定义了以下参数。

（1）主瓣宽度：指主瓣最大值两侧功率密度等于最大方向上功率密度一半的两个方向间的夹角。通常，两个主平面（E、H面）的主瓣半功率宽度以$2\theta_{-3\mathrm{dB}}$和$2\phi_{-3\mathrm{dB}}$（或$2\theta_{0.5}$和$2\phi_{0.5}$）表示。功率密度下降一半，场强则相应降至 0.707 倍。显然，主瓣宽度越小，说明天线辐射能量越集中，其定向辐射性能越好，天线的方向性越强。

有时，人们还定义第一零点功率波瓣宽度，这是指主瓣最大值两侧的两个零辐射方向间的夹角，以$2\theta_{0}$和$2\phi_{0}$表示。

（2）副瓣电平：指副瓣方向上的功率密度与主瓣最大辐射方向上的功率密度之比的对数值（分贝数），即

$$\mathrm{SLL}=10\lg\left(\frac{S_1}{S_0}\right)\quad(\mathrm{dB})\tag{8.2.3}$$

离主瓣近的副瓣电平一般要比离主瓣远的副瓣电平高，通常把第一副瓣（离主瓣最近、电平最高）电平作为天线的副瓣电平。

副瓣的存在不但分散了辐射功率，而且对接收天线来说，还引入了噪声。因此副瓣电平应尽可能地低。为了抑制副瓣，人们做出许多努力，甚至要牺牲某些方向性指标来压低副瓣。

（3）前后比：指主瓣最大辐射方向和后瓣最大辐射方向的辐射功率密度之比，即

$$F/B=10\lg\left(\frac{S_0}{S_b}\right)\quad(\mathrm{dB})\tag{8.2.4}$$

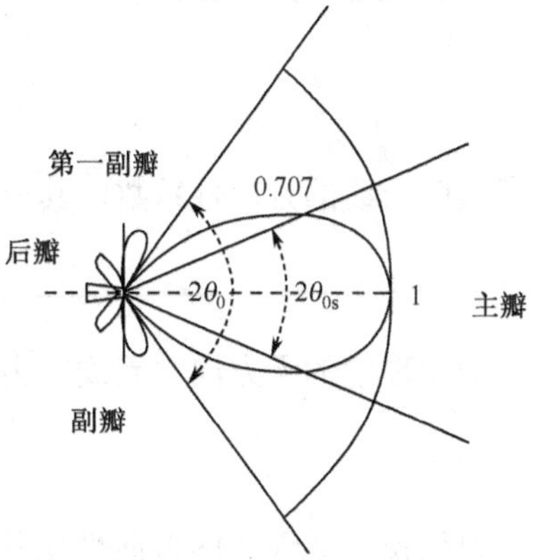

图 8.2.2　天线极坐标方向图

8.2.2　方向性系数

为了更精确地比较不同天线的方向性，定义天线在最大辐射方向上某一距离处辐射功率密度和辐射功率相同的无方向性天线在同一距离处的辐射功率密度之比，为天线的方向性系数，并记为 D，表示为

$$D=\frac{S_{\max}}{S_0}\bigg|_{P_r\text{相同},r\text{相同}}=\frac{|E_{\max}|^2}{|E_0|^2}\bigg|_{P_r\text{相同},r\text{相同}}\tag{8.2.5}$$

对无方向性天线，它产生的辐射功率密度可表示为

$$S_0=\frac{P_r}{4\pi r^2}$$

其功率密度 S_0 和场强 E_0 的关系为

$$S_0=\frac{|E_0|^2}{240\pi}$$

故有

$$|E_0|^2=\frac{60P_r}{r^2}$$

则

$$D=\frac{r^2|E_{\max}|^2}{60P_r}\tag{8.2.6}$$

对于所讨论的天线，设其归一化场方向函数为 $F(\theta,\phi)$，则其任意方向的场强可表示为

$$|E(\theta,\phi)|=|E_{\max}|\cdot|F(\theta,\phi)|\tag{8.2.7}$$

在半径为 r 的球面上对功率密度进行面积分，就得到辐射功率为

$$P_r=\oint_S \boldsymbol{S}_{\mathrm{av}}(\theta,\phi)\cdot\mathrm{d}\boldsymbol{S}=\frac{1}{2}\oint_S\frac{|E(\theta,\phi)|^2}{\eta_0})\mathrm{d}S=\frac{r^2|E_{\max}|^2}{240\pi}\int_0^{2\pi}\int_0^{\pi}|F(\theta,\phi)|^2\sin\theta\,\mathrm{d}\theta\,\mathrm{d}\phi\tag{8.2.8}$$

因此

$$D=\frac{4\pi}{\int_0^{2\pi}\int_0^{\pi}|F(\theta,\phi)|^2\sin\theta\mathrm{d}\theta\mathrm{d}\phi} \tag{8.2.9}$$

对于理想无方向性天线，其归一化方向函数为$|F(\theta,\phi)|=1$，则

$$D=\frac{4\pi}{\int_0^{2\pi}\int_0^{\pi}\sin\theta\mathrm{d}\theta\mathrm{d}\phi}=1$$

至于实际天线的方向性系数，其值的范围为几到几千或几万。对于方向性天线

$$|E_{\max}|=\frac{\sqrt{60DP_r}}{r}$$

对于理想的无方向性天线，由于其$D=1$，则

$$|E_{\max}|=\frac{\sqrt{60P_r}}{r}$$

可以说，某天线的方向性系数表征该天线在其最大辐射方向上比起无方向性天线来说辐射功率增大的倍数。

如果天线只有一个较尖锐的主瓣，且副瓣较小，天线的方向性系数可用主瓣两个主平面的波瓣宽度来近似计算，即

$$D\approx\frac{35000}{(2\theta_{0.5E})(2\theta_{0.5H})} \tag{8.2.10}$$

式中，$2\theta_{0.5E}$、$2\theta_{0.5H}$分别表示E面和H面的主瓣宽度。

例 8-4 计算电基本振子的方向性系数。

解：对于电基本振子

$$|F(\theta,\phi)|=\sin\theta$$

则其方向性系数为

$$D=\frac{4\pi}{\int_0^{2\pi}\int_0^{\pi}\sin^3\theta\mathrm{d}\theta\mathrm{d}\phi}=1.5$$

若用分贝表示，则为$D=10\lg1.5=1.76\,\mathrm{dB}$。

8.2.3 其他电参数

1. 辐射效率

由于天线系统总存在一些损耗，所以实际辐射到空间的功率要比发射机输送到天线的功率小一些。用辐射效率来表征天线的能量转换能力。所谓天线辐射效率就是天线的辐射功率与输入功率之比，记为η_{A}，即

$$\eta_{\mathrm{A}}=\frac{P_r}{P_{\mathrm{in}}}$$

或

$$\eta_{\mathrm{A}}=\frac{P_r}{P_r+P_{\mathrm{L}}}$$

式中，P_r、P_{in}、P_{L}分别为辐射功率、输入功率、损耗功率。

如果把天线的辐射功率 P_r 看作是被某个电阻 R_r 所吸收，该电阻称为辐射电阻。同样把天线的损耗功率 P_L 看作是被某个损耗电阻 R_L 所吸收，则

$$P_r = \frac{1}{2}I^2 R_r\text{，}\quad P_L = \frac{1}{2}I^2 R_L$$

可得

$$\eta_A = \frac{R_r}{R_r + R_L} \tag{8.2.11}$$

可见，为了提高天线辐射效率，应尽可能提高辐射电阻，降低损耗电阻。在频率较低时，由于天线的电长度很小，辐射功率较低，且损耗较大，所以天线辐射效率比较低。频率较高时，由于天线几何尺寸与波长相比拟，辐射能力大大提高，且损耗很小，可以略去不计，此时可认为天线辐射效率接近于 1，所以在微波天线中通常均认为 $\eta_A = 1$。

2. 增益系数

方向性系数说明天线辐射能量的集中程度，天线辐射效率则说明天线在能量变换方面的效率。为了更全面地表示天线的性能，常常把二者联系起来，得到表示天线总效能的特性参数，即增益系数（简称增益）。其定义是：在输入功率相同的条件下，天线在最大辐射方向上某点的功率通量密度与无方向性天线在同一距离处的功率通量密度之比，即

$$G = \left.\frac{S_{max}}{S_0}\right|_{P_{in}\text{ 相同}} = \left.\frac{|E_{max}|^2}{|E_0|^2}\right|_{P_{in}\text{ 相同}} \tag{8.2.12}$$

可见增益系数与方向性系数的计算公式相似，差别在于方向性系数是以辐射功率计算，增益系数是以输入功率计算。

一般认为无方向性天线的 $D = 1$，$\eta_A = 1$。由于 $P_r = \eta_A P_{in}$，则

$$|E_{max}|^2 = \frac{60 D \eta_A P_{in}}{r^2}$$

因此

$$G = \left.\frac{|E_{max}|^2}{|E_0|^2}\right|_{P_{in}\text{ 相同}} = D\eta_A \tag{8.2.13}$$

由此可见，当天线的方向性系数 D 大、辐射效率 η_A 也高时，天线的增益才能较高。因此，天线增益能较全面的表征天线的性能。

3. 输入阻抗

天线通过馈线系统和发射机或接收机相连。对于发射机而言，天线是一个负载，它把从发射机得到的功率辐射到空间；对于接收机而言，天线则是信号源，它把从空间接收到的能量输送给接收机。这两种情况下都存在天线与传输线阻抗匹配的问题。在馈线（即传输线）确定的情况下，天线与馈线的匹配状况是由天线的阻抗特性来决定的，阻抗匹配状况的好坏将影响功率的传输效率。要研究阻抗匹配必须研究天线的输入阻抗。

天线输入阻抗是指天线馈电点（输入端）所呈现的阻抗值，即为天线的输入端电压与电流之比，表示为

$$Z_{in} = \frac{U_{in}}{I_{in}} = R_{in} + jX_{in} \tag{8.2.14}$$

其中，R_{in}、X_{in} 分别为输入电阻和输入电抗。

当天线输入阻抗是纯电阻且等于馈线的特性阻抗时，馈线终端没有功率反射，馈线上没有驻波，天线的输入阻抗随频率的变化比较平缓。

天线的输入阻抗决定于天线的结构与尺寸、工作频率、周围环境的影响，其计算是比较困难的，因为它需要准确地知道天线上的激励电流。除了少数天线外，大多数天线的输入阻抗在工程中采用近似计算或实验测定。

4．有效长度

一般天线上的电流分布不均匀，辐射场强（或接收的感应电动势）不按比例随天线长度变化。为了直观地描述天线的辐射能力（或接收能力），引入"有效长度"。一个实际的线天线，可以用一个沿天线电流均匀分布，其电流等于输入点的电流 I_A（或波腹点的电流 I_m）的假想天线来等效，如果两天线在最大辐射方向上的辐射场强相同，则假想天线的长度就称为实际天线的有效天线。计算公式为

$$l_e = \frac{1}{I_m}\int_0^l I(z)\mathrm{d}z \tag{8.2.15}$$

其中，l 是天线的真实长度。对于地面上的直立天线，有效长度也称为有效高度 h_e。

引入有效长度后，天线辐射场可表示为

$$|E(\theta,\varphi)| = |E_{max}|F(\theta,\varphi) = \frac{60\pi I l_e}{r\lambda}F(\theta,\varphi) \tag{8.2.16}$$

式中，l_e 和 $F(\theta,\varphi)$ 均用同一电流 I 归算。

5．天线的极化方式

发射天线所辐射的电磁波都具有一定的极化特性，不同极化的电波在传播过程中有着不同的特性。人们根据设备的性质和任务，常常对天线所辐射的电磁波的极化特性提出要求。所谓天线的极化，就是指天线辐射时形成的电场强度方向，其定义为在最大辐射方向某一固定位置上电场矢量端点运动的轨迹，可分为线极化、圆极化和椭圆极化。线极化又分为水平极化和垂直极化，在天线工程中，通常取地面为参考，将由场矢量与入射平面（由入射线、放射线与法线构成平面）平行的极化称之垂直极化；与入射平面垂直的称为水平极化，若地面为反射面，水平极化时电场矢量与地面平行。圆极化又分为左旋圆极化和右旋圆极化。

天线不能接收与其正交的极化分量。如线极化天线不能接收来波中与其极化方向垂直的线极化波；圆极化天线不能接收来波中与其旋向相反的圆极化分量，对椭圆极化波，其中与接收天线的极化旋向相反的圆极化分量不能被接收。极化失配意味着功率损失。为衡量这种损失，特定义极化失配因子 v_p，其值在 0～1 之间。

6．天线带宽

天线的方向性及阻抗特性等电参数都与频率有关。无论是发射天线还是接收天线，都不是工作在点频，而是存在一定的工作频率范围。当工作频率偏离设计频率（通常是工作频带的中心频率）时，往往要引起天线各个电参数的变化。例如，方向图形状和最大辐射方向的改变、阻抗特性的变坏等。通常根据采用此天线的无线电技术设备的要求，规定天线电参数的容许变化范围。工作频带变化时，天线的各种电参数不超出规定的容许变动范围的频率范围，就称为天线的频带宽度，即天线带宽。

每个特性参数均有相应的频带宽度，如方向性系数带宽、输入阻抗带宽、极化特性带宽等。对某些特定天线来说，可能其中一个特性带宽起主要限制作用。

根据频带宽度的不同，可以把天线分为窄频带天线、宽频带天线和超宽频带天线。设天

线的最高工作频率为 f_{max}，最低工作频率为 f_{min}，一般窄频带天线的工作频带用相对带宽 $\frac{f_{max}-f_{min}}{f_0}\times 100\%$ 表示，对于超宽频带天线，则用绝对带宽 f_{max}/f_{min} 来表示其频带宽度。

尽管唯一地说明带宽有些困难，但它仍是一个重要参数指标。在工程中，通常考虑的是阻抗特性带宽，即馈线上驻波比的带宽特性。一般将 VSWR$\leqslant 2$（或$|\Gamma|\leqslant\frac{1}{3}$）的带宽称为输入阻抗带宽。当$|\Gamma|=\frac{1}{3}$时，对应的反射功率为输入功率的11%。

7．有效接收面积

接收天线的有效接收面积表示接收天线吸收外来电磁波的能力，是接收天线的一个重要参数。

设天线的最大接收方向对准来波方向，天线的极化与来波的极化完全匹配，天线与负载匹配且无耗，天线在某方向所接收的功率 $P_{re}(\theta,\varphi)$ 与入射波平均功率密度 S_{av} 之比，称为此天线在 (θ,φ) 方向上的有效面积，用 A_e 表示。

$$A_e(\theta,\varphi)=\frac{P_{re}(\theta,\varphi)}{S_{av}}=\frac{P_{re}(\theta,\varphi)}{|E|^2/240\pi}=\frac{\lambda^2 D\eta_A}{4\pi}F^2(\theta,\varphi)=\frac{\lambda^2 G}{4\pi}F^2(\theta,\varphi)$$

一般所指的有效面积就是当 $\eta_A=1$，在最大接收方向上的有效面积，即

$$A_e=\frac{\lambda^2 D}{4\pi} \tag{8.2.17}$$

8.3　电磁兼容技术

8.3.1　电磁干扰及其三要素

随着科学技术的发展，人们在生产及生活中使用的电器及电子设备的数量越来越多，这些设备在工作状态时，往往要产生一些有用或无用的电磁能量，这些能量会影响其他设备或系统的工作，这就造成了电磁干扰[76]。电磁干扰是一种有害的电磁效应，轻则使设备或系统的性能降级，重则使设备或系统失效。

实际上，随着电磁理论的建立与发展，就开始了电磁干扰的研究，只是当时的电磁环境比较简单，而当今电子技术蓬勃发展，系统结构复杂而拥挤，功率频谱更加宽大，电磁污染严重，电磁干扰成为困扰人们的难题。

理论和实验的研究表明，不管复杂系统还是简单装置，任何一个电磁干扰的发生必须具备 3 个基本条件：要具有干扰源；要有传播干扰能量的途径（或通道）；要有被干扰对象（称为敏感设备，或敏感器）的响应。因此干扰源、干扰传播途径（或传输通道）和敏感设备称为电磁干扰的三要素。图 8.3.1 所示电磁干扰三要素的示意图。

图 8.3.1　电磁干扰三要素

（1）电磁干扰源：一般分为自然干扰源和人为干扰源。自然干扰源主要来源于大气层的

天电噪声、地球外层空间的宇宙噪声；人为干扰源是由机电或其他人工装置产生的电磁能量干扰。

（2）电磁干扰的传播途径：指把电磁干扰源所发出的电磁能量传送至敏感设备，并导致敏感设备产生响应的媒介。一般分成传导耦合方式和辐射耦合方式两种。

（3）敏感设备：指对电磁干扰产生响应的设备，是被干扰对象的总称。它可以是一个很小的元件或者一个电路板组件，也可以是一个单独的用电设备，甚至可以是一个大系统。通常用敏感度来描述敏感设备对电磁干扰响应的程度。敏感度越高，表示对干扰作用响应的可能性越大，也可以说表明该设备抗电磁干扰的能力越差。不同敏感设备的敏感度值需要根据具体情况加以分析和实际测定。

在实际工作中，为了分析和设计用电设备的电磁兼容性，或为了排除电磁干扰故障，首先必须分清干扰源、干扰途径和敏感设备三个基本要素，干扰源和干扰途径尤其难以寻找和鉴别。在简单系统中，干扰源和干扰途径较容易确定，然而在现代电子设备的复杂系统中，干扰源和干扰途径并不那么一目了然。有时一个元器件，它既是干扰源，同时又被其他信号干扰；有时一个电路有许多个干扰源同时作用，难分主次；有时干扰途径来自几个渠道，既有传导耦合，又有辐射耦合，令人眼花缭乱。正因为确定电磁干扰三要素的复杂性和艰巨性，才使电磁兼容技术变得越来越受重视和关注。

电磁干扰源是发生电磁干扰的三要素之首要因素。存在干扰源不一定必然会发生电磁干扰，它潜藏着发生干扰和兼容的两种可能性。大部分人为干扰源都是无意发射的，它们通常伴随着用电设备实现某种电能转换功能而产生，因此企图完全消除干扰源的存在，往往是极其困难的，甚至是不可能办到的。人们容忍它存在，但必须把它限制在不影响其他设备正常工作的范围内。

电磁干扰和电磁兼容就是存在干扰源的两种结果，干扰和兼容两者可以相互转化，转化的条件是改变“三要素”的变量关系。为了达到系统电磁兼容的目的，需要尽量削弱干扰源，抑制干扰传播途径，降低每个设备的敏感度。

电磁兼容的理论和技术就是围绕电磁干扰三要素研究电磁干扰源产生的机理及抑制干扰源的措施，寻找削弱传播干扰能量的方法和提高敏感设备抵抗能力的技术，从而达到控制干扰发生的目的。

8.3.2 电磁兼容技术简介

如果在一个系统中各种用电设备能和谐地正常工作而不致相互发生电磁干扰造成性能改变或遭受损坏，人们就满意地称这个系统中的用电设备是相互兼容的。但是随着用电设备功能的多样化、结构的复杂化、功率加大和频率提高，同时它们的灵敏度也越来越高，这种相互包容兼顾、各显其能的状态很难获得。为了使系统达到电磁兼容，必须以系统整体电磁环境为依据，要求每个用电设备不产生超过一定限度的电磁发射，同时又要求它具有一定的抗干扰能力。因此人们对电磁兼容的含义作出了科学的概括，认为电磁兼容是“设备（分系统、系统）在共同的电磁环境中能一起执行各自功能的共存状态。即该设备不会由于受到处于同一电磁环境中的其他设备的电磁发射导致或遭受不允许的降级，它也不会使同一电磁环境中其他设备（分系统、系统）因受其电磁发射而导致或遭受不允许的降级”。这是我国军标 GJB72—1985《电磁干扰和电磁兼容性名词术语》中规定的。世界各个国家为了本国用电设备相互的兼容问题都制订了电磁兼容性标准，阐明了电磁兼容性的定义。美国电气和电子工程师协会（IEEE）对电磁兼容性的定义是“一个装置能在其所处的电磁环境中满意地工作，同时又不向该环境及同一环境中的其他装置排放超过允许范围的电磁扰动。”

电磁兼容学科是一个新兴的综合性学科。从 20 世纪 40 年代提出电磁兼容性（Electromagnetic Compatibility，缩写为 EMC）概念，使电磁干扰问题由单纯的排除干扰逐步发展成为从理论上、技术上全面控制用电设备在其电磁环境中正常工作能力保证的系统工程。电磁兼容学科在认识电磁干扰、研究电磁干扰和控制电磁干扰的过程中得到发展，它深入阐述了电磁干扰产生的原因，分清了干扰的性质，深刻研究了干扰传输及耦合的机理，系统地提出了抑制干扰的技术措施，制定了电磁兼容的系列标准和规范，建立了电磁兼容试验和测量的体系，解决了电磁兼容设计、分析和预测的一系列理论和技术问题[62, 76]。

1．电磁兼容学科的主要特点

电磁兼容学科是一个新兴的综合性学科。它虽然有独立的理论体系，但由于它的学科形成还处于发展和完善的过程中，因此它的理论体系还存在一些不够严密和系统的地方。加上它涉及的基础知识面比较宽广，因此电磁兼容理论和技术对于初学者来说具有一定的难度。清楚地理解了电磁兼容学科的特点，才能减少“入门”的障碍。

（1）大量引用无线电技术的概念和术语

电磁兼容学科是从无线电技术的抗电磁干扰问题开始发展起来的。电磁干扰起初仅在无线电技术中比较突出。由于电报、电话、微波通信、广播电视等技术的飞速发展，推动了抗电磁干扰理论和技术的形成和发展。后来随着半导体微电子技术的迅猛进展和电子技术的广泛应用，研究电磁兼容性不再仅仅是无线电技术的需要，而成为所有用电设备和系统共同的基本要求。于是电磁兼容学科迅速地在无线电抗干扰技术的基础上，经过扩展延伸和系统化，上升到公共技术基础的地位。然而，在它的理论中大量沿袭了无线电技术的概念和术语。例如，用电设备对干扰信号的响应称为“敏感”或“接受”；交变电磁场使导线产生感应电势称“电磁场激励”；把相互垂直的两个电场分量的矢量随时间变化的形态称“极化”等。初学者要根据它们的物理本质理解和掌握这些概念。

（2）计量单位的特殊性

电磁兼容学科中最常应用的度量单位是分贝（dB）。dB 本身是两个参量的倍率的度量，是一个无量纲的比值。在电学理论和电工技术中，功率、电压、电流单位一般都用 W、V、A（或者 mW、mV、mA、kW、kV、kA），而在电磁兼容学科中却用 dBW、dBV、dBA（或 dBmW、dBmV、dBmA）作单位，而且 dBW，dBV，dBA 与 W、V、A 的换算不是简单的关系。初学者一定要熟悉这种定量分析的单位制表示，克服在概念上的不适应。

（3）以电磁场理论为基础

电磁兼容学科是在研究电磁干扰规律和寻找抑制干扰方法中发展前进的。大部分电磁干扰是以“电磁场”的形态产生和相互作用的。因此在电磁兼容理论和技术中必然引用了大量的电磁场理论的方法和结论，许多电磁工程的分析和计算也都以电磁场计算公式为基础，经过简化和演绎而形成，所以电磁兼容原理是以电磁场理论为基础的。

2．电磁兼容学科的主要研究内容

电磁兼容学科的宗旨是为了降低和消除人为的和自然的电磁干扰，减少它的危害，提高设备和系统的抗电磁干扰能力，实现设备和系统的电磁兼容，最大限度地发挥设备和系统的效能。从总体考虑电磁兼容学科的研究内容设计电磁干扰源的干扰特性、敏感设备的抗干扰性、传输途径的传输函数、频谱工程、EMC 标准和规范等。因此电磁兼容学科的研究内容主要包括：

（1）电磁干扰特性及其传播耦合理论

人们为了抑制电磁干扰，首先必须弄清电磁干扰的特性和它的传播机理。如根据干扰信号的频谱特性可以了解它是宽带干扰还是窄带干扰；根据干扰信号的时间特性可知其为连续波、间歇波还是瞬态波，以便决定采取不同的方法加以抑制。因此对电磁干扰特性及其传播耦合理论研究是电磁兼容学科最基本的任务之一。

（2）电磁危害及电磁频谱的利用和管理

人为的电磁污染已成为人类社会发展的一大公害。电磁能危害的主要表现为射频辐射、核电磁脉冲放电和静电放电对人体健康的危害，还有对电引爆装置和燃油系统的破坏与对电子元器件及其电路功能的损害，这些危害将影响到安全性和可靠性。

在关注电磁能危害的同时，人们还清醒地认识到人为的电磁频谱污染的问题也已相当严重。电磁频谱是一个有限的资源，由于被占用的频谱范围和数量日益扩张，频谱利用方法的进展远慢于频谱需求的增加，以至使电磁兼容问题出现许多实施方面的困难，不得不由专门的国际电信联盟机构来加以管理，在我国范围内由中国无线电管理委员会来分配和协调无线电频段。因此，有效管理、保护和合理地利用电磁频谱成为电磁兼容研究的一项必要的内容。

（3）电磁耦合的工程分析和电磁兼容控制技术

由于电子设备和系统的结构日益复杂，技术更加密集，频谱占用拥挤，在实际工程中，电磁干扰的传播和耦合很少以单一的基本耦合形态发生，而是由多种基本耦合特性的组合，表现为综合性的典型耦合模式，如两根平行导线间的电磁耦合实质是电容性耦合和电感性耦合的综合。电磁场对导线感应耦合并传输到导线终端的耦合模式，实际上是空间辐射耦合和传输线传送两种基本形态的组合。这些典型的耦合干扰模式在实际工程分析中作为一种固定的工程模式直接用于分析更复杂的现象，从而使电磁兼容工程分析的理论更加成熟。因此，分析和研究典型耦合模式成为电磁兼容研究中快速识别干扰机理的捷径。

电磁兼容控制技术是在不断发展的。众所周知，屏蔽、滤波、合理接地和合理布局等抑制干扰的措施都是很有效的，在工程实践中被广泛采用。但是随着用电系统的集成化、综合化，以上措施的应用往往会与成本、质量、功能要求产生矛盾，必须权衡利弊研究出最合理的措施来满足电磁兼容性要求。又如新的导电和屏蔽材料以及工艺方法的出现，使电磁兼容控制技术又有了新的措施，可见电磁兼容控制技术始终是电磁兼容学科中最活跃的研究课题。

（4）电磁兼容设计理论和设计方法

任何一项工程设计，最起码和最主要的是对费效比的考虑，当然它也是电磁兼容设计的一项重要指标，在一个产品从设计到投产的过程中，可以分为设计、试制和投产三个阶段，若在产品设计的初始阶段解决电磁干扰问题，花钱最少，控制干扰的措施最容易实现。如果等到产品投产后发现干扰问题再去解决它，成本就会大大上升。因此费效比的综合分析是电磁兼容性设计研究的一部分。

另一部分则是电磁兼容性设计方法的研究。电磁兼容性设计不同于设备和系统的功能设计，它往往是在功能设计方案基础上进行的，电磁兼容工程师必须和系统工程师密切合作，反复协调，把电磁兼容设计作为系统工程的一部分。

（5）电磁兼容性测量和试验技术

由于电磁干扰特性和电磁环境复杂，频率范围宽广，加上用电设备和系统占用的空间有限，因此电磁兼容性要求测试项目较多，而且不断的深入扩大，这就促进了测量技术的提高和测量设备的更新。在电磁兼容性试验中，为了对设备进行敏感度测量，需要研制多种模拟信号源及其装置来模拟产生传导和辐射干扰信号，因此推动了试验装置的研究开发，促进了测量和试验设备的自动化程度不断提高。高精度的电磁干扰及电磁敏感度自动测量系统的研制、开发并应用于工程试验，这些都是电磁兼容学科研究的重要内容。

（6）电磁兼容性标准、规范与工程管理

电磁兼容性标准、规范是电磁兼容性设计和试验的主要依据。通过制订规范和标准来控制用电设备和系统的电磁发射和敏感度，从而使系统和设备相互干扰的可能性大大下降，达到防患于未然。标准规定的测试方法和极限值要恰到好处，符合国家经济发展综合实力和工业发展水平，这样才能促进产品质量提高、技术进步，否则会造成人力、物力和时间的浪费。为此制订标准时必须进行大量的实验和数据分析研究。

为了保证设备和系统在全寿命期内有效而经济地实现电磁兼容性要求，必须实施电磁兼容性管理，建立一个管理系统，通过对这个系统的有效运转，应用系统工程的方法，实施全面管理。电磁兼容管理的基本职能是计划、组织、监督、控制和指导。管理的对象是研制、生产和使用过程中与电磁兼容性有关的全部活动。因此电磁兼容性管理要有全面的计划，从工程管理的较高层次抓起，建立工程管理协调网络和工作程序，确立各研制阶段的电磁兼容工作目标，突出重点，加强评审，提高工作的有效性。

电磁兼容标准、规范与工程管理都是保证设备和系统实现电磁兼容性的重要工程技术。它们是电磁兼容学科的研究内容。

（7）电磁兼容预测和分析

电磁兼容预测和分析是进行合理的电磁兼容性设计的基础。通过对电磁干扰的预测，能够对可能存在的干扰进行定量的估计和模拟，以免采取过度的防护措施，造成不应有的浪费；同时也可避免系统建成后才发现不兼容而带来难题。因为在系统建成后修改设计，重新调整布局要花费很大的代价，有时也未必能彻底解决不兼容问题。因此在系统设计开始阶段就开展电磁兼容性分析和预测是十分必要的。

电磁兼容预测和分析的方法是采用计算机数字仿真技术，将各种电磁干扰特性、传输函数和敏感度特性全都用数学模型描述编制成程序，然后根据预测对象的具体状态，运行预测程序来获得潜在的电磁干扰计算结果。该预测方法在世界发达国家已普遍采用，实践证明它是行之有效的方法。因此研究预测数学模型、建立输入参数数据库、提高预测准确度等成为电磁兼容学科关于预测分析技术深入发展的基本内容。

（8）信息设备电磁泄漏及防护技术

随着科学技术的发展，计算机系统已广泛应用于机要信息的存储和数据处理。当计算机系统、工作站、办公室系统和笔记本式个人计算机以及与之配套的电传打字机、文电终端、行式打印机、绘图仪等机要电子设备工作时，机密信息可通过设备泄漏的电磁波辐射出去，也可能通过电源线、地线和信号线以传导的方式耦合出去。在一定距离内，往往不需要特殊的仪器设备便可接收到这些机密设备所发射的机要信息的内容。为了机要信息设备的安全防护，防止电磁泄漏，20 世纪 70 年代在西方科技文献上出现了一项新的技术，称为防电磁泄漏技术 TEMPEST（Transient Electromagnetic Pulse Emanation Standard）。它的任务是检测、评价和控制来自机要信息设备的非功能传导发射和辐射发射，以防止窃听泄密的危险。

TEMPEST 技术与电磁兼容技术都是研究抑制电磁发射的，两者有许多共同的概念和技术，因此把防电磁泄漏技术列入电磁兼容学科的研究领域。由于它有着特殊性，因此它与电磁兼容性的一般防护技术相比还有很多特别的研究内容。

（9）环境电磁脉冲及其防护

电磁脉冲（EMP）是十分严重的电磁干扰源。其频谱覆盖范围很宽，可以从甚低频到几百 MHz，场强很大，电场强度可达 40kV/m 或更高；作用范围很广，可达数千 km。不论是架空天线、输电线、电缆线（外露的或埋设在地下的）、各种屏蔽壳体等都会被它感应产生强大的脉冲射频电流，这种脉冲电流如进入设备内部将产生严重的干扰甚至使设备遭到破坏。因此电磁脉冲的干扰及其防护问题已引起广泛的重视。

电磁脉冲可分为两类：一类为环境电磁脉冲。主要由核爆炸产生，因此又称为核电磁脉冲（NEMP）；另一类是系统电磁脉冲。主要由γ射线或 x 射线直接打在设备壳体上激发产生电磁脉冲。

电磁脉冲对于卫星、航天飞机、宇宙飞船、导弹武器、雷达、广播通信、电力、电子、仪器设备等系统都有严重影响。近年来电磁脉冲干扰及其防护已被作为电磁兼容学科的一个重要研究内容。

习　题　8

8.1　距离电基本振子多远的地方，远区辐射场公式中与 r 成反比的项等于与 r^2 成反比的项？

8.2　假设一电基本振子在垂直于它的轴线的方向上距离 100km 处产生的电场强度的振幅为 $100\,\mu\text{V/m}$，试求电基本振子所辐射的功率。

8.3　计算一长度等于 0.1λ 的电基本振子的辐射电阻。

8.4　推导磁基本振子天线的辐射功率和辐射电阻公式。

8.5　假设坐标原点上有一电矩为 $\boldsymbol{p}=\boldsymbol{e}_z p$ 的电基本振子和磁矩为 $\boldsymbol{p}_\text{m}=\boldsymbol{e}_z p_\text{m}$ 的磁基本振子天线，问什么条件下两天线所辐射的电磁波在远区相叠加为一圆极化电磁波？

8.6　已知某天线的辐射功率为 100W，方向性系数为 D=3，求：

（1）r=10 km 处，最大辐射方向的电场强度振幅；

（2）若保持辐射功率不变，要使 r=20 km 处的场强等于原来 r=10 km 处的场强，应选取方向性系数 D 为多少的天线？

8.7　设电基本振子的轴线沿东西方向放置，在远方有一移动接收电台在正南方向而接收到最大电场强度。当接收电台沿电基本振子为中心的圆周在地面上移动时，电场强度将逐渐减少。问当电场强度将减少到最大值的 $\dfrac{1}{\sqrt{2}}$ 时，接收电台的位置偏离正南方向多少度？

8.8　频率为 10 MHz 的功率源馈送给电基本振子的电流为 25A，设电基本振子的长度为 50cm，试计算：

（1）赤道平面上离原点 10 km 处的电场和磁场；

（2）r=10km 处的平均功率密度；

（3）辐射电阻。

8.9　求波源频率 f=1MHz，线长 l=1m 的导线的辐射电阻：

（1）设导线是长直的；

（2）设导线弯成环形形状。

附录A 重要矢量公式

1．矢量恒等式

$$\boldsymbol{A}\cdot(\boldsymbol{B}\times\boldsymbol{C})=\boldsymbol{B}\cdot(\boldsymbol{C}\times\boldsymbol{A})=\boldsymbol{C}\cdot(\boldsymbol{A}\times\boldsymbol{B}) \tag{A.1}$$

$$\boldsymbol{A}\times(\boldsymbol{B}\times\boldsymbol{C})=\boldsymbol{B}(\boldsymbol{A}\cdot\boldsymbol{C})-\boldsymbol{C}(\boldsymbol{A}\cdot\boldsymbol{B}) \tag{A.2}$$

$$\nabla(uv)=u\nabla v+v\nabla u \tag{A.3}$$

$$\nabla\cdot(u\boldsymbol{A})=u\nabla\cdot\boldsymbol{A}+\boldsymbol{A}\cdot\nabla u \tag{A.4}$$

$$\nabla\times(u\boldsymbol{A})=u\nabla\times\boldsymbol{A}+\nabla u\times\boldsymbol{A} \tag{A.5}$$

$$\nabla\cdot(\boldsymbol{A}\times\boldsymbol{B})=\boldsymbol{B}\cdot\nabla\times\boldsymbol{A}-\boldsymbol{A}\cdot(\nabla\times\boldsymbol{B}) \tag{A.6}$$

$$\nabla(\boldsymbol{A}\cdot\boldsymbol{B})=(\boldsymbol{A}\cdot\nabla)\boldsymbol{B}+(\boldsymbol{B}\cdot\nabla)\boldsymbol{A}+\boldsymbol{A}\times\nabla\times\boldsymbol{B}+\boldsymbol{B}\times\nabla\times\boldsymbol{A} \tag{A.7}$$

$$\nabla\times(\boldsymbol{A}\times\boldsymbol{B})=\boldsymbol{A}\nabla\cdot\boldsymbol{B}-\boldsymbol{B}\nabla\cdot\boldsymbol{A}+(\boldsymbol{B}\cdot\nabla)\boldsymbol{A}-(\boldsymbol{A}\cdot\nabla)\boldsymbol{B} \tag{A.8}$$

$$\nabla\times(\nabla u)=0 \tag{A.9}$$

$$\nabla\cdot(\nabla\times\boldsymbol{A})=0 \tag{A.10}$$

$$\nabla\cdot(\nabla u)=\nabla^2 u \tag{A.11}$$

$$\nabla\times(\nabla\times\boldsymbol{A})=\nabla(\nabla\cdot\boldsymbol{A})-\nabla^2\boldsymbol{A} \tag{A.12}$$

$$\int_V\nabla\cdot\boldsymbol{A}\mathrm{d}V=\int_S\boldsymbol{A}\cdot\mathrm{d}\boldsymbol{S} \tag{A.13}$$

$$\int_S\nabla\times\boldsymbol{A}\cdot\mathrm{d}\boldsymbol{S}=\int_C\boldsymbol{A}\cdot\mathrm{d}\boldsymbol{l} \tag{A.14}$$

$$\int_V\nabla\times\boldsymbol{A}\mathrm{d}V=\int_S\boldsymbol{e}_\mathrm{n}\times\boldsymbol{A}\,\mathrm{d}S \tag{A.15}$$

$$\int_V\nabla u\mathrm{d}V=\int_S\boldsymbol{e}_\mathrm{n}u\mathrm{d}S \tag{A.16}$$

$$\int_S\boldsymbol{e}_\mathrm{n}\times\nabla u\mathrm{d}S=\int_C u\mathrm{d}\boldsymbol{l} \tag{A.17}$$

$$\int_V(u\nabla^2 v+\nabla u\cdot\nabla v)\mathrm{d}V=\int_S u\frac{\partial v}{\partial n}\mathrm{d}S \tag{A.18}$$

$$\int_V(u\nabla^2 v-v\nabla^2 u)\mathrm{d}V=\int_S\left(u\frac{\partial v}{\partial n}-v\frac{\partial u}{\partial n}\right)\mathrm{d}S \tag{A.19}$$

2．三种坐标系的梯度、散度、旋度和拉普拉斯运算

（1）直角坐标系

$$\nabla u=\boldsymbol{e}_x\frac{\partial u}{\partial x}+\boldsymbol{e}_y\frac{\partial u}{\partial y}+\boldsymbol{e}_z\frac{\partial u}{\partial z} \tag{A.20}$$

$$\nabla\cdot\boldsymbol{A}=\frac{\partial A_x}{\partial x}+\frac{\partial A_y}{\partial y}+\frac{\partial A_z}{\partial z} \tag{A.21}$$

$$\nabla\times\boldsymbol{A}=\begin{vmatrix}\boldsymbol{e}_x & \boldsymbol{e}_y & \boldsymbol{e}_z\\ \dfrac{\partial}{\partial x} & \dfrac{\partial}{\partial y} & \dfrac{\partial}{\partial z}\\ A_x & A_y & A_z\end{vmatrix} \tag{A.23}$$

（2）圆柱坐标系

$$\nabla u=\boldsymbol{e}_\rho\frac{\partial u}{\partial \rho}+\boldsymbol{e}_\phi\frac{\partial u}{\rho\partial \phi}+\boldsymbol{e}_z\frac{\partial u}{\partial z} \tag{A.24}$$

$$\nabla\cdot\boldsymbol{A}=\frac{1}{\rho}\frac{\partial u}{\partial \rho}(\rho A_\rho)+\frac{1}{\rho}\frac{\partial A_\phi}{\rho\partial \phi}+\frac{\partial A_z}{\partial z} \tag{A.25}$$

$$\nabla\times\boldsymbol{A}=\frac{1}{\rho}\begin{vmatrix}\boldsymbol{e}_\rho & \rho\boldsymbol{e}_\phi & \boldsymbol{e}_z\\ \frac{\partial}{\partial\rho} & \frac{\partial}{\partial\phi} & \frac{\partial}{\partial z}\\ A_\rho & \rho A_\phi & A_z\end{vmatrix} \tag{A.26}$$

$$\nabla^2 u=\frac{1}{\rho}\frac{\partial}{\partial\rho}\left(\rho\frac{\partial u}{\partial\rho}\right)+\frac{1}{\rho^2}\frac{\partial^2 u}{\partial\phi^2}+\frac{\partial^2 u}{\partial z^2} \tag{A.27}$$

（3）球坐标系

$$\nabla u=\boldsymbol{e}_r\frac{\partial u}{\partial r}+\boldsymbol{e}_\theta\frac{1}{r}\frac{\partial u}{\partial\theta}+\boldsymbol{e}_z\frac{1}{r\sin\theta}\frac{\partial u}{\partial\phi} \tag{A.28}$$

$$\nabla\cdot\boldsymbol{A}=\frac{1}{r^2}\frac{\partial u}{\partial r}(r^2A_r)+\frac{1}{r\sin\theta}\frac{\partial}{\partial\theta}(\sin\theta A_\theta)+\frac{1}{r\sin\theta}\frac{\partial A_\phi}{\partial\phi} \tag{A.29}$$

$$\nabla\times\boldsymbol{A}=\frac{1}{r^2\sin\theta}\begin{vmatrix}\boldsymbol{e}_r & r\boldsymbol{e}_\theta & r\sin\theta\boldsymbol{e}_\phi\\ \frac{\partial}{\partial r} & \frac{\partial}{\partial\theta} & \frac{\partial}{\partial\phi}\\ A_r & rA_\theta & r\sin\theta A_\phi\end{vmatrix} \tag{A.30}$$

$$\nabla^2 u=\frac{1}{r^2}\frac{\partial}{\partial r}\left(r^2\frac{\partial u}{\partial r}\right)+\frac{1}{r^2\sin\theta}\frac{\partial}{\partial\theta}\left(\sin\theta\frac{\partial u}{\partial\theta}\right)+\frac{1}{r^2\sin^2\theta}\frac{\partial^2 u}{\partial\phi^2} \tag{A.31}$$

附录B　常用材料参数表

1．某些材料的电导率

材　　料	电导率S/m(20°C)	材　　料	电导率S/m(20°C)
铝	3.816×10^7	镍铬合金	10×10^6
黄铜	2.564×10^7	镍	1.449×10^7
青铜	1.00×10^7	铂	9.52×10^6
铬	3.846×10^7	海水	3～5
铜	5.813×10^7	硅	4.4×10^{-4}
蒸馏水	2×10^{-4}	银	6.173×10^7
锗	2.2×10^6	硅钢	2×10^6
金	4.098×10^7	不锈钢	1.1×10^6
石墨	7.014×10^4	焊料	7.0×10^6
铁	1.03×10^7	钨	1.825×10^7
汞	1.04×10^6	锌	1.67×10^7
铅	4.56×10^6		

2. 一些材料的介电常数和损耗角正切

材　料	频率(GHz)	ε_r	$\tan\delta$(25°C)
氧化铝(99.5%)	10	9.5~10	0.0003
钛酸钡	6	37±5%	0.0005
蜂蜡	10	2.35	0.005
氧化铍	10	6.4	0.0003
陶瓷(A-35)	3	5.60	0.0041
熔凝石英	10	3.78	0.0001
砷化镓	10	13	0.006
硼硅酸(耐热)玻璃	3	4.82	0.0054
涂釉陶瓷	10	7.2	0.008
有机玻璃	10	2.56	0.005
尼龙(610)	3	2.84	0.012
石蜡	10	2.24	0.0002
树脂玻璃	3	2.60	0.0057
聚乙烯	10	2.25	0.0004
聚苯乙烯	10	2.54	0.00033
干制瓷料	0.1	5.04	0.0078
硅	10	11.9	0.004
聚四氟乙烯	10	2.08	0.0004
二氧化钛(D-100)	6	96±5%	0.001
凡士林	10	2.16	0.001
蒸馏水	3	76.7	0.157

附录 C　标准矩形波导管数据

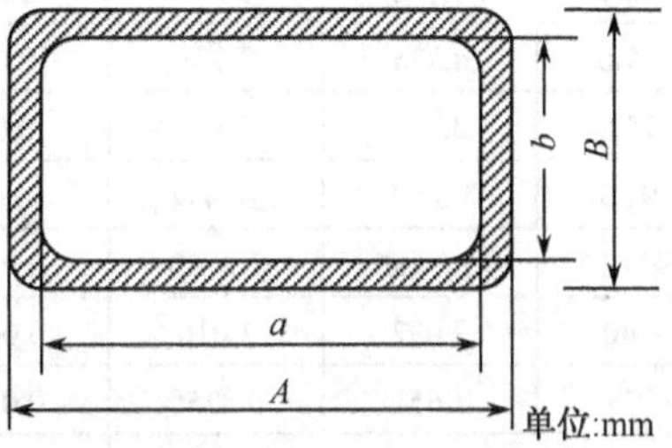

执行标准：GB 11450.2—1989

矩形波导的截止频率 $f_c = 149.9/a$ (GHz)
矩形波导的起始频率 $= 1.25 f_c = 187.375/a$ (GHz)
矩形波导的终止频率 $= 1.9 f_c = 284.81/a$ (GHz)

国标型号	国际标型号	频率范围（GHz）	内截面尺寸		宽和高偏差±	外截面尺寸	
			宽度 a	高度 b		宽度 A	高度 B
BJ3	WR2300	0.32~0.49	584.2	292.1	待定	待定	待定
BJ4	WR2100	0.35~0.53	533.4	266.7	待定	待定	待定

续表

国标型号	国际标型号	频率范围（GHz）	内截面尺寸		宽和高偏差±	外截面尺寸	
			宽度 *a*	高度 *b*		宽度 *A*	高度 *B*
BJ5	WR1800	0.41~0.62	457.2	228.6	0.51	待定	待定
BJ6	WR1500	0.49~0.75	381	190.5	0.38	待定	待定
BJ8	WR1150	0.64~0.98	292.1	146.05	0.38	待定	待定
BJ9	WR975	0.76~1.15	247.65	123.82	待定	待定	待定
BJ12	WR770	0.96~1.46	195.58	97.79	待定	待定	待定
BJ14	WR650	1.13~1.73	165.10	82.55	0.33	169.16	86.61
BJ18	WR510	1.45~2.20	129.54	64.77	0.26	133.60	68.83
BJ22	WR430	1.72~2.61	109.22	54.61	0.22	113.28	58.67
BJ26	WR340	2.17~3.30	86.36	43.18	0.17	90.42	47.24
BJ32	WR284	2.60~3.95	72.14	34.04	0.14	76.20	38.10
BJ40	WR229	3.22~4.90	58.17	29.08	0.12	61.42	32.33
BJ48	WR187	3.94~5.99	47.549	22.149	0.095	50.80	25.40
BJ58	WR159	4.64~7.05	40.386	20.193	0.081	43.64	23.44
BJ70	WR137	5.38~8.17	34.849	15.799	0.070	38.10	19.05
BJ84	WR112	6.57~9.99	28.499	12.624	0.057	31.75	15.88
BJ100	WR90	8.20~12.5	22.860	10.160	0.046	25.40	12.70
BJ120	WR75	9.84~15.0	19.050	9.525	0.038	21.59	12.06
BJ140	WR62	11.9~18.0	15.799	7.899	0.031	17.83	9.93
BJ180	WR51	14.5~22.0	12.954	6.477	0.026	14.99	8.51
BJ220	WR42	17.6~26.7	10.668	4.318	0.021	12.70	6.35
BJ260	WR34	21.7~33.0	8.636	4.318	0.020	10.67	6.35
BJ320	WR28	26.3~40.0	7.112	3.556	0.020	9.14	5.59
BJ400	WR22	32.9~50.1	5.690	2.845	0.020	7.72	4.88
BJ500	WR18	39.2~59.6	4.775	2.388	0.020	6.81	4.42
BJ620	WR14	49.8~75.8	3.759	1.880	0.020	5.79	3.91
BJ740	WR12	60.5~91.9	3.0988	1.5494	0.0127	5.13	3.58
BJ900	WR10	73.8~112	2.5400	1.2700	0.0127	4.57	3.30
BJ1200	WR8	92.2~140	2.032	1.016	0.0076	3.556	2.54
BJ1400	WR7	113~173	1.651	0.8255	0.0064	3.175	2.35
BJ1800	WR5	145~220	1.2954	0.6477	0.0064	2.819	2.172
BJ2200	WR4	172~261	1.0922	0.5461	0.0051	2.616	2.07
BJ2600	WR3	217~330	0.8636	0.4318	0.0051	2.388	1.956

附录 D　特殊函数表

1．柱贝塞尔函数

（1）贝塞尔方程及其解

贝塞尔方程是

$$\frac{\mathrm{d}^2 f}{\mathrm{d}z^2}+\frac{1}{z}\frac{\mathrm{d}f}{\mathrm{d}z}+\left(u^2-\frac{p^2}{z^2}\right)f=0 \tag{D.1}$$

贝塞尔方程的一个解 $\mathrm{J}_p(uz)$ 可用级数形式表示为

$$\begin{aligned}\mathrm{J}_p(uz)&=\frac{(uz)^p}{2^p\Gamma(p+1)}\left[1-\frac{(uz)^2}{2(2p+2)}+\frac{1}{2\cdot 4(2p+2)(2p+4)}+\cdots\right]\\&=\sum_{m=0}^{\infty}(-1)^m\frac{(-1)^m}{\Gamma(m+1)\Gamma(p+m+1)}\left(\frac{uz}{2}\right)^{p+2m}\end{aligned} \tag{D.2}$$

式中，Γ 函数定义为

$$\Gamma(\alpha)=\int_0^{\infty}x^{\alpha-1}\mathrm{e}^{-x}\mathrm{d}x \quad \alpha>0 \tag{D.3}$$

当 $\alpha\leqslant 0$ 时，用其递推公式 $\Gamma(\alpha+1)=\alpha\Gamma(\alpha)$ 采用解析延拓来定义 Γ 函数。当 m 为整数时，$\Gamma(m+1)=m!$。$\mathrm{J}_p(\mu z)$ 称为第一类贝塞尔函数。当 p 不是整数时，式（D.2）中用 $-p$ 代换 p，可得到与 $\mathrm{J}_p(uz)$ 线性无关的贝塞尔方程的第二个解 $\mathrm{J}_{-p}(uz)$。但是，当 $p=n(n$为整数或零)，$\mathrm{J}_{-n}=(-1)^n\mathrm{J}_n$，$\mathrm{J}_{-n}$ 与 J_n 是线性相关的。为了得到 p 为任意数值时与 J_p 线性无关的贝塞尔方程的第二个解，可用下式引入第二类贝塞尔函数——诺依曼函数

$$\begin{cases}\mathrm{N}_p(uz)=\dfrac{\cos p\pi \mathrm{J}_p(uz)-\mathrm{J}_{-p}(uz)}{\sin p\pi} & p\text{ 不是整数}\\ \mathrm{N}_p(uz)=\lim\limits_{p\to n}\mathrm{N}_p(uz) & n\text{ 为整数}\end{cases} \tag{D.4}$$

由 $\mathrm{J}_p(uz)$ 与 $\mathrm{N}_p(uz)$ 的线性组合可得到贝塞尔方程的另外两个解

$$\mathrm{H}_p^{(1)}(\mu z)=\mathrm{J}_p(uz)+\mathrm{j}\mathrm{N}_p(uz) \tag{D.5}$$

$$\mathrm{H}_p^{(2)}(uz)=\mathrm{J}_p(uz)-\mathrm{j}\mathrm{N}_p(uz) \tag{D.6}$$

函数 $\mathrm{H}_p^{(1)}(uz)$ 称为第一类汉开尔函数或第三类贝塞尔函数，函数 $\mathrm{H}_p^{(2)}(uz)$ 称为第二类汉开尔函数或第四类贝塞尔函数。

（2）贝塞尔函数的渐进式

对于大宗量值，$|\mu z|>>p$，$|\mu z|>>1$，塞尔函数的渐进式为

$$\left.\begin{aligned}\mathrm{J}_p(uz)&\approx\sqrt{\frac{2}{\pi\mu z}}\cos\left(uz-\frac{2p+1}{4}\pi\right)\\ \mathrm{N}_p(uz)&\approx\sqrt{\frac{2}{\pi\mu z}}\sin\left(uz-\frac{2p+1}{4}\pi\right)\\ \mathrm{H}_p^{(1)}(uz)&\approx\sqrt{\frac{2}{\pi\mu z}}\mathrm{e}^{\mathrm{j}\left(uz-\frac{2p+1}{4}\pi\right)}\\ \mathrm{H}_p^{(2)}(uz)&\approx\sqrt{\frac{2}{\pi\mu z}}\mathrm{e}^{-\mathrm{j}\left(uz-\frac{2p+1}{4}\pi\right)}\end{aligned}\right\} \tag{D.7}$$

对于小宗量值，$|\mu z|\to 0$，贝塞尔函数的渐进式为

$$
\left.\begin{aligned}
&J_0(uz) \approx 1-\left(\frac{uz}{2}\right)^2 \\
&N_0(uz) \approx -\frac{\pi}{2}\ln\frac{2}{\gamma uz} \qquad \gamma = 1.781\,672 \\
&J_p(uz) \approx \frac{1}{\Gamma(p+1)}\left(\frac{uz}{2}\right)^p \quad p \neq -1,-2,\cdots \\
&N_p(uz) \approx -\frac{(n-1)!}{\pi}\left(\frac{2}{uz}\right)^n \quad n = 1,2,\cdots \\
&H_p^{(i)}(uz) \approx \pm j\frac{\Gamma(p)}{\pi}\left(\frac{2}{uz}\pi\right)^p \quad p > 0
\end{aligned}\right\} \tag{D.8}
$$

（3）贝塞尔函数的递推公式

设$R_p(uz) = AJ_p(uz) + BN_p(uz)$，$A$、$B$为常数，则有

$$\frac{2p}{\mu z}R_p(uz) = R_{p-1}(uz) + R_{p+1}(uz) \tag{D.9}$$

$$
\begin{aligned}
\frac{1}{uz}\frac{d}{dz}R_p(uz) &= \frac{1}{2}\left[R_{p-1}(uz) - R_{p+1}(uz)\right] \\
&= -\frac{p}{\mu z}R_p(uz) + R_{p-1}(uz) \\
&= \frac{p}{\mu z}R_p(uz) - R_{p-1}(uz)
\end{aligned} \tag{D.10}
$$

$$z\frac{d}{dz}R_p(uz) = pR_p(uz) - \mu zR_{p+1}(uz) \tag{D.11}$$

特别是$p = 0$时，有

$$\frac{d}{dz}R_0(uz) = -\mu zR_1(uz) \tag{D.12}$$

$$\frac{d}{dz}\left[z^pR_p(uz)\right] = uz^pR_{p-1}(uz) \tag{D.13}$$

$$\frac{d}{dz}\left[z^{-p}R_p(uz)\right] = -uz^{-p}R_{p+1}(uz) \tag{D.14}$$

（4）$J_n(x)$、$N_n(x)$函数曲线与$J_n(x)$及其一阶导数的零点

$J_n(x)$、$N_n(x)$函数曲线分别如图 D.1 和图 D.2 所示。$J_n(x)$及其一阶导数的零点分别如表 D.1 和表 D.2 所示。

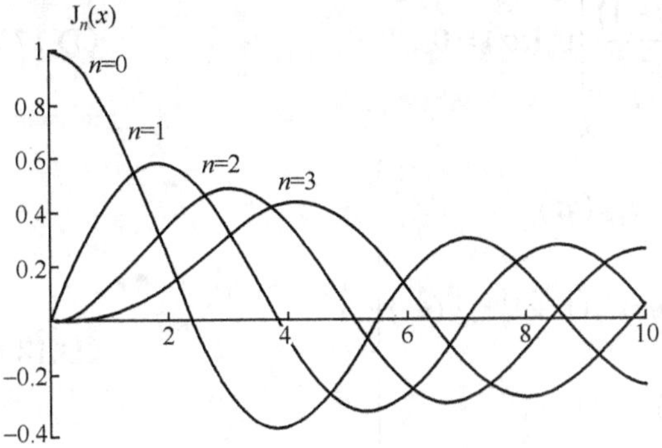

图 D.1　$J_n(x)$ 函数曲线

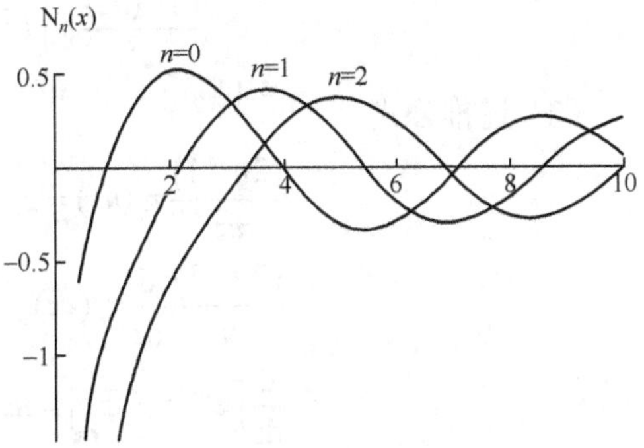

图 D.2　$N_n(x)$ 函数曲线

表 D.1　$J_m(x)$ 的零点 $x_{mn}\left[J_n(x_{ns})=0\right]$

m	n=1	n=2	n=3	n=4	n=5
0	2.405	5.520	8.654	11.792	14.931
1	3.832	7.016	10.173	13.324	16.471
2	5.136	8.417	11.620	14.796	17.960
3	6.380	9.761	13.015	16.223	19.409
4	7.588	11.065	14.372	17.616	20.827

表 D.2　$J_n'(x)$ 的零点 $x_{ns}\left[J_n'(x_{ns})=0\right]$

n	s=1	s=2	s=3	s=4	s=5
0	0	3.832	7.016	10.173	13.324
1	1.841	5.331	8.536	11.706	14.864
2	3.054	6.706	9.969	13.170	16.348
3	4.201	8.015	11.346	14.586	17.789
4	5.317	9.282	12.682	15.964	19.196

2．球贝塞尔函数

（1）定义

球贝塞尔函数定义为

$$\begin{cases} \mathrm{j}_n(uz)=\sqrt{\dfrac{\pi}{2uz}}\mathrm{J}_{n+\frac{1}{2}}(uz), \quad \mathrm{n}_n(uz)=\sqrt{\dfrac{\pi}{2uz}}\mathrm{N}_{n+\frac{1}{2}}(uz) \\ \mathrm{h}_n^{(1)}(uz)=\sqrt{\dfrac{\pi}{2uz}}\mathrm{H}_{n+\frac{1}{2}}^{(1)}(uz), \quad \mathrm{h}_n^{(2)}(uz)=\sqrt{\dfrac{\pi}{2uz}}\mathrm{H}_{n+\frac{1}{2}}(uz) \end{cases} \tag{D.15}$$

以上这些函数的任一线性组合 z_n 满足方程

$$\frac{\mathrm{d}^2 z_n}{\mathrm{d}z^n}+\frac{2}{z}\frac{\mathrm{d}z_n}{\mathrm{d}z}+\left[u^2-\frac{n(n+1)}{z^2}\right]z_n=0 \tag{D.16}$$

设函数 $\mathrm{p}_n=z\mathrm{z}_n(\mu z)$，则 $\mathrm{p}_n(\mu z)$ 满足方程

$$\frac{d^2 p_n(uz)}{dz^2}+\left[u^2-\frac{n(n+1)}{z^2}\right]p_n(uz)=0 \tag{D.17}$$

（2）递推公式

$$\left.\begin{aligned}
&\frac{(2n+1)}{uz}z_n(uz)=z_{n-1}(uz)+z_{n+1}(uz)\\
&\frac{(2n+1)}{u}\frac{d}{dz}z_n(uz)=nz_{n-1}(uz)-(n+1)z_{n+1}(uz)\\
&\frac{d}{dz}\left[z^{n+1}z_n(uz)\right]=uz^{n+1}(uz)\\
&\frac{d}{dz}\left[z^{-n}z_n(uz)\right]=-uz^{-n}z_{n+1}(uz)
\end{aligned}\right\} \tag{D.18}$$

（3）渐近公式

$$\left.\begin{aligned}
&\underset{uz\to 0}{j_n(uz)}\approx\frac{2^n n!(uz)^n}{(2n+1)!}\\
&\underset{uz\to 0}{n_n(uz)}\approx\frac{1\cdot 3\cdot 5\cdot\cdots\cdot(2n-1)}{(uz)^{n+1}}
\end{aligned}\right\} \tag{D.19}$$

$$\left.\begin{aligned}
&\underset{uz\to\infty}{j_n(uz)}\approx\frac{1}{uz}\cos\left[uz-(n+1)\frac{\pi}{2}\right]\\
&\underset{uz\to\infty}{n_n(\mu z)}\approx\frac{1}{uz}\sin\left[uz-(n+1)\frac{\pi}{2}\right]\\
&\underset{uz\to\infty}{h_n^{(1)}(uz)}\approx\frac{1}{uz}(-j)^{n+1}e^{juz}\\
&\underset{uz\to\infty}{h_n^{(2)}(uz)}\approx\frac{1}{uz}j^{n+1}e^{-juz}
\end{aligned}\right\} \tag{D.20}$$

表 D.3 和表 D.4 列出了球贝塞尔函数 j_n 及其一阶导数的零点。

表 D.3　$j_n(x)$ 的零点 $x_{ns}\left[j_n(x_{ns})=0\right]$

n	s=1	s=2	s=3	s=4	s=5
0	π	2π	3π	4π	5π
1	4.493	7.725	109043	14.066	17.221
2	5.763	9.095	12.323	15.515	18.689
3	6.988	10.417	13.698	16.924	20.122
4	8.183	11.705	15.040	18.301	21.525

表 D.4　$j_n'(x)$ 的零点 $x_{ns}\left[j_n'(x_{ns})=0\right]$

n	s=1	s=2	s=3	s=4	s=5
0	0	4.493	7.725	10.901	14.066
1	2.0816	5.940	9.205	12.404	15.579
2	3.342	7.290	10.613	13.846	17.043
3	4.514	8.583	11.972	15.244	18.468
4	5.646	9.840	13.295	16.609	19.862

3．勒让德函数

勒让德方程

$$(1-z^2)\frac{d^2 f}{d z^2}-2z\frac{d f}{d z}+n(n+1)f=0 \tag{D.21}$$

有两个线性无关的解，分别称为第一类与第二类勒让德函数。

（1）勒让德多项式（Legendre Multinomail）

当n为正整数或零时，第一类勒让德函数可化为多项式，称为勒让德多项式$P_n(z)$，它是从n次降幂排列的多项式，即

$$P_n(z)=\frac{1\cdot 3\cdot 5\cdot\cdots\cdot(2n-1)}{n!}\cdot \left[z^n-\frac{n(n-1)}{2(2n-1)}z^{n-2}+\frac{n(n-1)(n-2)(n-3)}{2\cdot 4\cdots(2n-1)(2n-3)}z^{n-4}+\cdots\right] \tag{D.22}$$

上式亦可写成

$$P_n(z)=\frac{1}{2^n n!}\frac{d^n}{dz^n}\left(z^2-1\right)^n \tag{D.23}$$

式（D.23）称为勒让德多项式的罗巨格公式。

第二类勒让德函数定义为

$$Q_n(z)=P_n(z)\int\frac{dz}{\left(1-z^2\right)\left[P_n(z)\right]^2}$$

通常我们只考虑z为区间$[-1,\ +1]$内实数的情况，此时

$$Q_n(z)=\frac{1}{2}P_n(z)\ln\frac{1+z}{1-z}-W_{n-1}(z) \tag{D.24}$$

式中

$$W_{n-1}(z)=\sum_{r=1}^{n}\frac{1}{r}P_{r-1}(z)P_{n-r}(z) \tag{D.25}$$

勒让德多项式$P_n(z)$与第二类勒让德函数$Q_n(z)$的前几个显式为

$$P_0(z)=1,\quad P_1(z)=z$$

$$P_2(z)=\frac{3z^2-1}{2},\quad P_3(z)=\frac{5z^3-3z}{2}$$

$$Q_0(z)=\frac{1}{2}\ln\frac{1+z}{1-z},\quad Q_1(z)=\frac{z}{2}\ln\frac{1+z}{1-z}-1$$

$$Q_2(z)=\frac{3z^2-1}{4}\ln\frac{1+z}{1-z}-\frac{3z}{2}$$

$$Q_3(z)=\frac{5z^3-3z}{4}\ln\frac{1+z}{1-z}-\frac{5z^2}{2}+\frac{2}{3}$$

对于$z=0,+1,-1$，则有

$$P_{2n+1}(0)=0,\quad P_{2n}(0)=(-1)^n\frac{1\cdot 3\cdot 5\cdots(2n-1)}{2\cdot 4\cdot 6\cdots 2n}$$

$$P_n(1)=1,\quad P_n(-1)=(-1)^n$$

$$Q_{2n}(0)=0\text{，}\quad Q_{2n+1}(0)=(-1)^{n+1}\frac{2\cdot4\cdot6\cdots2n}{1\cdot3\cdot5\cdots(2n+1)}$$

$$Q_{2n}(+1)=Q_{2n+1}(+1)=+\infty$$

$$Q_{2n}(-1)=-\infty\text{，}\quad Q_{2n+1}(-1)=+\infty$$

实际问题中，常采用 $\cos\theta$ 代替 z，于是 $f(\cos\theta)$ 函数满足方程

$$\frac{1}{\sin\theta}\frac{d}{d\theta}\left(\sin\theta\frac{df}{d\theta}\right)+\left[n(n+1)-\frac{m^2}{\sin^2\theta}\right]f=0 \tag{D.26}$$

此时，勒让德多项式亦写成以 θ 为变量的形式 $P_n\cos\theta$。

（2）勒让德多项式的递推公式

$$z\frac{d}{dz}P_n(z)-\frac{d}{dz}P_{n-1}(z)=nP_n(z) \tag{D.27}$$

$$(n+1)P_{n+1}(z)-(2n+1)zP_n(z)+nP_{n-1}(z)=0 \tag{D.28}$$

$$(z^2-1)\frac{d}{dz}P_n(z)=nzP_n(z)-nP_{n-1}(z) \tag{D.29}$$

$$\frac{d}{dz}P_{n+1}(z)-\frac{d}{dz}P_{n-1}(z)=(2n+1)zP_n(z) \tag{D.30}$$

（3）勒让德多项式的正交性与积分值

$$\int_{-1}^{+1}P_m(z)P_n(z)\,dx=0 \qquad m\neq n \tag{D.31}$$

$$\int_{-1}^{+1}\left[P_n(z)\right]^2dx=\frac{2}{2n+1} \tag{D.32}$$

$$\int_0^{\pi}P_{2n}(\cos\theta)d\theta=\pi\left[\frac{(2n)!}{(2^n n!)^2}\right]^2 \tag{D.33}$$

$$\int_0^{\pi}P_{2n+1}(\cos\theta)\cos\theta d\theta=\pi\frac{(2n)!(2n)+2!}{2^n n!2^{n+1}(n+1)!} \tag{D.34}$$

$$\int_0^{\pi}P_n(\cos\theta)\cos m\theta d\theta=\begin{cases}2\dfrac{(m+n-1)(m+n-3)\cdots(m-n+1)}{(m+n)(m+n-2)\cdots(m-n)} & n<m,m+n\text{为奇数}\\ 0 & \text{其他情况}\end{cases} \tag{D.35}$$

参 考 文 献

[1] 谢树艺．矢量分析与场论（第3版）．北京：高等教育出版社，2005．

[2] 王竹溪，郭敦仁．特殊函数概论．北京：北京大学出版社，2000．

[3] 谢处方．电磁场与电磁波（第四版）．北京：高等教育出版社，2008．

[4] Bhag Singh Guru, Hüseyin R. hizirolu 著．周克定等译．电磁场与电磁波（第2版）．北京：机械工业出版社，2002．

[5] 蔡圣善，朱耘，徐建军．电动力学（第2版）．北京：高等教育出版社，2001．

[6] 张克潜，李德杰．微波与光电子学中的电磁理论．北京：电子工业出版社，2001．

[7] 冯慈璋，马西奎．工程电磁场导论．北京：高等教育出版社，1999．

[8] 毛均杰，刘荧，朱建清．电磁场与微波工程基础．北京：电子工业出版社，2005．

[9] 陈永真．电容器及其应用．北京:科学出版社，2008．

[10] 刘尚合，武占成．静电放电及危害防护．北京:北京邮电大学出版社，2004．

[11] 卡兰塔罗夫，采伊特林．电感计算手册．北京：机械工业出版社，1992．

[12] 丁兵，王江，赵飞，李玉花．高压静电场在菊花天然杂交种选育中的应用．东北林业大学学报，2006，No.2：44～45．

[13] 伏云昌，钱立铎，周凌云等．强静电场对水稻的激光诱变育种的增强效应研究，昆明工学院学报，1995，Vol. 20，No.2：62～63．

[14] 王光保．微波暗室的设计方法综述．战术导弹技术，1980，No.1：35～42．

[15] 尹景学等．数学物理方程．北京：高等教育出版社，2010．

[16] 申建中，刘峰．数学物理方程．西安：西安交通大学出版社，2010．

[17] 曹世昌．电磁场的数值计算和微波的计算机辅助设计．北京：电子工业出版社，1989．

[18] 葛德彪，闫玉波．电磁波时域有限差分方法．西安：西安电子科技大学出版社，2005．

[19] 刘少斌．色散介质时域有限差分方法．北京：科学出版社，2010．

[20] 杨阳．电磁场时域有限差分数值方法的研究[D]．南京理工大学，2005．

[21] 汤炜．ADI-FDTD 及其混合算法在电磁散射中的应用[D]．西安电子科技大学，2005．

[22] 金建铭．电磁场有限元方法．西安：西安电子科技大学出版社，1998．

[23] Zengwei LIU, Lanlan PING, Ben SUN, Guangfa SUN, Xiaoxiang HE. Scattering of 3-D objects with a new total-and scattered-field decomposition technique for FEM. Proceedings of 2010 Asia-Pacific Electromagnetic Compatibility Symposium (APEMC 2010). April 2010，Beijing.

[24] 班永灵．高阶矢量有限元方法及其在三维电磁散射与辐射问题中的应用[D]．电子科技大学，2006．

[25] Xiaoxiang HE, Hao LI, Yonggang ZHOU. Error improvement of temporal discretization in TDFEM for electromagnetic analysis. Journal of electronics(China), 2008，Vol.25，No.6，pp．808-812．

[26] 何小祥，刘梅林．SSOR 预处理技术在二维电磁特性 TDFEM 分析中的应用．南京航空航天大学，2006，Vol.38，No.6：670～673．

[27] 杨宏伟，刘梅林，何小祥，陈如山．计算电磁学中的时域有限元方法稳定性分析．电波科学学报，2007，Vol 22，No.4：712～716．

[28] Xiao-xiang HE, Wanchun TANG. High-order node-based TDFEM for 2-D computational electromagnetics．电

子与信息学报，2009，Vol. 26，No.4：537～542.

[29] R·F·哈林登著，王尔杰译．计算电磁场的矩量法．北京：国防工业出版社，1981.

[30] 李世智．电磁辐射与散射问题的矩量法．北京：电子工业出版社，1985.

[31] A. Fenn. Moment method calculation of reflection coefficient for waveguide elements in a finite planar phased antenna array. Office of Naval Research, 1976.

[32] J. Moore, R. Pizer. Moment methods in electromagnetics: techniques and applications. Letchworth, Hertfordshire, England: Research Studies Press. New York: Wiley, 1984.

[33] Wei XU, Zhichun ZHANG, Ben SUN, Xiaoxiang HE. Comparison of ASED and SSED in RCS computation of large-scale periodic structures. Proceedings of 2010 IEEE International Conference on Ultra-Wideband, 2010, Nanjing.

[34] 何小祥，徐金平，顾长青．电大尺寸复杂结构腔体电磁散射的 IPO/FEM 混合法研究．电子与信息学报，2003，Vol.25，No.2：247～253.

[35] 何小祥，徐金平．应用 DDM/FEM 方法研究开口腔体电磁散射特性．东南大学学报，2002，Vol.32，No.4：547～550.

[36] 何小祥，徐金平．电大尺寸开口腔体电磁散射特性的 DDM/FEM-BIE 混合法分析．电子与信息学报，2004，Vol.26，No.3：500～504.

[37] 何小祥，徐金平．多层介质涂覆腔体电磁散射特性的 IBC/FEM 分析．南京航空航天大学学报，2004，Vol.36，No.1：44～47.

[38] 丁卫平，何小祥，徐金平．基于 DDM 技术的 FEM/PO-PTD 方法在深腔导体目标 RCS 分析中的应用．微波学报，2003，Vol.19，No.2：10～14.

[39] 徐欧，何小祥，徐金平．波导不连续性问题的 FEM/PML 方法分析．微波学报，2003，Vol.19，No.2：49～52.

[40] 何小祥，徐金平，顾长青．介质涂敷电大腔体电磁散射 IPO 研究．电子与信息学报，2005，Vol.27，No.1：136~138.

[41] 何小祥，徐金平．改进的 IPO 与 FEM 混合方法分析复杂电大腔体电磁散射特性．电波科学学报，2004，Vol.19，No.5：607～612.

[42] 何小祥，陈如山．细长三维腔体电磁散射 DDM/FEM 快速分析．南京理工大学学报，2006，Vol.30，No.6：760～763.

[43] 周璧华．电磁脉冲及其工程防护．北京：国防工业出版社，2003.

[44] 翁木云，谢绍斌．频谱管理与监测．北京：电子工业出版社，2009.

[45] 王雪松．宽带极化信息处理的研究．长沙：国防科技大学出版社，2005.

[46] 施龙飞．雷达极化抗干扰技术研究．长沙：国防科学技术大学，2007.

[47] 庄钊文，袁乃昌，刘少斌，莫锦军．等离子体隐身技术．北京：科学出版社，2005.

[48] 刘少斌，张光甫，袁乃昌等．离子体覆盖立方散射体目标雷达散射截面的时域有限差分法分析．物理学报，2004，No.08：2633～2637.

[49] 章海锋，刘少斌，孔祥鲲．横磁模式下二维非磁化等离子体光子晶体的线缺陷特性研究．物理学报，2011，Vol.60，No.2：02515 1～8.

[50] 蒋仁培，魏克珠．微波铁氧体理论与技术．北京：科学出版社，1984.

[51] 张纪纲．射频铁氧体宽带器件．北京：科学出版社，1986.

[52] 杜耀惟．天线罩电信设计方法．北京：国防工业出版社，1993.

[53] 庄钊文，袁乃昌，莫锦军，刘少斌．军用目标雷达散射截面预估与测量．北京：科学出版社，2007.

[54] 阮颖铮．雷达截面与隐身技术．北京：国防工业出版社，2001．
[55] 何小祥，李浩．特殊光子晶体电磁散射角偏特性及其应用研究．光学学报，2009，Vol.29，No.1：256～261．
[56] 金魁，何小祥，陈如山．MorPho Rhetenor 蝴蝶结构电磁散射特性分析．南京理工大学学报，2007，Vol.31，No.1：118～120．
[57] Hao LI, Xiao-Xiang HE. Bandstop characteristic of light reflection from Morpho butterfly's wing. J. of Electromagn. Waves and Appl. 2008，Vol.22：1829～1838．
[58] Zhichun ZHANG, Xiaoxiang HE. Mode scattering analysis of large scale antenna array. Proceeding of the 2009 International Conference on Wirelesss Communications, Networks and Mobile Computing, 2009-9, Beijing, 1～4.
[59] 朱英富．舰船隐身技术．哈尔滨：哈尔滨工程大学出版社，2006．
[60] 张考，马东立．军用飞机生存力与隐身设计．北京：国防工业出版社，2002．
[61] 李文学，何小祥．准八木天线的隐身设计．中国兵工学会电磁技术专业委员会第五届学术年会，2010，扬州，26～31．
[62] 牛中奇，朱满座，卢智远，路宏敏等．电磁场理论基础．北京：电子工业出版社，2001．
[63] 孟庆鼐．微波技术．合肥：合肥工业大学出版社，2005．
[64] 杨恩耀，杜加聪．天线．北京：电子工业出版社，1984．
[65] 徐之华．天线．长沙：国防科技大学出版社，1990．
[66] 马汉炎．天线技术．哈尔滨：哈尔滨工业大学出版社，1997．
[67] 魏文元，宫德明．天线原理．北京：国防工业出版社，1985．
[68] 林昌禄．天线工程手册．北京：电子工业出版社，2002．
[69] Xiaoxiang HE, Hongwei DENG. A novel band-notched UWB antenna for WUSB. Journal of southeast University, 2008，Vol.24，No.4：424～427．
[70] Xiaoxiang HE, Hongwei DENG. A modified ultra wideband circular printed monopole antenna. Journal of Nanjing University of Aeronautics and Astronautics，2008，Vol.25，No.3：214～218．
[71] X. HE, S. HONG, H. XIONG, Q. ZHANG, Manos M. Tentzeris. Design of a novel high-gain dual-band antenna for WLAN applications. IEEE AWPL, 2009，Vol.8：798～801．
[72] Xiaoxiang HE, Hongwei DENG. A new band-notched UWB antenna. 上海大学学报（英文版）2009，Vol.13，No.2：142～145．
[73] Hongwei DENG, Xiaoxiang HE, bingyan YAO, Yonggang ZHOU. A novel ultra wide-band monopole antenna with band-notched filter. 电子与信息学报，Vol.26，No.2：179～183．
[74] 丁卫平．背腔式微带贴片天线电磁辐射特性分析．解放军理工大学学报，2003，Vol.4，No.6：20～23．
[75] 周希朗．电磁场．北京：电子工业出版社，2010．
[76] 蔡仁钢．电磁兼容原理、设计和预测技术．北京：北京航空航天大学出版社，1997．

